"十二五"职业教育国家规划教材
经全国职业教育教材审定委员会审定

数控机床结构与维护

主　编　韩鸿鸾　李书伟
副主编　李鲁平　侯大力　王常义
参　编　陈黎丽　杨胜利　王小方
主　审　朱晓华

本书是经全国职业教育教材审定委员会审定的“十二五”职业教育国家规划教材，是根据教育部最新公布的职业院校数控技术专业教学标准，同时参考数控机床装调维修工职业资格标准编写的。本书包括概述、数控系统的参数设置与备份、数控机床主传动系统的结构与维护、数控机床进给传动系统的结构与维护、自动换刀装置的结构与维护、数控机床辅助装置的结构与维护、数控机床的安装与验收，共计7章，在每一章后边还附有习题练习以供读者使用。

本书可作为职业院校数控技术专业教材，也可作为数控机床装调与维护人员岗位培训教材。

为便于教学，本书配套有助教课件等教学资源，选择本书作为教材的教师可来电（010－88379193）索取，或登录 www. cmpedu. com 网站，注册、免费下载。

图书在版编目（CIP）数据

数控机床结构与维护/韩鸿鸾，李书伟主编．—北京：机械工业出版社，2015. 8（2021. 2 重印）
“十二五”职业教育国家规划教材
ISBN 978-7-111-51250-9

Ⅰ．①数…　Ⅱ．①韩…②李…　Ⅲ．①数控机床－结构－职业教育－教材②数控机床－维修－职业教育－教材　Ⅳ．①TG659

中国版本图书馆 CIP 数据核字（2015）第 189382 号

机械工业出版社（北京市百万庄大街 22 号　邮政编码 100037）
策划编辑：汪光灿　责任编辑：汪光灿
版式设计：霍永明　责任校对：纪　敬
封面设计：张　静　责任印制：常天培
固安县铭成印刷有限公司印刷
2021 年 2 月第 1 版第 7 次印刷
184mm×260mm · 17. 5 印张 · 432 千字
标准书号：ISBN 978-7-111-51250-9
定价：49. 80 元

电话服务
客服电话：010-88361066
010-88379833
010-68326294

网络服务
机　工　官　网：www. cmpbook. com
机　工　官　博：weibo. com/cmp1952
金　书　网：www. golden-book. com
机工教育服务网：www. cmpedu. com

前　言

本书是由全国机械职业教育教学指导委员会和机械工业出版社联合组织编写的“十二五”职业教育国家规划教材，是根据教育部于最新公布的职业院校数控技术专业教学标准，同时参考数控机床装调维修工职业资格标准编写的。

本书包括概述、数控系统的参数设置与备份、数控机床主传动系统的结构与维护、数控机床进给传动系统的结构与维护、自动换刀装置的结构与维护、数控机床辅助装置的结构与维护、数控机床的安装与验收等内容。本书的特色如下。

1. 体现以职业能力为本位，以应用为核心，以“必需、够用”为原则，突出一体化教学的特点，将专业基础理论与工作岗位技能有机整合，紧密联系生产实际。

2. 注重用新观点、新思想来审视、阐述经典内容，适应经济社会发展和科技进步的需要，引入大量典型案例，反映新知识、新技术、新工艺、新方法。

3. 渗透职业道德和职业意识教育；体现以就业为导向，有助于学生树立正确的择业观；培养学生爱岗敬业、团队精神和创业精神；树立安全意识和环保意识。

4. 充分体现职业教育的特点，确保理论上是先进的，应用上是可操作的，内容上是实用的，尽量做到理论与实践的零距离。符合“少而精”的原则；深浅适度，符合学生的实际水平；与相邻课程相互衔接，没有不必要的交叉重复。

5. 在每一章后边还附有习题练习以供读者使用。

本书兼顾模块化教学与传统教学的要求，采用任务驱动与章节相结合的编写体例，适合“行为引导法”与传统教学的要求。若采用理论与实训一体化教学，在实训设备保证的前提下应为12～14周。若采用理论与实训分开的教学方式，建议按下表安排课时。

章		节		建议课时	
章序	章名	节序	节名	理论	技能
一	概述	一	数控机床概述	6	0
		二	数控机床的组成与工作原理	2	0
		三	数控机床的发展	4	0
		四	数控机床维护保养	2	2
二	数控系统的参数设置与备份	一	数控系统的参数设置	2	2
		二	数控系统参数的备份	1	1
三	数控机床主传动系统的结构与维护	一	主传动系统的机械结构与维护	4	6
		二	主轴驱动的结构与维护	2	4
		三	主轴准停的结构与维护	2	2

（续）

章		节		建议课时	
章序	章名	节序	节名	理论	技能
四	数控机床进给传动系统的结构与维护	一	概述	4	0
		二	数控机床进给传动装置的结构与维护	4	4
		三	数控机床进给驱动的结构与维护	2	4
		四	数控机床有关参考点的调整	2	2
五	自动换刀装置的结构与维护	一	刀架换刀装置的结构与维护	2	2
		二	刀库无机械手换刀的结构与维护	2	4
		三	刀库机械手换刀的结构与维护	2	6
六	数控机床辅助装置的结构与维护	一	数控铣床/加工中心辅助装置的结构与维护	4	4
		二	数控车床辅助装置的结构与维护	2	2
七	数控机床的安装与验收	一	数控机床的安装	2	2
		二	数控机床的精度检验	2	4
		三	位置精度补偿	4	6
合计				57	59

全书共有7章，由威海职业学院韩鸿鸾与河南省周口市技工学校李书伟任主编，由江苏南通工贸技师学院的朱晓华任主审。具体分工如下：威海职业学院韩鸿鸾编写第三章，河南省周口市技工学校李书伟编写第四章，威海职业学院李鲁平编写第一章，威海经济开发区科技局侯大力与威海职业学院王常义编写第五章，广东西安电子科技大学陈黎丽编写第七章，威海职业学院杨胜利编写第二章，威海职业学院王小方编写第六章。

编写过程中，编者参阅了国内外出版的有关教材和资料，得到了全国数控网络培训中心、常州技师学院、临沂技师学院、东营职业学院、烟台职业学院、华东数控有限公司、山东推土机厂、联桥仲精机械有限公司（日资）、豪顿华工程有限公司（英资）的有益指导；本书经全国职业教育教材审定委员会审定，评审专家对本书提出了宝贵的建议，在此一并表示衷心感谢！

由于编者水平有限，书中不妥之处在所难免，恳请读者批评指正。

编　者

目　录

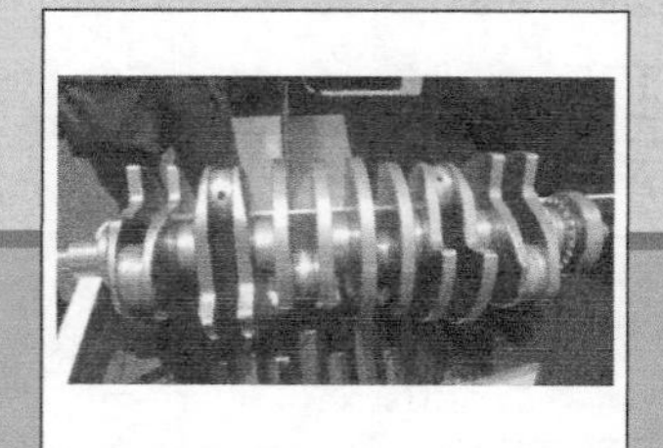

第一章 概 述

数控机床是现代机械工业的重要技术装备，也是先进制造技术的基础装备，图 1-1 所示是在数控机床上加工零件的照片。随着微电子技术、计算机技术、自动化技术的发展，数控机床也得到了飞速发展，我国几乎所有的机床品种都有了数控机床。

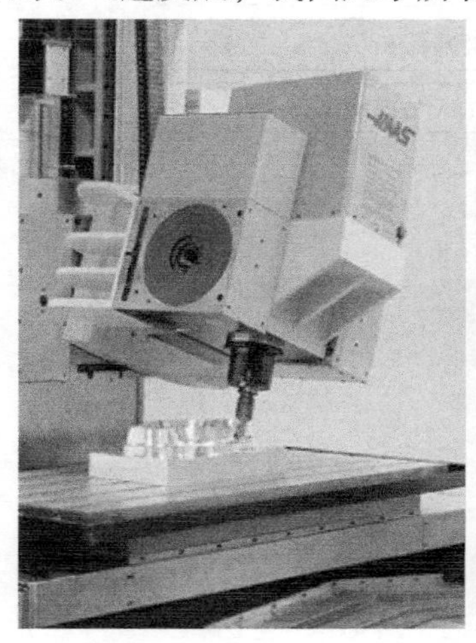

图 1-1　在数控机床上加工零件

【学习目标】

让学生掌握数控机床的组成与工作原理，了解数控机床的产生，掌握数控机床的分类；知道数控机床的发展；结合后续课程，会对数控机床进行维护保养。

【知识构架】

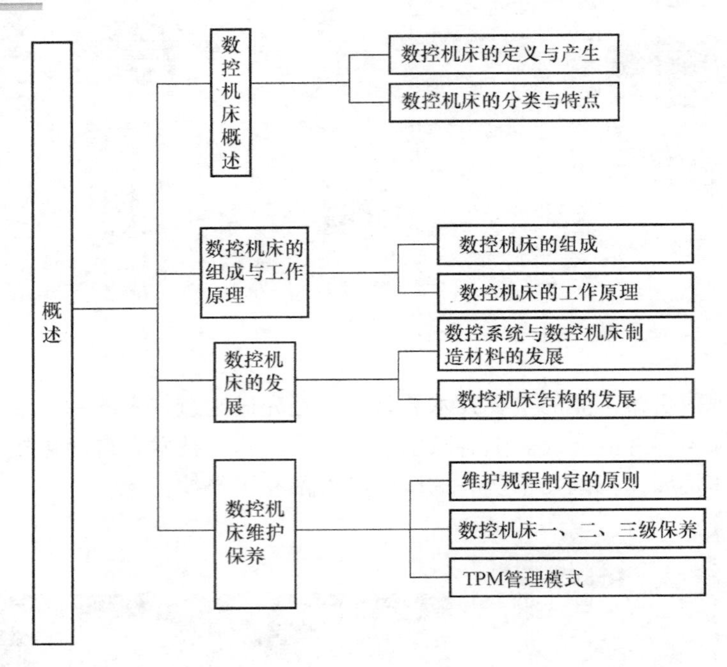

第一节 数控机床概述

【学习目标】

- 了解数控机床产生的年代与国家
- 掌握数控机床的定义
- 了解数控机床的特点
- 掌握数控机床的分类
- 掌握闭环、开环、半闭环数控机床的工作原理
- 掌握点位控制数控机床的定位特点

【学习内容】

一、数控机床的产生

1949 年美国空军后勤司令部为了在短时间内造出经常变更设计的火箭零件与帕森斯（John C. Parson）公司合作，并选择麻省理工学院伺服机构研究所为协作单位，于 1952 年研制成功了世界上第一台数控机床。1958 年，美国的克耐·杜列克公司（Keaney & Treeker corp，K&T 公司）在一台数控镗铣床上增加了自动换刀装置，第一台加工中心问世了。现代意义上的加工中心是 1959 年由该公司开发出来的。我国是从 1958 年开始研制数控机床的。

二、数控机床的定义

数字控制（Numerical Control）简称数控（NC），是一种借助数字、字符或其他符号对某一工作过程（如加工、测量、装配等）进行可编程控制的自动化方法。

数控技术（Numerical Control Technology）是指用数字量及字符发出指令并实现自动控制的技术，它已经成为制造业实现自动化、柔性化、集成化生产的基础技术。

数控系统（Numerical Control System）是指采用数字控制技术的控制系统。

计算机数控系统（Computer Numerical Control System）是以计算机为核心的数控系统。

数控机床（Numerical Control Machine Tools）是指采用数字控制技术对机床的加工过程进行自动控制的一类机床。国际信息处理联盟（IFIP）第五技术委员会对数控机床定义如下：数控机床是一个装有程序控制系统的机床，该系统能够逻辑地处理具有使用号码或其他符号编码指令规定的程序。定义中所说的程序控制系统即数控系统。

三、数控机床的特点

1. 适应性强

数控机床加工形状复杂的零件或新产品时，不必像通用机床那样采用很多工装，仅需要少量工夹具。一旦零件图有修改，只需修改相应的程序部分，就可在短时间内将新零件加工出来。因而生产周期短，灵活性强，为多品种小批量的生产和新产品的研制提供了有利条件。

2. 适合加工复杂型面的零件

由于计算机具有高超的运算能力，可以瞬间准确地计算出每个坐标轴瞬间应该运动的运动量，因此数控机床能完成普通机床难以加工或根本不能加工的复杂型面的零件，如图 1-2 所示。所以数控机床在航天、航空领域（如飞机的螺旋桨及蜗轮叶片）及模具加工中，得到了广泛应用。

3. 加工精度高、加工质量稳定

数控机床所需的加工条件，如进给速度、主轴转速、刀具选择等，都是由指令代码事先规定好的，整个加工过程是自动进行的，人为造成的加工误差很小，而且传动中的间隙及误差还可以由数控系统进行补偿。因此，数控机床的加工精度较高。此外，数控机床能进行重复性的操作，尺寸一致性好，减少了废品率。最近，数控系统中增加了对机床误差、加工误差等修正补偿的功能，使数控机床的加工精度及重复定位精度进一步提高。

4. 自动化程度高

数控机床对零件的加工是按事先编好的程序自动完成的，操作者除了操作键盘，装卸工件，进行关键工序的中间检测以及观察机床运行外，不需要进行繁杂的重复性手工操作，劳动强度与紧张程度均可大为减轻。另外，数控机床一般都具有较好的安全防护、自动排屑、自动冷却和自动润滑等装置。

5. 加工生产率高

数控机床能够减少零件加工所需的机动时间和辅助时间。数控机床的主轴转速和进给量范围比通用机床的范围大，每一道工序都能选用最佳的切削用量，数控机床的结构刚性允许数控机床进行大切削用量的强力切削，从而有效节省了机动时间。数控机床移动部件在定位中均采用加减速控制，并可选用很高的空行程运动速度，缩短了定位和非切削时间。使用带有刀库和自动换刀

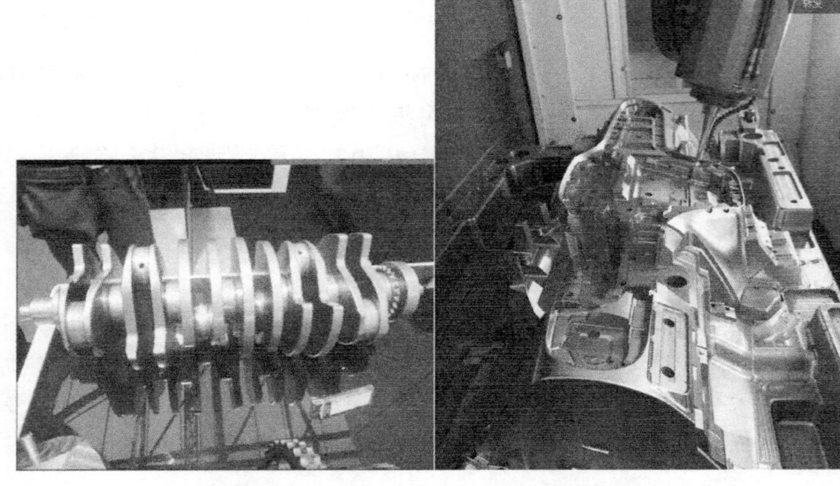

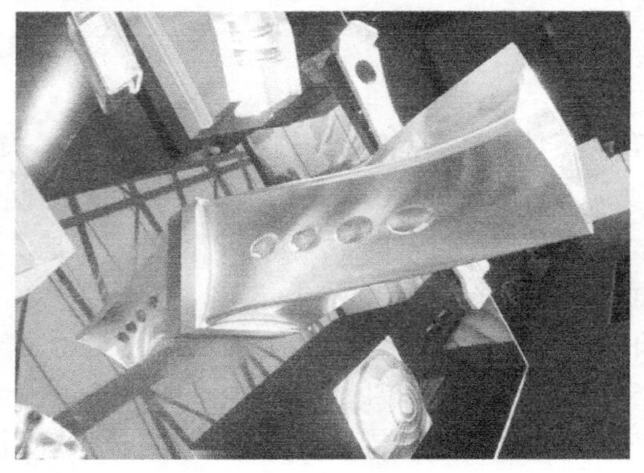

图 1-2　复杂型面的零件

装置的加工中心时，工件往往只需进行一次装夹就可完成所有的加工工序，减少了半成品的周转时间，生产效率非常高。数控机床加工质量稳定，还可减少检验时间。数控机床可比普通机床提高效率 2 ~3 倍，对于复杂零件的加工，生产率可提高十几倍甚至几十倍。

6. 一机多用

某些数控机床，特别是加工中心，一次装夹后，几乎能完成零件的全部工序的加工，可以代替 5 ~7 台普通机床。图 1-3 所示是在一台车削中心上完成了车、铣、钻等加工。

图 1-3　一机多用

7. 减轻操作者的劳动强度

数控机床的加工是由程序直接控制的，操作者一般只需装卸零件和更换刀具并监视数控机床的运行，大大减轻了操作者的劳动强度，同时也节省了劳动力（一人可看管多台机床）。

8. 有利于生产管理的现代化

数控系统采用数字信息与标准化代码输入，并具有通信接口，易实现数控机床之间的数

据通信，最适宜计算机之间的连接，组成工业控制网络。同时用数控机床加工零件，能准确地计算零件的加工工时，并有效地简化了检验、工装和半成品的管理工作，这些都有利于生产管理现代化。

9. 价格较贵

数控机床是以数控系统为代表的新技术对传统机械制造产业渗透形成的机电一体化产品，它涵盖了机械、信息处理、自动控制、伺服驱动、自动检测、软件技术等许多领域，尤其是采用了许多高、新、尖的先进结构，使得数控机床的整体价格较高。

10. 调试和维修较复杂，需专门的技术人员

由于数控机床结构复杂，所以要求调试与维修人员应经过专门的技术培训，才能胜任此项工作。

此外，由于许多零件形状较为复杂，目前数控机床编程又以手工编程为主，故编程所需时间较长，这样会使机床等待时间长，导致数控机床的利用率不高。

四、数控机床的分类

目前数控机床的品种很多，通常按下面几种方法进行分类。

1. 按工艺用途分类

（1）一般数控机床　最普通的数控机床有数控钻床、数控车床、数控铣床、数控镗床、数控磨床和数控齿轮加工机床，如图 1-4 所示。初期它们和传统的通用机床工艺用途虽然相

a)　b)　c)　d)

图 1-4　常见数控机床

a）立式数控车床　b）卧式数控车床　c）立式数控铣床　d）卧式数控铣床

似，但是它们的生产率和自动化程度比传统机床高，都适合加工单件、小批量和复杂形状的零件。现在的数控机床其工艺用途已经有了很大的发展。

（2）数控加工中心　这类数控机床是在一般数控机床上加装一个刀库和自动换刀装置，从而构成一种带自动换刀装置的数控机床。这类数控机床的出现打破了一台机床只能进行单工种加工的传统概念，实行一次安装定位，完成多工序加工方式。加工中心机床有较多的种类，一般按以下几种方式分类：

1）按加工范围分类。包括车削加工中心、钻削加工中心、镗铣加工中心、磨削加工中心、电火花加工中心等。一般镗铣类加工中心简称加工中心，其余种类加工中心要有前面的定语。现在发展的复合加工功能的机床，也常称为加工中心。常见的加工中心见表1-1。

2）按机床结构分类。包括立式加工中心、卧式加工中心（见图1-5）、五面加工中心和并联加工中心（虚拟加工中心）。

3）按数控系统联动轴数分类。包括2坐标加工中心、3坐标加工中心和多坐标加工中心。

4）按精度分类。可分为普通加工中心和精密加工中心。

表1-1　常见的加工中心

名称	图样	说明
车削加工中心	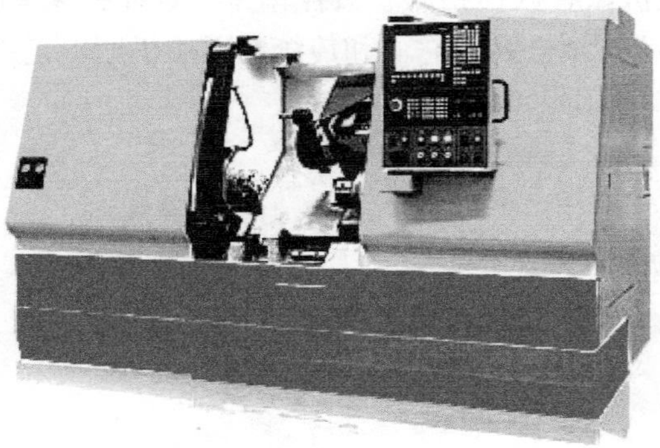	
钻削加工中心	 ZMC500	

（续）

名称	图样	说明
磨削加工中心		五轴螺纹磨削加工中心
车铣复合加工中心		DMG（德马吉）公司
		WFL 车铣复合加工中心
	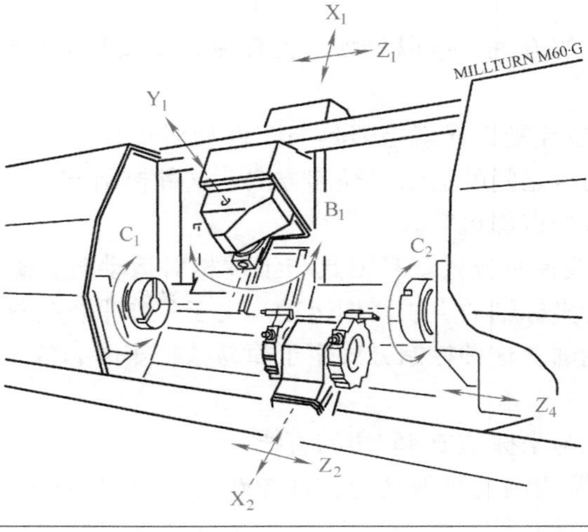	WFL 车铣复合加工中心的坐标

（续）

名称	图样	说明
车铣磨插复合加工中心		瑞士宝美 S－191 车铣磨插复合加工中心
铣磨复合加工中心		德国罗德斯铣磨复合加工中心 RXP600DSH
激光堆焊与高速铣削机床		Roeders RFM760 激光堆焊与高速铣削机床

2. 按加工路线分类

数控机床按其进刀与工件相对运动的方式，可以分为点位控制、直线控制和轮廓控制，如图 1-6 所示。

（1）点位控制（见图 1-6a）　点位控制方式就是刀具与工件相对运动时，只控制从一点运动到另一点的准确性，而不考虑两点之间的运动路径和方向。这种控制方式多应用于数控钻床、数控冲床、数控坐标镗床和数控点焊机等。

（2）直线控制（见图 1-6b）　直线控制方式就是刀具与工件相对运动时，除控制从起点到终点的准确定位外，还要保证平行坐标轴的直线切削运动。由于只作平行坐标轴的直线进给运动，因此不能加工复杂的零件轮廓。这种控制方式用于简易数控车床、数控铣床、数控磨床等。

有的直线控制的数控机床可以加工与坐标轴成 45°角的直线。

（3）轮廓控制（见图 1-6c）　轮廓控制就是刀具与工件相对运动时，能对两个或两个

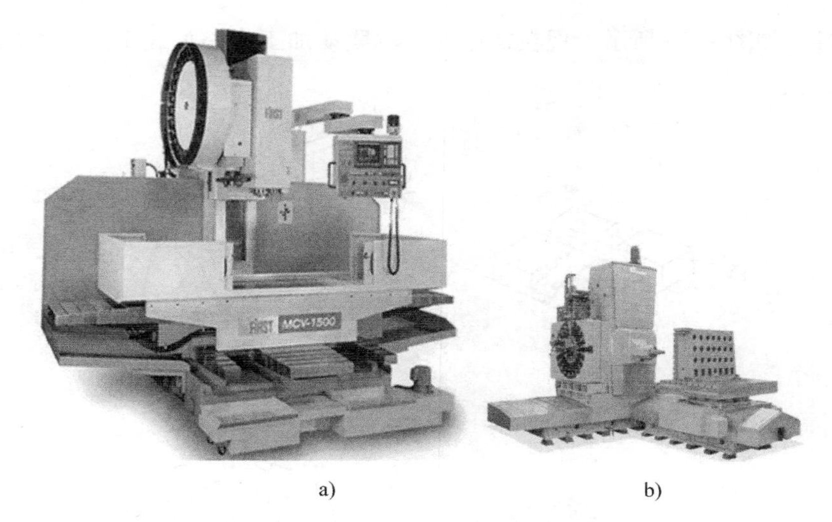

a) b)

图 1-5 常见的加工中心

a) 立式加工中心 b) 卧式加工中心

以上坐标轴的运动同时进行控制。因此可以加工平面曲线轮廓或空间曲面轮廓。采用这类控制方式的数控机床有数控车床、数控铣床、数控磨床、加工中心等。

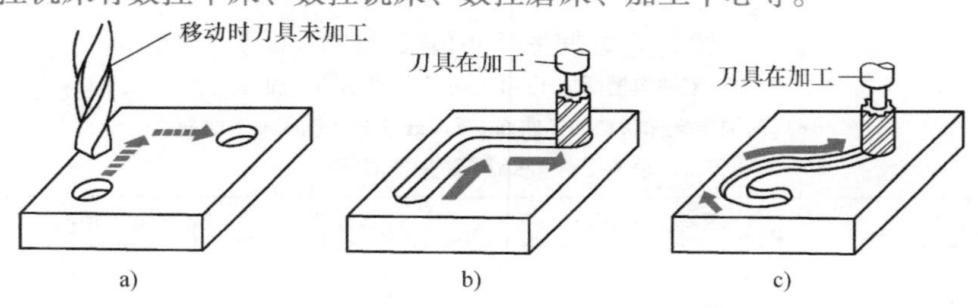

a) b) c)

图 1-6 数控机床分类

a) 点位控制 b) 直线控制 c) 轮廓控制

3. 按可控制联动的坐标轴分类

所谓数控机床可控制联动的坐标轴，是指数控装置控制几个伺服电动机，同时驱动机床移动部件运动的坐标轴数目。

（1）两坐标联动 数控机床能同时控制两个坐标轴联动，即数控装置同时控制 X 和 Z 方向运动，可用于加工各种曲线轮廓的回转体类零件。或机床本身有 X、Y、Z 三个方向的运动，数控装置中只能同时控制两个坐标，实现两个坐标轴联动，但在加工中能实现坐标平面的变换，用于加工图 1-7a 所示的零件沟槽。

（2）三坐标联动 数控机床能同时控制三个坐标轴联动。此时，铣床称为三坐标数控铣床，可用于加工曲面零件，如图 1-7b 所示。

（3）两轴半坐标联动 数控机床本身有三个坐标能作三个方向的运动，但控制装置只能同时控制两个坐标，而第三个坐标只能作等距周期移动，可加工空间曲面，如图 1-5c 所示。数控装置在 ZX 坐标平面内控制 X、Z 两坐标联动，加工垂直面内的轮廓表面，控制 Y 坐标作定期等距移动，即可加工出零件的空间曲面。

（4）多坐标联动 能同时控制四个以上坐标轴联动的数控机床。多坐标数控机床的结构复杂、精度要求高、程序编制复杂，主要应用于加工形状复杂的零件。五轴联动铣床加工曲面形状零件，如图 1-7d 所示。现在常见的五轴联动加工中心见表 1-2。六轴加工中心如图 1-8 所示。

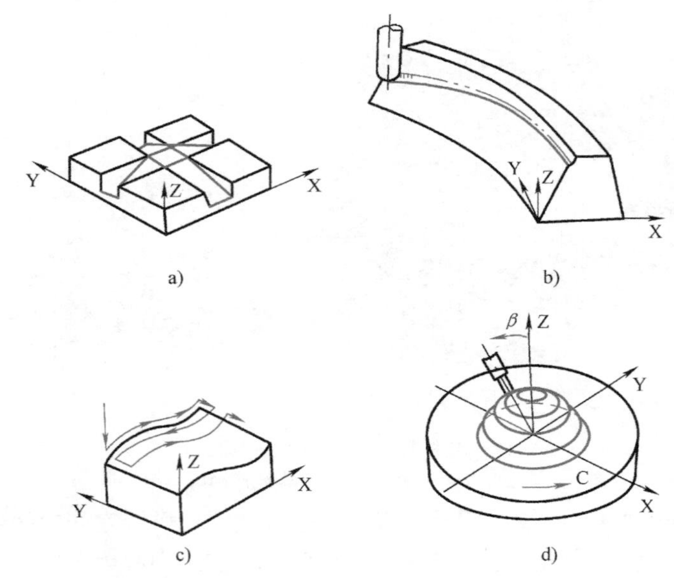

图 1-7　空间平面和曲面的数控加工

a）零件沟槽面加工　b）三坐标联动曲面加工

c）两轴半坐标联动加工曲面　d）五轴联动铣床加工曲面

表 1-2　五轴联动加工中心

特点	图样	说明
摆头	B C Z Y X	瑞士威力铭 W－418 五轴联动加工中心
		DMG 公司的 DMU125P

（续）

特点	图样	说明
铣头与分度头联动回转	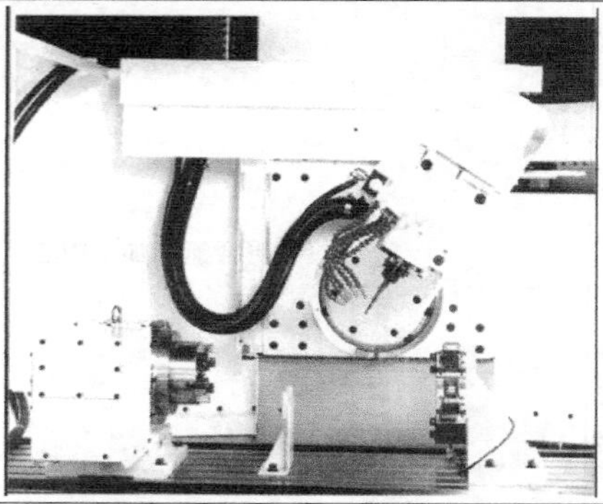	
工作台两轴回转加工中心		
摇篮		德国哈默的 C30U 不仅能作镜面切削，还可加工伞齿轮、螺旋伞齿轮等
		德国哈默的摇篮式可倾斜工作台

（续）

特点	图样	说明
摇篮	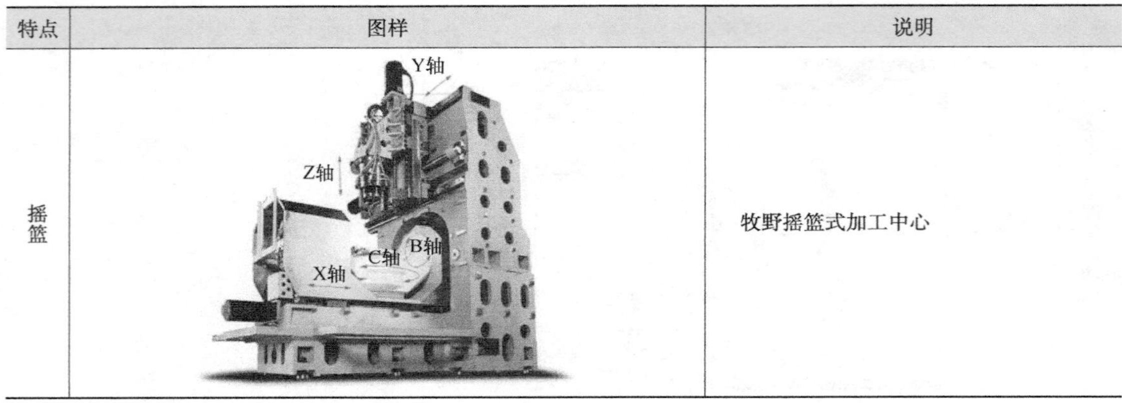	牧野摇篮式加工中心

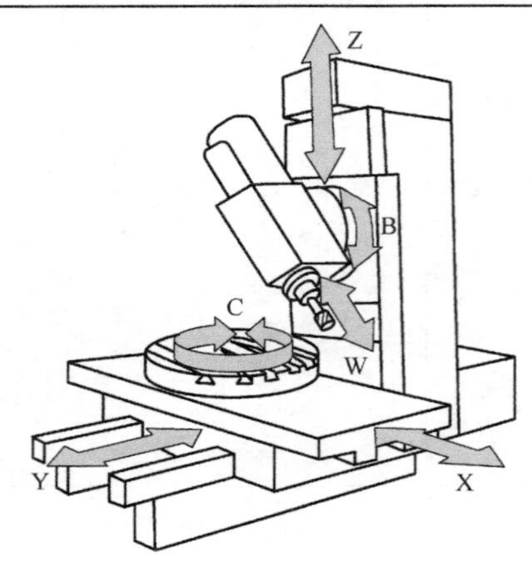

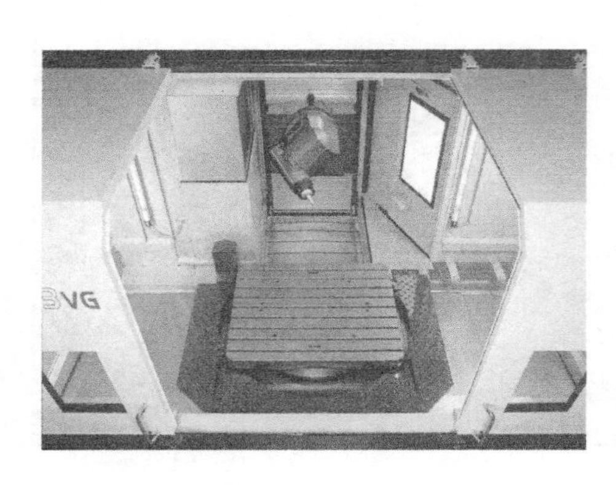

图 1-8　六轴加工中心

4. 按控制方式分类

数控机床按照对被控量有无检测反馈装置可分为开环控制和闭环控制两种。在闭环系统中，根据测量装置安放的部位又分为全闭环控制和半闭环控制两种。数控机床按照控制方式分类见表 1-3。

表 1-3　数控机床按照控制方式分类

控制方式	图示与说明	特点	应用
开环控制	输入　计算机数控装置　控制电路　步进电动机　减速箱　工作台 数控装置将工件加工程序处理后，输出数字指令信号给伺服驱动系统，驱动机床运动。由于没有检测反馈装置，因此不检测运动的实际位置，也就没有位置反馈信号。指令信息在控制系统中单方向传送，不反馈	采用步进电动机作为驱动元件 开环系统的速度和精度都较低；但是，控制结构简单，调试方便，容易维修，成本较低	广泛应用于经济型数控机床上

（续）

控制方式		图示与说明	特点	应用
闭环控制	全闭环	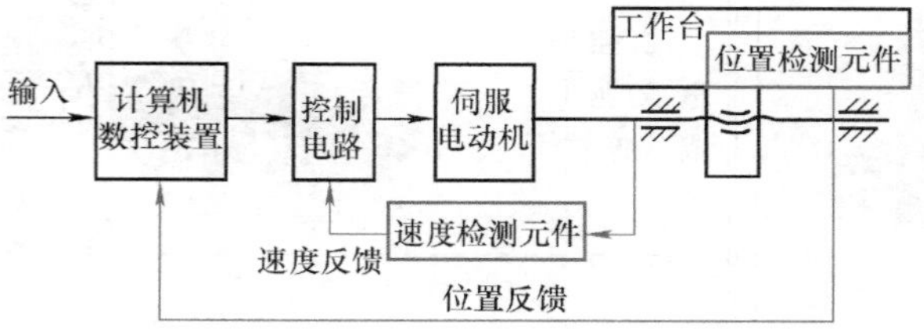 安装在工作台上的检测元件将工作台实际位移量反馈到数控系统中，与所要求的位置指令进行比较，用比较的差值进行控制，直到差值消除为止	采用直流伺服电动机或交流伺服电动机作为驱动元件 加工精度高，移动速度快；但是电动机的控制电路比较复杂，检测元件价格昂贵，因而调试和维修比较复杂，成本高	广泛应用于加工精度高的精密型数控机床中
	半闭环	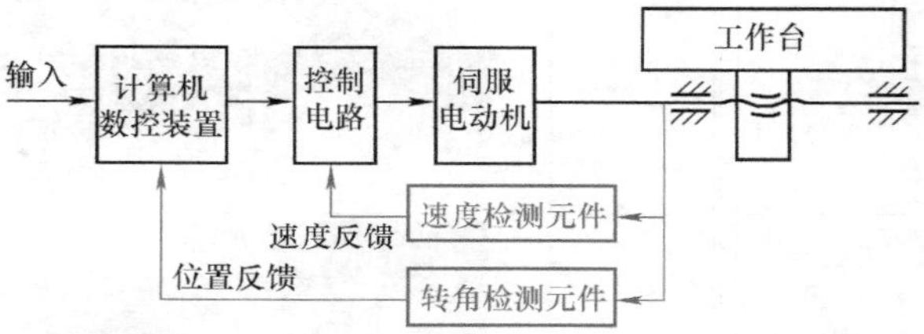 系统反馈环内不包含工作台。系统不直接检测工作台的位移量，而是采用转角位移检测元件，测出伺服电动机或丝杠的转角，推算工作台的实际位移量，反馈到数控系统中进行位置比较，用比较的差值进行控制	控制精度比闭环控制差，但稳定性好，成本较低，调试维修也较容易，兼具开环控制和闭环控制两者的特点	应用比较普遍

5. 按加工方式分类

（1）金属切削类数控机床　如数控车床、加工中心、数控钻床、数控磨床、数控镗床（见表 1-4）等。

（2）金属成型类数控机床（见表 1-4）　如数控折弯机、数控弯管机、数控回转头压力机等。

（3）数控特种加工机床（见表 1-4）　如数控线（电极）切割机床、数控电火花加工机床、数控激光切割机等。

（4）其他类型的数控机床（见表 1-4）　如火焰切割机、数控三坐标测量机等。

表 1-4　各种机床的实物图

名称	实物	名称	实物
数控插齿机		数控电火花线切割机床	

（续）

名称	实物	名称	实物
数控滚齿机		数控电火花成形机	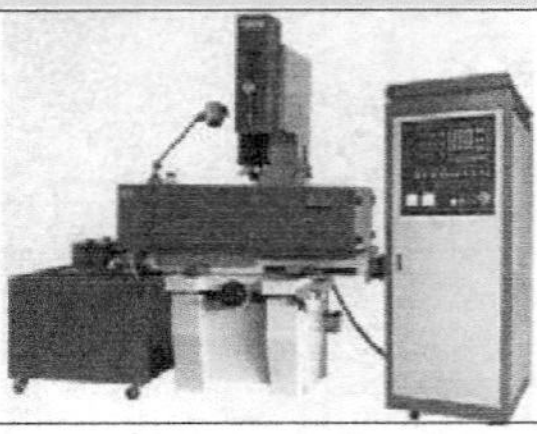
数控刀具磨床		数控火焰切割机	
数控镗床		数控激光加工机	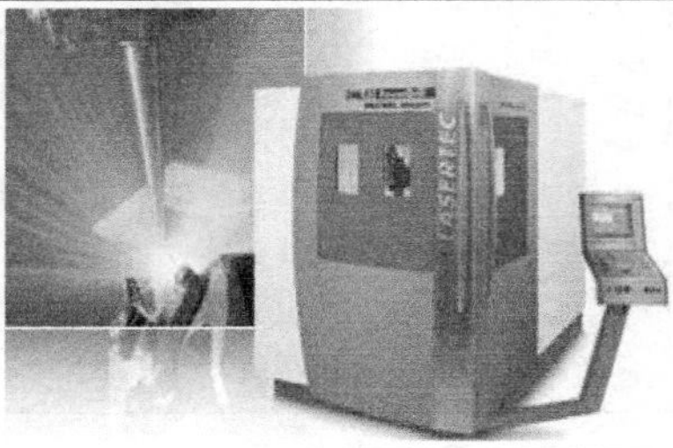
数控折弯机		数控三坐标测量仪	
数控全自动弯管机	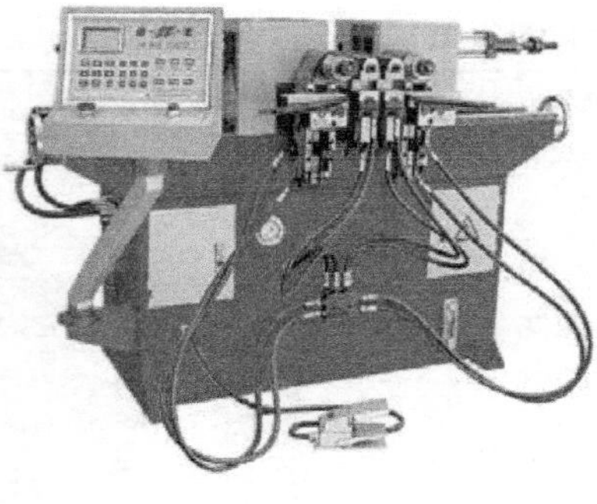	数控对刀仪	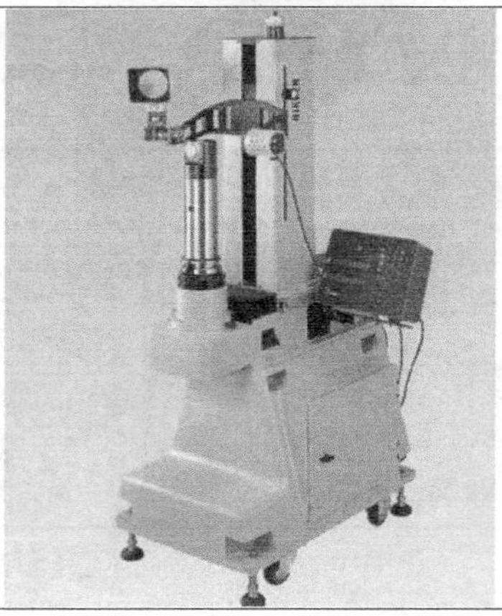

（续）

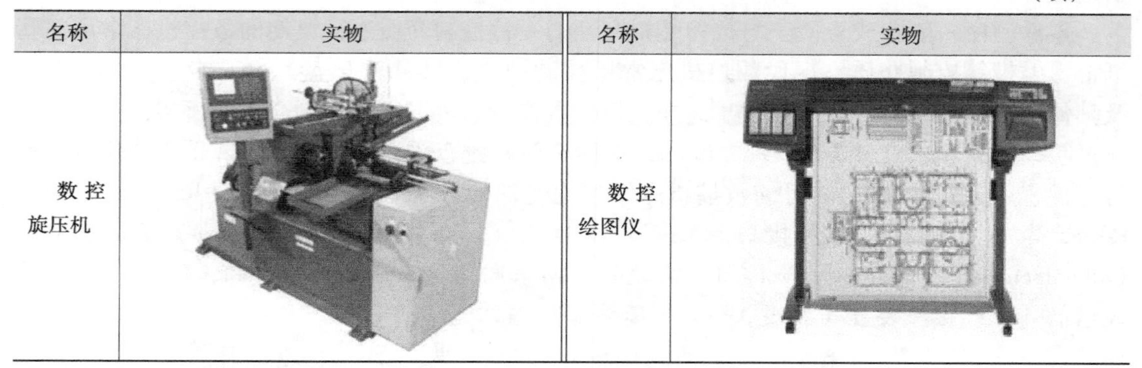

名称	实物	名称	实物
数控旋压机		数控绘图仪	

第二节　数控机床的组成与工作原理

【学习目标】

- 掌握数控机床的组成
- 了解数控机床的工作原理

【学习内容】

一、数控机床的组成

数控机床一般由计算机数控系统和机床本体两部分组成，其中计算机数控系统是由输入/输出装置、计算机数控装置（CNC 装置）、可编程序控制器、主轴驱动系统和进给伺服驱动系统等组成的一个整体系统，如图 1-9 所示。

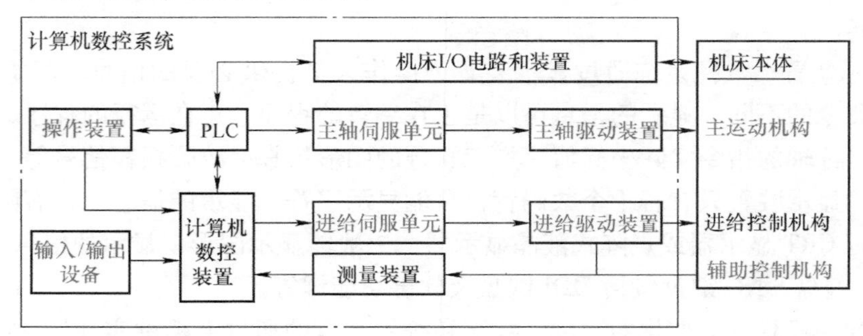

图 1-9　数控机床的组成

1. 输入/输出装置

数控机床在进行加工前，必须接收由操作人员输入的零件加工程序（根据加工工艺、切削参数、辅助动作以及数控机床所规定的代码和格式编写的程序，简称为零件程序。现代数控机床上该程序通常以文本格式存放），然后才能根据输入的零件程序进行加工控制，从而加工出所需的零件。此外，数控机床中常用的零件程序有时也需要在系统外备份或保存。

因此数控机床中必须具备必要的交互装置，即输入/输出装置来完成零件程序的输入/输出过程。

零件程序一般存放于便于与数控装置交互的一种控制介质上，早期的数控机床常用穿孔纸带、磁带等控制介质，现代数控机床常用移动硬盘、Flash（U 盘）、CF 卡（见图 1-10）及其他半导体存储器等控制介质。此外，现代数控机床可以不用控制介质，直接由操作人员通过手动数据输入（Manual Data Input，简称 MDI）键盘输入零件程序；或采用通信方式进行零件程序的输入/输出。目前数控机床常采用通信的方式有：串行通信（RS232、RS422、RS485 等）；自动控制专用接口和规范，如 DNC（Direct Numerical Control）方式，MAP（Manufacturing Automation Protocol）协议等；网络通信（internet，intranet，LAN 等）及无线通信［无线接收装置（无线 AP）、智能终端］等。

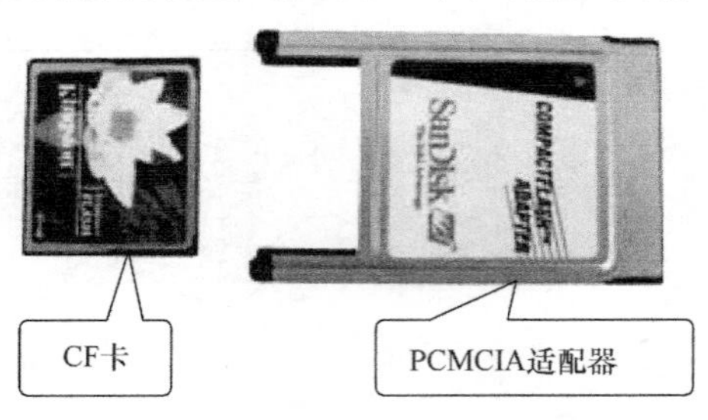

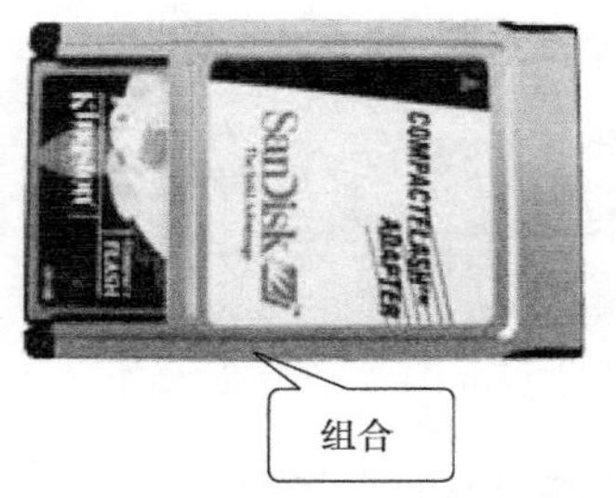

图 1-10　CF 卡

2. 操作装置

操作装置是操作人员与数控机床（系统）进行交互的工具。一方面，操作人员可以通过它对数控机床（系统）进行操作、编程、调试或对机床参数进行设定和修改；另一方面，操作人员也可以通过它了解或查询数控机床（系统）的运行状态，它是数控机床特有的一个输入输出部件。操作装置主要由显示装置、NC 键盘（功能类似于计算机键盘的按键阵列）或计算机键盘、机床控制面板（Machine Control Panel，简称 MCP）、状态灯、手持单元等部分组成。图 1-11 所示为 FANUC 系统的操作装置，其他数控系统操作装置的布局与之相比大同小异。

（1）显示装置　数控系统通过显示装置为操作人员提供必要的信息，根据系统所处的状态和操作命令的不同，显示的信息可以是正在编辑的程序、正在运行的程序、机床的加工状态、机床坐标轴的指令实际坐标值、加工轨迹的图形仿真、故障报警信号等。

较简单的显示装置只有若干个数码管，只能显示字符，显示的信息也很有限。较高级的系统一般配有 CRT 显示器或点阵式液晶显示器，一般能显示图形，显示的信息较丰富。

（2）NC 键盘　NC 键盘包括 MDI 键盘及软键功能键等。

MDI 键盘一般具有标准化的字母、数字和符号（有的通过上档键实现），主要用于零件程序的编辑、参数输入、MDI 操作及系统管理等。

功能键一般用于系统的菜单操作（见图 1-11）。

（3）机床控制面板（MCP）　机床控制面板集中了系统的所有按钮（故可称为按钮站），这些按钮用于直接控制机床的动作或加工过程，如启动、暂停零件程序的运行，手动进给坐标轴，调整进给速度等（见图 1-11）。

（4）手持单元　手持单元不是操作装置的必需件，有些数控系统为方便用户配有手持单元，用于手摇方式增量进给坐标轴。

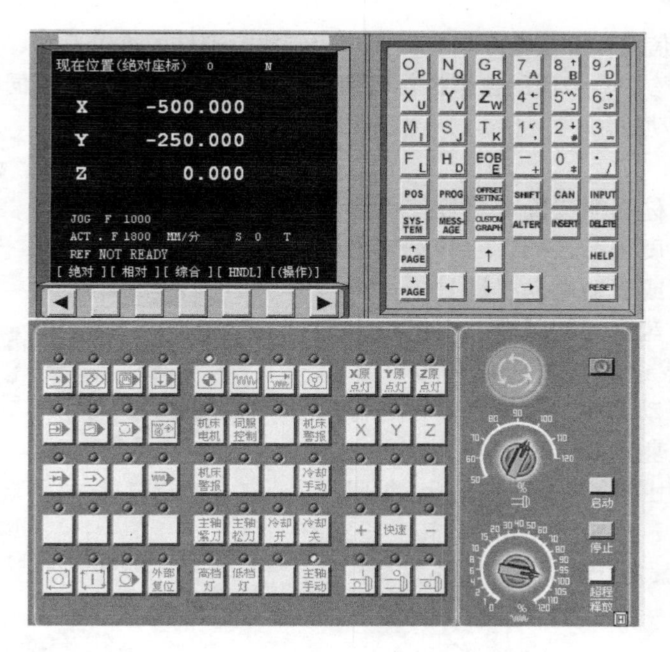

图 1-11 FANUC 系统操作装置

手持单元一般由手摇脉冲发生器 MPG、坐标轴选择开关等组成。图 1-12 所示为手持单元的一种形式。

3. 计算机数控装置（CNC 装置或 CNC 单元）

计算机数控（CNC）装置是计算机数控系统的核心（见图 1-13）。其主要作用是根据输入的零件程序和操作指令进行相应的处理（如运动轨迹处理、机床输入输出处理等），然后输出控制命令到相应的执行部件（伺服单元、驱动装置和 PLC 等），控制其动作，加工出需要的零件。所有这些工作是由 CNC 装置内的系统程序（亦称控制程序）进行合理的组织，在 CNC 装置硬件的协调配合下，有条不紊地进行的。

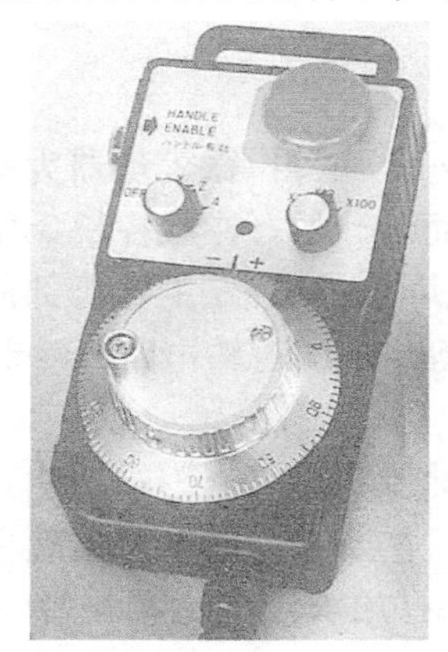

图 1-12 MPG 手持单元结构

图 1-13 计算机数控装置

4. 伺服机构

伺服机构是数控机床的执行机构，由驱动和执行两大部分组成，如图 1-14 所示。它接受数控装置的指令信息，并按指令信息的要求控制执行部件的进给速度、方向和位移。目前数控机床的伺服机构中，常用的位移执行机构有功率步进电动机、直流伺服电动机、交流伺服电动机和直线电动机。

5. 检测装置

检测装置（也称反馈装置）对数控机床运动部件的位置及速度进行检测，通常安装在机床的工作台、丝杠或驱动电动机转轴上，相当于普通机床的刻度盘和人的眼睛，它把机床工作台的实际位移或速度转变成电信号反馈给CNC装置或伺服驱动系统，与指令信号进行比较，以实现位置或速度的闭环控制。

数控机床上常用的检测装置有光栅、编码器（光电式或接触式）、感应同步器、旋转变压器、磁栅、磁尺、双频激光干涉仪等（见图1-15）。

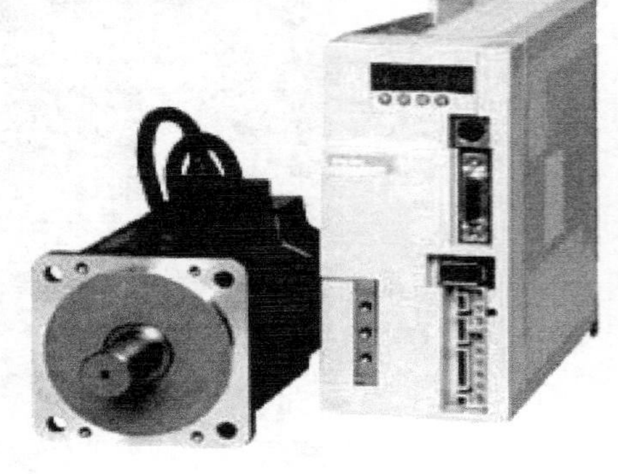

a)　　b)

图1-14　伺服机构

a）伺服电动机　b）驱动装置

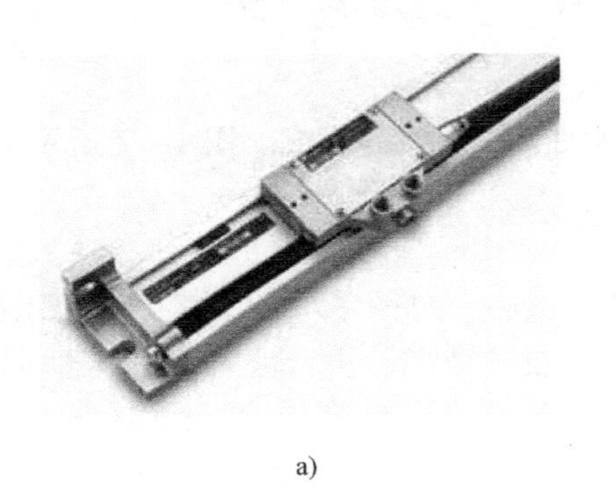

a)　　b)

图1-15　检测装置

a）光栅　b）光电编码器

6. 可编程序控制器

可编程序控制器（Programmable Controller，简称PLC）是一种以微处理器为基础的通用型自动控制装置（见图1-16），是专为在工业环境下应用而设计的。在数控机床中，PLC主要完成与逻辑运算有关的一些顺序动作的I/O控制，它和实现I/O控制的执行部件——机床I/O电路与装置（由继电器、电磁阀、行程开关、接触器等组成的逻辑电路）一起，共同完成以下任务。

1）接受CNC装置的控制代码M（辅助功能）、S（主轴功能）、T（刀具功能）等顺序动作信息，对其进行译码，转换成对应的控制信号。一方面，它控制主轴单元实现主轴转速控制；另一方面，它控制辅助装置完成机床相应的开关动作，如卡盘的夹紧松开（工件的装夹）、刀具的自动更换、切削液的开与关、机械手取送刀、主轴正反转和停止、准停等动作。

2）接受机床控制面板（循环启动、进给保持、手动进给等）和机床侧（行程开关、压力开关、温控开关等）的I/O信号，一部分信号直接控制机床的动作，另一部分信号送往CNC装置，经其处理后，输出指令控制CNC系统的工作状态和机床的动作。

用于数控机床的PLC一般分为两类：内装型（集成型）PLC和通用型（独立型）PLC。

7. 机床

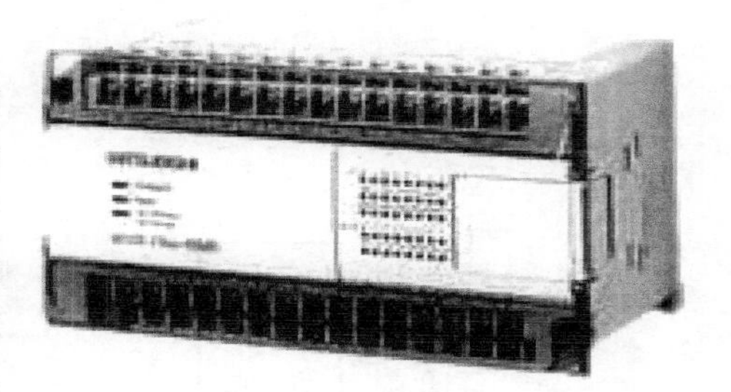
图 1-16　可编程序控制器（PLC）

机床是数控机床的主体，是数控系统的被控对象，是实现制造加工的执行部件。它主要由主运动部件、进给运动部件（工作台、滑板以及相应的传动机构）、支承件（立柱、床身等）以及特殊装置（刀具自动交换系统、工件自动交换系统）和辅助装置（如冷却、润滑、排屑、转位和夹紧装置等）组成。数控机床机械部件的组成与普通机床相似，但传动结构较为简单，在精度、刚度、抗振性等方面要求高，而且其传动和变速系统要便于实现自动化控制。图 1-17 所示为典型数控车床的机械结构系统组成，包括主轴传动机构、进给传动机构、刀架、床身、辅助装置（刀具自动交换机构、润滑与切削液装置、排屑、过载限位）等部分。

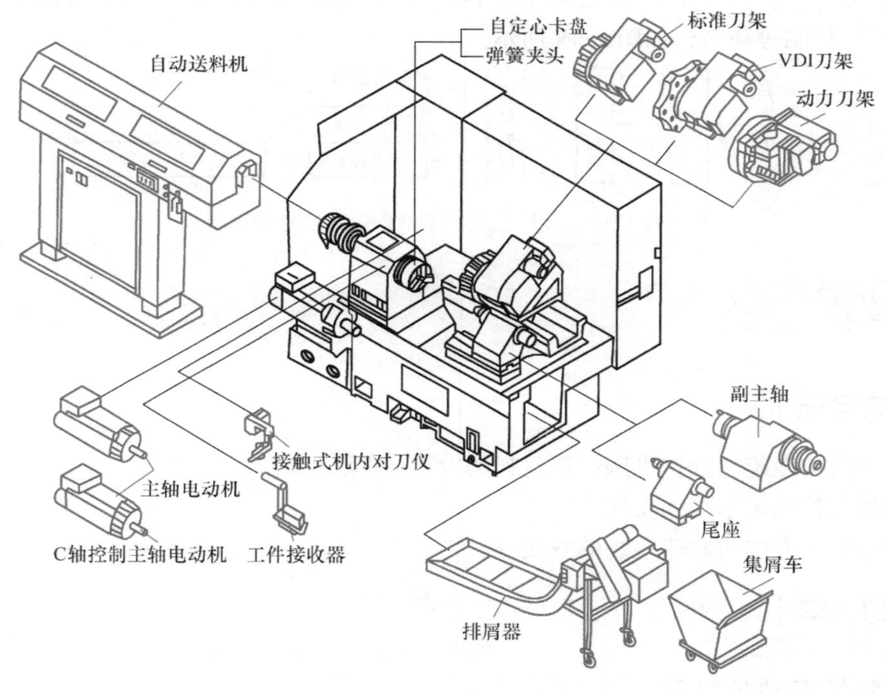

图 1-17　典型数控车床的机械结构系统组成

二、数控机床的工作原理

数控机床的主要任务就是根据输入的零件程序和操作指令，进行相应的处理，控制机床各运动部件协调动作，加工出合格的零件，如图 1-18 所示。

根据零件图制订工艺方案，采用手工或计算机进行零件程序的编制，并把编好的零件程序存放于某种控制介质上；经相应的输入装置把存放在该介质上的零件程序输入至 CNC 装置；CNC 装置根据输入的零件程序和操作指令，进行相应的处理，输出位置控制指令到进给伺服驱动系统以实现刀具和工件的相对移动；输出速度控制指令到主轴伺服驱动系统以实现切削运动；输出 M、S、T 指令到 PLC 以实现顺序动作的开关量 I/O 控制，从而加工出符

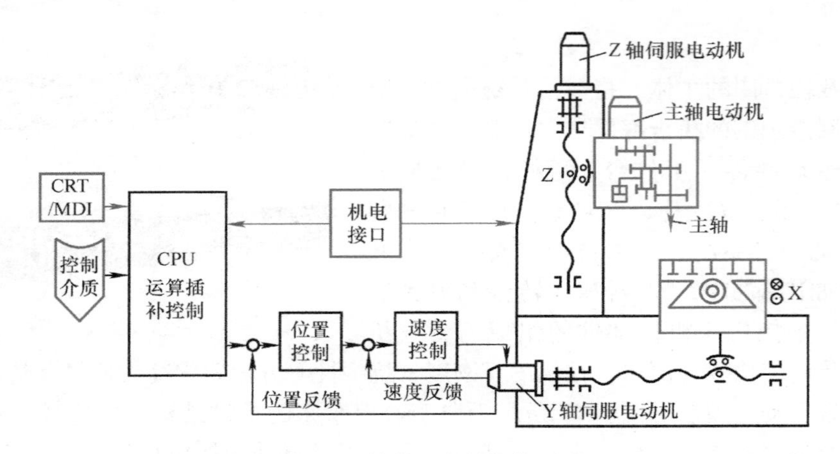

图 1-18　数控机床的工作原理

合图样要求的零件。其中 CNC 系统对零件程序的处理流程包括译码、数据处理、插补、位置控制、PLC 控制等环节，如图 1-19 所示。

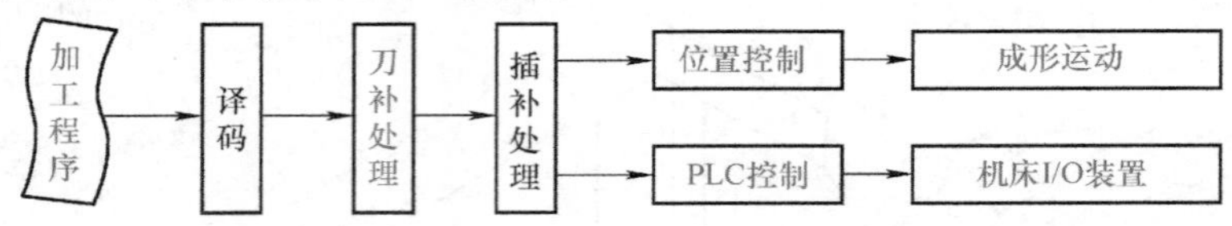

图 1-19　数控系统对零件程序的处理流程

第三节　数控机床的发展

【学习目标】

- 了解数控系统与数控机床制造材料的发展
- 掌握数控机床结构的发展
- 知道加工方法与制造系统的发展

【学习内容】

一、数控系统的发展

数控系统的发展方向如下：

1）开放式数控系统逐步得到发展和应用。

2）小型化以满足机电一体化的要求。

3）改善人机接口，方便用户使用。

4）提高数控系统产品的成套性。

5）研究开发智能型数控系统。

二、数控机床制造材料的发展

为使机床轻量化，常使用各种复合材料，如轻合金、陶瓷和碳素纤维等。目前用聚合物混凝土制造的基础件性能优异，其密度大、刚性好、内应力小、热稳定性好、耐腐蚀、制造周期短，特别是其阻尼系数大、抗振减振性能特别好。

聚合物混凝土的配方很多，大多申请了专利，通常是将花岗岩和其他矿物质粉碎成细小的颗粒，以环氧树脂为粘结剂，以一定比例充分混合后浇注到模具中，借助振动排除气泡，固化约 12h 后出模。其制造过程符合低碳要求，报废后可回收再利用。图 1-20a 所示为用聚合物混凝土制造的机床底座，图 1-20b 所示为在铸铁件中填充混凝土或聚合物混凝土，它们都能提高振动阻尼性能，其减振性能是铸铁件的 8 ~ 10 倍。

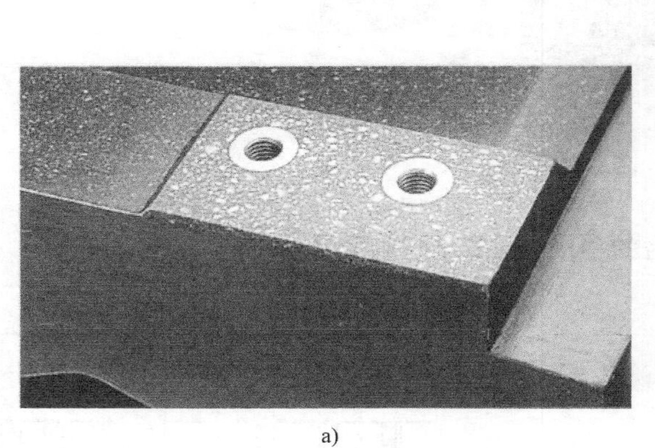

a)

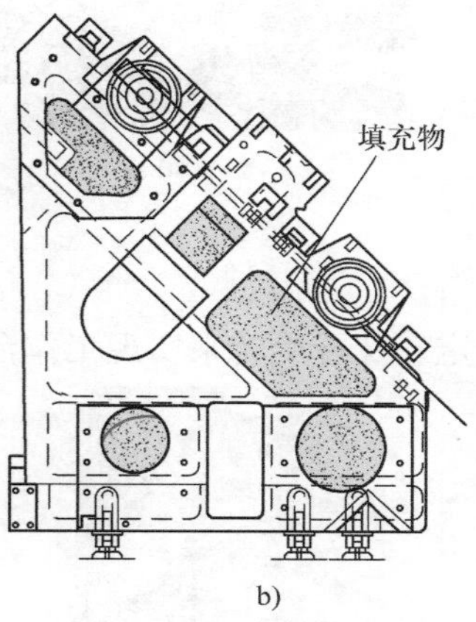

b)

图 1-20 聚合物混凝土的应用

a）聚合物混凝土底座 b）铸铁件中填充混凝土或聚合物混凝土

三、数控机床结构的发展

1. 新结构

（1）箱中箱结构 为了提高刚度和减轻重量，采用框架式箱形结构，将一个框架式箱形移动部件嵌入另一个框架箱中，如图 1-21 所示。

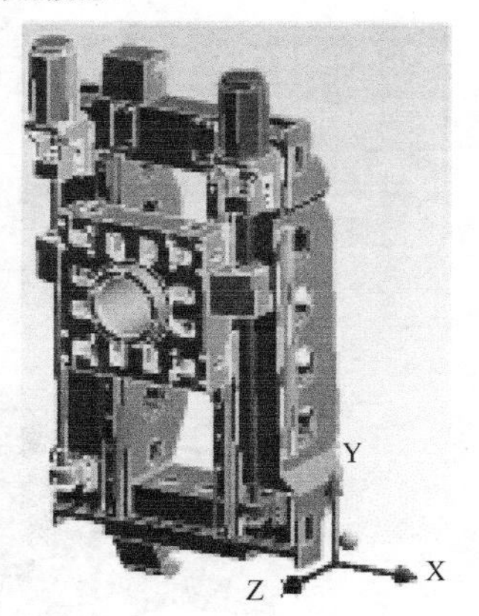

图 1-21 箱中箱结构

（2）台上台结构 如立式加工中心，为了扩充其工艺功能，常使用双重回转工作台，即在一个回转工作台上加装另一个（或多个）回转工作台，如图 1-22 所示。

（3）主轴摆头 卧式加工中心中，为了扩充其工艺功能，常使用双重主轴摆头，如图 1-23 所示，两个回转轴为 C 和 B。

（4）重心驱动 对于龙门式机床，横梁和龙门架用两根滚珠丝杠驱动，形成虚拟重心驱动。如图 1-24 所示，Z_1 和 Z_2 形成横梁的垂直运动重心驱动，X_1 和 X_2 形成龙门架的重心驱动。近年来，由于机床追求高速、高精，重心驱动为中小型机床采用。

如图 1-24 所示，加工中心主轴滑板和下边的工作台由单轴偏置驱动改为双轴重心驱动，消除了起动和定位时由单轴偏置驱动产生的振动，因而提高了精度。

（5）螺母旋转的滚珠丝杠副 重型机床的工作台行程通常有几米到十几米，过去使用齿轮齿条传动。为消除间隙使用双齿轮驱动，但这种驱动结构复杂，且高精度齿条制造困难。目前使用大直径（直径已达 200 ~ 250mm），长度通过接长可达 20m 的滚珠丝杠副，通

a)

b)

图 1-22　台上台结构

a）可倾转台　b）多轴转台

过丝杠固定、螺母旋转来实现工作台的移动，如图 1-25 所示。

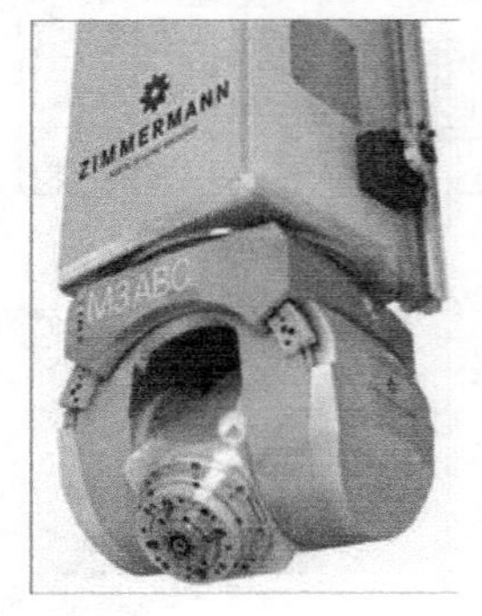

图 1-23　主轴摆头

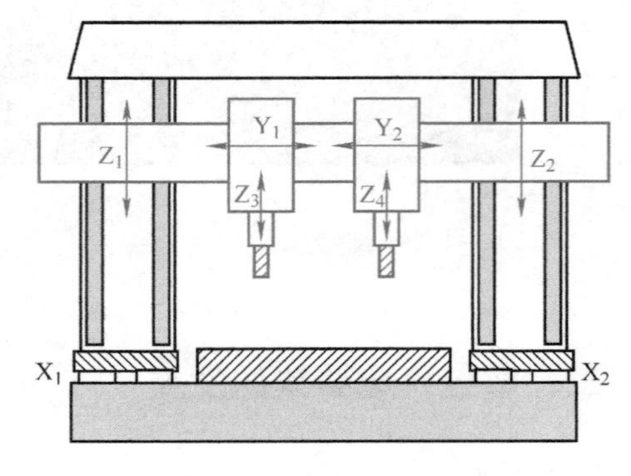

图 1-24　虚拟重心驱动

a)

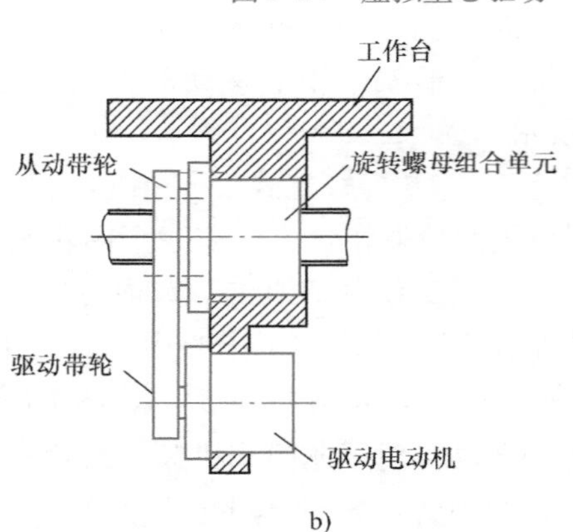

b)

图 1-25　螺母旋转的滚珠丝杠副驱动

a）螺母旋转的滚珠丝杠副　b）重型机床的工作台驱动方式

（6）电磁伸缩杆　近年来，将交流同步直线电动机的原理应用到伸缩杆上，开发出一种新型位移部件，称之为电磁伸缩杆。它的基本原理是在功能部件壳体内安放环状双向电动机绕组，中间是作为次级的伸缩杆，伸缩杆外部有环状的永久磁铁层，如图 1-26 所示。

电磁伸缩杆是没有机械元件的功能部件，借助电磁相互作用实现运动，无摩擦、磨损和润滑

问题。若将电磁伸缩杆外壳与万向铰链连接在一起，并将其安装在固定平台上，作为支点，则随着电磁伸缩杆的轴向移动，即可驱动平台。从图 1-27 所示可见，采用 6 根结构相同的电磁伸缩杆、6 个万向铰链和 6 个球铰链连接固定平台与动平台就可以迅速组成并联运动机床。

图 1-26　电磁伸缩杆

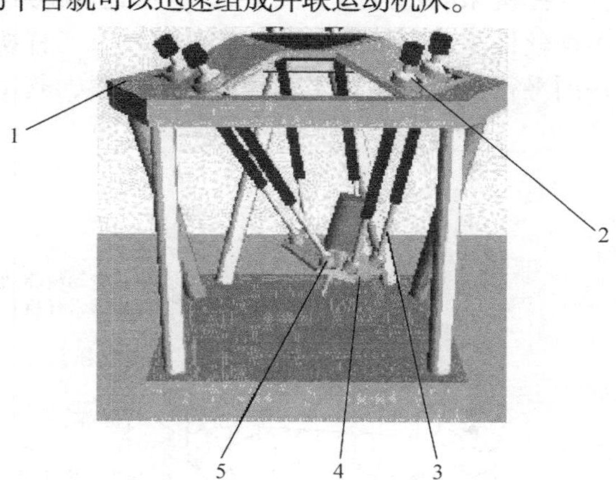

图 1-27　电磁伸缩杆在并联数控机床上的应用
1—固定平台　2—万向铰链　3—电磁伸缩杆
4—动平台　5—球铰链

（7）球电动机　球电动机是德国阿亨工业大学正在研制的一种具有创意的新型电动机，是在多棱体的表面上间隔分布着不同极性的永久磁铁，构成一个磁性球面体。它有 3 个回转自由度的转动球（相当于传统电动机的转子），球体的顶端有可以连接杆件或其他构件的工作端面，底部有静压支承，承受载荷。当供给定子绕组一定频率的交流电后，转动球就偏转一个角度。事实上，转动球就相当于传统电动机的转子，不过不是实现绕固定轴线的回转运动，而是实现绕球心的角度偏转。

（8）八角形滑枕　如图 1-28 所示，八角形滑枕形成双 V 字形导向面，导向性能好，各向热变形均等，刚性好。

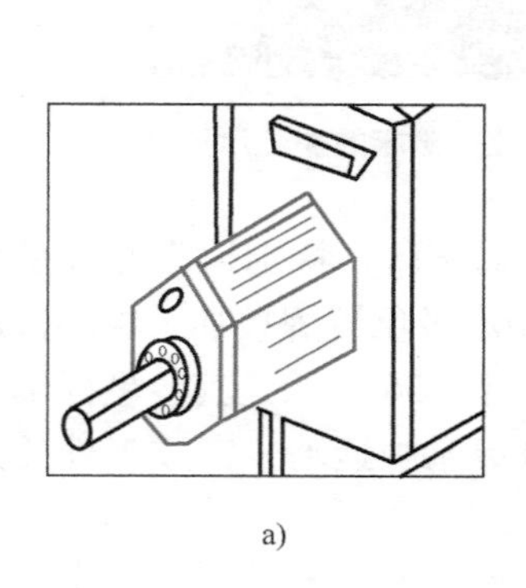

a)

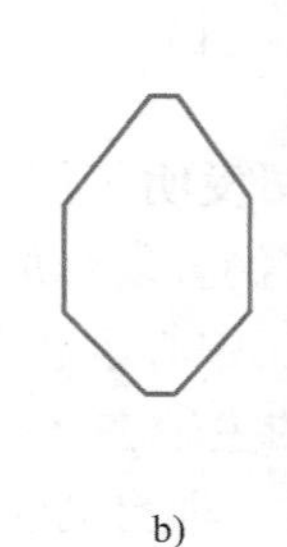

b)

c)

图 1-28　八角形滑枕
a）结构图　b）示意图　c）实物图

2. 新结构的应用

（1）并联数控机床　基于并联机械手发展起来的并联机床，因仍使用直角坐标系进行

加工编程，故称虚拟坐标轴机床。并联数控机床发展很快，有六杆机床与三杆机床，一种六杆加工中心的结构如图 1-29 所示。图 1-30 所示是其加工示意图。图 1-31 所示是另一种六杆数控机床的示意图。图 1-32 所示是这种六杆数控机床的加工图。六杆数控机床既可采用滚珠丝杆驱动又可采用滚珠螺母驱动。三杆机床传动副如图 1-33 所示。在三杆机床上加装一副平行运动机构，主轴就可水平布置，其总体结构如图 1-34 所示。

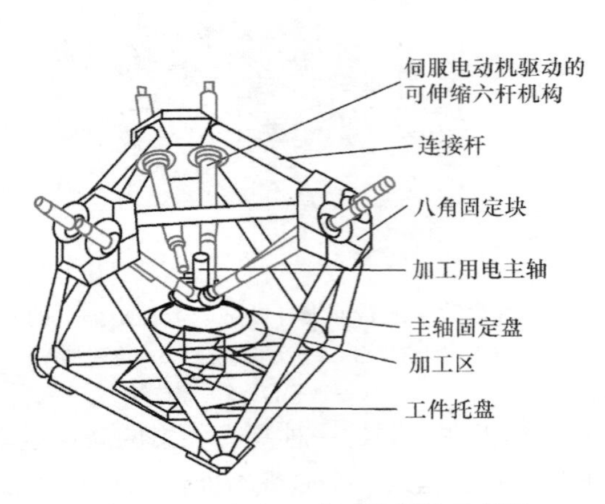

图 1-29　六杆加工中心的结构示意图

图 1-30　六杆加工中心的加工示意图

图 1-31　六杆数控机床的结构示意图

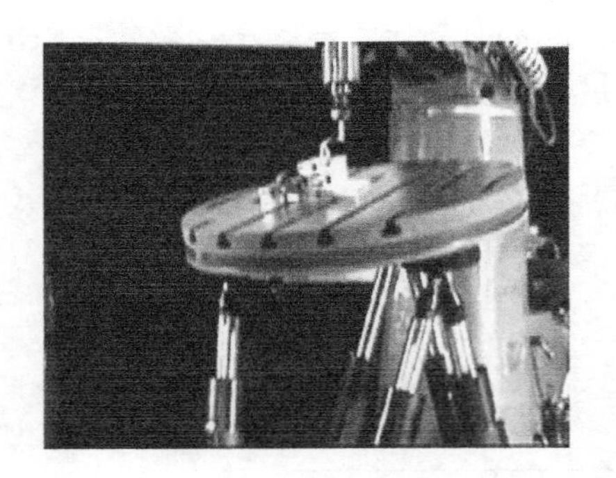

图 1-32　六杆数控机床的加工示意图

（2）倒置式机床　1993 年德国 EMAG 公司发明了倒置立式车床，特别适宜对轻型回转体零件的大批量加工，随即，倒置加工中心、倒置复合加工中心及倒置焊接加工中心等新颖机床应运而生。图 1-35 所示是倒置式立式加工中心示意图，图 1-36 所示是其各坐标轴分布情况。倒置式立式加工中心发展很快，倒置的主轴在 XYZ 坐标系中运动，完成工件的加工。这种机床便于排屑，还可以用主轴取放工件，即自动装卸工件。

（3）没有 X 轴的加工中心　通过极坐标和笛卡尔坐标的转换来实现 X 轴运动。主轴箱是由大功率转矩电动机驱动，绕 Z 轴作 C 轴回转，同时又迅速沿 Y 轴上下升降，这两种运动方式的合成就完成了 X 轴向的运动，如图 1-37 所示。由于是两种运动方式的叠加，故机床的快进速度达到 120m/min，加速度为 2g。

图 1-33　三杆机床传动副

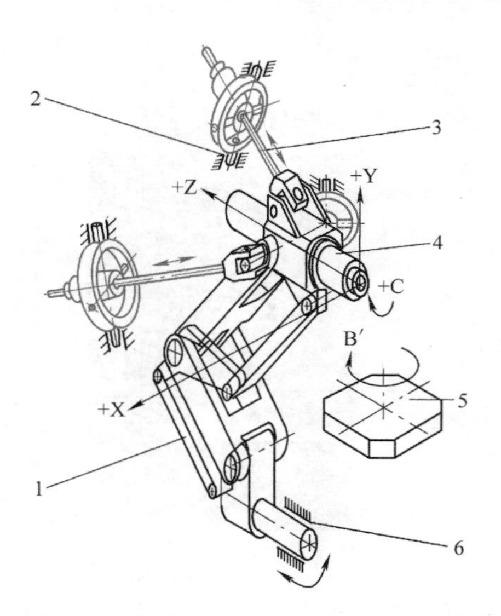

图 1-34　加装平行运动机构的三杆机床
1—平行运动机构　2、6—床座　3—两端带万向联轴器的传动杆　4—主轴　5—回转工作台

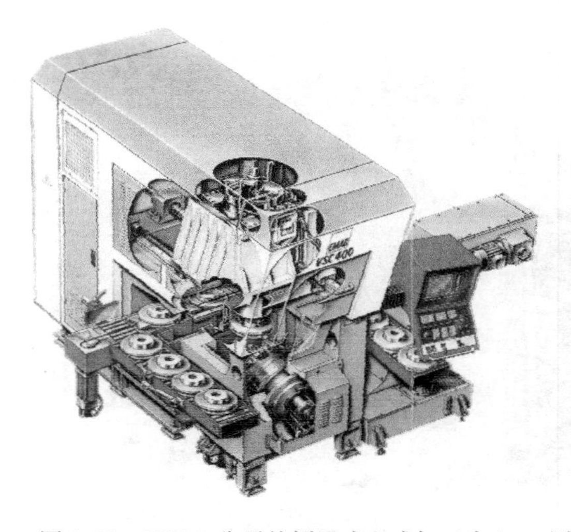

图 1-35　EMAG 公司的倒置式立式加工中心

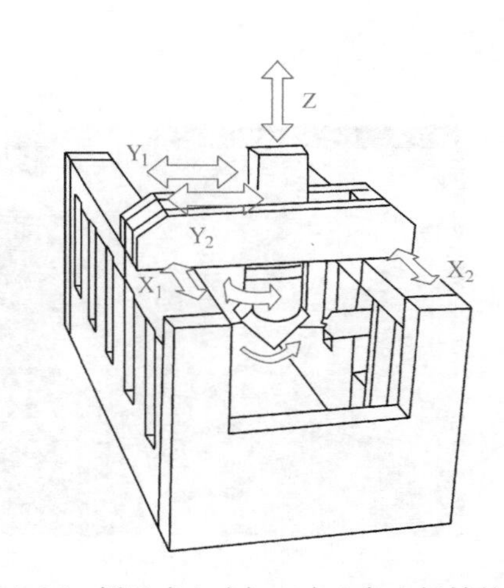

图 1-36　倒置式立式加工中心各坐标轴的分布

（4）立柱倾斜或主轴倾斜　机床结构设计成立柱倾斜（见图 1-38）或主轴倾斜（见图 1-39），其目的是为了提高切削速度，因为在加工叶片、叶轮时，X 轴行程不会很长，但 Z 和 Y 轴运动频繁，立柱倾斜能使铣刀更快切至叶根深处，同时也可使切削液更好地冲走切屑并避免与夹具碰撞。

（5）四立柱龙门加工中心　图 1-40 为日本新日本工机开发的类似模架状的四立柱龙门加工中心，将铣头置于的中央位置。机床在切削过程中，受力分布始终在框架范围之中，这就克服了龙门加工中心铣削中，主轴因受切削力而前倾的弊端，从而增强了刚性并提高了加工精度。

（6）特殊数控机床　特殊数控机床是为特殊加工而设计的数控机床。图 1-41 所示为轨

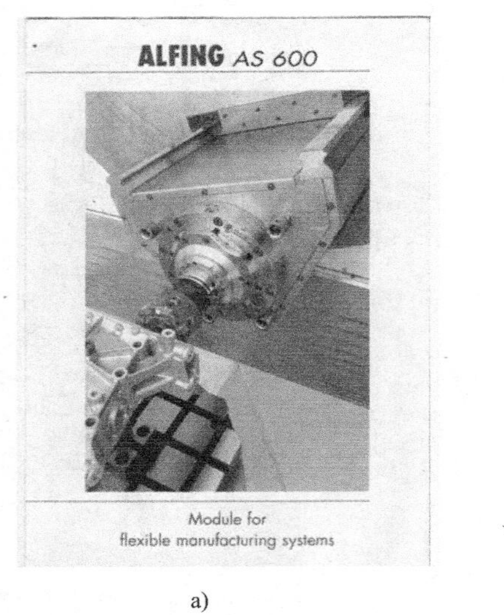

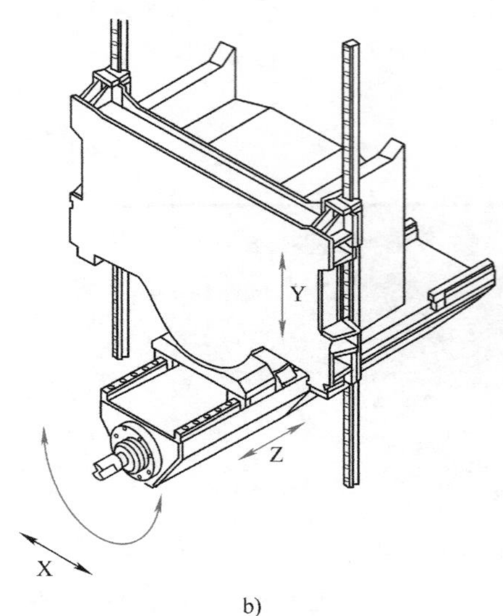

a)　　　　b)

图 1-37　德国 ALFING 公司的 AS 系列（没有 X 轴的加工中心）

a）加工图　b）示意图

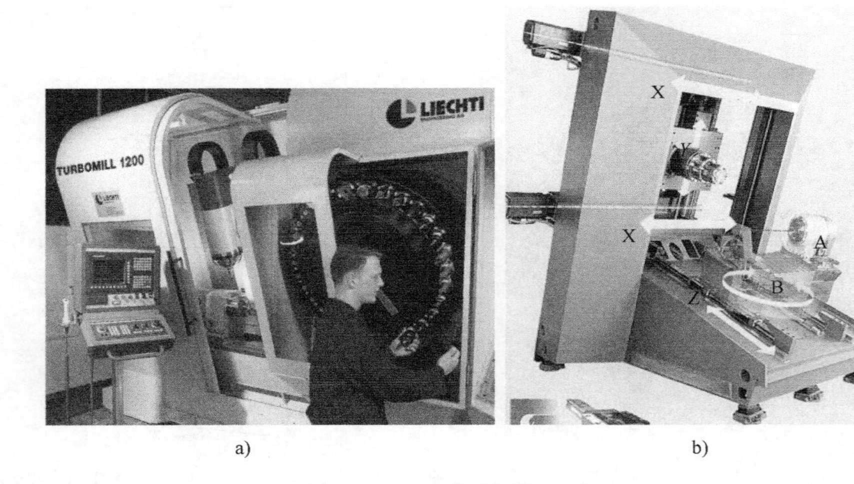

a)　　　　b)

图 1-38　立柱倾斜型加工中心

a）瑞士 Liechti 公司的立柱倾斜型加工中心　b）瑞士 Liechti 公司的斜立柱模型

道铣磨机床（车辆）。

（7）未来数控机床　未来机床应该是空间中心（SPACE CENTER），也就是具有高速（SPEED）、高效（POWER）、高精度（ACCURACY）、通信（COMMUNICATION）、环保（ECOLOGY）功能。MAZAK 建立的未来机床模型主轴转速为 100 000r/min、加速度为 8g、切削速度为 2 马赫（1 马赫 = 340. 300m/s），可同步换刀和干切削，集车、铣、激光加工、磨、测量于一体，如图 1-42 所示。

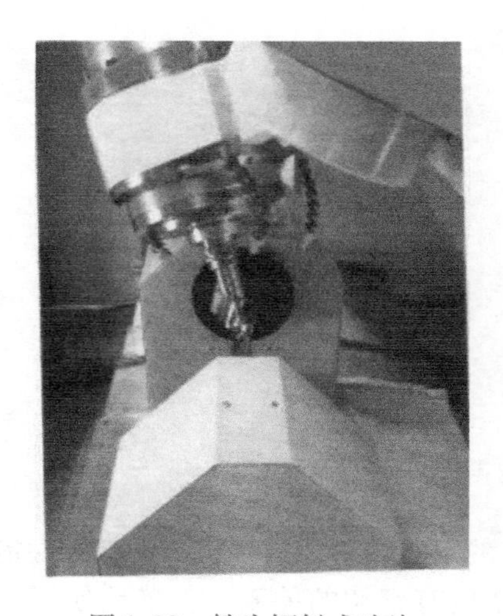

图 1-39　铣头倾斜式叶片加工中心（瑞士 Starrag 公司）

图 1-40　日本新日本工机开发的四立柱龙门加工中心

图 1-41　轨道铣磨机床（车辆）

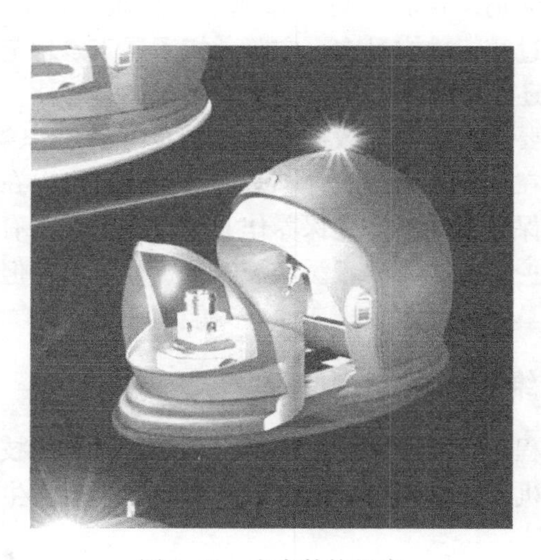

图 1-42　未来数控机床

第四节 数控机床维护保养

【学习目标】

- 了解数控机床操作维护规程制定的原则
- 结合后继课程掌握数控机床的保养技巧
- 了解 TPM 管理模式

【学习内容】

正确合理地使用数控机床，是数控机床管理工作的重要环节。数控机床的技术性能、工作效率、服务期限、维修费用与数控机床是否正确使用有密切的关系。正确地使用数控机床，还有助于发挥设备技术性能，延长两次修理的间隔和设备使用寿命，减少每次修理的劳动量，从而降低修理成本，提高数控机床的有效使用时间和使用效果。

操作工除了应正确合理地使用数控机床之外，还必须认真地精心保养数控机床。数控机床在使用过程中，由于程序故障、电器故障、机械磨损或化学腐蚀等原因，会不可避免地出现工作不正常现象，例如松动、声响异常等。为了防止磨损过快、防止故障扩大，必须在日常操作中进行保养。

保养的内容主要有清洗、除尘、防腐及调整等工作。为此应供给操作工必要的技术文件（如操作规程、保养事项与指示图表等），配备必要的测量仪表与工具。数控机床上应安装防护、防潮、防腐、防尘、防振、降温等装置与过载保护装置，为数控机床正常工作，创造良好的工作条件。

为了加强保养，可以制定各种保养制度，且根据不同的生产特点，可以对不同类别的数控机床规定适宜的保养制度。但是，无论制定何种保养制度，均应正确规定各种保养等级的工作范围和内容，尤其应区别“保养”与“修理”的界限。否则容易造成保养与修理的脱节或重复，或者由于范围过宽，内容过多，实际承担了属于修理范围的工作量，难以长期坚持，容易流于形式，而且还给定额管理与计划管理带来诸多不便。

一般来说，保养的主要任务在于为数控机床创造良好的工作条件。保养作业项目不多，简单易行。保养部位大多在数控机床外表，不必进行解体，可以在不停机、不影响运转的情况下完成，不必专门安排保养时间，每次保养作业所耗物资也很有限。

保养还是一种减少数控机床故障、延缓磨损的保护性措施，但通过保养作业并不能消除数控机床的磨耗损坏，不具有恢复数控机床原有效能的职能。

一、数控机床操作维护规程制定原则

数控机床操作维护规程是指导操作工正确使用和维护设备的技术性规范，每个操作工必须严格遵守，以保证数控机床正常运行，减少故障，防止事故发生。数控机床操作维护规程制定的原则如下：

1）一般应按数控机床操作顺序及班前、中、后的注意事项分列，力求内容精炼、简明、适用。

2）按照数控机床类别将结构特点、加工范围、操作注意事项、维护要求等分别列出，便于操作工掌握要点，贯彻执行。

3）各类数控机床所具有的共性内容，可编制成统一标准与通用规程。

4）重点设备，高精度、大重型及稀有关键数控机床，必须单独编制操作维护规程，并用醒目的标志牌、板张贴显示在机床附近，要求操作工特别注意，严格遵守。

下面以加工中心和数控车床（车削中心）为例介绍数控机床一、二、三级保养的内容和要求。

二、数控机床一级保养的内容和要求

1. 加工中心一级保养的内容和要求

一级保养就是每天的日常保养。日常保养包括班前、班中和班后所做的保养工作。对于加工中心来说，其内容和具体要求如下。

（1）班前

1）检查各操作面板上的各个按钮、开关和指示灯。要求位置正确、可靠，并且指示灯无损坏。

2）检查机床接地线。要求完整、可靠。

3）检查集中润滑系统、液压系统、切削液系统等的液位。要求符合规定或液位不低于标志范围内下限以上的三分之一。

4）检查液压空气输入端压力。要求气路畅通，压力正常。

5）检查液压系统、气动系统、集中润滑系统、切削液系统的各压力表。要求指示灵敏、准确，而且在定期校验时间范围内。

6）机床主轴与各坐标轴运转及运行15min以上。要求各零件温升、润滑正常，无异常振动和噪声。

7）检查刀库、机械手、可交换工作台、排屑装置等工作状况。要求各装置工作正常，无异常振动和噪声。

8）检查各直线坐标、回转坐标、回基准点（或零点）状况，并校正工装或被加工零件基准。要求准确，并在技术要求范围内。

（2）班中

1）执行加工中心操作规程。要求严格遵守。

2）操作中发现异常，立即停机，相关人员进行检查或排除故障。要求处理及时，不带故障运行，并严格遵守。

3）主轴转速≥8 000r/min时，或在说明书指定的主轴转速范围内时，刀具及锥柄应按要求进行动平衡。要求严格执行。

（3）班后

1）清理切屑，擦拭机床外表并在外露的滑动表面加注机油。要求清洁、防锈。

2）检查各操作面板上的各个按钮及开关是否在合理位置，检查工作台各坐标及各移动部件是否移动到合理位置上。要求严格遵守。

3）切断电源、气源。要求严格遵守。

4）清洁机床周围环境。要求严格按标准管理。

5）在记录本上做好机床运行情况的交接班记录。要求严格遵守。

2. 数控车床（车削中心）一级保养的内容和要求

（1）班前　前六条与加工中心的一样。

1）检查主轴卡盘、尾座、顶尖的液压夹紧力。要求安全、可靠。

2）检查刀盘及各动力头、排屑装置等工作状况。要求运转正常、无异常振动和噪声。

3）各坐标回基准点（或零点），并校正被加工零件基准。要求准确，并在技术要求范围内。

（2）班中　与加工中心的前二条一样

（3）班后　与加工中心的一样。

三、数控机床二级保养的内容和要求

二级保养就是每月一次的保养，一般在月底或月初进行。做二级保养前首先要完成一级保养的内容。二级保养一般按照数控机床部位划分来进行。

1. 加工中心二级保养的内容和要求

（1）工作台

1）台面及T形槽。要求清洁、无飞边。

2）对于可交换工作台，检查托盘上下表面及定位销。要求清洁、无飞边。

（2）主轴装置

1）主轴锥孔。要求光滑、清洁。

2）主轴拉刀机构。要求安全、可靠。

（3）各坐标进给传动装置

1）检查、清洁各坐标传动机构及导轨和毛毡或刮屑器。要求清洁无污、无飞边。

2）检查各坐标限位开关、减速开关、零位开关及机械保险机构。要求清洁无污、安全、可靠。

3）对于闭环系统，检查各坐标光栅尺表面或感应同步尺表面。要求清洁无污，压缩空气供给正常。

（4）自动换刀装置

1）检查、清洗机械手、刀库各部位。要求清洁、可靠。

2）刀库上刀座、机械手上卡爪的锁紧机构。要求安全、可靠、清洁、无飞边。

（5）液压系统

1）清洗滤油器。要求清洁无污。

2）检查油位。要求符合规定，或者液位不低于标志范围内下限以上的三分之二处。

3）液压泵及油路。要求无泄漏，压力、流量符合技术要求。

4）压力表。要求压力指示符合规定，指示灵敏、准确，并且在定期校验时间范围内。

（6）气动系统

1）清洗过滤器。要求清洁无污。

2）检查气路、压力表。要求无泄漏，压力、流量符合技术要求，压力指示灯符合规定，指示灵敏、准确，并且在定期校验时间范围内。

（7）润滑系统

1）液压泵、压力表。要求无泄漏，压力、流量符合技术要求，压力指示符合规定，指示灵敏、准确，并且在定期校验时间范围内。

2）油路及分油器。要求清洁无污、油路畅通、无泄漏，单向阀工作正常。

3）检查清洗滤油器、油箱。要求清洁无污。

4）油位。要求润滑油必须加至油标上限。

（8）切削液系统

1）清洗切削液箱，必要时更换切削液。要求清洁无污、无泄漏，切削液不变质。

2）检查切削液泵、液路，清洗过滤器。要求无泄漏，压力、流量符合技术要求。

3）清洗排屑器。要求清洁无污。

4）检查排屑器上各按钮开关。要求位置正确、可靠，排屑器运行正常、可靠。

（9）整机外观

1）全面擦拭机床表面及死角。要求漆见本色、铁见光泽。

2）清理电器柜内灰尘。要求清洁无污。

3）清洗各排风系统及过滤网。要求清洁、可靠。

4）清理、清洁机床周围环境。要求符合定置管理及标准管理要求。

2. 数控车床（车削中心）二级保养的内容和要求

（1）主轴箱

1）擦洗箱体，检查制动装置及主电动机传送带。要求清洁、安全、可靠，传送带松紧合适。

2）检查、清理主轴锥孔表面飞边。要求光滑、清洁。

（2）各坐标进给传动系统

1）清洗滚珠丝杠副，调整斜铁间隙。要求清洁、间隙适宜。

2）检查、清洁各坐标传动机构及导轨和毛毡或刮屑器。要求清洁无污、无飞边。

3）检查各坐标限位开关、减速开关、零位开关及机械保险机构。要求清洁无污、安全、可靠。

4）对于闭环系统，检查各坐标光栅尺表面或者同步尺表面。要求清洁无污，压缩空气供给正常。

（3）刀塔

1）检查、清洗刀盘各刀位槽和刀位孔及刀具锁紧机构。要求清洁、可靠。

2）检查刀盘上各动力头。要求工作正常、可靠。

3）检查各定位机构。要求安全、可靠。

（4）尾座

1）分解和清洗套筒、丝杠、丝母。要求清洁、无飞边。

2）检查尾座的锁紧机构。要求安全、可靠。

3）检查、调整尾顶尖与主轴的同轴度。要求符合技术规定。

其他的与加工中心的二级保养内容和要求相同。

四、数控机床三级保养的内容和要求

做三级保养前，首先要完成二级保养的内容。

1. 加工中心三级保养的内容和要求

（1）主轴系统

1）对于具有齿轮传动的主轴系统，检查、清洗箱体内各零部件，检查同步带。要求清洁无污，传动灵活、可靠，无异常噪声和振动。

2）检查、清洗主轴内锥孔表面，调整主轴间隙。要求内锥孔表面光滑无飞边，并且间隙适宜。

3）主轴电动机如果是直流电动机，清理炭灰并调整炭刷。要求清洁、可靠。

（2）各坐标进给传动系统

1）如果伺服电动机与滚珠丝杠不是直接连接，应检查、清洗传动机构各零部件，检查同步带。要求清洁无污，传动灵活、可靠，无异常噪声和振动。

2）如果坐标伺服采用直流电动机，清理炭灰并调整炭刷。要求清洁、可靠。

（3）自动换刀机构

1）检修自动换刀系统的传动、机械手和防护机构。要求清洁无损，功能协调、安全、可靠。

2）检查机械手换刀时刀具与主轴中心及与刀座中心的同轴度。要求清洁、无飞边，定心准确无误。

（4）液压系统

1）清洗液压油箱。要求清洁无污。

2）检修、清洗滤油器，需要时更换滤油器芯。要求清洁无污。

3）检修液压泵和各液压元件。要求灵活、可靠，无泄漏、无松动，压力、流量符合技术要求。

4）检查油质，需要时进行更换。要求符合技术要求。

5）检查压力表，需要时进行校验。要求合格，并有校验标记。

（5）气动系统

1）检修、清洗过滤器，需要时更换过滤器芯。要求清洁无污。

2）检修各气动元件和气路。要求合格，并有校验标记。

（6）中心润滑系统

1）检修液压泵、滤油器、油路、分油器、油标。要求清洁无污、油路畅通、无泄漏，压力、流量符合技术要求，润滑时间准确。

2）检查压力表，需要时进行校验。要求合格，并有校验标记。

（7）切削液系统

1）检修切削液泵、各元件、管路，清洗过滤器，需要时更换过滤器芯。要求无泄漏，压力、流量符合技术要求。

2）检查压力表，需要时进行校验。要求合格，并有校验标记。

3）检修和清洗排屑器、传动链、操作系统。要求清洁无污，各按钮和开关工作正常、可靠，排屑器运行正常、可靠。

（8）整机外观

1）清理机床周围环境，机床附件摆放整齐。要求符合定置管理及标准管理要求。

2）检查各类标牌。要求齐全、清晰。

3）检查各部件的紧固件、连接件、安全防护装置。要求齐全、可靠。

4）试车。主轴和各坐标从低速到高速运行，主轴高速运行不少于20min，刀库、机械手正常运行。要求运行正常，温度、噪声符合国家标准要求。

（9）精度

1）检查主要几何精度。要求符合出厂允差标准。

2）检测各直线坐标和回转坐标的定位精度、重复定位精度以及反向误差。要求符合出厂允差标准。

2. 数控车床三级保养的内容和要求

（1）主轴箱

1）对于具有齿轮传动的主轴装置，检查、清洗箱体内各零部件，检查同步带。要求清洁无污，传动灵活、可靠，并且无异常噪声和振动。

2）检查、调整主轴制动装置。要求灵活、可靠。

3）检查、清洗主轴内锥孔表面，调整主轴间隙。要求内锥孔表面光滑无飞边，并且间隙适宜。

4）主轴电动机如果是直流电动机，清理炭灰并调整炭刷。要求清洁、可靠。

（2）各坐标进给传动系统

1）如果伺服电动机与滚珠丝杠不是直接连接，应检查、清洗传动机构各零部件，检查同步带。要求清洁无污，传动灵活、可靠，无异常噪声和振动。

2）若坐标伺服采用直流电动机，清理炭灰并调整炭刷。要求清洁、可靠。

（3）刀塔

1）检查刀塔电动机。要求转动灵活，符合要求。

2）检查定位机构。要求准确、可靠。

（4）尾座

1）分解和清洗尾座，清除套筒锥孔表面飞边。要求清洁、表面光滑。

2）检修尾座和套筒锁紧机构，要求安全、可靠。

（5）液压系统

1）检查液压卡盘、尾座、顶尖的压力范围、脚踏开关。要求压力调节准确，卡盘、顶尖活动灵活、可靠，脚踏开关工作正常、可靠。

2）其他的与加工中心的一样。

（6）整机外观

1）试车。主轴和各坐标从低速到高速运行，主轴高速运行不少于20min，刀盘360°各刀位循环顺时针和逆时针运行、定位。要求运转正常，温度、噪声符合国家标准要求。

2）其他的与加工中心的一样。

（7）精度

1）检测刀盘的定位精度、重复定位精度。要求符合出厂允差标准。

2）其他的与加工中心的一样。

气动系统、切削液系统和润滑系统的三级保养内容与要求和加工中心的一样。

五、TPM 管理模式

TPM 是 Total Productive Maintenance 第一个字母的缩写，本意是“全员参与的生产保全”，也翻译为“全员维护”“全员生产维护”，即全体人员参加的生产维修、维护体制。TPM 要求从领导到工人，包括所有部门，都参加以小组活动为基础的生产维修活动。

1. TPM 推广应用的条件

虽然 TPM 引入我国也有十多年了，但只有为数不多的外资企业形成了较系统的 TPM 管理体系，特别是一些企业管理者认为 TMP 只与设备管理人员有关，而忽视了生产作业、生产管理等各相关人员的全员性，没有注重对设备进行全过程的管理。每个企业都可以随时把设备开动起来组织生产，但能够把设备故障防止在未然中是很难的。TPM 的中心任务是发挥设备的生产极限能力，所以这个任务也是全员的。所谓全员性的生产保全应具备以下五个条件。

（1）有设备生产性的最高目标　生产性是指设备生产产品与设备投入的比率关系。在正常的生产过程中，能否维持设备的开动率，以保证生产计划的完成、成本的减少、产品货期；更进一步能否保证设备的故障率为零，以保证货期，保证生产安全等，而且设备的生产性关系到产品质量和企业员工的士气。提高设备的生产性，就是保证设备生产的最大效率。生产保全的手段主要有自主保全、事后保全、预防保全和改良保全四个主要过程，这四类保全又是紧密关联不可分割的。

（2）能够根据设备的生涯确定全员管理系统　在实际生产中，设备的每个运行时期其反映状态是不一样的。根据设备从投入运行到报废的整个生涯，可以把设备故障的发生和对策大致分为三个阶段，也就是初期故障期、偶发故障期和磨耗故障期。

（3）全部门参加　设备的使用、保全、计划等所有部门都要参与建立全员管理系统，它是围绕设备从计划、设计、制作、设置到使用、性能维持、修理到报废的各个阶段，包括设备计划部门、保全部门和运转部门在设备的不同时期所应承担的职责，这个过程中每个人都应负有责任。

（4）是从企业最高领导到每一名员工都参加的全员性工作　TPM 绝不仅仅是设备管理人员的工作，而是生产、设备、管理及所有员工为实现生产系统的极限效率而进行的系统工作，是全员都要参与的工作。TPM 一定要有管理者负责本级层的 TPM 工作，要把推进工作的每一个环节都以制度固定下来，然后毫不动摇地执行。如雅马哈发动机会社设有 TPM 事务局（即 TPM 办公室），从本社到工场和工区，企业的每一级都有 TPM 组织，每一级组织的领导者都是该级层的最高管理者。

（5）一定的自主性　根据小集团自主活动，使生产保全能够推进。小集团活动是 TPM 的基础，日本人是非常看重集体因素的，在许多工作中都强调小集团的作用。TPM 集体活动成功的要点有三个条件：工作热情、工作的技能和工作场所。每个人都应知道自己工作岗位的职责、所在集体的职责、自己的职责，明确自己的成长规划。员工要有娴熟的技能，了解品质管理和设备管理的知识。管理学家认为，员工应积极参加小集团活动，创造工作的物理环境。在日常工作中加强对设备、工具、材料和现场的整理，使员工能够在现场整洁、环境宜人的条件里工作，有利于劳动生产率的提高。

在小集团活动中，领导者的职责就是对员工进行教育训练，按生产保全的要求创造良好的工作环境；员工的职责就是积极参与活动并保持成长的欲望，也就是我们常说的要有进取精神。

2. 推行 TPM 活动的步骤

（1）阶段一：导入准备

1）公司高层通过会议或其他形式发布开展 TPM 的决定。

2）对全体员工进行 TPM 的培训和宣传。

3）确定推行 TPM 活动的组织及负责人。

4）确定活动方针和目标，预测活动效果。

（2）阶段二：启动

1）制订 TPM 活动开始到实现目标的全过程计划。

2）正式宣布 TPM 活动的开始。

（3）阶段三：活动开展

1）开展全员参与的 TPM 活动，为后续活动打基础。

2）开展员工提案活动。

3）开展自主维护活动。

4）开展效益最大化活动。

（4）阶段四：总结提高

1）成果总结、评价、公示及报告。

2）持续开展自主推进改善活动。

一、填空题

1. ________年诞生的世界上第一台数控机床是数控铣床。

2. ________是一种借助________、________或其他符号对某一工作过程（如加工、测量、装配等）进行可编程控制的自动化方法。

3. 数控系统是由________、计算机数控装置、可编程序控制器、________和进给伺服驱动系统等组成。

4. 伺服机构是数控机床的执行机构，由________和________两大部分组成。

5. 数控机床的伺服机构中，常用的位移执行机构有________、直流伺服电动机、________和直线电动机。

6. PLC 接受 CNC 装置的控制代码________、________、________等顺序动作信息，对其进行译码，转换成对应的控制信号。

7. 数控机床按其进刀与工件相对运动的方式，可以分为________控制、________控制和轮廓控制。

8. ________的内容主要有清洗、除尘、防腐及调整等工作，配备必要的测量仪表与工具。

9. ________就是每天的日常保养。

10. ________是 Total Productive Maintenance 第一个字母的缩写，本意是“________”。

二、**选择题**（请将正确答案的代号填在空格中）

1. 第一台数控机床诞生于（　　）年。

A. 1950　　B. 1952　　C. 1955

2. 开环控制系统用于（　　）数控机床上。

A. 经济型　　B. 中、高档　　C. 精密

3. 数控铣床多为三坐标、两坐标联动的机床，也称两轴半控制，即（　　）三个坐标轴，任意两轴都可以联动。

A. *U*、*V*、*W*　　B. *X*、*O*、*Y*　　C. *X*、*Z*、*C*　　D. *X*、*Y*、*Z*

4. 全闭环伺服系统与半闭环伺服系统的区别取决于运动部件上的（　　）。

A. 执行机构　　B. 反馈信号　　C. 检测元件

5. 数控车床通常采用的是（　　）。

A. 点位控制系统　　B. 直线控制系统　　C. 轮廓控制系统　　D. 其他系统

6. 正确合理地（　　）数控机床，是数控机床管理工作的重要环节。

A. 维修　　B. 使用　　C. 管理　　D. 保养

7. （　　）就是每月一次的保养，一般在月底或月初进行。

A. 一级保养　　B. 二级保养　　C. 三级保养

8. 数控系统的（　　）是其发展的趋势。

A. 专业化　　B. 大型化　　C. 开放化

9. 在数控机床中，（　　）主要完成与逻辑运算有关的一些顺序动作的I/O控制。

A. PCC　　B. PLC　　C. PVC

10. （　　）功能用于控制数控机床的主轴正反转和停止、主轴准停、刀具自动更换、切削液的开关等动作。

A. T　　B. S　　C. M　　D. F

三、**判断题**（正确的划“√”，错误的划“×”）

1. （　　）数控铣床可以进行自动换刀。

2. （　　）点位控制系统不仅要控制从一点到另一点的准确定位，还要控制从一点到另一点的路径。

3. （　　）“预防为主、养修结合”是数控机床检修工作的正确方针。

4. （　　）有安全门的加工中心在安全门打开的情况下也能进行加工。

5. （　　）计算机数控系统的核心是计算机。

6. （　　）开环数控机床的控制精度取决于检测装置的精度。

7. （　　）闭环数控机床的精度取决于步进电动机和丝杠的精度。

8. （　　）正确使用数控机床能防止设备非正常磨损、延缓劣化进程、及时发现和消除隐患于未然。

9. （　　）加强设备的维护保养、修理，能够延长设备的技术寿命。

10. （　　）全闭环的数控机床的定位精度主要取决于检测装置的精度。

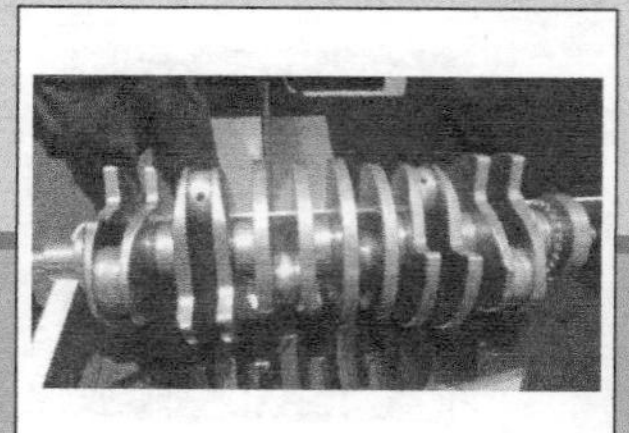

第二章 数控系统的参数设置与备份

CNC 系统主要由硬件和软件两大部分组成。其核心是计算机数字控制装置。它通过系统控制软件配合系统硬件，合理地组织、管理数控系统的输入、数据处理、插补和输出信息，控制执行部件，使数控机床按照操作者的要求进行自动加工。

图 2-1 所示为整个计算机数控系统的结构框图。数控系统主要是指图 2-1 中的 CNC 控制器，CNC 控制器由计算机硬件、系统软件和相应的 I/O 接口构成的专用计算机与可编程序控制器组成。前者处理机床的轨迹运动的数字控制，后者处理开关量的逻辑控制。

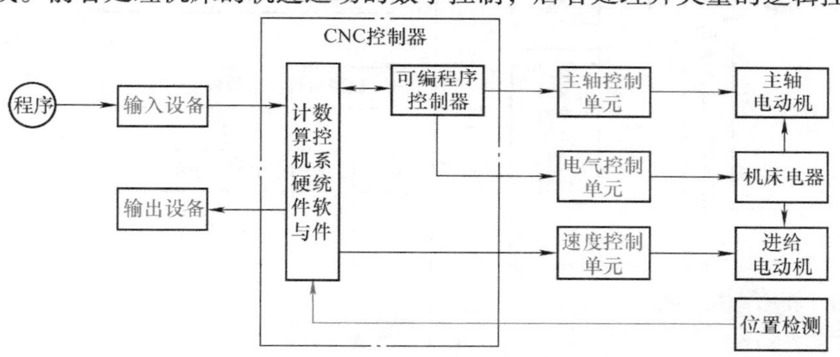

图 2-1　CNC 系统的结构框图

随着微电子和计算机技术的发展，以“硬联接”构成的数控系统，逐渐过渡到以软件为主要标志的“软联接”数控时代，即用软件实现机床的逻辑控制、运动控制，具有较强的灵活性和适应性。

FANUC i 系列数控系统，与其他数控系统一样，通过不同的存储空间存放不同的数据文件。

ROM/FLASH－ROM：只读存储器（见图 2-2），在数控系统中作为系统存储空间，用于存储系统文件和 MTB（机床制造厂）文件。

SRAM：静态随机存储器（见图 2-3），在数控系统中用于存储用户数据，断电后需要电池保护，所以有易失性（如电池电压过低、SRAM 损坏等）。其中的储能电容（见图 2-4）可保持 SRAM 芯片中的数据 30min。

数控机床中的数据文件主要分为系统文件、MTB（机床制造厂）文件和用户文件，其中系统文件为 FANUC 提供的 CNC 和伺服控制软件，也称为系统软件；MTB 文件包括 PMC 程序、机床制造厂编辑的宏程序执行器（Manual Guide 及 CAP 程序等）；用户文件包括系统参数、螺距误差补偿值、加工程序、宏程序、刀具补偿值、工件坐标系数据、PMC 参数等。

图 2-2　FLASH – ROM 芯片

图 2-3　SRAM 芯片

图 2-4　储能电容

【学习目标】

让学生了解数控系统的参数分类，能调出数控系统的参数，并对参数进行设置；能对数控系统参数进行备份与恢复。

【知识构架】

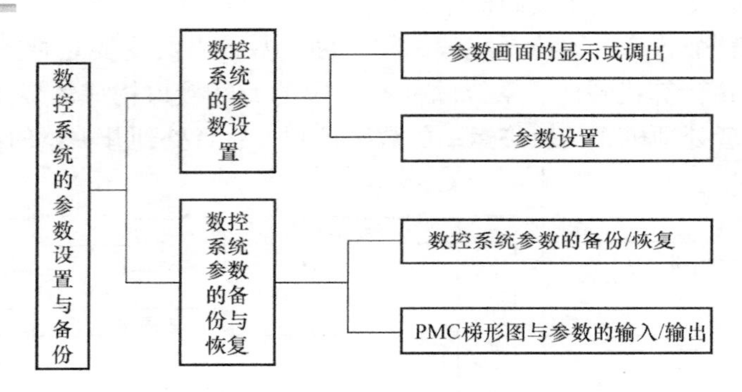

第一节　数控系统的参数设置

【学习目标】

- 掌握数控系统参数的分类
- 能调出数控系统的参数
- 会对数控系统的参数进行设定

【学习内容】

一、参数的分类与参数分类情况显示画面的调出步骤

1. 参数的分类

FANUC 数控系统的参数按照数据的形式大致可分为位型和字型。其中位型又分位型和位轴型，字型又分字节型、字节轴型、字型、字轴型、双字型、双字轴型。位轴型参数允许参数分别设定给各个控制轴。

位型参数就是对该参数的 0 至 7 这八位单独设置“0”或“1”的数据。位型参数的格式如图 2-5 所示。字型参数在参数画面的显示，如图 2-6 所示。

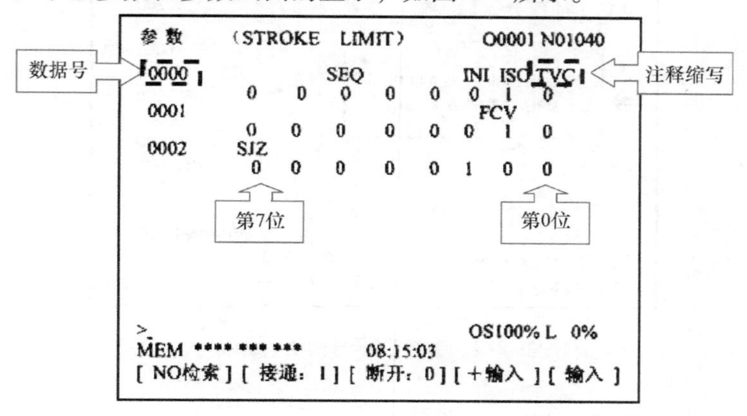

图 2-5 位型参数的格式

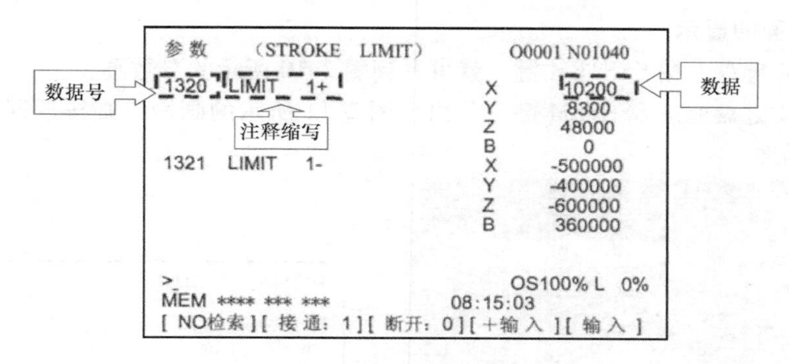

图 2-6 字型参数在参数画面的显示

2. 参数分类情况显示画面的调出步骤

1）在 MDI 键盘上按 HELP 键。

2）按 PARAM 键（见图 2-7）就可看到图 2-8 所示的参数类别画面与图 2-9 所示的参数数据号的类别画面。该画面共有 4 页，可通过翻页键进行查看。

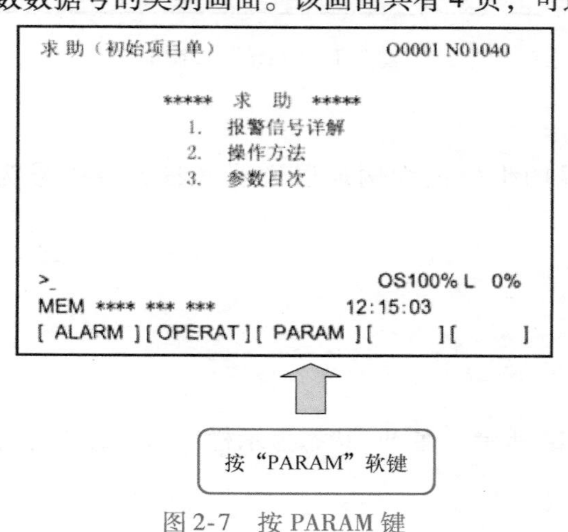

图 2-7 按 PARAM 键

求助（初始项目单） O0001 N01040

1/4

- ■调节设定 (NO.0000 ～)
- ■READER/PUNCHER INTERFACE (NO.0100 ～)
- ■轴控制/设定单位 (NO.1000 ～)
- ■座标系 (NO.1200 ～)
- ■行程极限 (NO.1300 ～)
- ■进位速度 (NO.1400 ～)
- ■加减速控制 (NO.1600 ～)
- ■伺服关系 (NO.1800 ～)
- ■DI/DO (NO.3000 ～)

>_ OS100% %

MEM **** *** *** 12:15:03

[ALARM] [OPERAT] [PARAM] [ ] [ ]

在这里就能看到参数类别对应的数据号范围，从而有效地提高查看的速度

图 2-8 参数类别画面

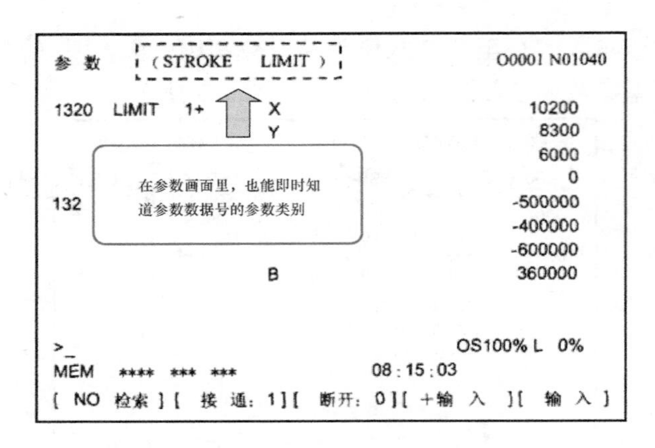

图 2-9　参数数据号的类别画面

二、参数画面的显示和调出

1. 参数画面的显示

1）在 MDI 键盘上按 SYSTEM 键，就可看到图 2-10 所示的参数画面。

2）在 MDI 键盘上按 SYSTEM 键，若出现图 2-11 所示的画面，则按返回键，直到出现图 2-10 所示画面。

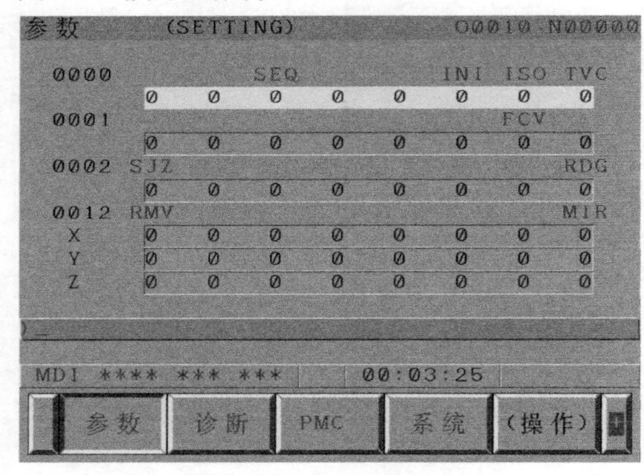

图 2-10　参数画面

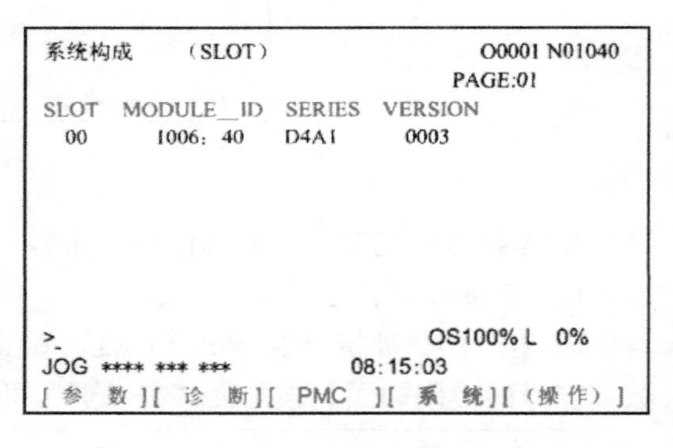

图 2-11　系统构成画面

2. 快速调出参数显示画面

以查找各轴存储式行程、检测正方向边界的坐标值为例加以说明（参数数据号为 3111）。

1）在 MDI 键盘上按 SYSTEM 键。

2）在 MDI 键盘上输入 3111（见图 2-12）。

3）按 NO 检索便可调出（见图 2-13）。

3. NC 状态显示

NC 状态显示栏在屏幕中的显示位置如图 2-14 所示。在 NC 状态显示栏中的信息可分为 8 类，如图 2-15 所示。

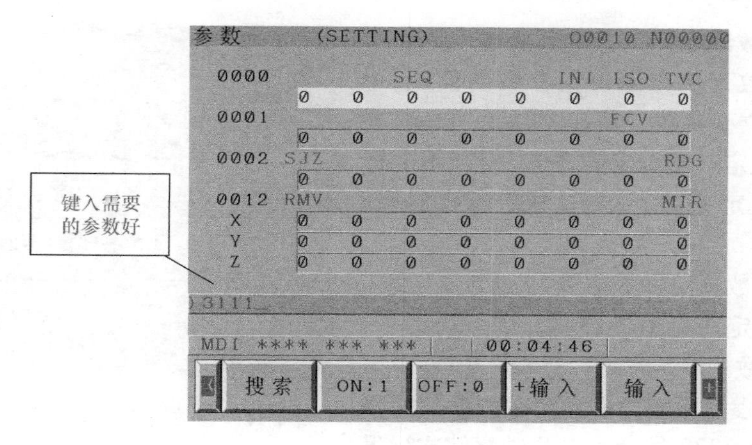

图 2-12　输入参数号

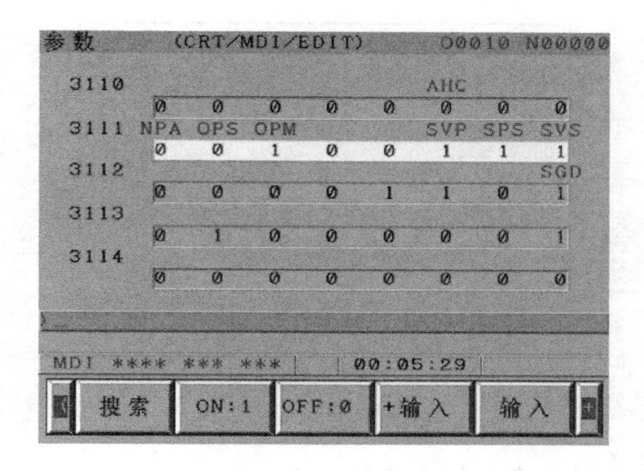

图 2-13　调出参数显示画面

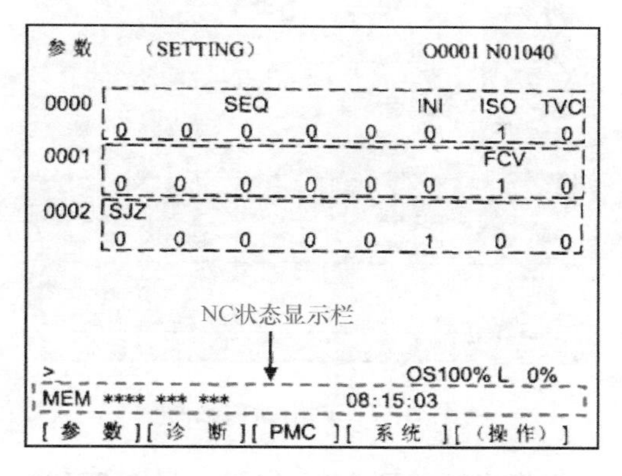

图 2-14　NC 状态显示栏在屏幕中的显示位置

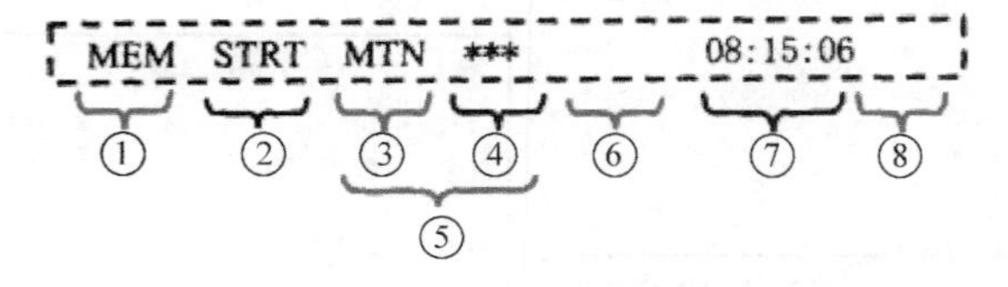

图 2-15　信息分类

三、参数的设定

在进行参数设定之前，一定要清楚所要设定参数的含义和允许的数据设定范围。否则，机床就有被损坏的危险，甚至危及人身安全。

1. 准备步骤

1）将机床置于 MDI 方式或急停状态。

2）在 MDI 键盘上按 OFFSET SETTING 键。

3）在 MDI 键盘上按光标键，进入参数写入画面。

4）在 MDI 键盘使参数写入的设定从“0”改为“1”（见图 2-16）。

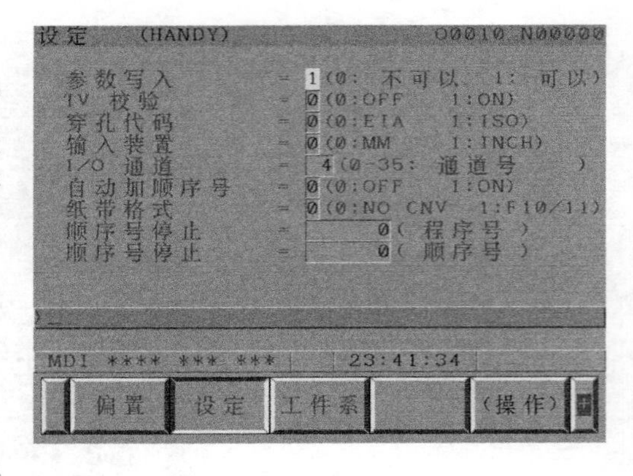

图2-16 参数写入的设定从“0”改为“1”

2. 位型参数设定

以0号参数为例介绍位型参数的设定。0号参数是一个位型参数，其0位是关于是否进行TV检查的设定。当设定为“0”时，不进行TV检查；当设定为“1”时，进行TV检查。设定步骤如下。

1）调出参数画面（见图2-17）。

2）进行设定（见图2-18）。

3. 字型参数的设定

以1320号参数设定为例介绍字型参数的修改步骤。现在将1320号参数中X轴存储式行程检测1的正方向边界的坐标值，由原来的10200修改为10170。

图2-17 调出参数画面

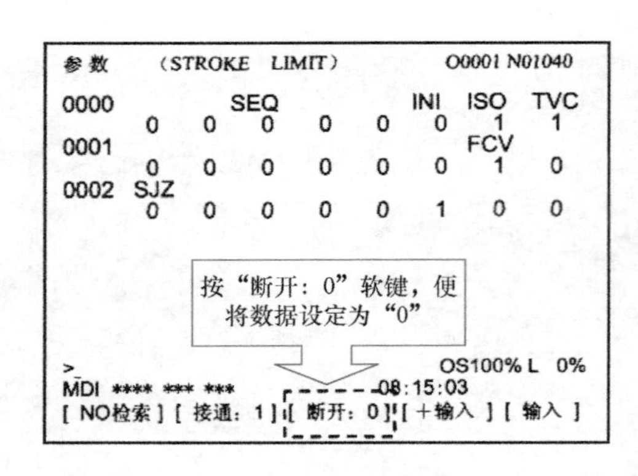

图2-18 位型参数设定

先将光标移到1320位置（见图2-19），字型参数数据输入共有三种常用的方法。

1）键入10170按“输入”（见图2-20）。

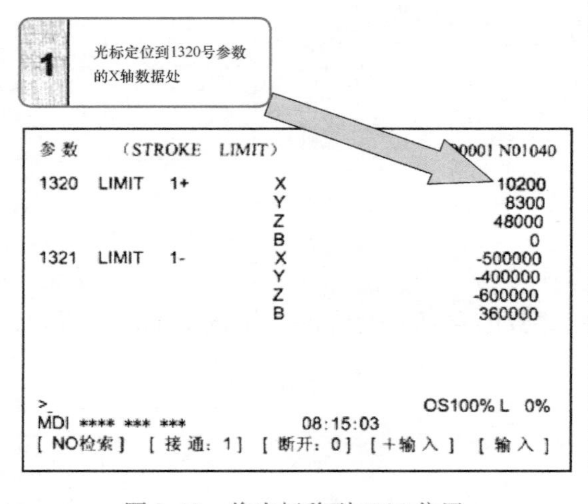

图2-19 将光标移到1320位置

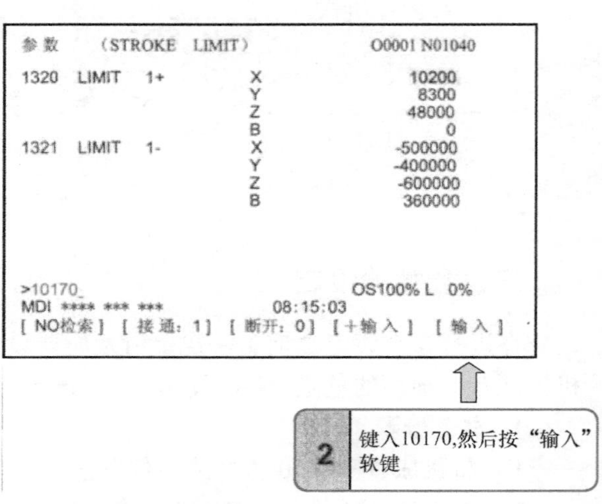

图2-20 键入10170按“输入”

2）键入“-30”按“+输入”（见图2-21）。

3）键入 10170 按“INPUT”。

有的参数在重新设定后，会即时生效。而有的参数在重新设定后，并不能立即生效，而且会出现报警“000 需切断电源”，如图 2-22 所示。此时，说明该参数必须在关闭电源后，再重新打开电源方可生效。

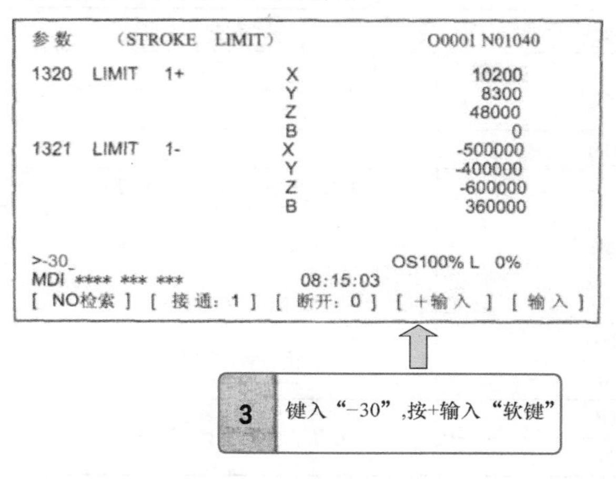

图 2-21　键入“-30”按“+输入”

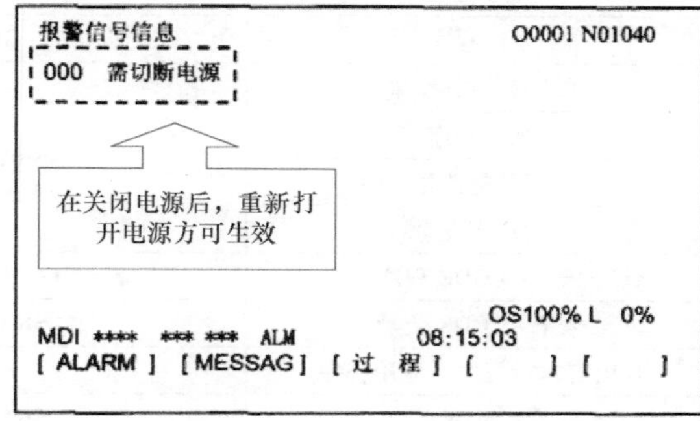

图 2-22　出现“000 需切断电源”报警

在参数设定完成后，最后一步就是将“参数写入”重新设定为“0”，使系统恢复到参数写入为不可以的状态，参见图 2-16 所示。

第二节　数控系统参数的备份

【学习目标】

- 掌握参数的备份方法
- 会对数控机床的参数进行恢复

【学习内容】

存储卡都具有 DNC 加工及数据备份功能，且 FANUC 0i、16/18/21 等系统还支持存储卡通过 BOOT 画面备份数据。常用的存储卡为 CF 卡（Compact Flash），如图 2-23 所示。

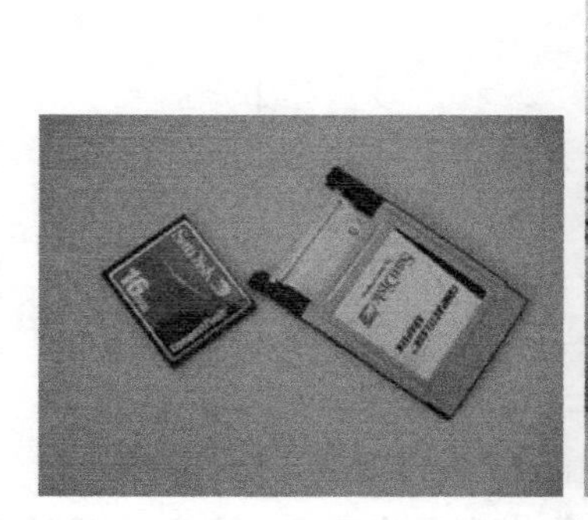
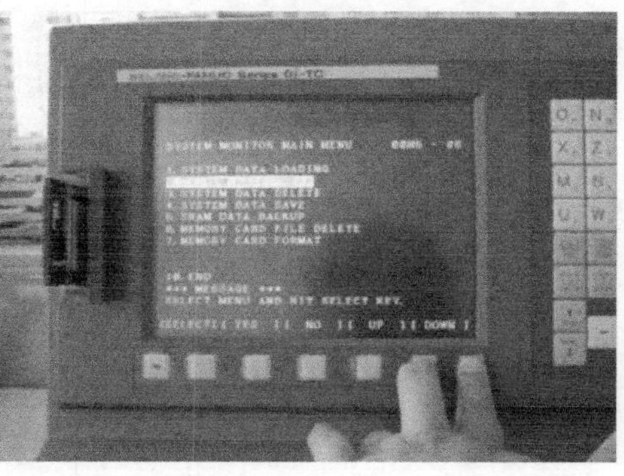

图 2-23　CF 卡

系统数据被分在两个区存储。F－ROM 中存储的是系统软件和机床制造厂家编写的 PMC 程序以及 P－CODE 程序，SRAM 中存储的是参数、加工程序、宏变量等数据。通过进入 BOOT 画面可以对这两个区的数据进行操作。数据存储区见表 2-1。

表 2-1　数据存储区

数据种类	保存处	备注
CNC 参数	SRAM	
PMC 参数	SRAM	
顺序程序	F－ROM	
螺距误差补偿量	SRAM	任选 Power Mate i－H 上没有
加工程序	SRAM	
刀具补偿量	SRAM	
用户宏变量	SRAM	FANUC 16i 为任选
宏 P－CODE 程序	F－ROM	宏执行程序（任选）
宏 P－CODE 变量	SRAM	宏执行程序（任选）
C 语言执行程序、应用程序	F－ROM	C 语言执行程序（任选）
SRAM 变量	SRAM	C 语言执行程序（任选）

一、基本操作

1. 启动

1）同时按右边软键（NEXT 键）和左边软键接通电源（见图 2-24），也可以同时按数字键“6”“7”接通电源，系统出现图 2-25 所示画面。注意，采用如图 2-24 所示软键启动时，软键部位的数字不显示。

图 2-24　同时按两软键

图 2-25　启动画面

2）按软键或数字键 1 ~ 7 进行不同的操作，操作内容见表 2-2。注意，不能把软键和数字组合在一起操作。

表 2-2　操作表

软键	数字键	操作内容
<	1	在画面上不能显示时，返回前一画面
SELECT	2	选择光标位置
YES	3	确认执行
NO	4	确认不执行
UP	5	光标上移
DOWN	6	光标下移
>	7	在画面上不能显示时，移向下一画面

2. 格式化

可以进行存储卡的格式化。当买了存储卡第 1 次使用时或电池没电了，存储卡的内容被破坏时，需要进行格式化。操作步骤如下：

1）从 SYSTEM MONITOR MAIN MENU 中选择（图 2-25）“7. HENORY CARD FORMAT”。

2）系统显示图 2-26 所示确认画面，请按 < YES > 键。

```
*** MESSAGE ***
MEMORY CARD FORMAT OK ? HIT YES OR NO.
```

图 2-26　确认画面

3）格式化时显示图 2-27 所示信息。

```
*** MESSAGE ***
FORMATTING MEMORY CARD.
```

图 2-27　格式化信息

4）正常结束时，显示图 2-28 所示信息。请按 <SELECT> 键。

```
*** MESSAGE ***
FORMAT COMPLETE. HIT SELECT KEY.
```

图 2-28　结束信息

二、把 SRAM 的内容存到存储卡（或恢复 SRAM 的内容）

1. SRAM DATA BACKUP 画面显示

1）启动，出现启动画面。

2）按软键［UP］或［DOWN］，把光标移到“5. SRAM DATA BACKUP”。

3）按软键［SELECT］，出现图 2-29 所示的“5. SRAM DATA BACKUP”画面。

2. 按软键［UP］或［DOWN］选择功能

1）把数据存到存储卡选择：“SRAM BACKUP”。

2）把数据恢复到 SRAM 选择：“RESTORE SRAM”。

3. 数据备份/恢复

1）按软键［SELECT］。

2）按软键［YES］（中止处理按软键［NO］）。

4. 说明

1）以前常用的存储卡的容量为512KB，SRAM的数据也是按512KB单位进行分割后进行存储/恢复，现在存储卡的容量大都在2G以上，甚至更大。对于一般的SRAM数据就不用分割了。

2）使用绝对脉冲编码器时，将SRAM数据恢复后，需要重新设定参考点。

```
SRAM DATA BACKUP
[BOARD:MAIN]
1.SRAM BACKUP  ( SRAM -> MEMORY CARD )
2.RESTORE SRAM ( MEMORY CARD -> SRAM )
END

SRAM SIZE : 1.0MB ( BASIC )

*** MESSAGE ***
SELECT MENU AND HIT SELECT KEY

[SELECT][ YES ][ NO ][ UP ][ DOWN ]
```

图2-29　SRAM DATA BACKUP画面

三、使用M－CARD分别备份系统数据

1. 默认命名

1）首先要将20#参数设定为4，表示通过M－CARD进行数据交换（见图2-30）。

```
参 数       (SETTING)                 O0001 N00018

 0020 I/O CHANNEL                                4
 0021                                            0
 0022                                            0
 0023                                            0
 0024                                            0

)^                                      S    0 T0000
EDIT **** *** ***          17:21:37
(NO検索)(接通:1)(断開:0)(+輸入 )( 輸入 )
```

图2-30　20#参数设定为4

2）在编辑方式下选择要传输的相关数据的画面（以参数为例）。

①按下软键右侧的［OPR］（操作），对数据进行操作（见图2-31）。

```
EDIT **** *** ***          17:13:51
( 参数 )( 診断 )( PMC )( 系統 )((操 作)
```

图2-31　按［OPR］操作

②按下右侧的扩展键［?］（见图2-32）。

```
EDIT **** *** ***          17:22:24
(        )( READ )(PUNCH )(        )(        )
```

图2-32　按右侧的扩展键［?］操作

③［READ］表示从M－CARD读取数据（见图2-33），［PUNCH］表示把数据备份到M－CARD。

```
EDIT **** *** ***        17:22:39
(         )(         )( ALL    )(          )(NON-0  )
```

图 2-33 从 M－CARD 读取数据

④［ALL］表示备份全部参数（见图 2-34），［NON－0］表示仅备份非零的参数。

```
EDIT **** *** ***      17:22:53
(       )(       )(       )( CAN   )( EXEC  )
```

图 2-34 备份全部参数

⑤ 执行即可看到［EXECUTE］闪烁，参数保存到 M－CARD 中。

通过这种方式备份数据，备份的数据以默认的名字存于 M－CARD 中。如备份的系统参数默认的名字为“CNCPARAM”，把 100#3 NCR 设定为 1 可让传出的参数紧凑排列。

2. 使用 M－CARD 分别备份系统数据（自定义名称）

若要给备份的数据起自定义的名称，则可以通过［ALL IO］画面进行。

1）按下 MDI 面板上［SYSTEM］键，然后按下显示器下面的扩展键［?］数次出现图 2-35 所示画面。

PARAMETER TUNING O0004 N00004
MENU
1. START UP
AXIS SETTING
FSSB(AMP)
FSSB(AXIS)
SERVO SETTING
MISCELLANY
2. TUNING
SERVO TUNING
SPINDLE TUNING
OS 50% T0000
EDIT **** *** *** 13:56:34
( )(ALL IO)( )( )(（操 作）)

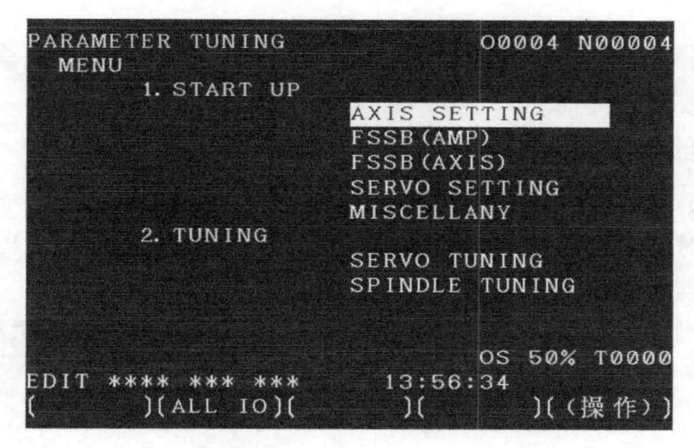

图 2-35 按下显示器下面的扩展键［?］所显示的画面

2）按下图 2-35 中所示的［操作］键，出现可备份的数据类型，如图 2-36 所示。当备份参数时操作如下：

① 按下图 2-36 中所示的［参数］键。

② 再按下图 2-36 中所示的［操作］键，出现图 2-37 所示的可备份的操作类型。

［F READ］为在读取参数时按文件名读取 M－CARD 中的数据。

［N READ］为在读取参数时按文件号读取 M－CARD 中的数据。

［PUNCH］为传出参数。

［DELETE］为删除 M－CARD 中数据。

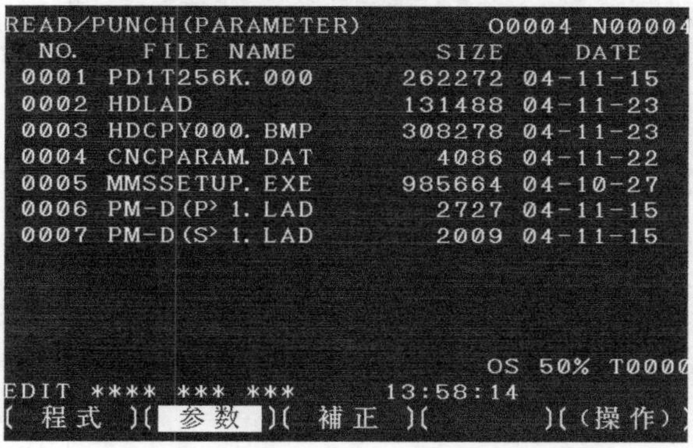

READ/PUNCH(PARAMETER) O0004 N00004
NO. FILE NAME SIZE DATE
0001 PD1T256K.000 262272 04-11-15
0002 HDLAD 131488 04-11-23
0003 HDCPY000.BMP 308278 04-11-23
0004 CNCPARAM.DAT 4086 04-11-22
0005 MMSSETUP.EXE 985664 04-10-27
0006 PM-D(P)1.LAD 2727 04-11-15
0007 PM-D(S)1.LAD 2009 04-11-15
OS 50% T0000
EDIT **** *** *** 13:58:14
(程式)(参数)(補正)( )(（操 作）)

图 2-36 可备份的数据类型

③ 在向 M－CARD 中备份数据时选择图 2-37 中［PUNCH］，按下该键出现图 2-38 所示画面。

```
READ/PUNCH(PARAMETER)           O0004 N00004
 NO.    FILE NAME             SIZE     DATE
0001 PD1T256K.000           262272 04-11-15
0002 HDLAD                  131488 04-11-23
0003 HDCPY000.BMP           308278 04-11-23
0004 CNCPARAM.DAT             4086 04-11-22
0005 MMSSETUP.EXE           985664 04-10-27
0006 PM-D(P>1.LAD             2727 04-11-15
0007 PM-D(S>1.LAD             2009 04-11-15



                              OS 50% T0000
EDIT **** *** ***       13:57:33
(F検索 )(F READ)(N READ)(PUNCH )(DELETE)
```

图 2-37　可备份的操作类型

```
READ/PUNCH(PARAMETER)           O0004 N00004
 NO.    FILE NAME             SIZE     DATE
0001 PD1T256K.000           262272 04-11-15
0002 HDLAD                  131488 04-11-23
0003 HDCPY000.BMP           308278 04-11-23
0004 CNCPARAM.DAT             4086 04-11-22
0005 MMSSETUP.EXE           985664 04-10-27
0006 PM-D(P>1.LAD             2727 04-11-15
0007 PM-D(S>1.LAD             2009 04-11-15

PUNCH  FILE NAME=

)HDPRA^                       OS 50% T0000
EDIT **** *** ***       13:59:02
(F名称 )(       )( STOP )( CAN  )( EXEC )
```

图 2-38　按下［PUNCH］所显示的画面

④ 在图 2-39 中输入要传出的参数的名字，例如 HDPRA，按下［F 名称］即可给传出的数据定义名称。

通过这种方法备份参数可以给参数起自定义的名字，这样也可以备份不同机床的多个数据。备份系统的其他数据也是如此。

3. 备份系统的全部程序

在程序画面备份系统的全部程序时输入 0—9999，然后依次按下［PUNCH］、［EXEC］就可以把全部程序传出到 M－CARD 中（默认文件名 PROGRAM. ALL）。设置 3201#6 NPE 可以把备份的全部程序一次性输入到系统中（见图 2-40）。

```
READ/PUNCH(PARAMETER)           O0004 N00004
 NO.    FILE NAME             SIZE     DATE
0001 PD1T256K.000           262272 04-11-15
0002 HDLAD                  131488 04-11-23
0003 HDCPY000.BMP           308278 04-11-23
0004 CNCPARAM.DAT             4086 04-11-22
0005 HDCPY001.BMP           308278 04-11-23
0006 HDCPY002.BMP           308278 04-11-23
0007 MMSSETUP.EXE           985664 04-10-27
0008 HDCPY003.BMP           308278 04-11-23
0009 HDPRA                   76024 04-11-23
PUNCH  FILE NAME=

>_                            OS 50% T0000
EDIT **** *** ***       14:00:03
(F名称 )(       )( STOP )( CAN  )( EXEC )
```

图 2-39　名称输入画面

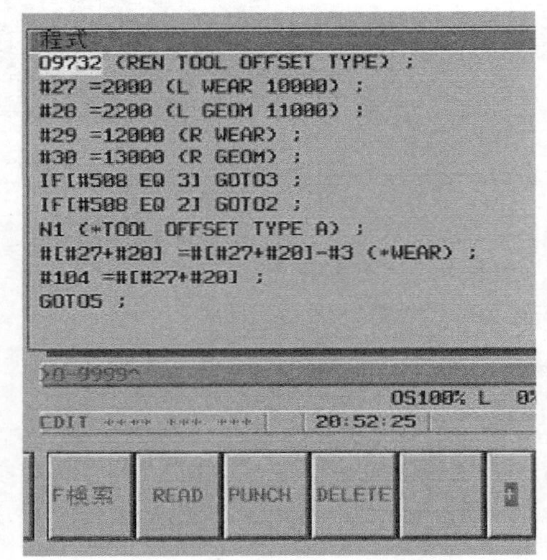

图 2-40　备份全部程序

在此画面选择 10 号文件 PROGRAM. ALL，在程序号处输入 0—9999 可把程序一次性全部传入系统中（见图 2-41）。

也可给传出的程序自定义名称，其步骤如下：

1）在 ALL IO 画面选择 PROGRAM。

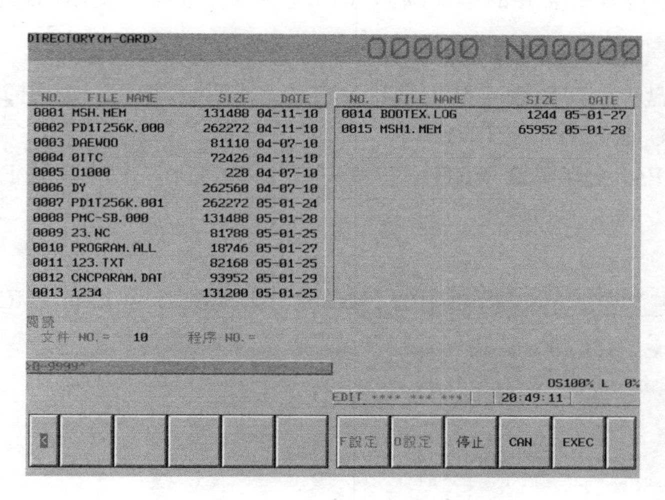

图 2-41　把程序一次性全部传入系统画面

2）选择 PUNCH 输入要定义的文件名，如 18IPROG，然后按下［F 名称］（见图2-42）。

3）输入要传出的程序范围，如 0—9999（表示全部程序），然后按下［O 设定］（见图 2-43）。

4）按下［EXEC］执行即可。

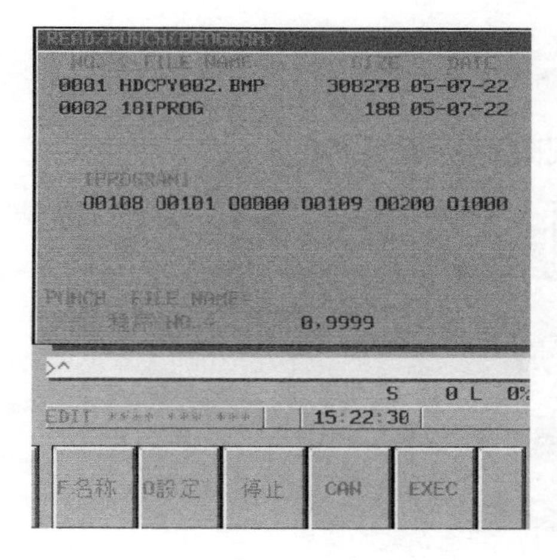

图 2-42　输入文件名

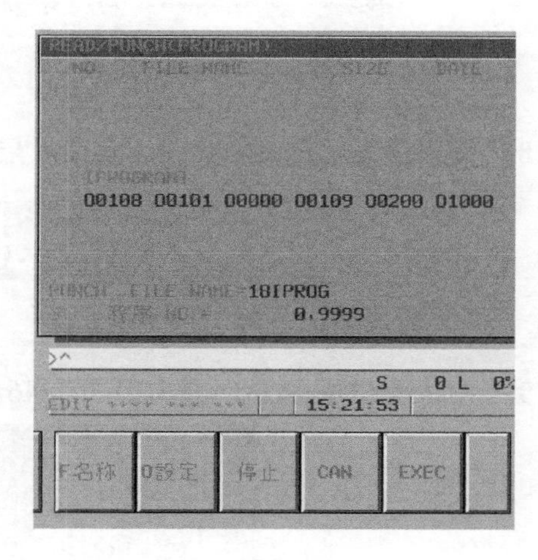

图 2-43　输入程序范围

四、PMC 梯形图及 PMC 参数输入/输出

1. PMC 梯形图的输出

（1）传送到 CNC SRAM

1）请确认输入设备是否准备好（计算机或 C－F 卡）。如果使用 C－F 卡，在 SETTING 画面 I/O 通道一项中设定 I/O＝4；如果使用 RS232C，则根据硬件连接情况设定 I/O＝0 或 I/O＝1（RS232C 接口 1）。

2）计算机侧准备好所需要的程序画面（相应的操作参照所使用的通信软件说明书）。

3）按下功能键OFFSET SETTING。

4）在 MDI 键盘上，按软键［SETING］，出现 SETTING 画面（见图 2-16）。

5）在 SETTING 画面中，将 PWE＝1。

当画面提示“PARAMETER WRITE（PWE）”时输入 1，出现报警 P/S 100（表明参数可写）。

6）按SYSTEM键。

7）按［参数｜诊断｜PMC｜系统｜（操作）］中的 PMC 键，出现图 2-44 所示 PMC 画面。

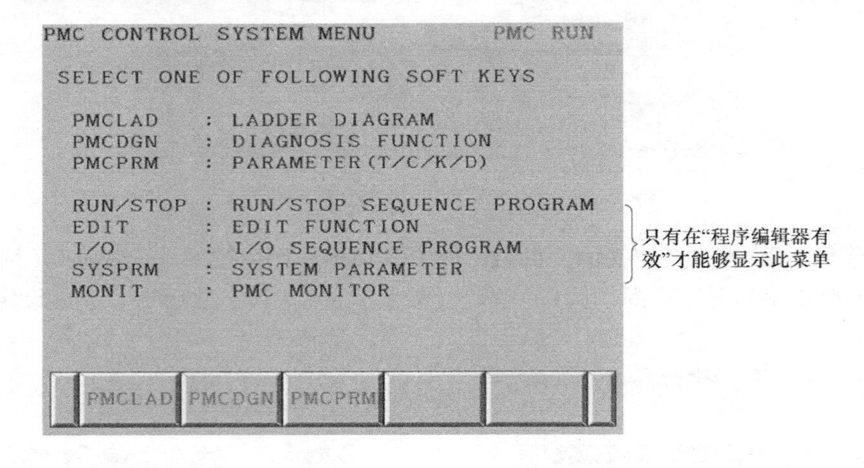

图 2-44　PMC 画面

8）按下最右边的软键▷（菜单扩展键）出现图 2-45 所示子菜单。

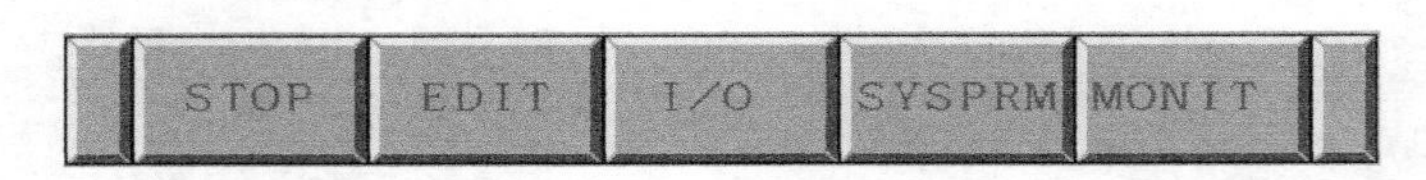

图 2-45　子菜单

9）按子菜单中的 I/O 键出现图 2-46 所示画面。图 2-46 说明见表 2-3。

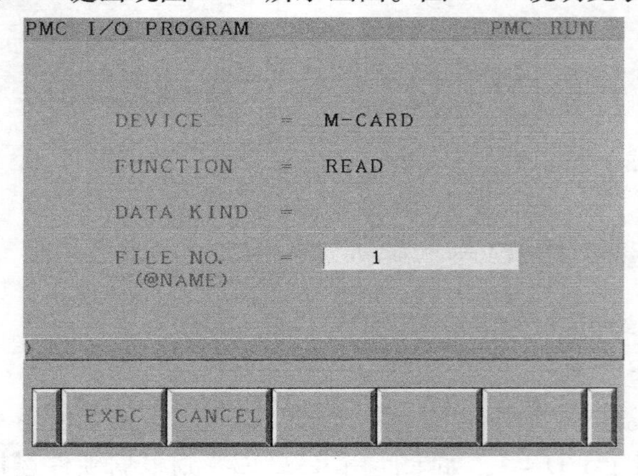

图 2-46　I/O 画面

表 2-3　I/O 画面说明

项目	说明	备注
DEVICE	输入/输出装置，包含 F－ROM（CNC 存储区）、计算机（外设）、FLASH 卡（外设）等	1）如图 2-47 所示 2）选择 DEVICE＝M－CARD 时，从 C－F 卡读入数据，如图 2-46 所示 3）选择 DEVICE＝OTHERS 时，从计算机接口读入数据，如图 2-48 所示
FUNCTION	读 READ，从外设读数据（输入）；或写 WRITE，向外设写数据（输出）	
DATA KIND	输入输出数据种类	1）LADDER 梯形图 2）PARAMETER 参数
FILE NO.	文件名	1）输出梯形图时文件名为@ PMC－SB. 000 2）输出 PMC 参数时文件名为@ PMC－SB. PRM

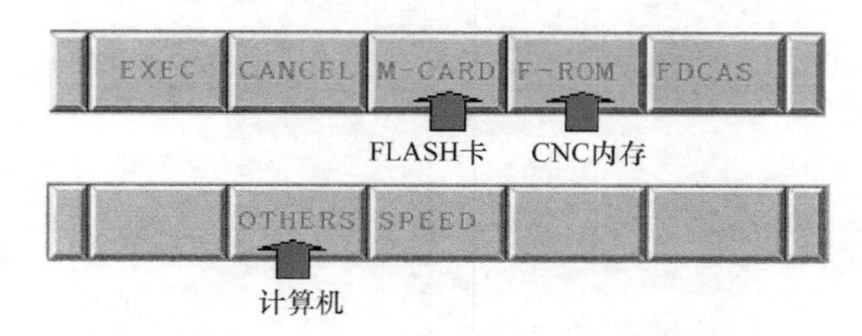

图 2-47　各种 I/O 装置对应操作键

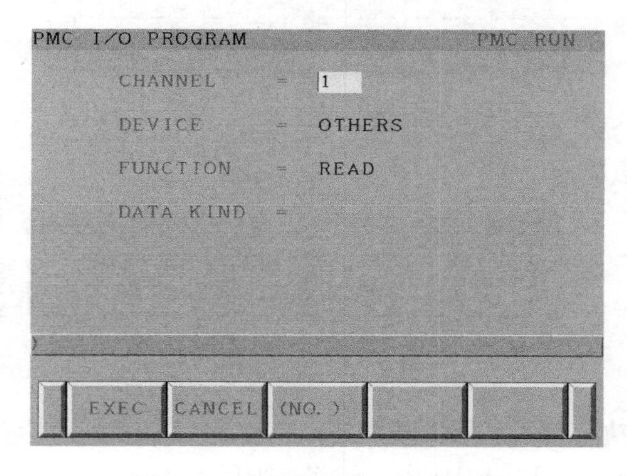

图 2-48　从计算机接口读入数据

10）按［EXEC］软键，梯形图和 PMC 参数被传送到 CNC SRAM 中。

（2）将 SRAM 中的数据写到 CNC F－ROM 中

1）首先将 PMC 画面控制参数修改为 WRITE TO F－ROM(EDIT)＝1（见图 2-49）。

2）重复“（1）传送到 CNC SRAM”中的步骤 6）～8）进入图 2-50 所示界面，并将 DEVICE＝F－ROM（CNC 系统内的 F－ROM），FUNCTION＝WRITE。

3）按执行［EXEC］键，将 SRAM 中的梯形图写入 F－ROM 中。数据正常写入后会出现图 2-51 所示画面。

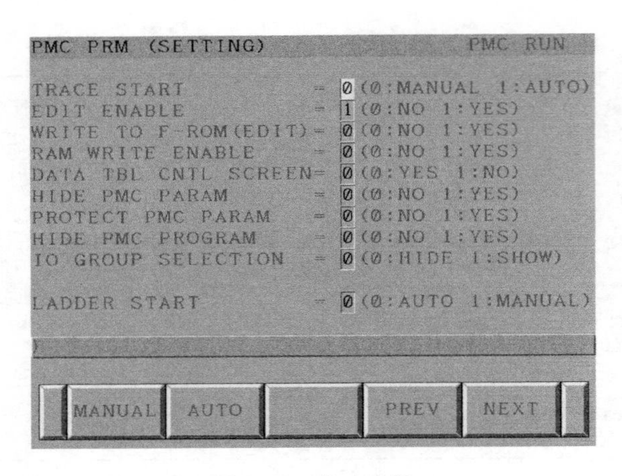

图 2-49　修改参数

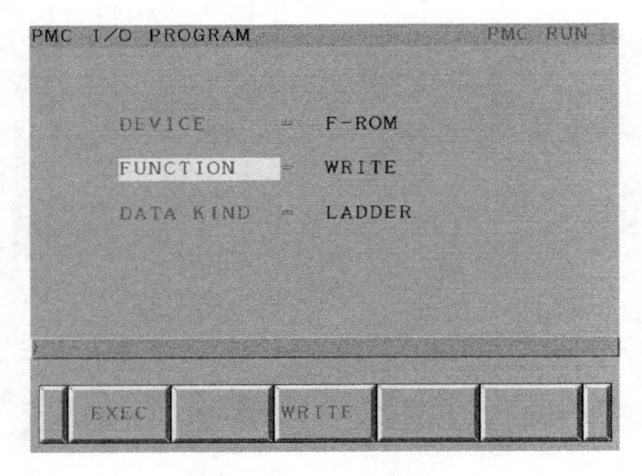

图 2-50　设置

图 2-51　完成操作

注意：1）如果不执行读入的梯形图（PMC 程序）关电再开电后会丢失掉，所以一定要将 SRAM 中的数据写到 CNC F－ROM 中，即将梯形图写入系统的 F－ROM 存储器中。

2）按照上述方式从外设读入 PMC 程序（梯形图）的时候，PMC 参数也一同读入。

3）用 I/O 方式读入梯形图的过程如图 2-52 所示。

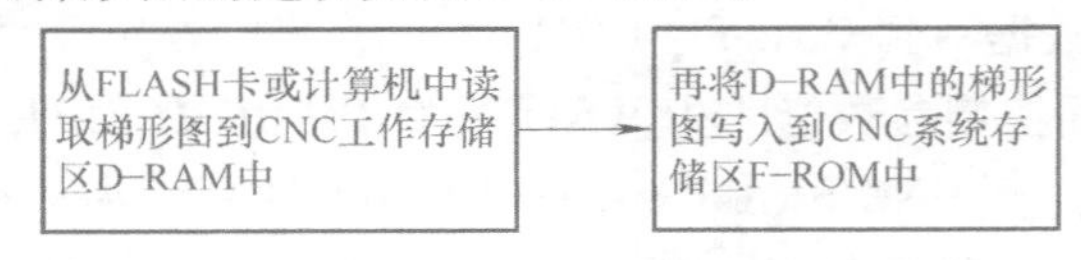

图 2-52　用 I/O 方式读入梯形图的过程

（3）PMC 梯形图输出到 C－F 卡或计算机

1）执行“（1）传送到 CNC SRAM”中的步骤 6）~8）。

2）出现 PMC I/O 画面后，将 DEVICE = M – CARD（将梯形图传送到 C – F 卡中，参见图 2-53）或 DEVICE = OTHERS（将梯形图传送到计算机中，参见图 2-54）。

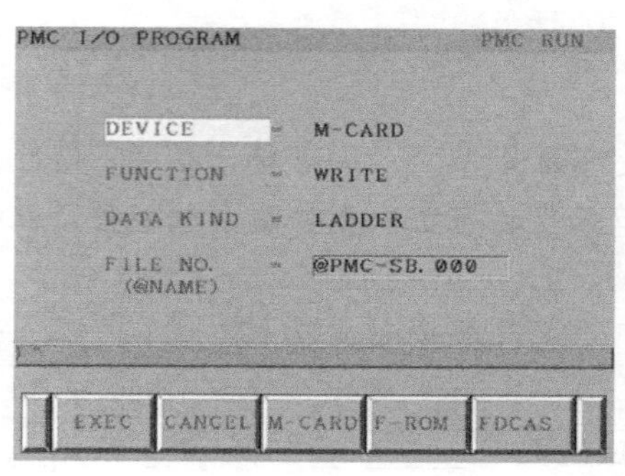

图 2-53　梯形图传送到 C – F 卡中

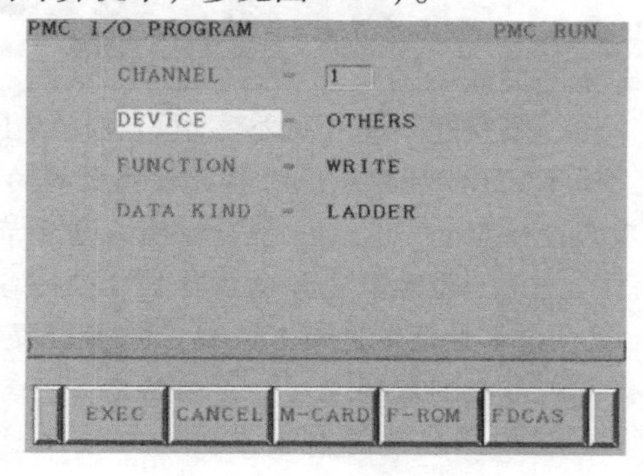

图 2-54　将梯形图传送到计算机中

3）将 FUNCTION 项选为“WRITE”，在 DATA KIND 中选择 LADDER，参见图 2-53、图 2-54。

4）按［EXEC］软件键，CNC 中的 PMC 程序（梯形图）将传送到 C – F 卡或计算机中。

5）正常结束后将会出现 2-51 所示画面。

2. PMC 参数输出

1）执行“（1）传送到 CNC SRAM”中的步骤 6）~8）。

2）出现 PMC I/O 画面后，将 DEVICE = M – CARD（将参数传送到 C – F 卡中，如图 2-55所示）或 DEVICE = OTHERS（将参数传到计算机中，如图 2-56 所示）。

3）将 FUNCTION 项选为“WRITE”，在 DATA KIND 中选择 PARAM。

4）按［EXEC］软件键，CNC 中的 PMC 参数将传送到 C – F 卡或计算机中。

5）正常结束后会出现 2-51 所示画面。

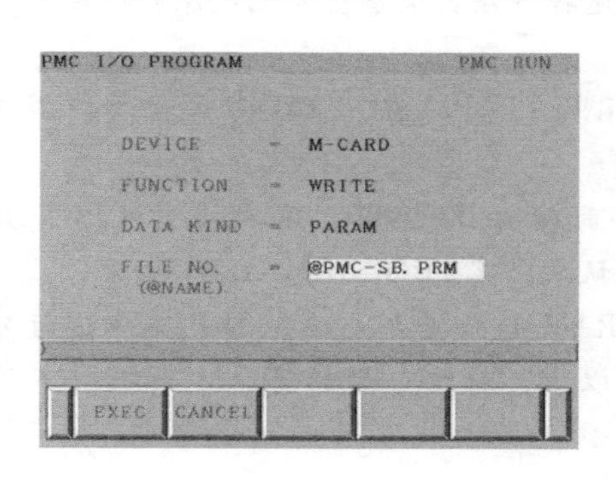

图 2-55　参数传送到 C – F 卡

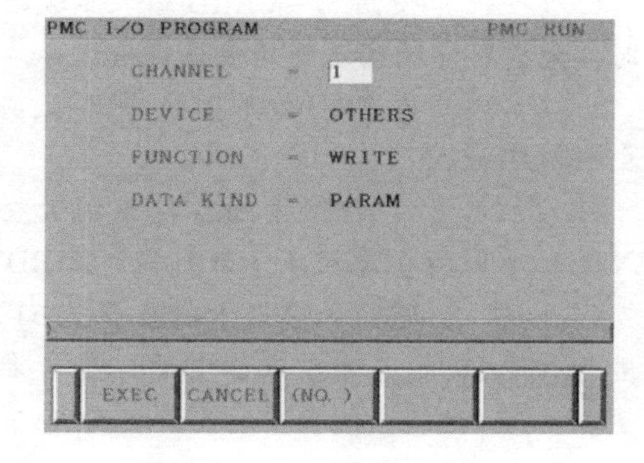

图 2-56　参数传到计算机

五、从 M – CARD 输入参数

从 M – CARD 输入参数时选择［READ］。使用这种方法再次备份其他机床相同类型的

参数时，之前备份的同类型的数据将被覆盖。

习题练习

一、填空题（将正确答案填写在横线上）

1. FANUC 数控系统的参数按照数据的形式大致可分为________型和________型。其中位型又分位型和________型，字型又分字节型、字节轴型、字型、字轴型、双字型、双字轴型。________型参数允许参数分别设定给各个控制轴。

2. 在参数设定完成后，最后一步就是将“________”重新设定为“________”，使系统恢复到参数写入为________的状态。

3. 位型参数就是对该参数的 0 至 7 这八位单独设置“________”或“________”的数据。

4. 有的参数在重新设定完成后，会即时生效。而有的参数在重新设定后，并不能立即生效，而且会出现报警“000 需切断电源”，此时，说明该参数必须________后，重新打开电源方可生效。

5. 在进行参数设定之前，一定要清楚所要设定参数的________和允许的________范围，否则的话，机床就有被损坏的危险，甚至危及人身安全。

6. 当买了存储卡第 1 次使用时，或电池没电了存储卡的内容被破坏时，需要进行________。

7. 系统数据被分在两个区存储。________中存储的是系统软件和机床制造厂家编写的 PMC 程序以及 P－CODE 程序，________中存储的是参数、加工程序、宏变量等数据。

8. 软键［________］表示从 M－CARD 读取数据，［________］表示把数据备份到 M－CARD。

二、判断题（正确的打“√”，错误的打“×”）

1. （　　）使用 M－CARD 输入参数时，使用这种方法再次备份其他机床相同类型的参数时，之前备份的同类型的数据将被保存。

2. （　　）在 PMC 梯形图的输出时，如果使用 C－F 卡，在 SETTING 画面 I/O 通道一项中应设定 I/O＝1。

3. （　　）在程序画面备份系统的全部程序时输入 0—9999，依次按下［PUNCH］、［EXEC］可以把全部程序传出到 M－CARD 中（默认文件名 PROGRAM. ALL）。

4. （　　）常用的存储卡的容量为 512KB，SRAM 的数据也是按 512KB 单位进行分割后进行存储/恢复，现在存储卡的容量大都在 2G 以上，对于一般的 SRAM 数据就不用分割了。

第三章 数控机床主传动系统的结构与维护

数控机床的主传动系统主要由主轴电动机、变速机构、主轴及驱动等部分组成。图 3-1 所示为某加工中心的主传动结构，其主传动路线为：交流主轴电动机→1∶1 多楔带传动→主轴。图 3-2 所示为主轴驱动系统，用于控制机床主轴的旋转运动，为机床主轴提供驱动功率和所需的切削力。

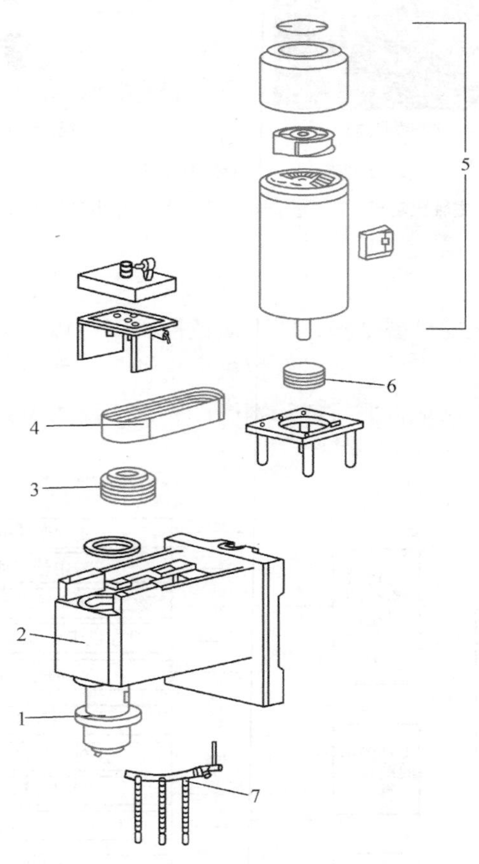

图 3-1　某加工中心的主传动结构

1—主轴　2—主轴箱　3、6—带轮　4—多楔带　5—主轴电动机　7—切削液喷嘴

a) b)

带传动(经过一级降速) 经过一级齿轮的带传动

c)

图 3-2 主轴驱动系统

a）主轴电动机 b）主轴驱动器 c）主轴电动机的连接

【学习目标】

让学生掌握主传动系统的机械结构，能看懂数控机床主传动系统的装配图，会对数控机床主传动与主轴准停装置进行维护；能对数控机床主轴驱动系统进行连接与参数设定；掌握主轴准停装置的结构与参数设定，能看懂主轴准停装置的连接图。

【知识构架】

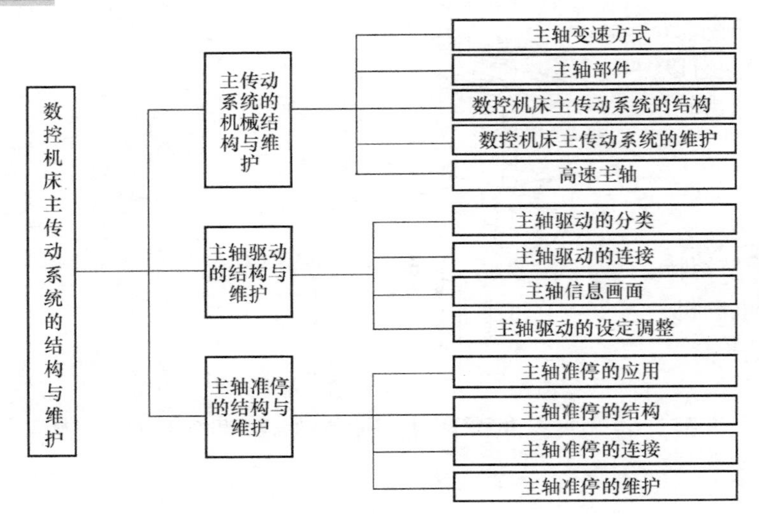

第一节　主传动系统的机械结构与维护

【学习目标】

- 掌握主轴变速方式
- 能看懂数控机床主轴箱的装配图
- 会对主传动链进行维护
- 能看懂高速主轴的结构图
- 会对高速主轴进行维护

【学习内容】

一、主轴变速方式

1. 无级变速

数控机床一般采用直流或交流主轴伺服电动机实现主轴无级变速，如图 3-3 所示。

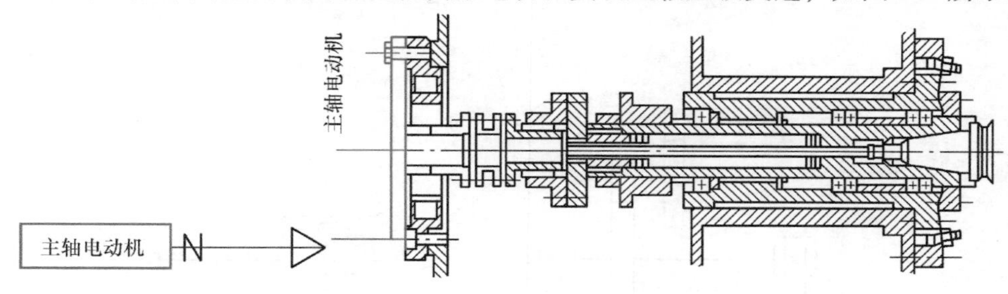

图 3-3　无级变速

2. 分段无级变速

有的数控机床在交流或直流电动机无级变速的基础上配以齿轮变速，使之成为分段无级变速，如图 3-4 所示。

分段无级变速有以下几种方式。

1）带有变速齿轮的主传动（见图 3-4a）。这是大中型数控机床较常采用的配置方式，通过少数几对齿轮传动，扩大变速范围。滑移齿轮的移位大都采用液压拨叉或直接由液压缸带动齿轮来实现。

2）通过带传动的主传动（见图 3-4b）。主要用在转速较高、变速范围不大的机床上。适用于高速、低转矩特性的主轴。常用的是同步带。

3）用两个电动机分别驱动主轴（见图 3-4c）。高速时由一个电动机通过带传动驱动主轴，低速时由另一个电动机通过齿轮传动驱动主轴。两个电动机不能同时工作，也是一种浪费。

4）内装电动机主轴（电主轴，见图 3-4d）。电动机转子固定在机床主轴上，结构紧凑，但需要考虑电动机的散热。

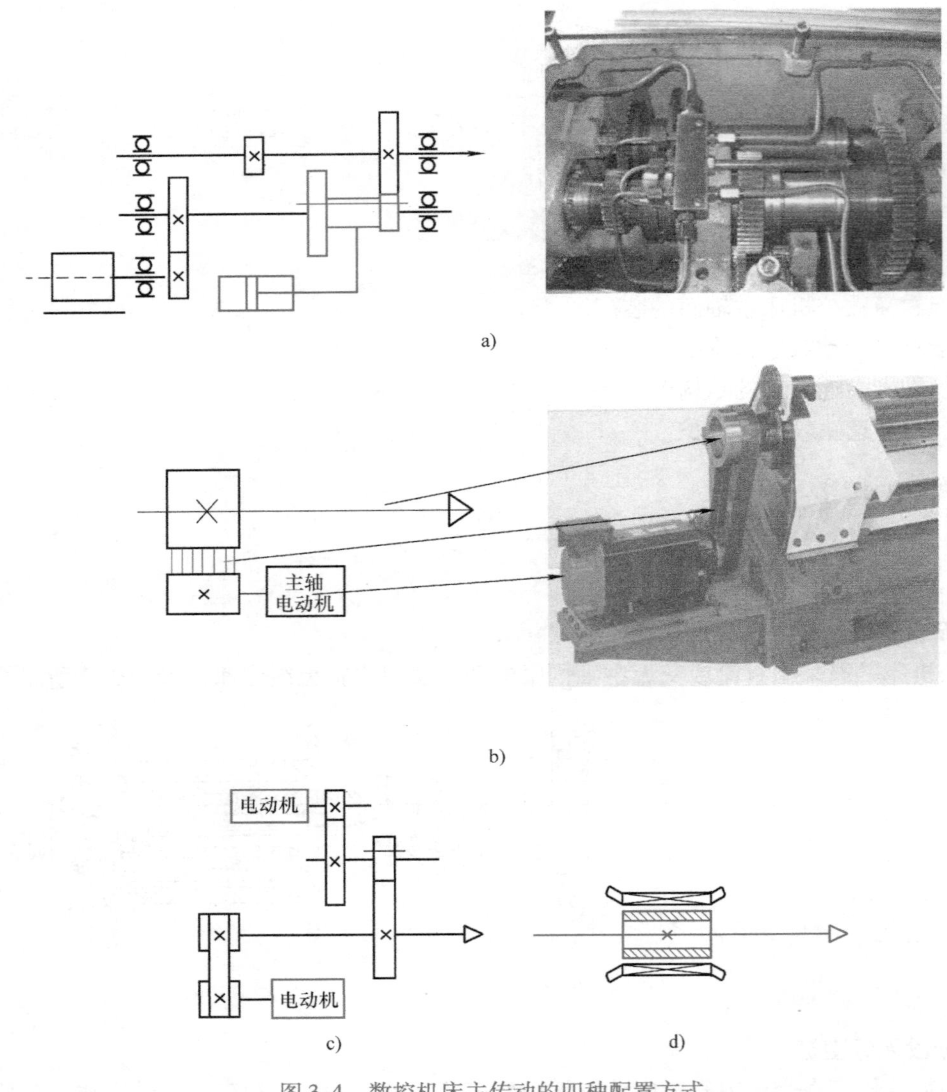

图 3-4　数控机床主传动的四种配置方式

a）齿轮变速　b）带传动　c）两个电动机分别驱动　d）内装电动机主轴传动结构

二、主轴部件

主轴部件是机床的一个关键部件，它包括主轴的支承、安装在主轴上的传动零件等，其作用见表 3-1。主轴部件质量的好坏直接影响加工质量。无论哪种机床的主轴部件都应满足下述几个方面的要求：主轴的回转精度、部件的结构刚度和抗振性、运转温度和热稳定性以及部件的耐磨性和精度保持能力等。对于数控机床尤其是自动换刀数控机床，为了实现刀具在主轴上的自动装卸与夹持，还必须有刀具的自动夹紧装置、主轴准停装置和主轴孔的清理装置等结构。

表 3-1　主轴部件及其作用

名称	图示	作用
主轴箱		主轴箱通常由铸铁铸造而成，主要用于安装主轴零件、主轴电动机、主轴润滑系统等
主轴头		下面与立柱的导轨连接，内部装有主轴，上面还固定主轴电动机、主轴松刀装置，用于实现 Z 轴移动、主轴旋转等功能
主轴本体		主传动系统最重要的零件，主轴材料的选择主要根据刚度、载荷特点、耐磨性和热处理变形等因素确定。对于数控铣床/加工中心来说，用于装夹刀具，执行零件加工；对于数控车床/车削中心来说，用于安装卡盘，装夹工件
轴承	 轴承	支承主轴
同步带轮		同步带轮的主要材料为尼龙，固定在主轴上，与同步带啮合传动主轴
同步带		同步带是主轴电动机与主轴的传动元件，主要是将电动机的转动传递给主轴，带动主轴转动，执行工作

（续）

名称	图示	作用
主轴电动机		主轴电动机是机床加工的动力元件，电动机功率的大小直接关系到机床的切削力度
松刀缸		松刀缸主要是用于数控铣床/加工中心上，作用是换刀时用于松刀。它由气缸和液压缸组成，气缸装在液压缸的上端。工作时，气缸内的活塞推进到液压缸内，使液压缸内的压力增加，推动主轴内夹刀元件，从而达到松刀作用，其中液压缸起增压作用
润滑油管		主要用于主轴润滑

三、数控机床用一般主传动系统的结构

1. 数控车床主传动系统的结构

（1）主运动传动　TND360 数控卧式车床主传动系统如图 3-5 所示。图中各传动元件是按照运动传递的先后顺序，以展开图的形式画出来的。该图只表示传动关系，不表示各传动元件的实际尺寸和空间位置。

数控车床主运动传动链的两端部件是主电动机与主轴，它的功用是把动力源（电动机）的运动及动力传递给主轴，使主轴带动工件旋转实现主运动，并满足数控卧式车床主轴变速和换向的要求。

TND360 主运动传动由主轴伺服电动机（27kW）的运动经过齿数为 27/48 同步带传动

到主轴箱中的轴Ⅰ上。再经轴Ⅰ上双联滑移齿轮，经齿轮副84/60或29/86传递到轴Ⅱ（即主轴），使主轴获得高（800～3150r/min）、低（7～800r/min）两档转速范围。在各转速范围内，由主轴伺服电动机驱动实现无级变速。

主轴的运动经过齿轮副60/60传递到轴Ⅲ上，由轴Ⅲ经联轴器驱动圆光栅。圆光栅将主轴的转速信号转变为电信号送回数控装置，由数控装置控制实现数控车床上的螺纹切削加工。

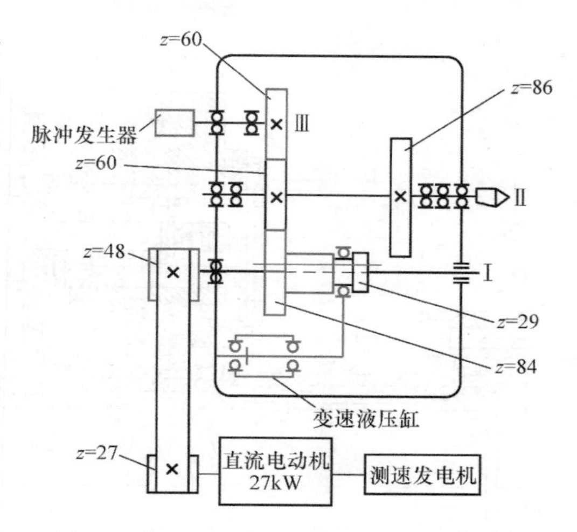

图3-5　TND360数控卧式车床主传动系统

（2）主轴箱的结构　数控机床的主轴箱是一个比较复杂的传动部件。表达主轴箱中各传动元件的结构和装配关系时常用展开图。展开图基本上是按传动链传递运动的先后顺序，沿轴线剖开，并展开在一个平面上的装配图。图3-6所示为TND360数控卧式车床的主轴箱展开图。该图是沿轴Ⅰ—Ⅱ—Ⅲ的轴线剖开后展开的。

在展开图中主要表示：

各种传动元件（轴、齿轮、传动带和离合器等）的传动关系，各传动轴及主轴等有关零件的结构形状、装配关系和尺寸，以及箱体有关部分的轴向尺寸和结构。

要表示清楚主轴箱部件的结构，有时仅有展开图还是不能表示出每个传动元件的空间位置及其他机构（如操作机构、润滑装置等），因此，装配图中有时还需要必要的向视图及其他剖视图来加以说明。

1）变速轴。变速轴（轴Ⅰ）是花键轴。左端装有齿数为48的同步带轮，接受来自主电动机的运动。轴上花键部分安装有一双联滑移齿轮，齿轮齿数分别为29（模数$m=2$mm）和84（模数$m=2.5$mm）。齿数为29的齿轮工作时，主轴运转在低速区；齿数为84的齿轮工作时，主轴运转在高速区。双联滑移齿轮为分体组合形式，上面装有拨叉轴承，拨叉轴承隔离齿轮与拨叉的运动。双联滑移齿轮由液压缸带动拨叉驱动，在轴Ⅰ上轴向移动，分别实现齿轮副29/86、84/60的啮合，完成主轴的变速。变速轴靠近带轮的一端是球轴承支承，外圈固定；另一端由长圆柱滚子轴承支承，外圈在箱体上不固定，以提高轴的刚度和降低热变形的影响。

2）检测轴。检测轴（轴Ⅲ）是阶梯轴，通过两个球轴承支承在轴承套中。它的一端装有齿数为60的齿轮，齿轮的材料为夹布胶木，另一端通过联轴器传动光电脉冲发生器。齿轮与主轴上齿数为60的齿轮相啮合，将主轴运动传到光电脉冲发生器上。

主轴脉冲发生器的安装，通常采用两种方式：一是同轴安装，二是异轴安装。同轴安装的结构简单，缺点是安装后不能加工伸出车床主轴孔的零件；异轴安装较同轴安装麻烦一些，需配一对同步带轮和同步带，但却避免了同轴安装的缺点，如图3-7所示。

主轴脉冲发生器与传动轴的连接可分为刚性连接和柔性连接。刚性连接是指常用的轴套连接。此方式对连接件制造精度和安装精度有较高的要求，否则，同轴度误差的影响会引起主轴脉冲发生器产生偏差而造成信号不准，严重时损坏光栅。如图3-8所示，传动箱传动轴上的同步带轮通过同步带与装在主轴上的同步带轮相连。

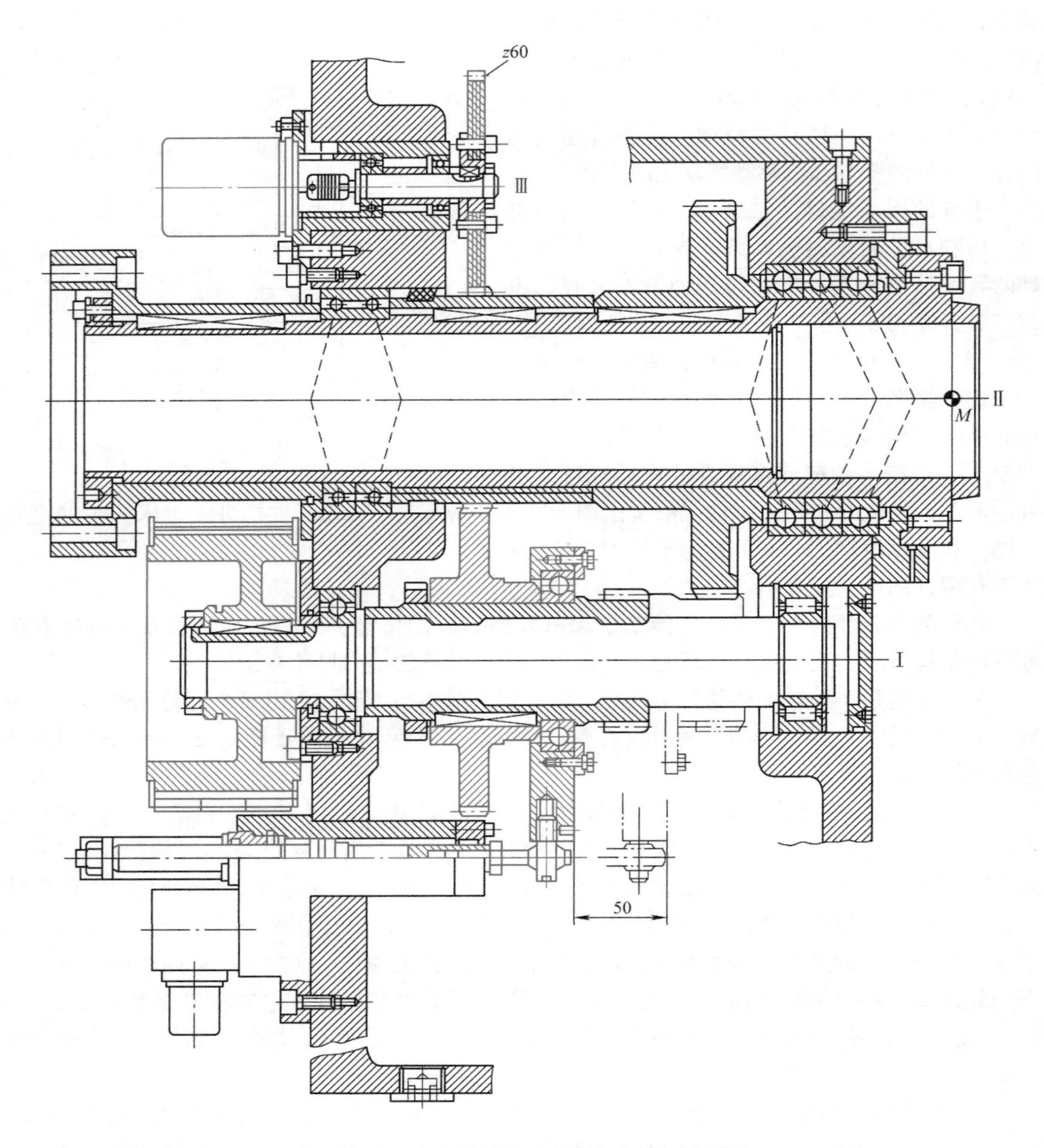

图 3-6　TND360 数控卧式车床的主轴箱展开图

柔性连接是较为实用的连接方式。常用的软件为波纹管或橡胶管，连接方式如图 3-9 所示。采用柔性连接，在实现角位移传递的同时，还能吸收车床主轴的部分振动，从而使得主轴脉冲发生器传动平稳，传递信号准确。

主轴脉冲发生器在选用时应注意主轴脉冲发生器的最高允许转速，在实际应用过程中，机床的主轴转速必须小于此转速，以免损坏脉冲发生器。

3）主轴箱。主轴箱的作用是支承主轴和支承主轴运动的传动系统，主轴箱材料为密烘铸铁。主轴箱使用底部定位面在床身左端定位，并用螺钉紧固。

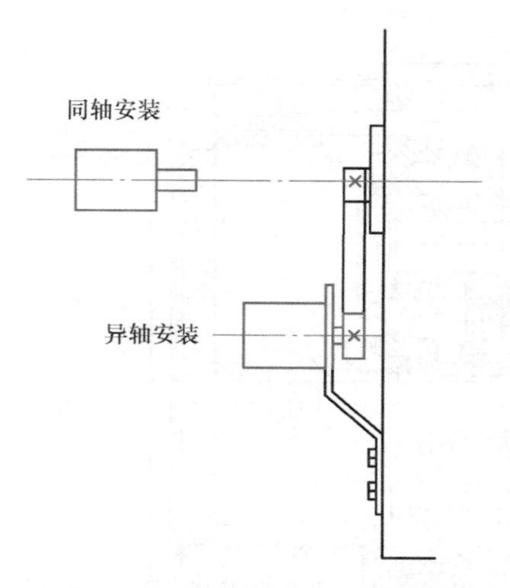

图 3-7　主轴脉冲发生器的安装

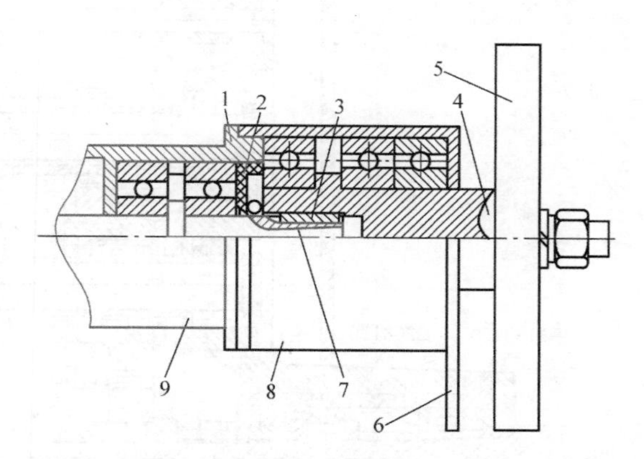

图 3-8　编码器与传动箱的连接

1—编码器外壳隔环　2—密封圈　3—键　4—带轮轴
5—带轮　6—安装耳　7—编码器轴　8—传动箱　9—编码器

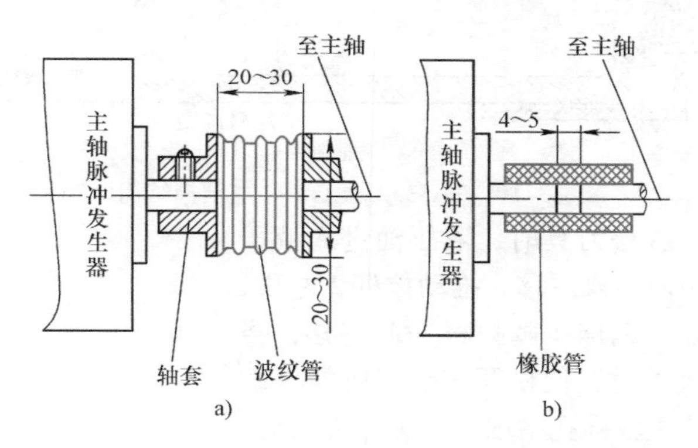

图 3-9　主轴脉冲发生器的柔性连接

a）波纹管连接图　b）橡胶管连接图

2. 数控铣床/加工中心主传动系统的结构

（1）轴箱的结构　TH6350 加工中心的主轴箱结构如图 3-10 所示。为了增加转速范围和转距，主传动采用齿轮变速传动方式。主轴转速分为低速区域和高速区域。低速区域传动路线是：交流主轴电动机经弹性联轴器、齿轮 z_1、齿轮 z_2、齿轮 z_3、齿轮 z_4、齿轮 z_5、齿轮 z_6 到主轴。高速区域传动路线是：交流主轴电动机经联轴器及牙嵌离合器、齿轮 z_5、齿轮 z_6 到主轴。变换到高速档时，由液压活塞推动拨叉向左移动，此时主轴电动机慢速旋转，以利于牙嵌离合器啮合。主轴电动机采用 FANUC 交流主轴电动机，主轴能获得最大转矩为 490N · m，主轴转速范围为 28 ~ 3150r/min，其中低速区为 28 ~ 733r/min，高速区为 733 ~ 3150r/min，低速时传动比为 1∶4.75，高速时传动比 1∶1.1。主轴锥孔为 IS050，主轴结构采用了高精度、高刚性的组合轴承。其前轴承由 3182120 双列圆柱滚子轴承和 2268120 推力球轴承组成，后轴承采用 46117 推力角接触球轴承，这种主轴结构可保证主轴的高精度。

（2）主轴结构　主轴由如图 3-11 所示元件组成。加工中心的主轴部件如图 3-12a 所示。刀柄采用 7∶24 的大锥度锥柄与主轴锥孔配合，既有利于定心，也为松夹带来了方便。标准

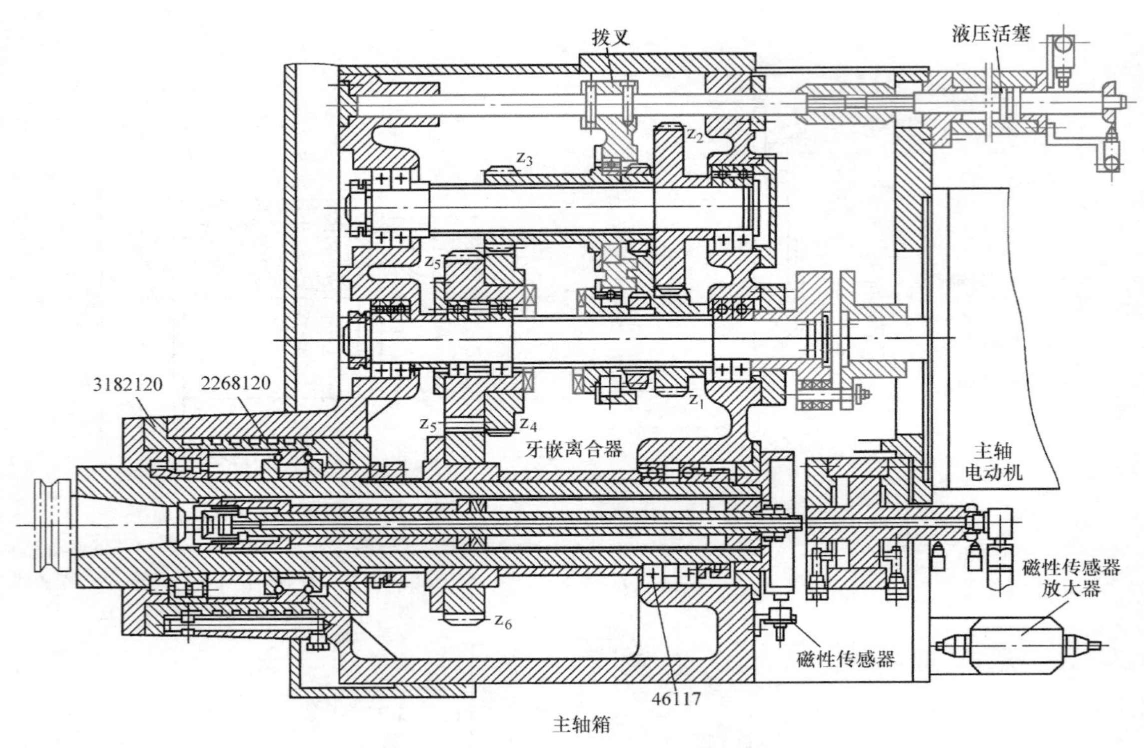

图 3-10　TH6350 加工中心主轴箱结构

拉钉 5 拧紧在刀柄上。放松刀具时，液压油进入液压缸活塞 1 的右端，油压使活塞左移，推动拉杆 2 左移，同时碟形弹簧 3 被压缩，钢球 4 随拉杆一起左移，当钢球移至主轴孔径较大处时，便松开拉钉，机械手即可把刀柄连同拉钉 5 从主轴锥孔中取出。夹紧刀具时，活塞右端无油压，螺旋弹簧使活塞退到最右端，拉杆 2 在碟形弹簧 3 的弹簧力作用下向右移动，钢球 4 被迫收拢，卡紧在拉杆 2 的环槽中。这样，拉杆通过钢球把拉钉向右拉紧，使刀柄外锥面与主轴锥孔内锥面相互压紧，刀具随刀柄一起被夹紧在主轴上。

行程开关 8 和 7 用于发出夹紧和放松刀柄的信号。刀具夹紧机构使用碟形弹簧夹紧、液压放松，可保证在工作中，如果突然停电，刀柄不会自行脱落。

自动清除主轴孔中的切屑和灰尘是换刀操作中一个不容忽视的问题。为了保持主轴锥孔清洁，常采用压缩空气吹屑。如图 3-12a 所示，活塞 1 的心部钻有压缩空气通道，当活塞向左移动时，压缩空气经过活塞由主轴孔内的空气嘴喷出，将锥孔清理干净。为了提高吹屑效率，喷气小孔要有合理的喷射角度，并均匀分布。

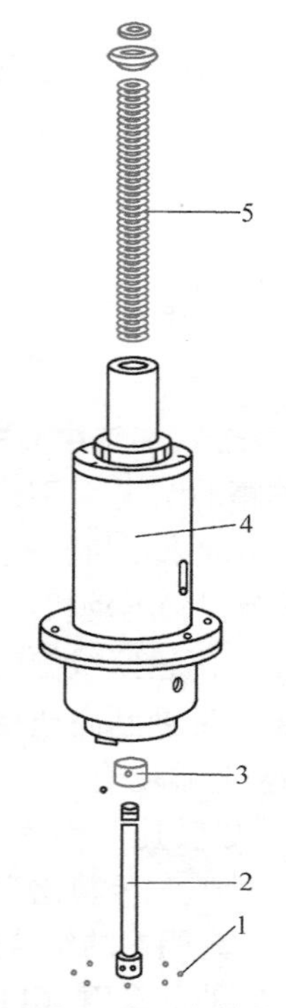

图 3-11　某加工中心主轴的组成元件

1—钢球　2—拉杆　3—套筒

4—主轴　5—碟形弹簧

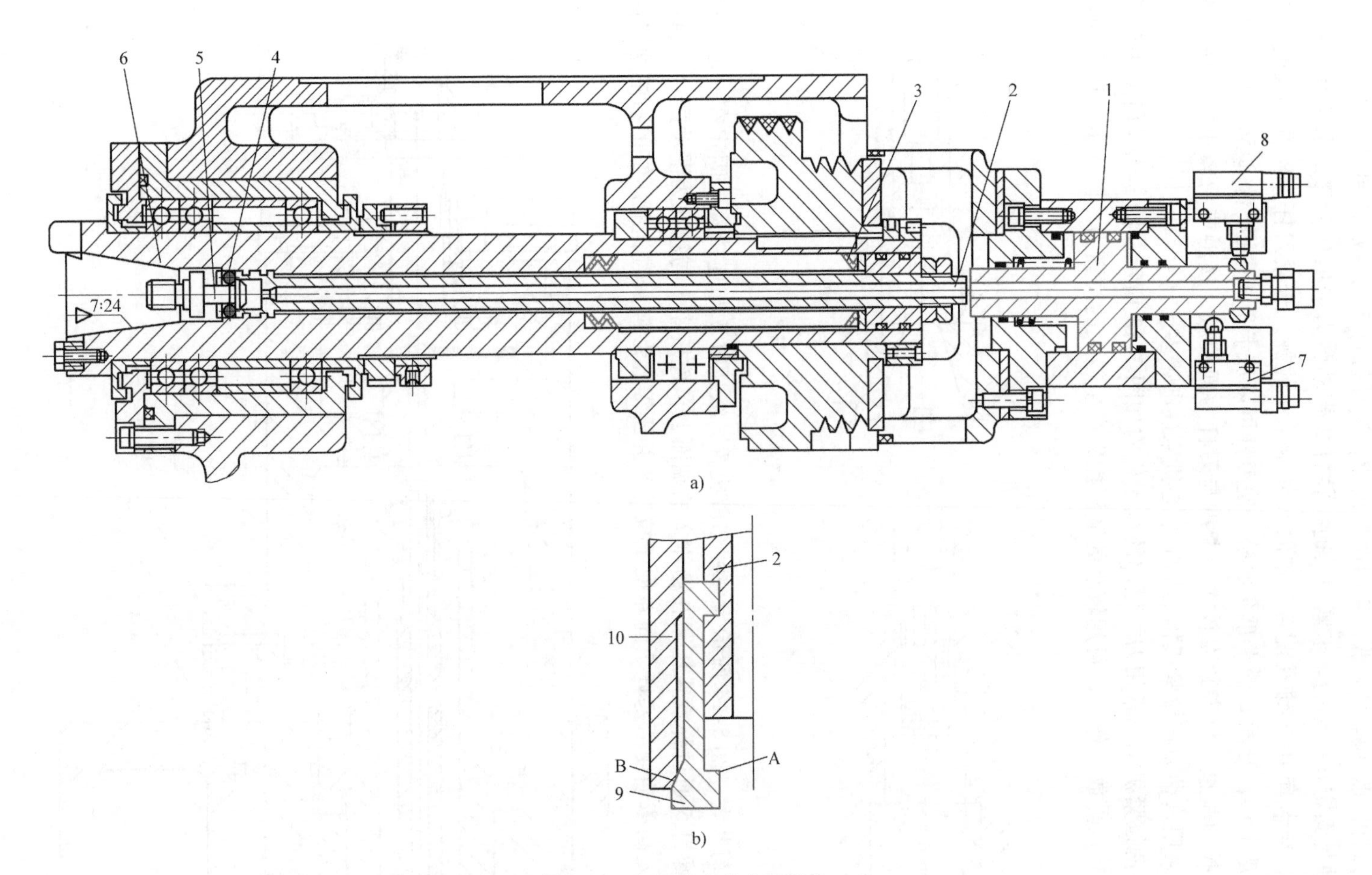

图 3-12　加工中心的主轴部件

1—活塞　2—拉杆　3—碟形弹簧　4—钢球　5—标准拉钉　6—主轴　7、8—行程开关　9—弹力卡爪　10—卡套

用钢球4拉紧拉钉5，这种拉紧方式的缺点是接触应力太大，易将主轴孔和拉钉压出坑来。新式的刀杆已改用弹力卡爪，它由两瓣组成，装在拉杆2的左端，如图3-12b所示。卡套10与主轴是固定在一起的。卡紧刀具时，拉杆2带动弹力卡爪9上移，卡爪9下端的外周是锥面B，与卡套10的锥孔配合，锥面B使卡爪9收拢，卡紧刀杆。松开刀具时，拉杆带动弹力卡爪下移，锥面B使卡爪9放松，使刀杆可以从卡爪9中退出。这种卡爪与刀杆的结合面A及拉力垂直，故卡紧力较大；卡爪与刀杆为面接触，接触应力较小，不易压溃刀杆。目前，采用这种刀杆拉紧机构的加工中心机床逐渐增多。

（3）刀柄拉紧机构　常用刀杆尾部的拉紧机构如图3-13所示。图3-13a所示为弹簧夹头结构，它有拉力放大作用，可用较小的液压推力产生较大的拉紧力。图3-13b所示为钢球拉紧结构。

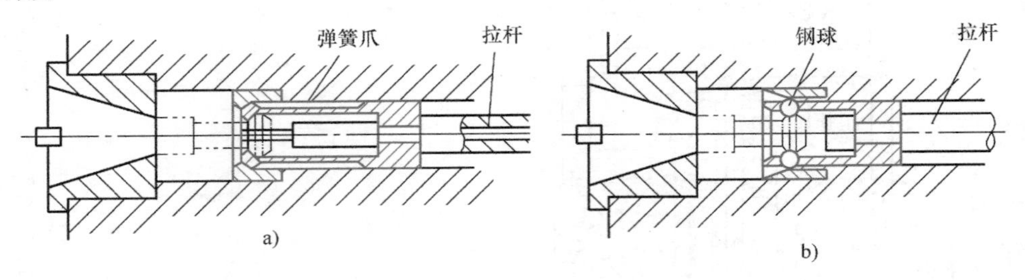

图3-13　拉紧机构

（4）卸荷装置　图3-14所示为一种卸荷装置，液压缸6与连接座3固定在一起，但是连接座3由螺钉5通过弹簧4压紧在箱体2的端面上，连接座3与箱孔为滑动配合。当液压缸的右端通入高压油使活塞杆7向左推压拉杆8并压缩碟形弹簧时，液压缸的右端面也同时

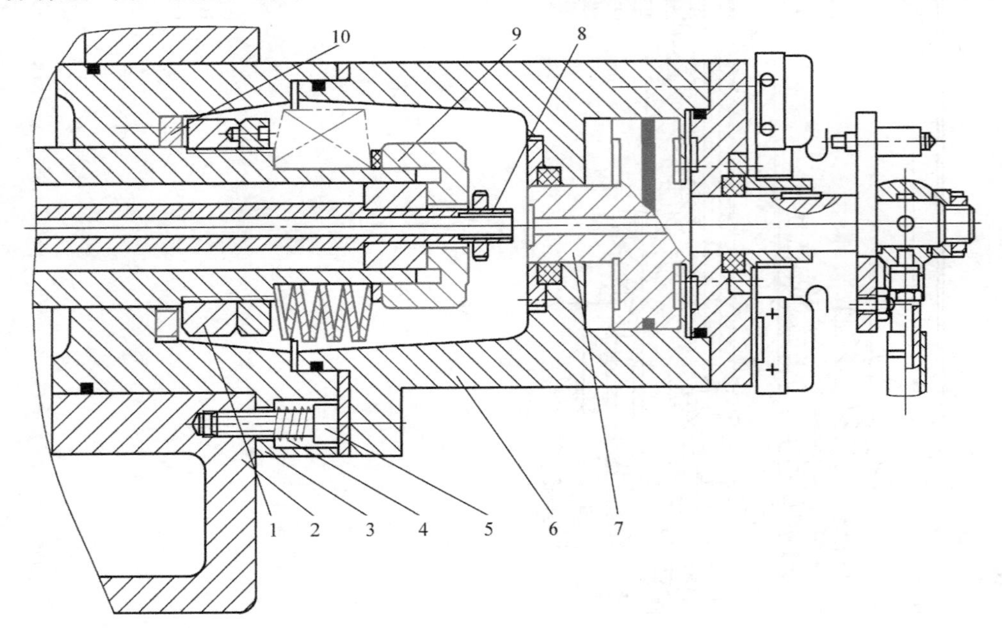

图3-14　卸荷装置

1—螺母　2—箱体　3—连接座　4—弹簧　5—螺钉　6—液压缸　7—活塞杆　8—拉杆　9—套环　10—垫圈

承受相同的液压力，故此，整个液压缸连同连接座3压缩弹簧4而向右移动，使连接座3上的垫圈10的右端面与主轴上的螺母1的左端面压紧，因此，松开刀柄时对碟形弹簧的液压力就成了在活塞杆7、液压缸6、连接座3、垫圈10、螺母1、碟形弹簧、套环9、拉杆8之间的内力，因而使主轴支承不致承受液压推力。

3. 主轴滚动轴承的预紧

所谓轴承预紧，就是使轴承滚道预先承受一定的载荷，这样不仅能消除间隙而且还使滚动体与滚道之间发生一定的变形，从而使接触面积增大，轴承受力时变形减少，抵抗变形的能力增大。因此，对主轴滚动轴承进行预紧和合理选择预紧量，可以提高主轴部件的旋转精度、刚度和抗振性。机床主轴部件在装配时要对轴承进行预紧，使用一段时间以后，间隙或过盈有了变化，还得重新调整，所以要求预紧结构便于进行调整。滚动轴承间隙的调整或预紧，通常是通过轴承内、外圈相对轴向移动来实现的。常用的方法有以下几种。

（1）轴承内圈移动　如图3-15所示，这种方法适用于锥孔双列圆柱滚子轴承。用螺母通过套筒推动内圈在锥形轴颈上作轴向移动，使内圈变形胀大，在滚道上产生过盈，从而达到预紧的目的。图3-15a的结构简单，但预紧量不易控制，常用于轻载机床主轴部件。图3-15b用右端螺母限制内圈的移动量，易于控制预紧量。图3-15c在主轴凸缘上均布数个螺钉以调整内圈的移动量，调整方便，但是用几个螺钉调整，易使垫圈歪斜。图3-15d将紧靠轴承右端的垫圈做成两个半环，可以径向取出，修磨其厚度可控制预紧量的大小，调整精度较高，调整螺母一般采用细牙螺纹，便于微量调整，而且在调好后要能锁紧防松。

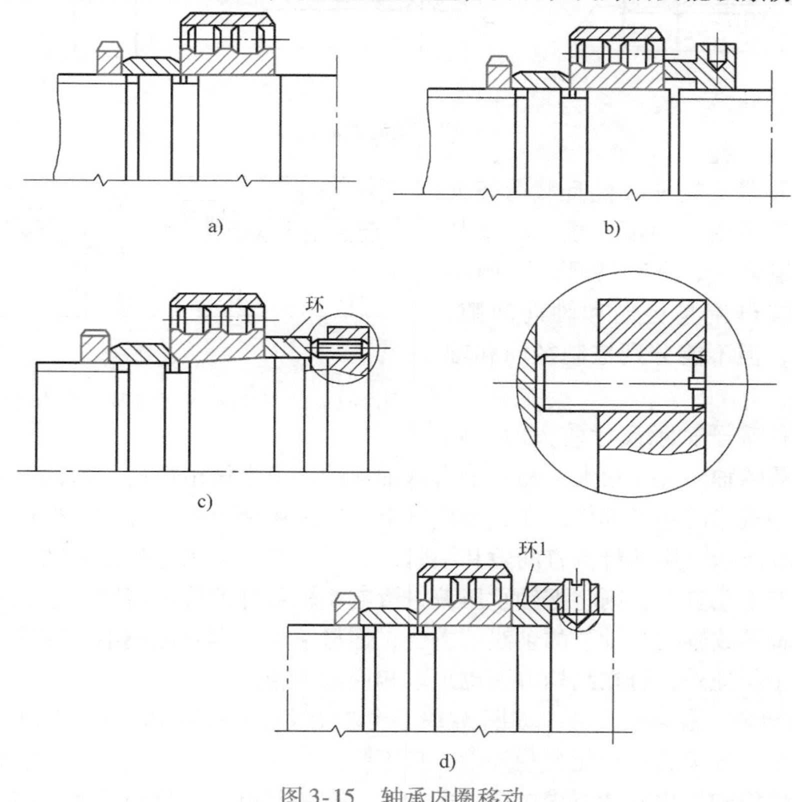

图3-15　轴承内圈移动

（2）修磨座圈或隔套　图3-16a所示为轴承外圈宽边相对（背对背）安装，这时修磨轴承内圈的内侧；图3-16b所示为外圈窄边相对（面对面）安装，这时修磨轴承外圈的窄边。在安装时按图示的相对关系装配，并用螺母或法兰盖将两个轴承轴向压拢，使两个修磨过的端面贴紧，这样在两个轴承的滚道之间产生预紧。另一种方法是将两个厚度不同的隔套放在两轴承内、外圈之间，同样将两个轴承轴向相对压紧，使滚道之间产生预紧，如图3-17a、b所示，或在轴承外圈设隔套，如图3-17c所示。装配时用螺母并紧内圈获得所需预紧力。这种调整方法不必拆卸轴承，预紧力的大小全凭工人的经验确定。

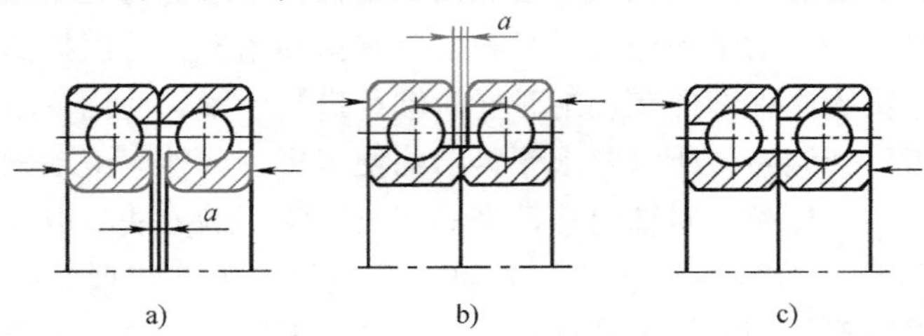

图3-16　修磨座圈

a）外圈宽边相对（背靠背）安装　b）外圈窄边相对（面对面）安装　c）外圈宽、窄边相对（同轴）安装

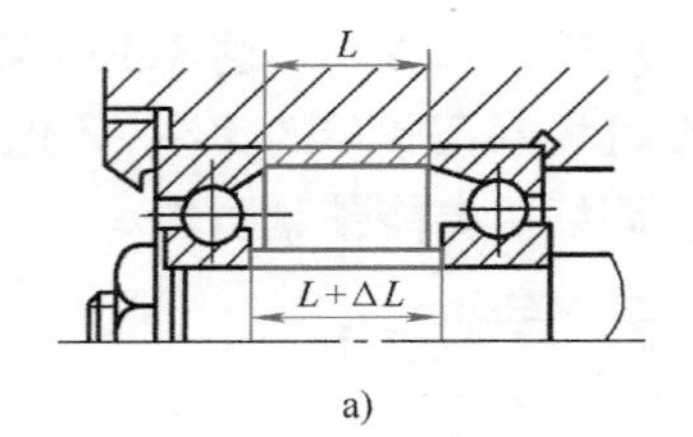

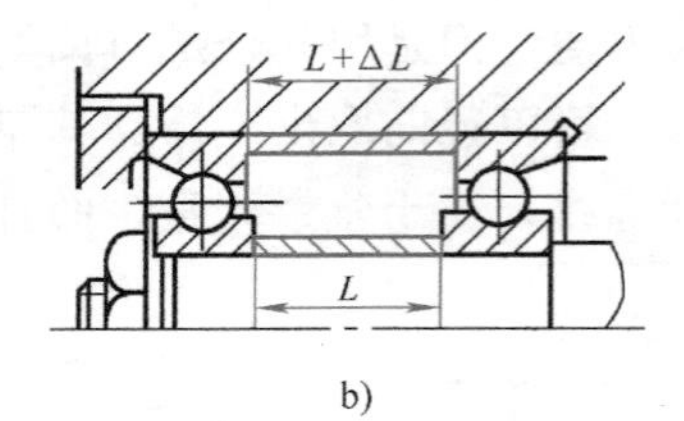

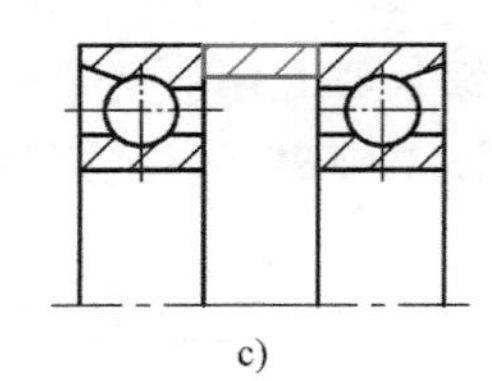

图3-17　隔套的应用

（3）螺纹预紧　转速较低且载荷较大的主轴部件，常采用双列圆柱滚子轴承与推力球轴承的组合，如图3-18所示。图3-18a是用一个螺母调整径向和轴向间隙，结构比较简单，但不能分别控制径向和轴向的预紧力。

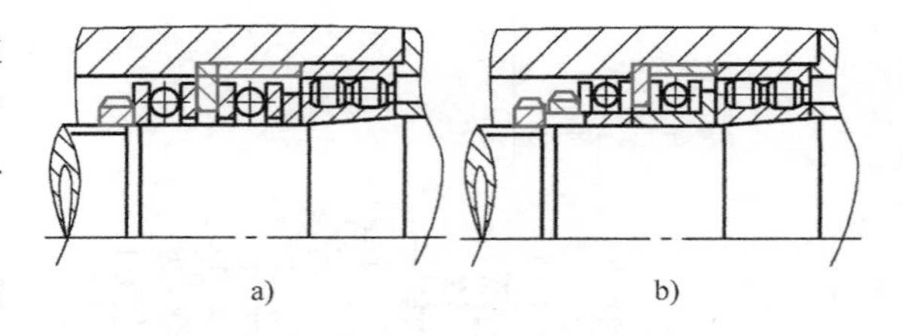

图3-18　双列圆柱滚子轴承与推力球轴承的组合

当双列圆柱滚子轴承尺寸较大时，调整径向间隙所需的轴向尺寸很大，易在推力球轴承的滚道上压出痕迹。因此，单个螺母调整主要用于中小型机床的主轴部件，在大型机床上一般采用两个螺母分别调整径向和轴向预紧力，如图3-18b所示。用螺母调整间隙和预紧，方便简单。但螺母拧在主轴上后，其端面必须与主轴轴线严格垂直，否则将把轴承压偏，影响主轴部件的旋转精度。造成螺母压偏的主要原因有：主轴螺纹轴线与轴颈的轴线不重合；螺母端面与螺纹轴线不垂直等。因此除了在加工精度上给予保证外，可在结构方面也采取相应的措施。

（4）自动预紧　自动预紧装置如图3-19所示，用沿圆周均布的弹簧来对轴承预加一个基本不变的载荷，轴承磨损后能自动补偿，且不受热膨胀的影响，缺点是只能单向受力。

对于使用性能和使用寿命要求更高的电主轴，有一些电主轴公司采用可调整预加载荷的

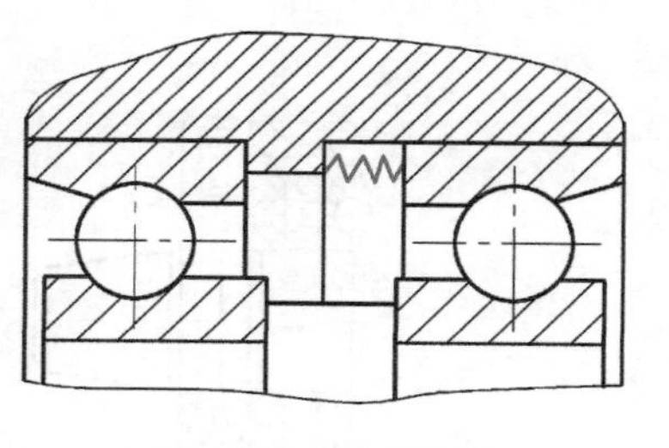

图 3-19　自动预紧

装置，其工作原理如图 3-20 所示。在最高转速时，其预加载荷值由弹簧力确定；当转速较低时，按不同的转速，通以不同压力值的油压或气压作用于活塞上而加大预加载荷，以便达到与转速相适应的最佳预加载荷值。

4. 主轴的密封

（1）非接触式密封　图 3-21 所示是利用轴承盖与轴的间隙密封，轴承盖的孔内开槽是为了提高密封效果，这种密封用在工作环境比较清洁的油脂润滑处。

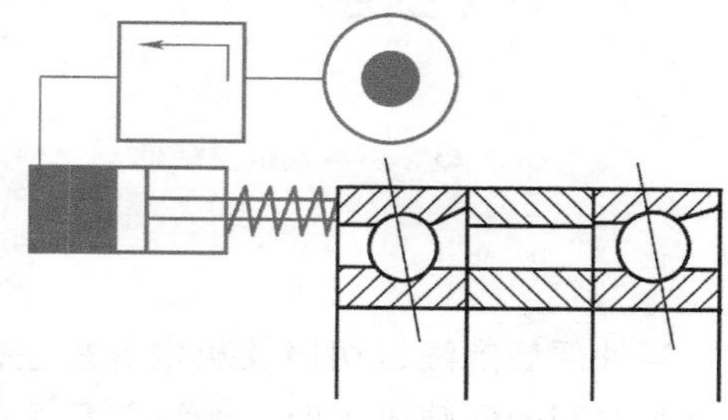

图 3-20　可调整预加载荷的装置工作原理图

图 3-22 所示是在螺母的外圆上开锯齿形环槽，当油向外流时，靠主轴转动的离心力把油沿斜面甩到端盖 1 的空腔内，油液流回箱内。锯齿方向应逆着油的流向。图中的箭头表示油的流动方向。环槽应有 2 ~3 条，因油被甩至空腔后，可能有少量的油会被溅回螺母 2，前面的环槽可以再甩。回油孔的直径应大于 ϕ6mm，以保证回油畅通。要使间隙密封结构在一定的压力和温度范围内具有良好的密封防漏性能，必须保证法兰盘与主轴及轴承端面的配合间隙。

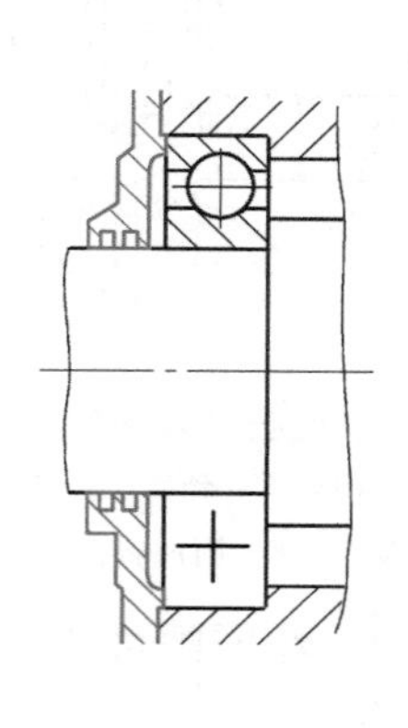

图 3-21　间隙密封

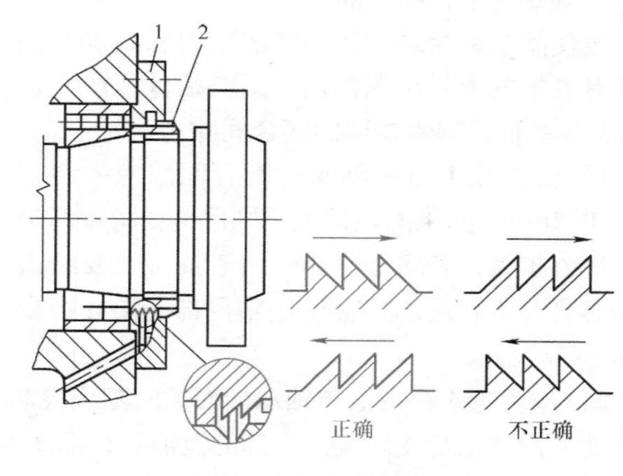

图 3-22　螺母密封
1—端盖　2—螺母

图 3-23 所示是迷宫式密封结构，在切屑多、灰尘大的工作环境下可获得可靠的密封效果，这种结构适用于油脂或油液润滑的密封。

（2）接触式密封（见图 3-24）　主要有油毡圈密封和耐油橡胶密封圈密封。

图 3-25 所示为卧式加工中心主轴前支承的密封结构。该卧式加工中心主轴前支承采用的是双层小间隙密封装置。主轴前端加工有两组锯齿形护油槽，在法兰盘 4 和 5 上开有沟槽及泄漏孔，当喷入轴承 2 内的油液流出后被法兰盘 4 内壁挡住，并经其下部的泄油孔 9 和套筒 3 上的回油斜孔 8 流回油箱，少量油液沿主轴 6 流出时，在主轴护油槽处由于离心力的作用被甩至法兰盘 4 的沟槽内，再经回油斜孔 8 重新流回油箱，从而达到防止润滑介质泄漏的目的。

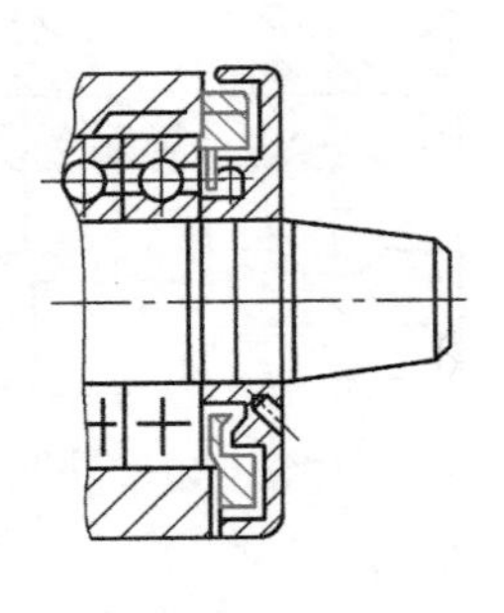

图 3-23　迷宫式密封结构

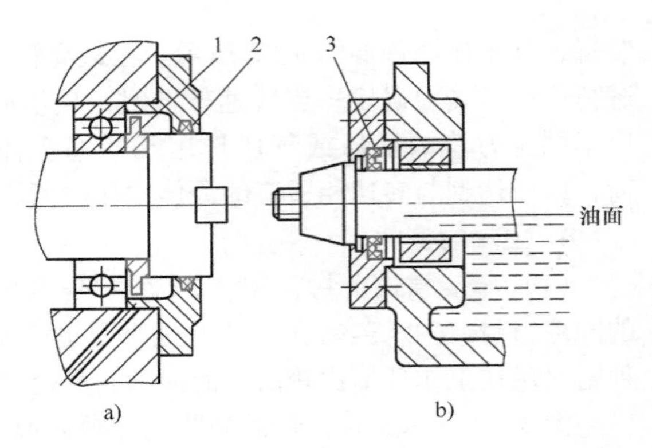

图 3-24　接触式密封

a）油毡圈密封　b）耐油橡胶密封圈密封

1—甩油环　2—油毡圈　3—耐油橡胶密封圈

当外部切削液、切屑及灰尘等沿主轴 6 与法兰盘 5 之间的间隙进入时，经法兰盘 5 的沟槽由泄漏孔 7 排出，少量的切削液、切屑及灰尘进入主轴前锯齿沟槽，在主轴 6 高速旋转离心作用下仍被甩至法兰盘 5 的沟槽内由泄漏孔 7 排出，达到了主轴端部密封的目的。

要使间隙密封结构在一定的压力和温度范围内具有良好的密封防漏性能，则必须保证法兰盘 4 和 5 与主轴及轴承端面的配合间隙。

1）法兰盘 4 与主轴 6 的配合间隙应控制在 0.1 ~ 0.2mm。如果间隙偏大，则泄漏量将按间隙的 3 次方扩大；若间隙过小，由于加工及安装误差，容易与主轴局部接触使主轴局部升温并产生噪声。

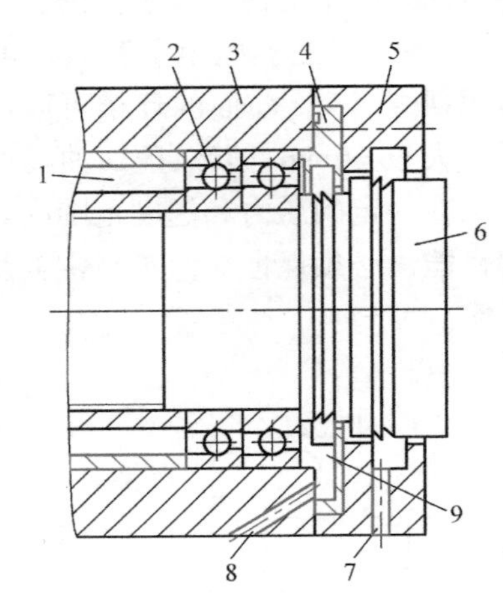

图 3-25　主轴前支承的密封结构

1—进油口　2—轴承　3—套筒　4、5—法兰盘

6—主轴　7—泄漏孔　8—回油斜孔　9—泄油孔

2）法兰盘 4 内端面与轴承端面的间隙应控制在 0.15 ~ 0.3mm。小间隙可使压力油直接被挡住并沿法兰盘 4 内端面下部的泄油孔 9 经回油斜孔 8 流回油箱。

3）法兰盘 5 与主轴的配合间隙应控制在 0.15 ~ 0.25mm。间隙太大，进入主轴 6 内的切削液及杂物会显著增多；间隙太小，则易与主轴接触。法兰盘 5 沟槽深度应大于 10mm（单边），泄漏孔 7 应大于 ϕ6mm，并应位于主轴下端靠近沟槽的内壁处。

4）法兰盘 4 的沟槽深度应大于 12mm（单边），主轴上的锯齿尖而深，一般为 5 ~ 8mm，以确保具有足够的甩油空间。法兰盘 4 处的主轴锯齿向后倾斜，法兰盘 5 处的主轴锯齿向前倾斜。

5）法兰盘 4 上的沟槽与主轴 6 上的护油槽对齐，以保证被主轴甩至法兰盘沟槽内腔的油液能可靠地流回油箱。

6）套筒前端的回油斜孔 8 及法兰盘 4 的泄油孔 9 流量应控制为进油口 1 的 2 ~ 3 倍，以保证压力油能顺利地流回油箱。

这种主轴前端密封结构也适合于普通卧式车床的主轴前端密封。在油脂润滑状态下使用该密封结构时，可取消法兰盘泄油孔及回油斜孔，并且有关配合间隙应适当放大，经正确加工及装配后同样可达到较为理想的密封效果。

5. 主传动链的维护

1）熟悉数控机床主传动链的结构、性能参数，严禁超性能使用。

2）主传动链出现不正常现象时，应立即停机排除故障。

3）每天开机前检查机床的主轴润滑系统，发现油量过低时及时加油，如图 3-26 所示。

4）操作者应注意观察主轴油箱温度，检查主轴润滑恒温油箱，调节温度范围，使油量充足。机床运行时间过长时，要检查主轴的恒温系统，如果温度表温度过高，应马上停机，检查主轴冷却系统是否有问题，如图 3-27 所示。

图 3-26　主轴润滑系统

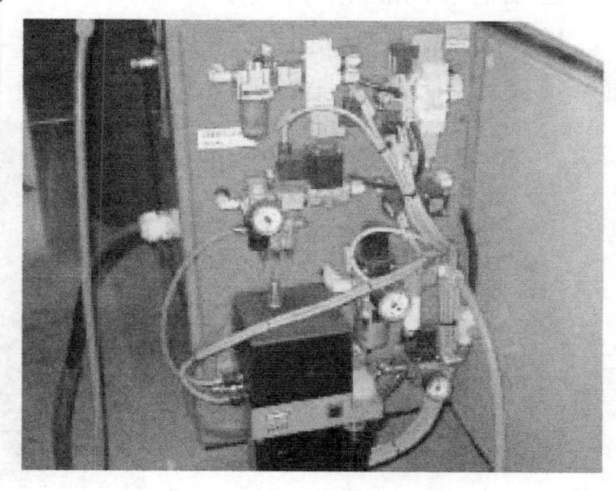

图 3-27　主轴恒温系统

5）使用带传动的主轴系统，需定期观察调整主轴驱动带的松紧程度，防止因带打滑造成的丢转现象。调整方法如下。

① 用手在垂直于 V 带的方向上拉 V 带，作用力必须在两轮中间。

② 拧紧电动机底座上四个安装螺栓。

③ 拧动调整螺栓移动电动机底座使 V 带具有适度的松紧度。

④ V 带轮槽必须清理干净。V 带轮槽沟内若有油、污物、灰尘等会使 V 带打滑，缩短 V 带的使用寿命。

6）用液压系统平衡主轴箱重量的平衡系统，需定期观察液压系统的压力表，当油压低于要求值时，要进行补油。

7）使用液压拨叉变速的主传动系统，必须在主轴停车后变速。

8）使用啮合式电磁离合器变速的主传动系统，离合器必须在低于 1r/min 的转速下变速。

9）注意保持主轴与刀柄连接部位及刀柄的清洁，防止对主轴的机械碰击。

10）每年对主轴润滑恒温油箱中的润滑油更换一次，并清洗过滤器。

11）每年清理润滑油池底一次，并更换液压泵过滤器。

12）每天检查主轴润滑恒温油箱，使其油量充足，工作正常。

13）防止各种杂质进入润滑油箱，保持油液清洁。

14）经常检查轴端及各处密封，防止润滑油液的泄漏。

15）刀具夹紧装置长时间使用后，会使活塞杆和拉杆间的间隙加大，造成拉杆位移量减少，使碟形弹簧张闭伸缩量不够，影响刀具的夹紧，故需及时调整液压缸活塞的位移量。

16）经常检查压缩空气气压，并调整到标准要求值。足够的气压才能使主轴锥孔中的切屑和灰尘清理彻底。

17）定期检查主轴电动机上的散热风扇，看是否运行正常，发现异常情况及时修理或更换，以免电动机产生的热量传递到主轴上，损坏主轴部件或影响加工精度。主轴电动机散热风扇如图 3-28 所示。

图 3-28　主轴电动机散热风扇

18）主轴的冷却部位要定期加油，配重部位要定期加润滑脂，如图 3-29 所示。

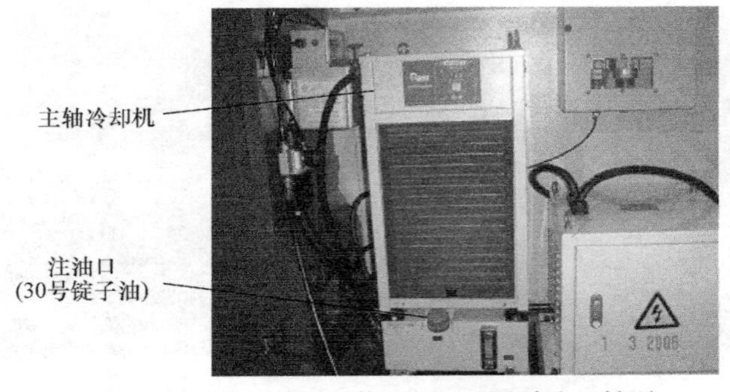

每月检查加工中心主轴冷却单元油量，不足时需及时加油

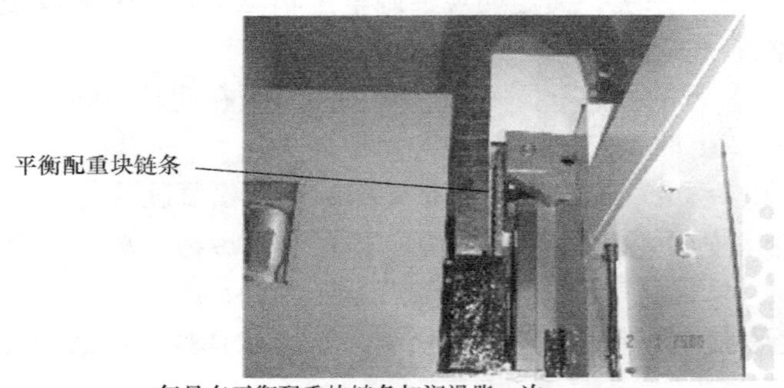

每月在平衡配重块链条加润滑脂一次

图 3-29　主轴维护

四、高速主轴

当今世界各国都竞相发展自己的高速加工技术，并成功应用，产生了巨大的经济效益。要发展和应用高速加工技术，首先必须有性能良好的数控机床，而数控机床性能的好坏则首先取决于高速主轴。高速主轴单元的类型有电主轴、气动主轴、水动主轴等。

主轴电动机与机床主轴“合二为一”的传动结构型式，使主轴部件从机床的主传动系统和整体结构中相对独立出来，因此可做成“主轴单元”，俗称“电主轴”，如图 3-4d 所示。主轴就是电动机轴，多用在小型加工中心机床上。这也是近年来高速加工中心主轴发展的一种趋势。

1. 电主轴结构

电主轴包括动力源、主轴、轴承和机架（见图3-30）等几个部分。电主轴基本结构如图3-31所示。用于大型加工中心的内装式电主轴单元由主轴轴系1、内装式电动机2、支承及润滑系统3、冷却系统4、松拉刀机构5、轴承自动卸载系统6、编码器安装调整系统7组成。

图3-30　电主轴

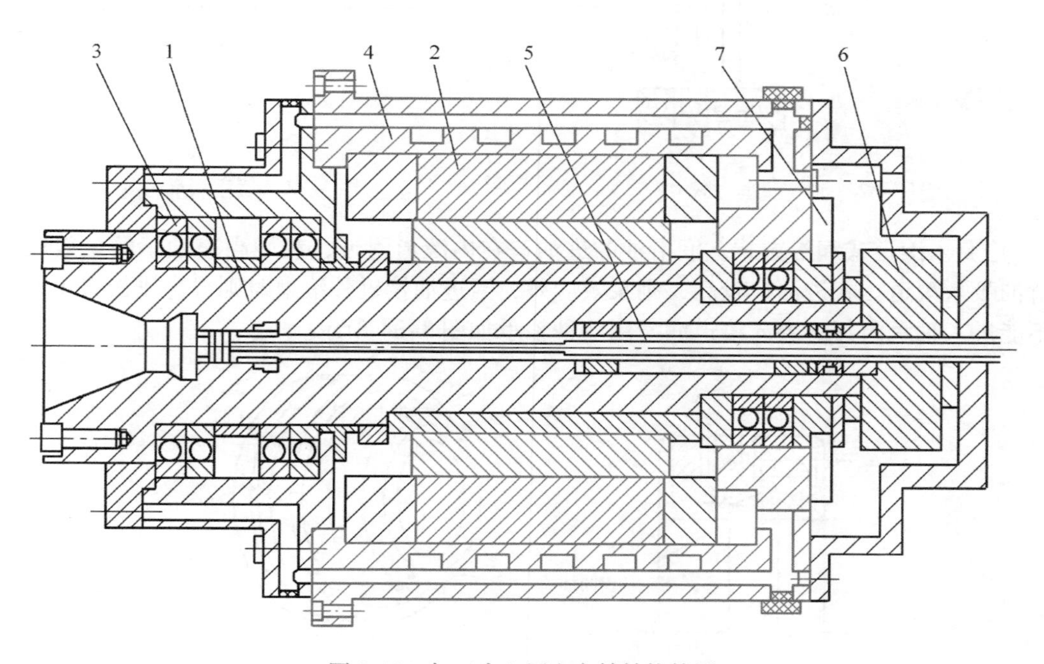

图3-31　加工中心用电主轴结构简图

1—主轴轴系　2—内装式电动机　3—支承及润滑系统　4—冷却系统

5—松拉刀机构　6—轴承自动卸载系统　7—编码器安装调整系统

2. 高速主轴维护

（1）电主轴的润滑　电动机内置于主轴部件后，发热不可避免，从而需要设计专门用于冷却电动机的油冷或水冷系统。滚动轴承在高速运转时要给予正确的润滑，否则会造成轴承因过热而烧坏。

1）油气润滑方式（见图3-32）。用压缩空气把小油滴送进轴承空隙中，油量大小可达最佳值，压缩空气有散热作用，润滑油可回收，不污染周围空气。根据轴承供油量的要求，定时器的循环时间可从1min到99min定时。

2）喷注润滑方式（见图3-33）。将较大流量的恒温油（每个轴承3～4L/min）喷注到主轴轴承，以达到冷却润滑的目的。回油则不是自然回流，而是用两台排油液压泵强制排油。

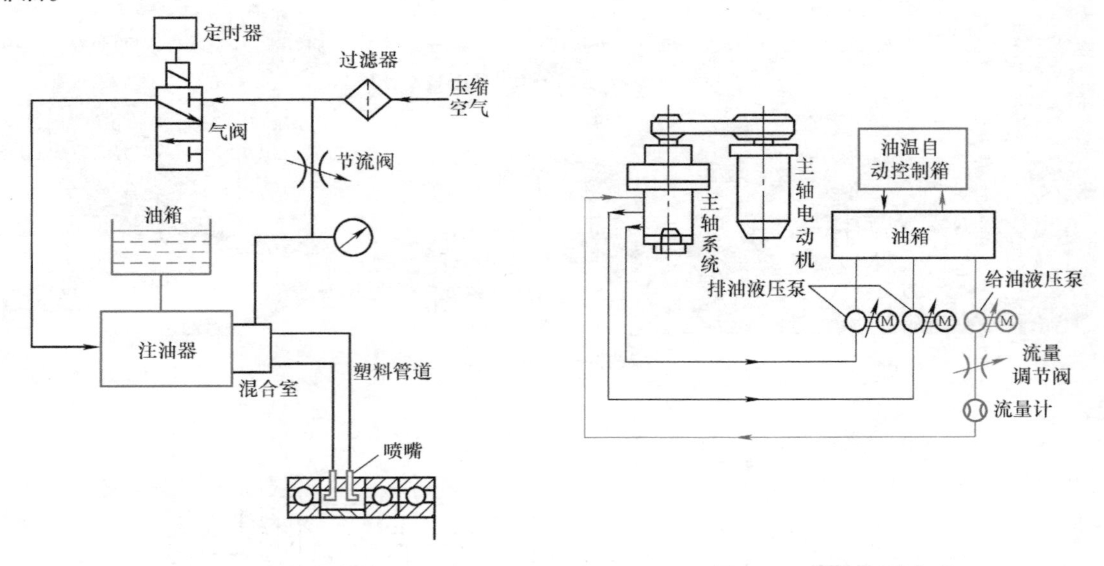

图3-32 油气润滑方式

图3-33 喷注润滑方式

3）突入滚道式润滑方式。润滑油的进油口在内滚道附近，利用高速轴承的泵效应，把润滑油吸入滚道。若进油口较高，则泵效应差，当进油接近外滚道时则成为排放口了，油液将不能进入轴承内部。突入滚道润滑用特种轴承如图3-34所示。

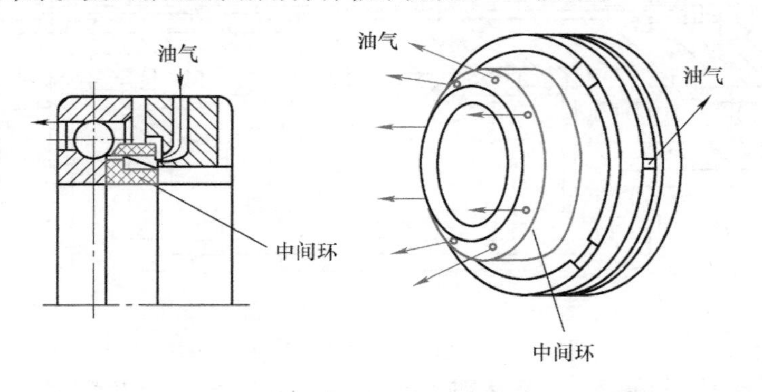

图3-34 突入滚道润滑用特种轴承

（2）电主轴的冷却 为了尽快使高速运行的电主轴散热，通常对电主轴的外壁通以循环冷却剂，而冷却剂的温度通过冷却装置来保持。高速电主轴的冷却主要依靠冷却剂的循环流动来实现，而且流动的冷却压缩空气也能起到一定的冷却作用。图3-35所示为某型号电主轴油水热交换循环冷却系统示意图。为了保证安全，对定子采用连续、大流量循环油冷。其输入端为冷却油，将电动机产生的热量从输出端带出，然后流经逆流式冷却交换器，将油温降到接近室温并回到油箱，再经液压泵增压输入到主轴输入端从而实现电主轴的循环冷却。图3-36所示为电主轴冷却油流经路线。

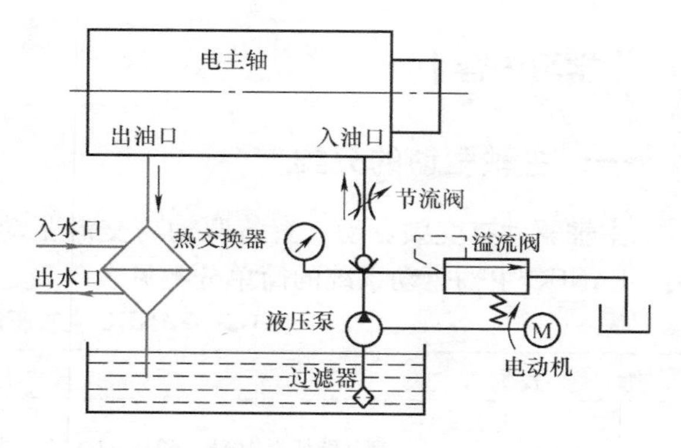

图3-35　电主轴油水热交换循环冷却系统

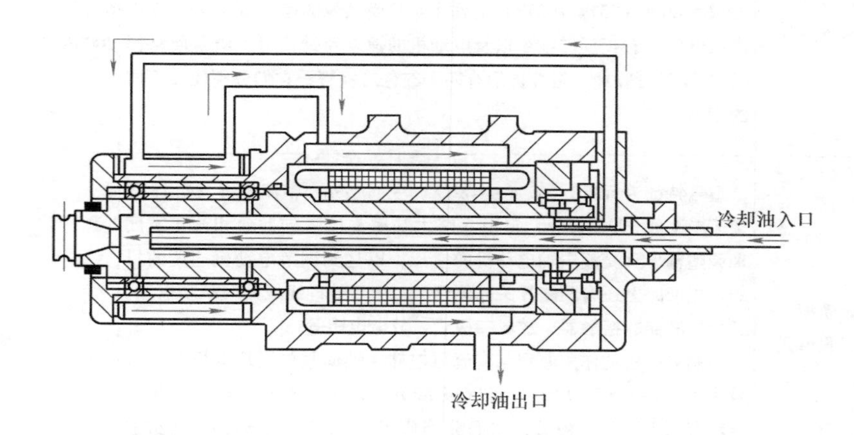

图3-36　电主轴冷却油流经路线

（3）电主轴的防尘与密封　电主轴是精密部件，在高速运转情况下，任何微尘进入主轴轴承都可能引起振动，甚至使主轴轴承咬死。由于电主轴电动机为内置式，过分潮湿会使电动机绕组绝缘变差，甚至失效，以致烧坏电动机，因此，电主轴必须防尘与防潮。由于电主轴定子采用循环冷却剂冷却，主轴轴承采用油气润滑，因此，防止冷却及润滑介质进入电动机内部非常重要。另外，还要防止高速切削时的切削液进入主轴轴承，所以，必须做好主轴的密封工作。

第二节　主轴驱动的结构与维护

【学习目标】

- 了解主轴驱动的分类
- 能看懂数控机床主轴驱动的连接图
- 会对主轴驱动的参数进行设定
- 能看懂主轴驱动的监控画面

【学习内容】

一、主轴驱动的分类

主轴驱动有变频驱动、直流驱动与交流驱动几种，但不同的系统又可细分为不同的种类。FANUC 主轴驱动系统的简单分类见表 3-2。

表 3-2　FANUC 主轴驱动系统的简单分类

序号	名称	特点	所配系统型号
1	直流可控硅主轴伺服单元	型号特征为 A06B－6041－HXXX，主回路由 12 个可控硅组成正反两组可逆整流回路、六路可控硅全波整流、接触器、三只熔断器组成，200V 三相交流输入。电流检测器，控制电路板（板号为 A20B－0008－0371～0377）的作用是接受系统的速度指令（0～10V 模拟电压）和正反转指令以及电动机的速度反馈信号，给主回路提供 12 路触发脉冲。报警指示有四个红色二极管，它们分别代表不同的意义	配早期系统，如：3、6、5、7、330C、200C、2000C 等
2	交流模拟主轴伺服单元	型号特征为 A06B－6044－HXXX，主回路先由整流桥将三相 185V 交流电变成 300V 直流，再由六路大功率晶体管的导通和截止宽度来调整输出到交流主轴电动机的电压，以达到调节电动机速度的目的。主回路上还有两路开关晶体管和三个可控硅组成回馈制动电路、三个熔断器、接触器、放电二极管，放电电阻等 控制电路板的作用原理与直流可控硅主轴伺服单元基本相同（板号为 A20B－0009－0531～0535 或 A20B－1000－0070～0071）。报警指示有四个红色二极管，它们分别代表 8、4、2、1 编码，共组成 15 个报警号	较早期系统，如：3、6、7、0A 等
3	交流数字主轴伺服单元	型号特征为 A06B－6055－HXXX，主回路与交流模拟主轴伺服单元相同，其他结构相似，控制板的作用原理与交流模拟主轴伺服单元基本相似（板号为 A20B－1001－0120），但是所有信号都转换为数字量处理。有五位的数码管显示电动机速度、报警号，可进行参数的显示和设定	较早期系统，如：3、6、0A、10/11/12、15E、15A、0E、0B 等
4	交流 S 系列数字主轴伺服单元	型号特征为 A06B－6059－HXXX，主回路为印制电路板结构，其他元件由螺钉固定在印制电路板上，这样便于维修，拆卸较为方便，不会造成接线错误。以后的主轴伺服单元都是此结构。原理与交流模拟主轴伺服单元相似，有一个驱动模块和一个放电模块（H001～003 没有放电模块，只有放电电阻），控制板的作用原理与交流数字主轴伺服单元基本相似（板号为 A20B－1003－0010 或 120B－1003－0100），数码管显示电动机速度及报警号，可进行参数的设定，还可以设定检测波形方式等（在后面有详细介绍）	0 系列、16/18A、16/18E、15E、10/11/12 等

（续）

序号	名称	特点	所配系统型号
5	交流S系列串行主轴伺服单元	型号特征为A06B－6059－HXXX，原理同交流S系列数字主轴伺服单元，主回路与交流S系列数字主轴伺服单元相同，控制板的接口为光缆串行接口（板号为A20B－1100－XXXX），数码管显示电动机速度及报警号，可进行参数的设定，还可以设定检测波形方式和单独运行方式	0系列、16/18A、16/18E、15E、10/11/12等
6	交流串行主轴伺服单元	型号特征为A06B－6064－HXXX，与交流S系列串行主轴伺服单元基本相同，体积有所减小	0C、16/18B、15B等，市场不常见
7	交流α系列主轴伺服单元	将伺服系统分成三个模块：PSM（电源模块）、SPM（主轴模块）和SVM（伺服模块）。必须与PSM一起使用 型号特征为：α系列为A06B－6078－HXXX或A06B－6088－HXXX或A06B－6102－HXXX，αC系列为A06B－6082－HXXX，主回路体积明显减小，将原来的金属框架式改为黄色塑料外壳的封闭式，从外面看不到电路板，维修时需打开外壳，主回路无整流桥，有一个IPM或三个晶体管模块、一个主控板和一个接口板，或一个插到主控板上的驱动板。电源模块与主轴模块结构基本相同。αC系列主轴单元无电动机速度反馈信号 电源模块将200V交流电整流为300V直流电和24V直流电给后面的SPM和SVM使用，以完成回馈制动任务	0C、0D、16/18C、15B、i系列
8	交流αi系列主轴放大器	将伺服系统分成三个模块：PSMi（电源模块）、SPMi（主轴模块）和SVMi（伺服模块）。必须与PSM一起使用 型号特征为：αi系列为A06B－6111－H×××PSMI为A06B－6111－H×××。有一个IPM或三个晶体管模块、一个主控板和一个接口板，或一个插到主控板上的驱动板。电源模块与主轴模块结构基本相同 电源模块将200V交流电整流为300V直流电和24V直流电给后面的SPMi和SVMi	i－B、i－C系列、0i－B/C偶尔有
9	交流βi系列主轴放大器	SVPM：A06B－6134－H××× 将电源、伺服放大器、主轴放大器集成到一个模块上，减少了体积和接线。三个部分的接口板为一个，控制板也是一个，主回路的功率模块为5个（三个伺服轴）或4个（两个伺服轴）	0i MATE－B/C系列

二、主轴驱动的连接

α系列伺服由电源模块（Power Supply Module，PSM）、主轴放大器模块（Spindle Amplifier Module，SPM）和伺服放大器模块（Servo Amplifier Module，SVM）三部分组成，如图3-37所示。FANUC α系列交流伺服电动机出台以后，主轴和进给伺服系统的结构发生了很大的变化，其主要特点如下。

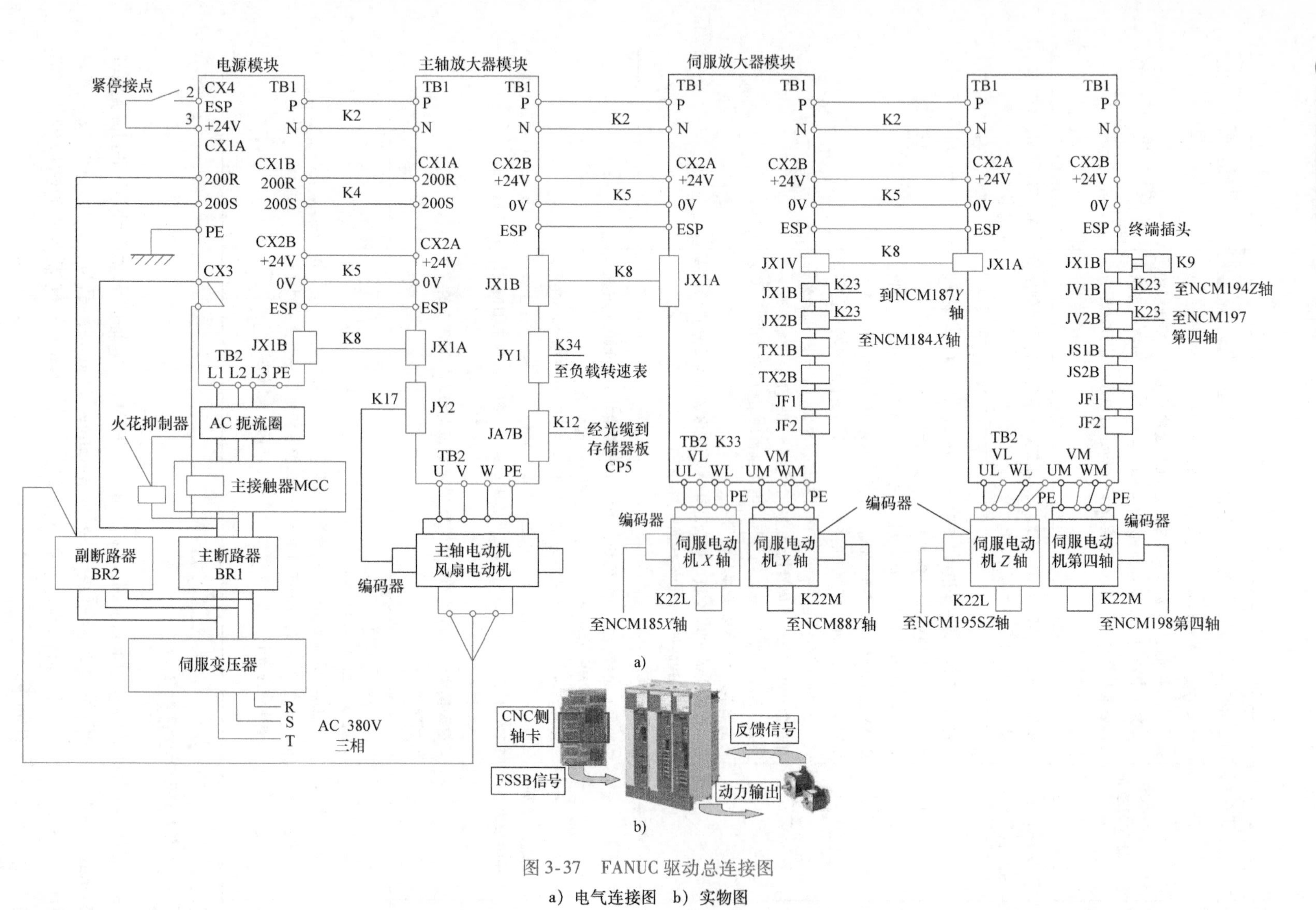

图 3-37　FANUC 驱动总连接图
a）电气连接图　b）实物图

1）主轴伺服单元和进给伺服单元由一个电源模块统一供电。由三相电源变压器副边输出的线电压为200V的电源（R、S、T）经总电源断路器BK1、主接触器MCC和扼流圈L加到电源模块上，电源模块的输出端（P、N）为主轴伺服放大器模块和进给伺服放大器模块提供直流200V电源。

2）紧急停机控制开关接到电源模块的+24V和ESP端子后，再由其相应的输出端接到主轴和进给伺服放大器模块，同时控制紧急停机状态。

3）从NC发出的主轴控制信号和返回信号经光缆传送到主轴伺服放大器模块。

4）控制电源模块的输入电源的主接触器MCC安装在模块外部。

1. 模块介绍

（1）PSM　PSM是为主轴和伺服提供逆变直流电源的模块，3相200V输入经PSM处理后，向直流母排输送DC300电压供主轴和伺服放大器用。另外PSM模块中有输入保护电路，通过外部急停信号或内部继电器控制MCC主接触器，起到输入保护作用。图3-38所示为FANUC放大器连接图，图3-39所示是PSM实装图。PSM与SVM及SPM的连接图分别如图3-40及图3-41所示。

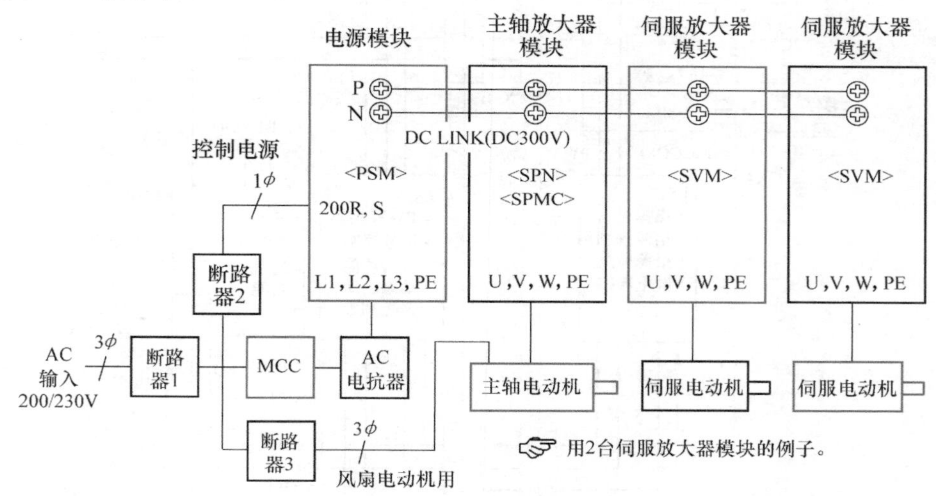

图3-38　FANUC放大器连接图

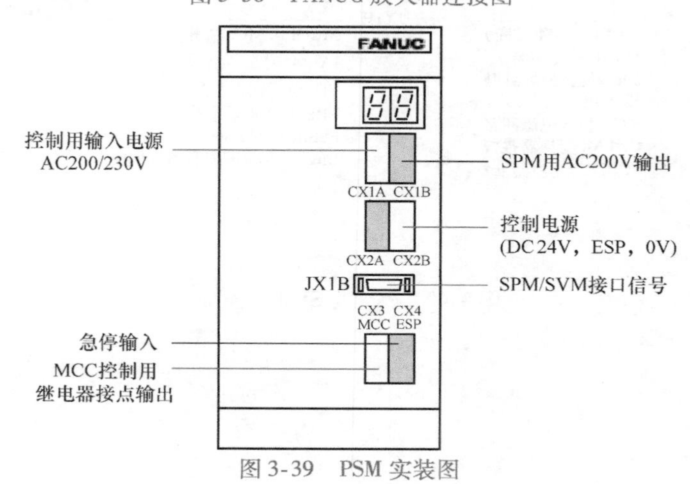

图3-39　PSM实装图

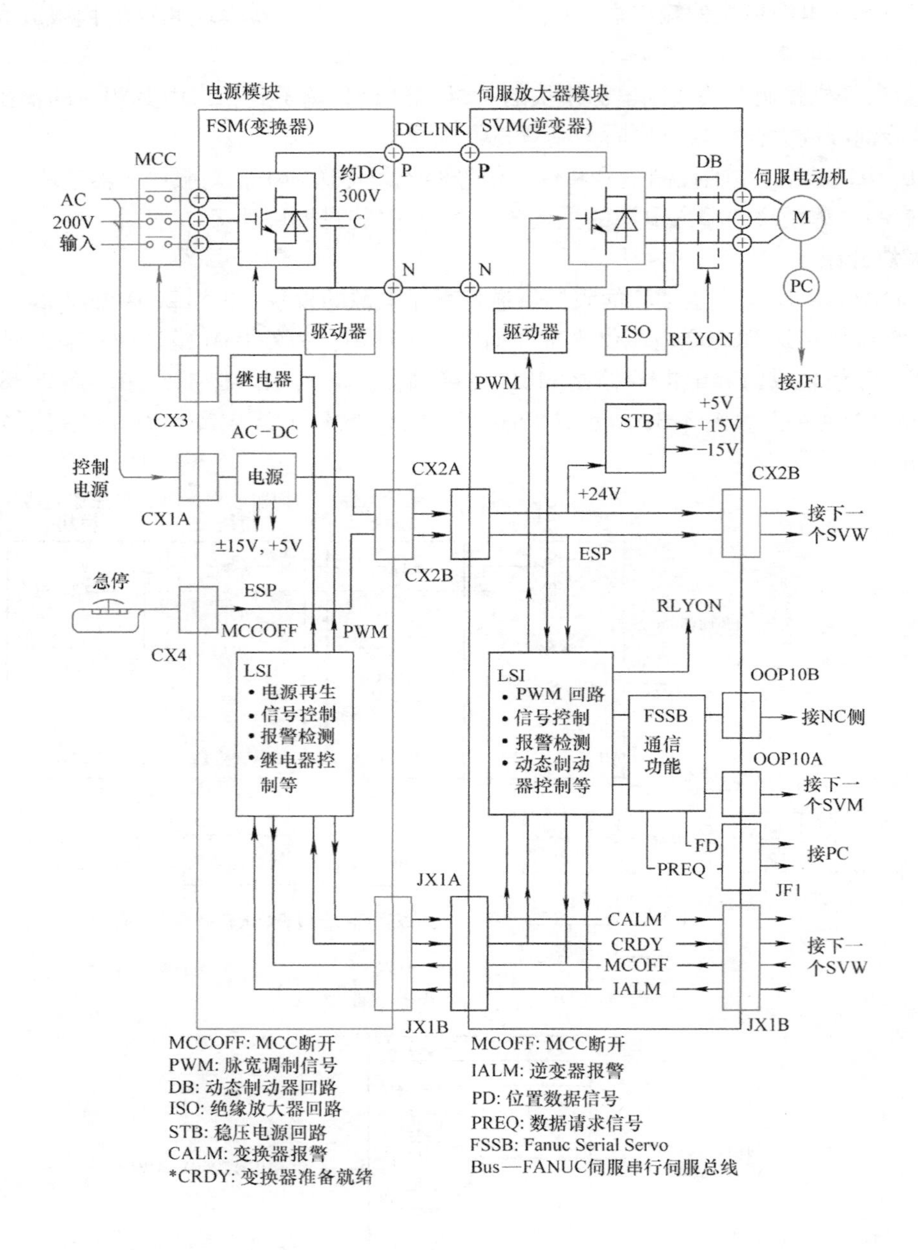

图 3-40　PSM 与 SVM 的连接

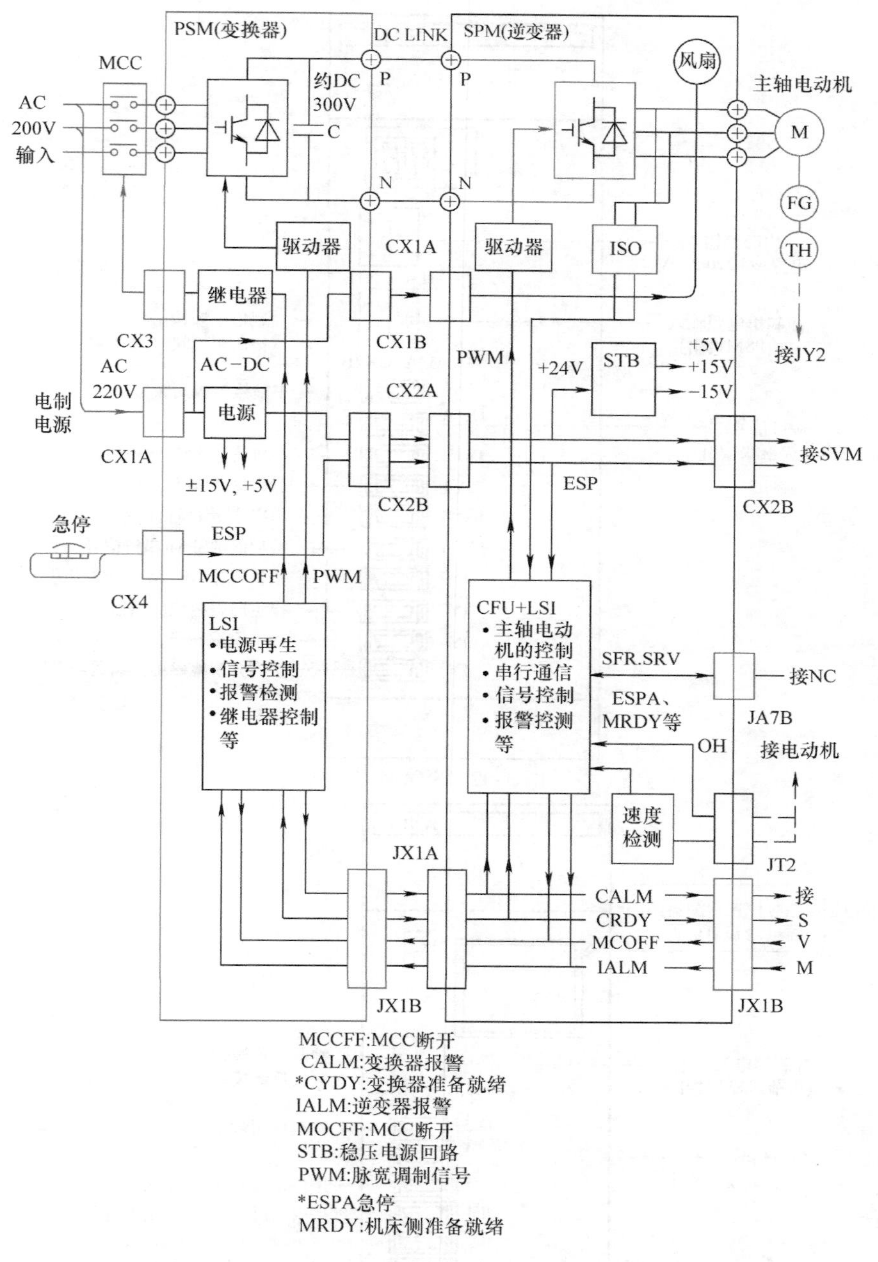

图 3-41　PSM 与 SPM 的连接

（2）SPM　接收 CNC 数控系统发出的串行主轴指令，该指令格式是 FANUC 公司主轴产品通信协议，所以又被称之为 FANUC 数字主轴，与其他公司产品没有兼容性。该主轴放大器经过变频调速控制向 FANUC 主轴电动机输出动力电。该放大器 JY2 和 JY4 接口分别接收主轴速度反馈信号和主轴位置编码器信号，其实装图如图 3-42 所示。

（3）SVM　接收通过 FSSB 输入的 CNC 轴控制指令，驱动伺服电动机按照指令运转，同时 JFn 接口接收伺服电动机编码器反馈信号，并将位置信息通过 FSSB 光缆再转输到 CNC 中，FANUC SVM 模块最多可以驱动三个伺服电动机，其实装图（3 轴放大器）如图 3-43 所示。

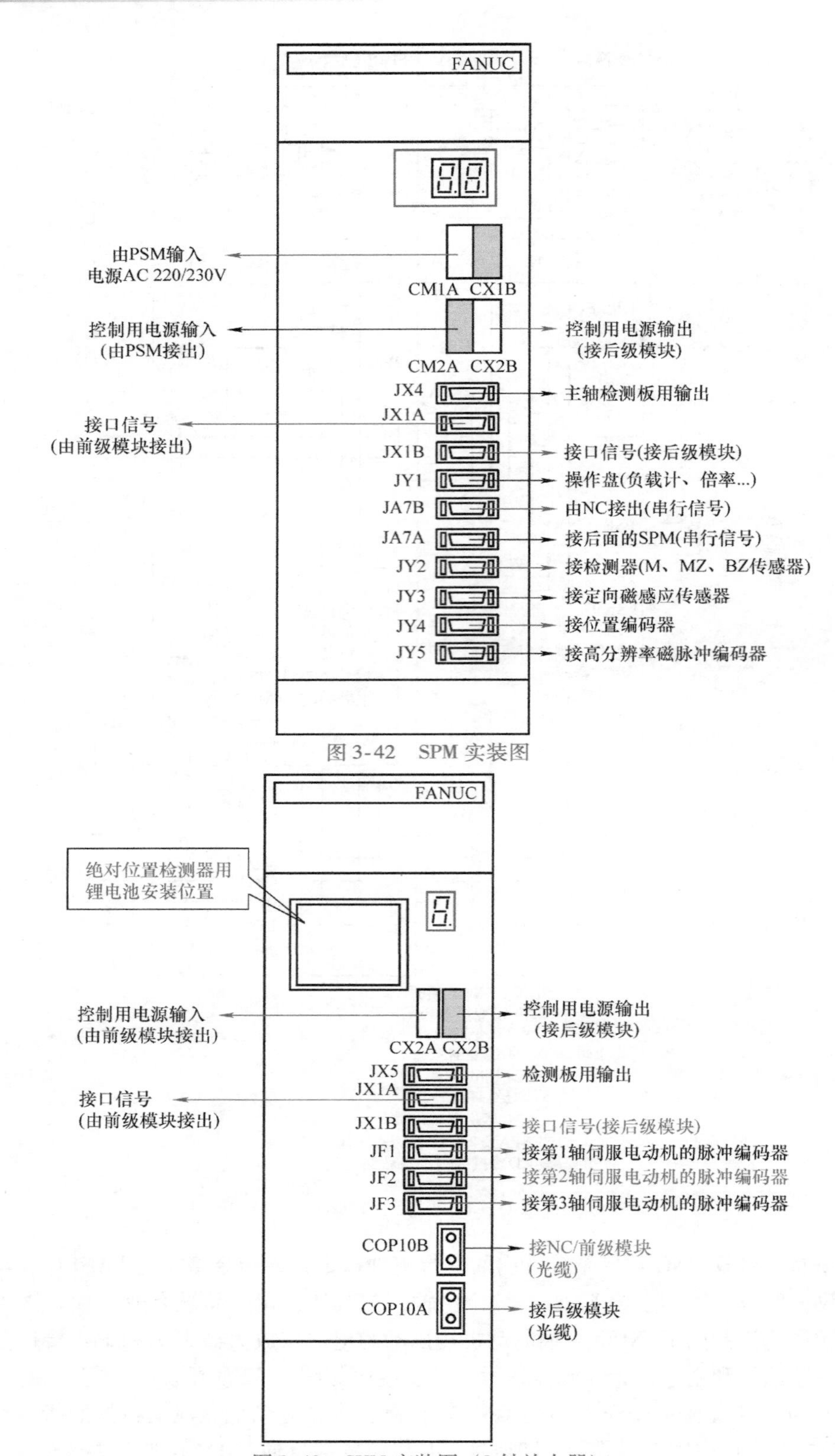

图 3-42 SPM 实装图

图 3-43 SVM 实装图（3 轴放大器）

2. PSM－SPM－SVM 间的主要信号说明

（1）逆变器报警信号（IALM）　这是把 SVM（伺服放大器模块）或 SPM（主轴放大器模块）中之一检测到的报警通知 PSM（电源模块）的信号。逆变器的作用是 DC－AC 变换。

（2）MCC 断开信号（MCOFF）　从 NC 侧到 SVM，根据 * MCON 信号和送到 SPM 的急停信号（ * ESPA 至连接器“CX2A”）的条件，当 SPM 或 SVM 停止时，由本信号通知 PSM。PSM 接到本信号后，即接通内部的 MCCOFF 信号，断开输入端的 MCC（电磁开关）。MCC 利用本信号接通或断开 PSM 输入的 3 相电源。

（3）变换器（电源模块）准备就绪信号（ * CRDY）　PSM 的输入接上 3 相 200V 动力电源，经过一定时间后，内部主电源（DC LINK 直流环——约 300V）起动，PSM 通过本信号，将其准备就绪通知 SPM（主轴模块）和 SVM（伺服放大器模块）模块。但是，当 PSM 内检测到报警，或从 SPM 和 SVM 接收到“IALM”、“MCOFF”信号时，将立即切断本信号。变换器即电源模块作用：将 AC200V 变换为 DC300V。

（4）变换器报警信号（CALM）　该信号作用是：当在 PSM（电源模块）检测到报警信号后，通知 SPM（主轴模块）和 SVM（伺服放大器模块）模块，停止电动机转动。

3. 驱动部分上电顺序

系统利用 PSM－SPM－SVM 间的部分信号进行保护上电和断电。PSM 外围保护——上电顺序如图 3-44 所示，其上电过程如下：

1）当控制电源 2 相 200V 接入。

2）急停信号释放。

3）如果没有 MCC 断开信号 MCOFF（变为 0）。

4）外部 MCC 接触器吸合。

5）3 相 200V 动力电源接入。

6）变换器就绪信号 * CRDY 发出（ * 表示“非”信号，所以 * CRDY = 0）。

7）如果伺服放大器准备就绪，发出 * DRDY 信号（Digital Servo Ready，DRDY， * 表示“非”信号，所以 * DRDY = 0）。

8）SA（Servo Already，伺服准备好）信号发出，完成一个上电周期。

放大器上电顺序图如图 3-45 所示，由于报警而引起的断电过程，顺序图中也做了表达。

伺服系统的工作大多是以“软件”的方式完成。图 3-46 所示为 FANUC 0i 系列总线结构，主 CPU 管理整个控制系统，系统软件和伺服软件装载在 F－ROM 中。请注意此时 F－ROM 中装载的伺服数据是 FANUC 所有电动机型号规格的伺服数据，但是具体到某一台机床的某一个轴时，它需要的伺服数据是唯一的——仅符合这个电动机规格的伺服参数。例如某机床 X 轴电动机为 αi12/3000，Y 轴和 Z 轴电动机为 αi22/2000，X 轴通道与 Y 轴和 Z 轴通道所需的伺服数据应该是不同的，所以 FANUC 系统加载伺服数据的过程是：①在第一次调试时，确定各伺服通道的电动机规格，将相应的伺服数据写入 SRAM 中，这个过程被称之为“伺服参数初始化”。②之后的每次上电时，由 SRAM 向 DRAM（工作存储区）写入相应的伺服数据，工作时进行实时运算。

软件是以 SRAM 和 DRAM 为载体，而主轴驱动器内部有自己的运算电路（运算是以 DSP 为核心）和 E^2ROM，如图 3-47 所示，主轴控制主要由放大器内部完成。

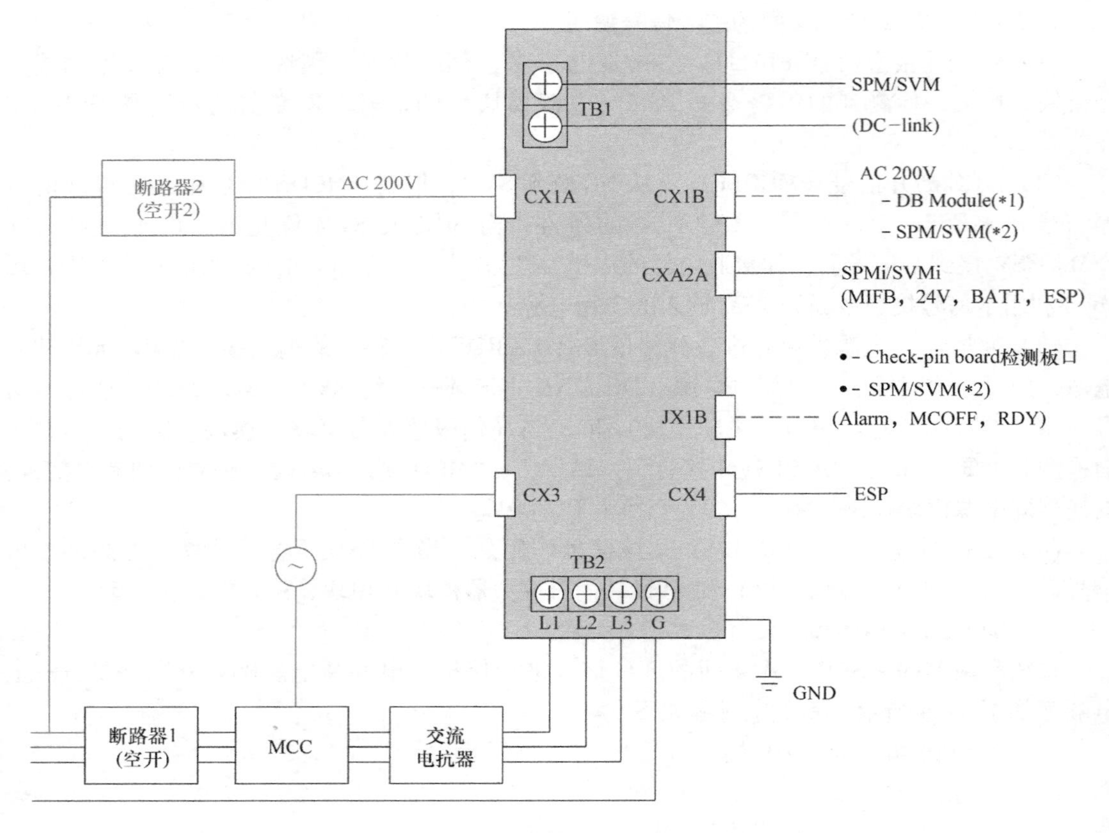

图 3-44　PSM 外围保护——上电顺序

三、主轴信息画面

CNC 首次启动时，自动地从各连接设备读出并记录 ID 信息。从下一次起，对首次记录的信息和当前读出的 ID 信息进行比较，由此就可以监视所连接的设备变更情况（当记录与实际情况不一致时，显示出表示警告的标记“ * ”）。可以对存储的 ID 信息进行编辑。由此，就可以显示不具备 ID 信息的设备的 ID 信息（但是，当与实际情况不一致时，显示出表示警告的标记“ * ”）。

1. 参数设置

	#7	#6	#5	#4	#3	#2	#1	#0
13112						SPI		IDW

[输入类型]：参数输入；[数据类型]：位路径型。

#0 IDW 表示是否禁止对伺服或主轴的信息画面进行编辑。

0：禁止；1：允许。

#2 SPI 表示是否显示主轴信息画面。

0：予以显示；1：不予显示。

2. 显示主轴信息

1）按下功能键[SYSTEM]，再按下软键［系统］。

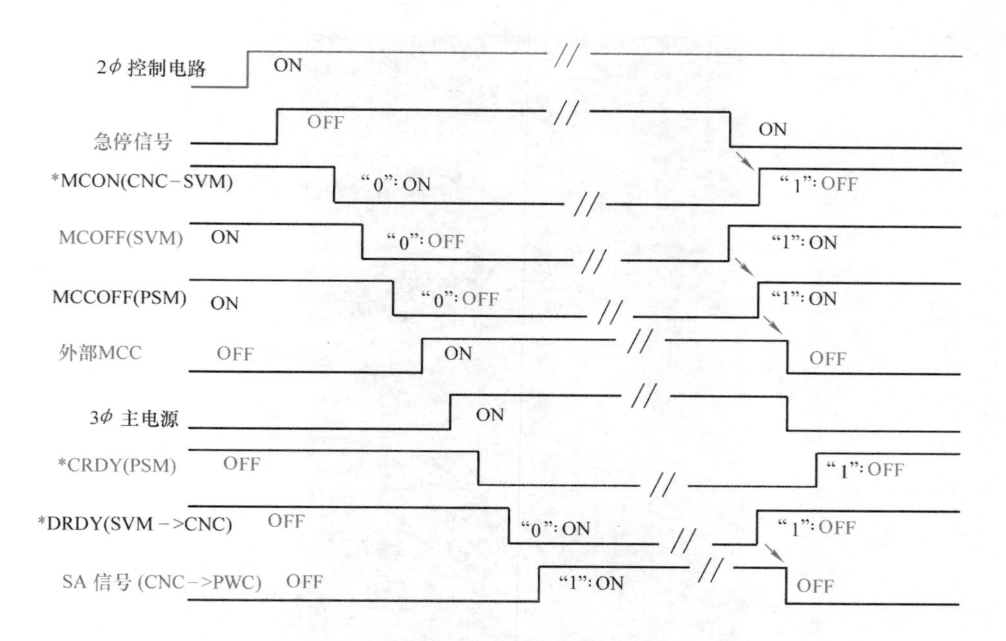

图 3-45　放大器上电顺序图

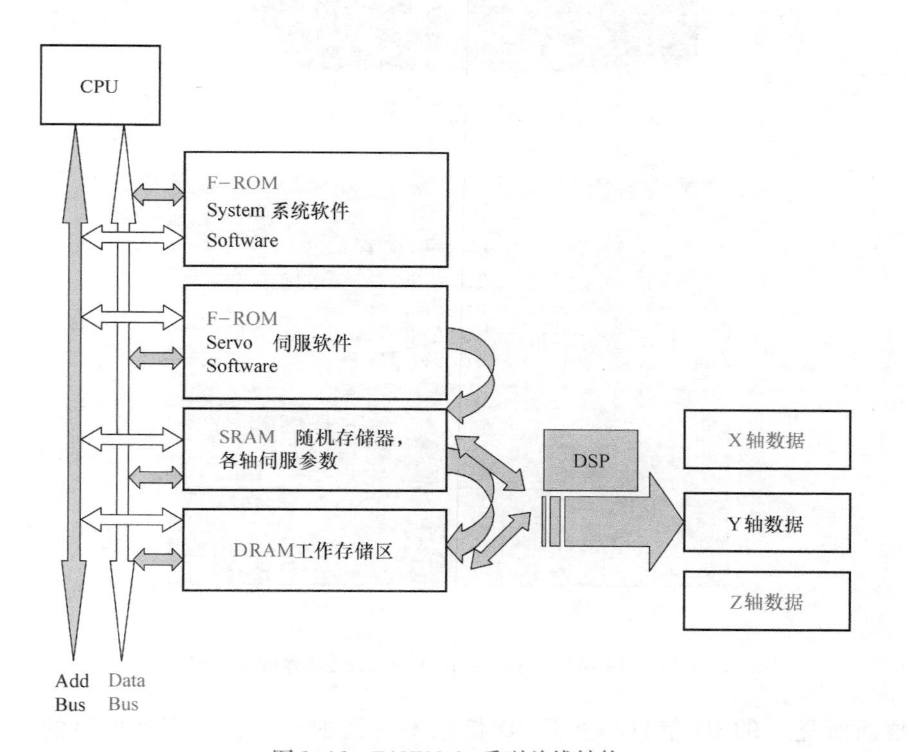

图 3-46　FANUC 0i 系列总线结构

2）按下软键［主轴］，显示如图 3-48 所示画面。

① 主轴信息被保存在 FLASH − ROM 中。

图 3-47　主轴运算电路

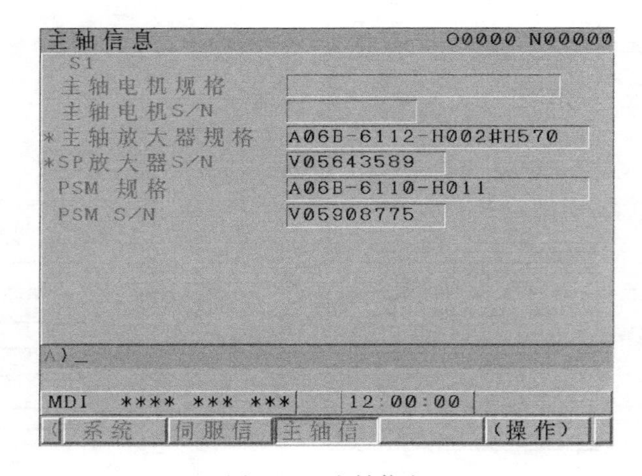

图 3-48　主轴信息

① 电机应为电动机。这里为与软件保持一致未作修改。下同。

② 画面所显示的 ID 信息与实际 ID 信息不一致的项目，在下列项目的左侧显示出“*”。此功能在即使因为需要修理等正当的理由而进行更换的情况，也会检测该更换并显示出“*”标记。要擦除“*”标记的显示，请参阅后述的编辑，按照下列步骤更新已被登录的数据。

a. 可进行编辑［参数 IDW（No. 13112#0）=1］。

b. 在编辑画面，将光标移动到希望擦除“＊”标记的项目。

c. 通过软键［读取 ID］→［输入］→［保存］进行操作。

3. 信息画面的编辑

1）定参数 IDW（No. 13112#0）＝1。

2）按下机床操作面板上的 MDI 开关。

3）按照“显示主轴信息画面”的步骤显示如图 3-49 所示画面，操作见表 3-3。

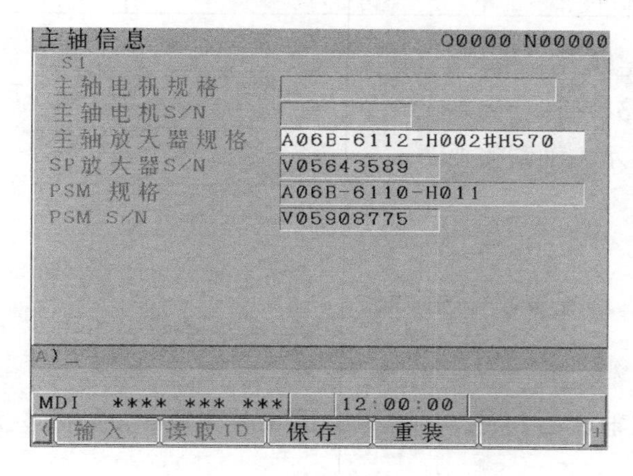

图 3-49　轴信息画面的编辑

4）用光标键↑与↓移动画面上的光标。

表 3-3　轴信息画面的编辑操作

方式	按键操作	用处
参照方式：参数 IDW（No. 13112#0）＝0 的情形	翻页键	上下滚动画面
编辑方式：参数 IDW＝1 的情形	软键	用处
	［输入］	将所选中的光标位置的 ID 信息改变为键入缓冲区上的字符串
	［取消］	擦除键入缓冲区的字符串
	［读取 ID］	将所选中的光标位置的连接设备具有的 ID 信息传输到键入缓冲区。只有左侧显示“＊”的项目有效
	［保存］	将在主轴信息画面上改变的 ID 信息保存在 FLASH－ROM 中
	［重装］	取消在主轴信息画面上改变的 ID 信息，由 FLASH－ROM 上重新加载
	翻页键	上下滚动画面
	光标键	上下滚动 ID 信息的选择

注：所显示的 ID 信息与实际 ID 信息不一致的项目，在下列项目的左侧显示出“＊”。

四、主轴驱动的设定调整

1. 显示方法

1）确认参数的设定。

	#7	#6	#5	#4	#3	#2	#1	#0
3111							SPS	

[输入类型]：设定输入。

[数据类型]：位路径型。

#1SPS 表示是否显示主轴调整画面。

0：不予显示。

1：予以显示。

2）按功能键，出现参数等的画面。

3）按下继续菜单键。

4）按下软键［主轴设定］时，出现主轴设定调整画面，如图 3-50 所示，主轴设定调整见表 3-4。

5）也可以通过软键选择。

①［SP 设定］：主轴设定画面。

②［SP 调整］：主轴调整画面。

③［SP 监测］：主轴监控器画面。

6）可以选择通过翻页键  显示的主轴（仅限连接有多个串行主轴的情形）。

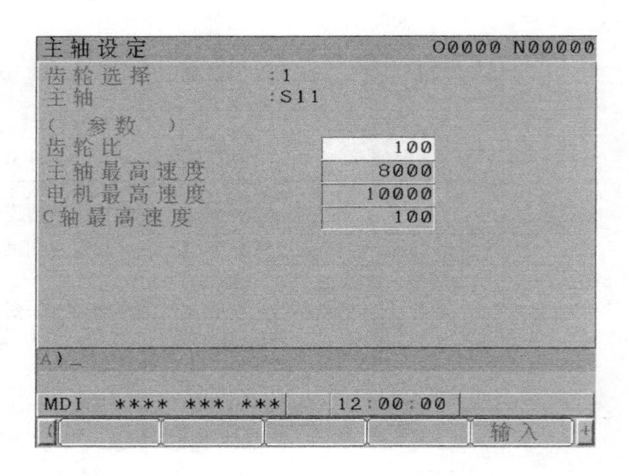

图 3-50 主轴设定调整画面

表 3-4 主轴设定调整

<table>
<tr><th>项目</th><th colspan="4">调整</th></tr>
<tr><td rowspan="6">齿轮选择</td><td rowspan="2">显示</td><td colspan="2">离合器/齿轮信号</td><td>说明</td></tr>
<tr><td>CTH1n</td><td>CTH2n</td><td rowspan="5">显示机床一侧的齿轮选择状态</td></tr>
<tr><td>1</td><td>0</td><td>0</td></tr>
<tr><td>2</td><td>0</td><td>1</td></tr>
<tr><td>3</td><td>1</td><td>0</td></tr>
<tr><td>4</td><td>1</td><td>1</td></tr>
<tr><td rowspan="4">主轴</td><td>选择</td><td>主轴</td><td colspan="2">说明</td></tr>
<tr><td>S11</td><td>第 1 主轴</td><td colspan="2" rowspan="3">选择属于相对于那个主轴的 S23 数据</td></tr>
<tr><td>S21</td><td>第 2 主轴</td></tr>
<tr><td>S31</td><td>第 3 主轴</td></tr>
<tr><td rowspan="11">参数</td><td>选择</td><td>S11</td><td>S21</td><td>S31</td></tr>
<tr><td>齿轮比（HIGH）</td><td>4056</td><td>4056</td><td>4056</td></tr>
<tr><td>齿轮比（MEDIUM IGH）</td><td>4057</td><td>4057</td><td>4057</td></tr>
<tr><td>齿轮比（MEDIUM LOW）</td><td>4058</td><td>4058</td><td>4058</td></tr>
<tr><td>齿轮比（LOW）</td><td>4059</td><td>4059</td><td>4059</td></tr>
<tr><td>主轴最高速度（齿轮 1）</td><td>3741</td><td>3741</td><td>3741</td></tr>
<tr><td>主轴最高速度（齿轮 2）</td><td>3742</td><td>3742</td><td>3742</td></tr>
<tr><td>主轴最高速度（齿轮 3）</td><td>3743</td><td>3743</td><td>3743</td></tr>
<tr><td>主轴最高速度（齿轮 4）</td><td>3744</td><td>3744</td><td>3744</td></tr>
<tr><td>电动机最高速度</td><td>4020</td><td>4020</td><td>4020</td></tr>
<tr><td>C 轴最高速度</td><td>4021</td><td>4021</td><td>4021</td></tr>
</table>

2. 主轴参数的调整

主轴调整方式画面如图 3-51 所示，主轴调整方式见表 3-5。

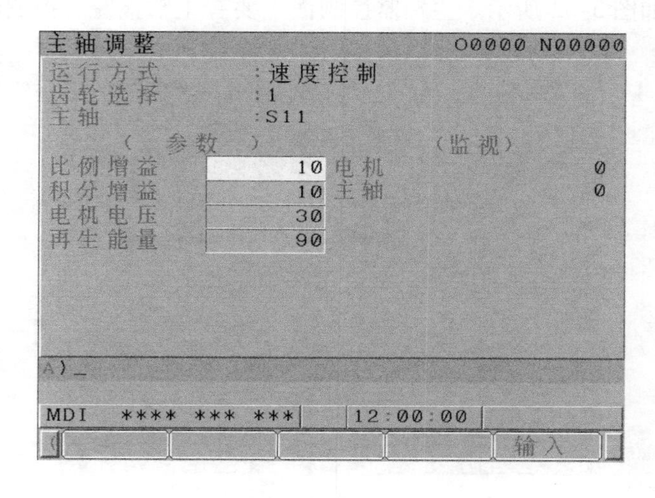

图 3-51 主轴调整方式

表 3-5　主轴调整方式

运行方式	速度控制	主轴定向	同步控制	刚性攻螺纹	主轴恒线速控制	主轴定位控制（T系列）
参数显示	比例增益； 积分增益； 电动机电压； 再生能量	比例增益； 积分增益； 位置环增益； 电动机电压； 定向增益%； 停止点； 参考点偏移	比例增益； 积分增益； 位置环增益； 电动机电压； 加减速时间常数（%）； 参考点偏移	比例增益； 积分增益； 位置环增益； 电动机电压； 回零增益%； 参考点偏移	比例增益； 积分增益； 位置环增益； 电动机电压； 回零增益%； 参考点偏移	比例增益； 积分增益； 位置环增益； 电动机电压； 回零增益%； 参考点偏移
监控器显示	电动机； 主轴	电动机； 主轴； 位置误差 S	电动机； 主轴； 位置误差 S1； 位置误差 S2； 同步偏差	电动机； 主轴； 位置误差 S； 位置误差 Z； 同步偏差	电动机； 主轴； 位置误差 S	电动机； 进给速度； 位置误差 S

3. 标准参数的自动设定

可以自动设定有关电动机的（每一种型号）标准参数。

1）在紧急停止状态下将电源置于 ON。

2）将参数 LDSP（No. 4019#7）设定为“1”，设定方式如下：

	#7	#6	#5	#4	#3	#2	#1	#0
4019	LDSP							

[输入类型]：参数输入；[数据类型]：位主轴型。

#7 LDSP 表示是否进行串行接口主轴的参数自动设定。

0：不进行自动设定；1：进行自动设定；3：设定电动机型号。设定方式如下：

4133	电动机型号代码

五、主轴监控

主轴监控画面如图 3-52 所示。主轴监控画面主要有主轴报警、控制输入信号与控制输出信号等。

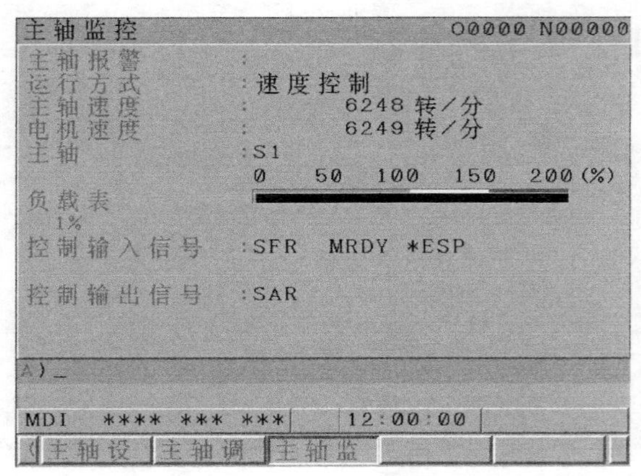

图 3-52　主轴监控画面

第三节　主轴准停的结构与维护

【学习内容】

- 了解主轴准停的应用
- 知道主轴准停的种类
- 会对主轴准停的参数进行设定
- 会对主轴准停装置进行维护

【学习内容】

一、主轴准停的应用

主轴准停功能（Spindle Specified Position Stop）指当主轴停止时，控制其停于固定的位置，这是自动换刀所必须的功能。在自动换刀的数控镗铣加工中心上，切削转矩通常是通过刀柄的端面键来传递的，这就要求主轴具有准确定位于圆周上特定角度的功能，如图3-53a所示。当精镗孔（见图3-53b）或加工阶梯孔（见图3-53c）后退刀时，为防止刀具与小阶梯孔碰撞或拉毛已精加工的孔表面，必须先让刀，后再退刀，而要让刀，刀具必须具有准停功能。主轴准停可分为机械准停与电气准停，它们的控制过程是一样的（见图3-54）。

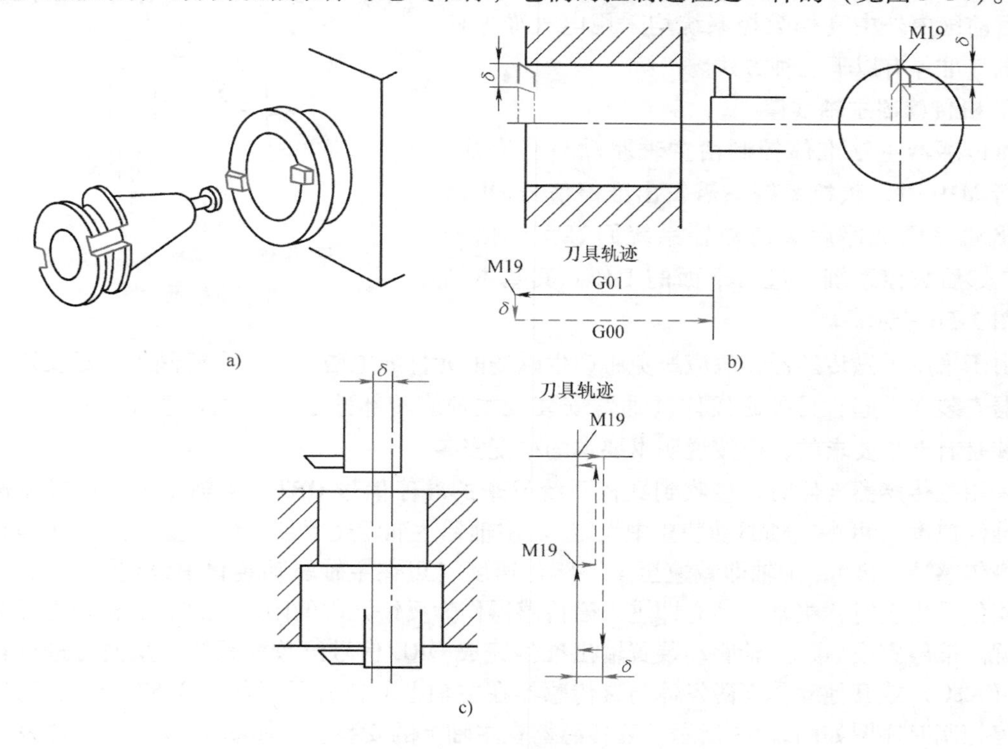

图3-53　主轴准停的应用
a）刀具交换　b）精镗孔　c）加工阶梯孔

二、机械准停

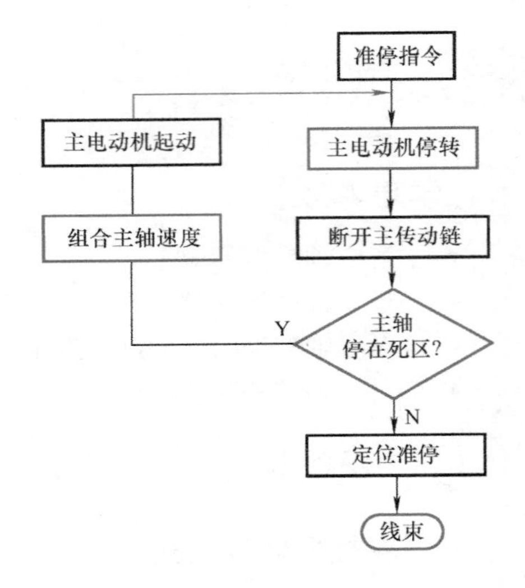

图 3-54　主轴准停控制

图 3-55 所示是 V 形槽轮定位盘准停机构示意图。当执行准停指令时，首先发出降速信号，主轴箱自动改变传动路线，使主轴以设定的低速运转。延时数秒钟后，接通无触点开关，当定位盘上的感应片（接近体）对准无触点开关时，发出准停信号，立即使主轴电动机停转并断开主轴传动链，此时主轴电动机与主传动件依惯性继续空转。再经短暂延时，接通压力油，定位液压缸动作，活塞带动定位滚子压紧定位盘的外表面，当主轴带动定位盘慢速旋转至 V 形槽对准定位滚子时，滚子进入槽内，使主轴准确停止。同时限位开关 LS2 信号有效，表明主轴准停动作完成。这里 LS1 为准停释放信号。采用这种准停方式时，必须要有一定的逻辑互锁，即当 LS2 信号有效后，才能进行换刀等动作；而只有当 LS1 信号有效后，才能起动主轴电动机正常运转。

三、电气准停

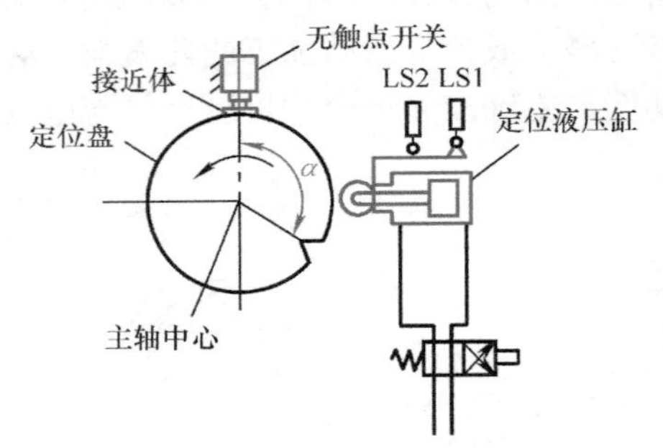

图 3-55　V 形槽轮定位盘准停机构示意图

目前国内外中高档数控系统均采用电气准停控制，电气准停有以下三种方式。

1. 磁传感器主轴准停

磁传感器主轴准停控制由主轴驱动自身完成。当执行 M19 时，数控系统只需发出准停信号 ORT，主轴驱动完成准停后会向数控系统回答完成信号 ORE，然后数控系统再进行下面的工作。其基本结构如图 3-56 所示。

由于采用了磁传感器，故应避免将产生磁场的元件如电磁线圈、电磁阀等与磁发体和磁传感器安装在一起，另外磁发体（通常安装在主轴旋转部件上）与磁传感器（固定不动）的安装是有严格要求的，应按说明书要求的精度安装。

采用磁传感器准停时，接收到数控系统发来的准停信号 ORT，主轴立即加速或减速至某一准停速度（可在主轴驱动装置中设定）。主轴到达准停速度且准停位置到达时（即磁发体与磁传感器对准），主轴即减速至某一爬行速度（可在主轴驱动装置中设定）。然后当磁传感器信号出现时，主轴驱动立即进入磁传感器作为反馈元件的闭环控制，目标位置即为准停位置。准停完成后，主轴驱动装置输出准停完成 ORE 信号给数控系统，从而可进行自动换刀（ATC）或其他动作。磁发体与磁传感器在主轴上的位置示意如图 3-57 所示，磁传感器准停控制时序图如图 3-58 所示。磁传感器在主轴上的安装位置如图 3-59 所示。磁发体安装在主轴后端，磁传感器安装在主轴箱上，其安装位置决定了主轴的准停点，磁发体和磁传感器之间的间隙为（1.5 ±0.5）mm。

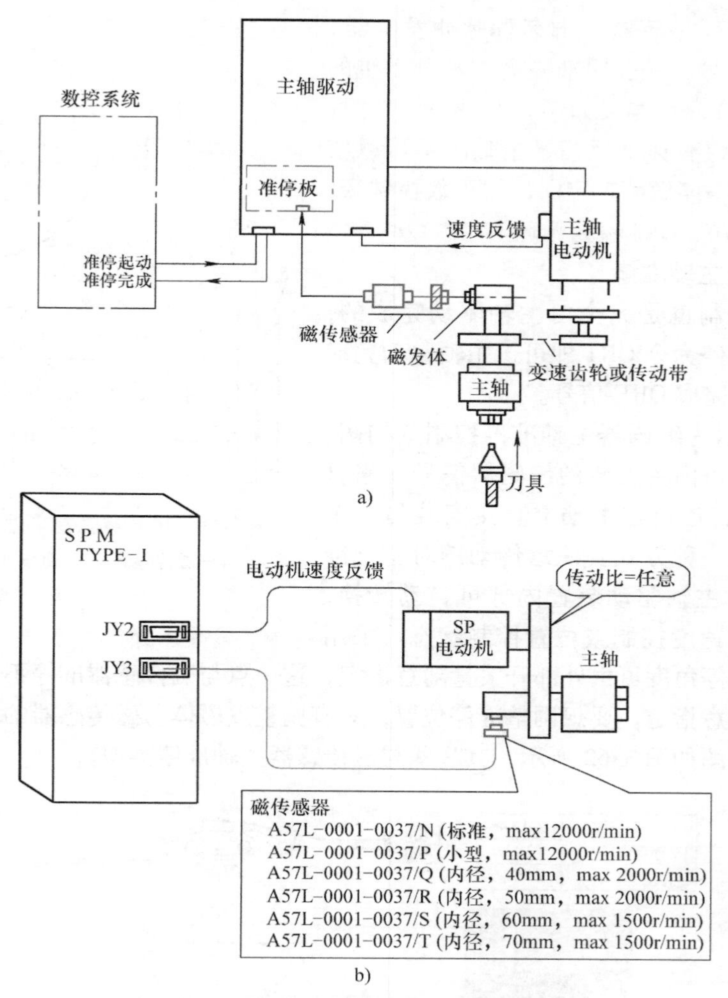

图 3-56　磁传感器主轴准停控制系统基本结构

a）原理图　b）M 传感器 + 主轴准停的连接图

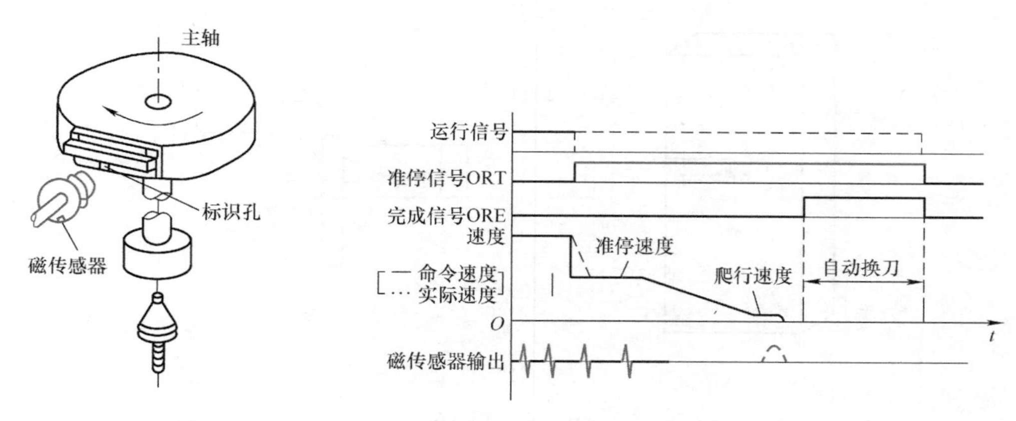

图 3-57　磁发体与磁传感器在主轴上的位置示意图

图 3-58　磁传感器准停控制时序图

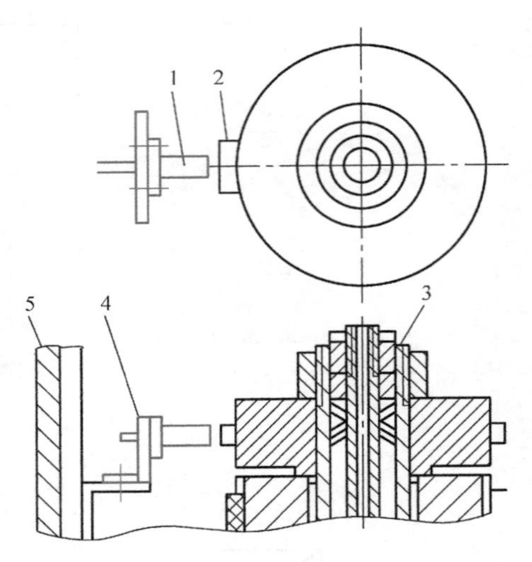

图 3-59　磁传感器在主轴上的安装位置

1—磁传感器　2—磁发体　3—主轴

4—支架　5—主轴箱

电动机内部 M 传感器（旧名称脉冲发生器）有 A/B 相 2 种信号，一般用来检测主轴电动机的回转速度（转数），其连接如图 3-60 所示。这种连接的特点是：仅有速度反馈，主轴既不可以实现位置控制，也不能做简单定向，用于数控铣床，但是不能实现 G76、G87 镗孔循环。

2. 编码器型主轴准停

这种准停控制也是完全由主轴驱动完成的，CNC 只需发出准停命令 ORT 即可，主轴驱动完成准停后回答准停完成 ORE 信号。

图 3-61 所示为编码器主轴准停控制结构图。可采用主轴电动机内置安装的编码器信号（来自主轴驱动装置），也可在主轴上直接安装另一个编码器。采用前一种方式要注意传动链对主轴准停精度的影响。主轴驱动装置内部可自动转换，使主轴驱动处于速度控制或位置控制状态。采用编码器准停，准停角度可由外部开关量随意设定，这一点与磁传感器准停不同。磁传感器准停的角度无法随意指定，要想调整准停位置，只有调整发磁体与磁传感器的相对位置。编码器准停控制时序图如图 3-62 所示，其步骤与磁传感器主轴准停类似。

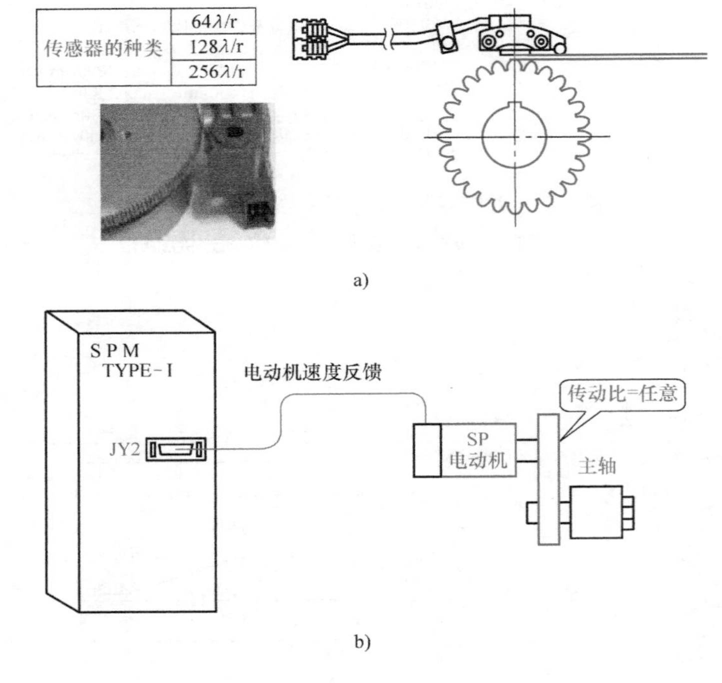

图 3-60　M 传感器的连接

a）M 传感器　b）连接

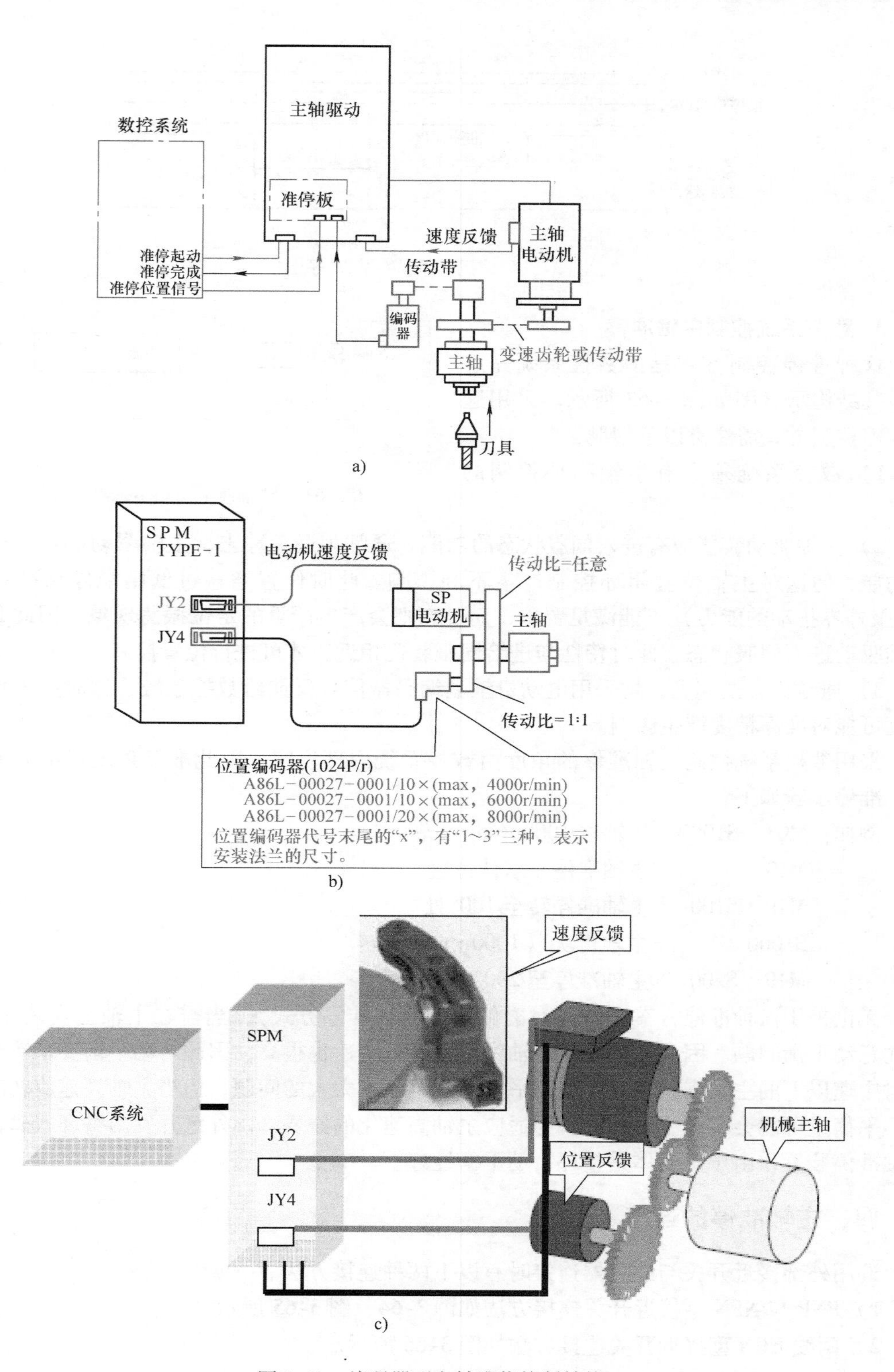

图 3-61　编码器型主轴准停控制结构

a）原理图　b）M 传感器 + 主轴位置编码器的连接图　c）M 传感器 + 主轴位置编码器实装图

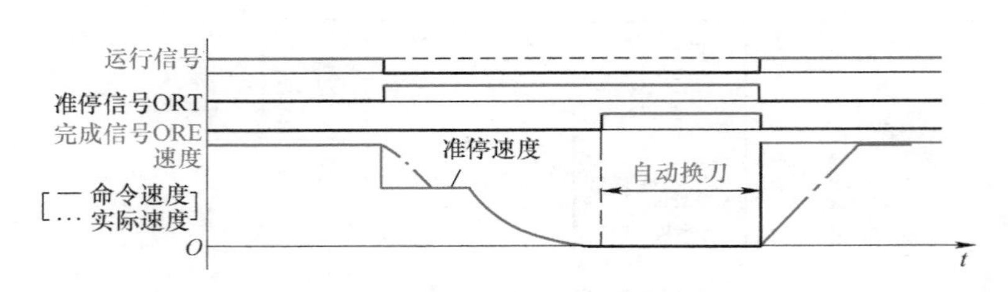

图 3-62 编码器准停控制时序图

3. 数控系统控制主轴准停

这种准停控制方式是由数控系统完成的，其结构示意图如图 3-63 所示。采用这种准停控制方式需注意以下问题：

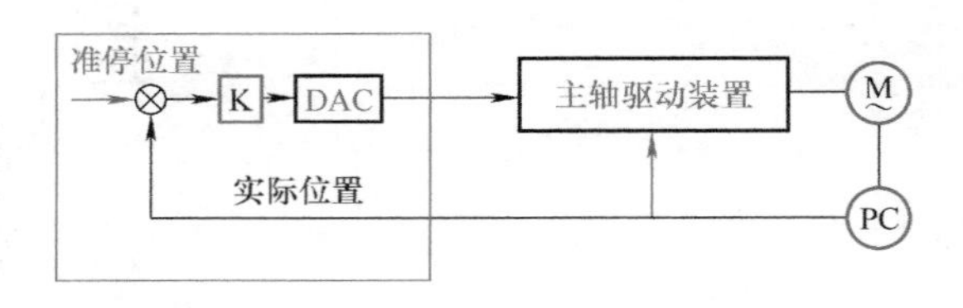

图 3-63 数控系统控制主轴准停结构

1）数控系统须具有主轴闭环控制的功能。

2）主轴驱动装置应有进入伺服状态的功能。通常为避免冲击，主轴驱动都具有软起动等功能，但这对主轴位置闭环控制产生不利影响。此时位置增益过低则准停精度和刚度（克服外界扰动的能力）不能满足要求，而过高则会产生严重的定位振荡现象，因此必须使主轴驱动进入伺服状态，此时特性与进给伺服装置相近，才可进行位置控制。

3）通常为方便起见，均采用电动机轴端编码器信号反馈给数控系统，这时主轴传动链精度可能对准停精度产生影响。

采用数控系统控制主轴准停的角度由数控系统内部设定，因此准停角度可更方便的设定。准停步骤如下：

例如：M03 S1000 主轴以 1000r/min 正转
M19 主轴准停于默认位置
M19 S100 主轴准停转至 100°处
S1000 主轴再次以 1000r/min 正转
M19 S200 主轴准停至 200°处

无论采用何种准停方案（特别对磁传感器主轴准停方式），当需在主轴上安装元件时，应注意动平衡问题。因为数控机床主轴精度很高，转速也很高，因此对动平衡要求严格。一般对中速以下的主轴来说，有一点不平衡还不至于有太大的问题，但当主轴高速旋转时，这一不平衡量可能会引起主轴振动。为适应主轴高速化的需要，国外已开发出整环式磁传感器主轴准停装置，由于磁发体是整环，动平衡性好。

四、主轴准停的连接

选用外部接近开关与放大器连接时有以下两种连接方法。

1）PNP 与 NPN 型接近开关连接方法如图 3-64、图 3-65 所示。

2）两线 NPN 型接近开关连接方法如图 3-66 所示。

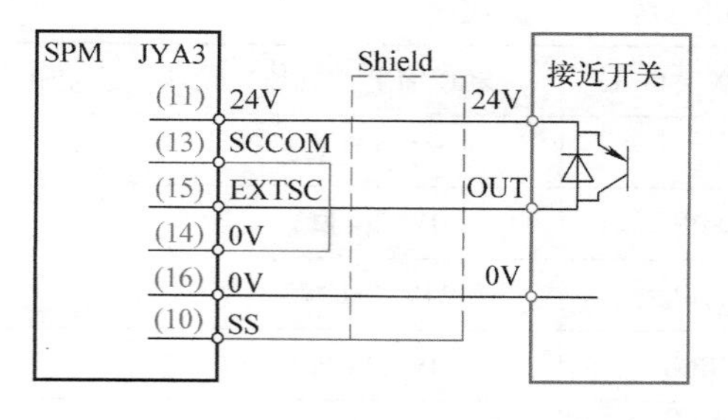

图 3-64　PNP 型接近开关连接方法

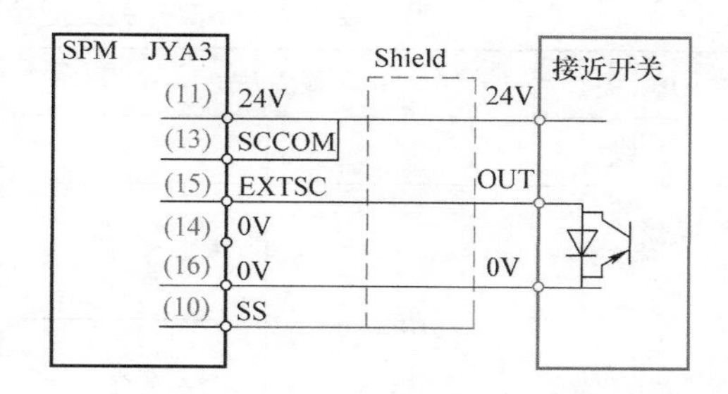

图 3-65　NPN 型接近开关连接方法

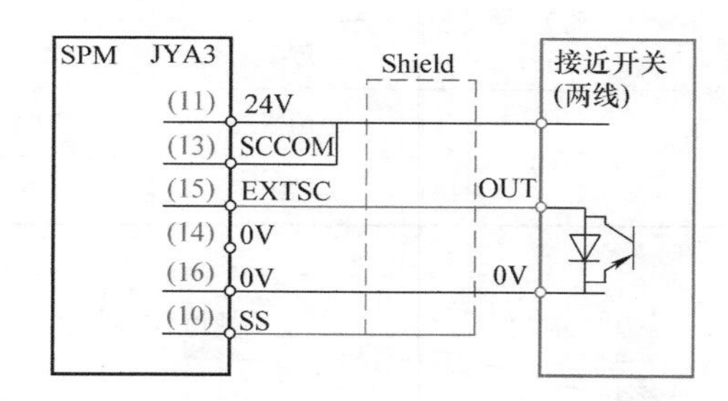

图 3-66　两线 NPN 型接近开关连接方法

五、主轴准停的参数设置

1. 主轴定向控制参数的设定（见表 3-6）

表 3-6　主轴定向控制参数的设定

参数号	设定值	备　注
4000#0	0/1	主轴和电动机的旋转方向相同/相反
4002#3，2，1，0	0，0，0，1	使用电动机的传感器做位置反馈
4004#2	1	使用外部一转信号
4004#3	根据表 3-7 设定	外部开关信号类型
4010#2，1，0	0，0，1	设定电动机传感器类型
4015#0	1	准停有效
4011#2，1，0	初始化自动设定	电动机传感器齿数
4056～4059	根据具体配置	电动机和主轴的齿轮比（增益计算用）
4171～4174	根据具体配置	电动机和主轴的齿轮比（位置脉冲计算用）

2. 外部开关类型参数的设定（对于 αi/βi 放大器）

外部开关类型参数的设定（对于 αi/βi 放大器）见表 3-7。外部开关检测方式如图 3-67 所示。在实际调试中，由于只有 0/1 两种设定情况，可以分别设定 0/1 试验一下（尽量使用凸起结构，如果使用凹槽，则开口不能太大）。

表 3-7　外部开关类型参数的设定（对于 αi/βi 放大器）

开　关	检测方式		开关类型	SCCOM 接法（13）	设定值
二线				24V（11 脚）	0
三线	凸起	常开	NPN	0V（14 脚）	0
			PNP	24V（11 脚）	1
		常闭	NPN	0V（14 脚）	1
			PNP	24V（11 脚）	0
	凹槽	常开	NPN	0V（14 脚）	0
			PNP	24V（11 脚）	1
		常闭	NPN	0V（14 脚）	1
			PNP	24V（11 脚）	0

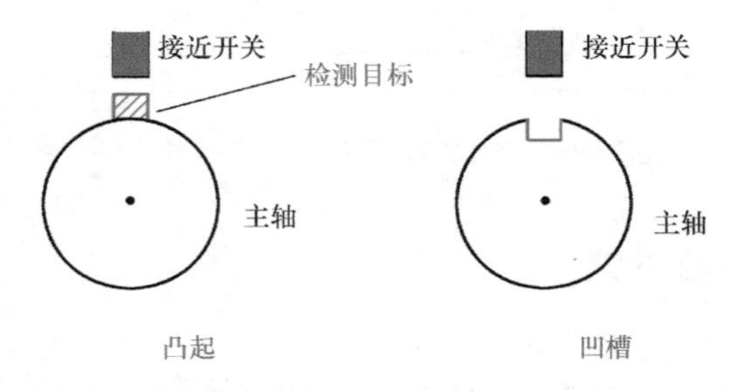

图 3-67　外部开关检测方式

对于主轴电动机和主轴之间不是 1∶1 的情况，一定要正确设定齿轮传动比（参数4056～4059 和 4500～4503），否则会准停不准。

3. 位置编码器定向参数的设定（见表 3-8）

表 3-8　位置编码器定向参数的设定

参数号	设定值	备　注
4000#0	0/1	主轴和电动机的旋转方向相同/相反
4001#4	0/1	主轴和编码器的旋转方向相同/相反
4002#3，2，1，0	0，0，1，0	使用主轴位置编码器做位置反馈
4002#3，2，1，0	0，0，1，0	使用主轴位置编码器做位置反馈
4003#7，6，5，4	0，0，0，0	主轴的齿数
4010#2，1，0	取决于电动机	设定电动机传感器类型
4011#2，1，0	初始化自动设定	电动机传感器齿数
4015#0	1	定向有效
4056～4059	根据具体配置	电动机和主轴的齿轮传动比（增益计算用）

4. 使用主轴电动机内置传感器参数的设定（见表3-9）

表3-9　主轴电动机内置传感器参数的设定

参数号	设定值	备　注
4000#0	0	主轴和电动机的旋转方向相同
4002#3，2，1，0	0，0，0，1	使用主轴位置编码器做位置反馈
4003#7，6，5，4	0，0，0，0	主轴的齿数
4010#2，1，0	0，0，1	设定电动机传感器类型
4011#2，1，0	初始化自动设定	电动机传感器齿数
4015#0	1	准停有效
4056～4059	100或1000	电动机和主轴的齿轮传动比

六、主轴准停装置的维护

主轴准停装置的维护，主要包括以下几个方面：

1）经常检查插件和电缆有无损坏，使它们保持接触良好。

2）保持磁传感器上的固定螺栓和连接器上的螺钉紧固。

3）保持编码器上联接套的螺钉紧固，保证编码器联接套与主轴连接部分的合理间隙。

4）保证传感器的合理安装位置。

习题练习

一、填空题

1. 高速主轴单元的类型有________、________、水动主轴等。

2. 电主轴的润滑方式有________、喷注润滑、________。

3. 滚动轴承间隙的调整或预紧，通常是通过轴承内、外圈相对轴向移动来实现的。常用的方法有________、修磨座圈或隔套和________三种。

4. 数控机床主轴准停装置有________和________。

5. 数控机床主轴电气准停有________、________和数控系统控制准停三种形式。

二、选择题（请将正确答案的代号填在空格中）

1. 高速切削技术与传统的数控机床相比，其根本区别就是高速数控机床的主运动和进给运动都采用了（　　），省掉了中间的传动环节。

A. 自动补偿技术　　B. 自适应技术　　C. 直驱技术

2. 电主轴是精密部件，在高速运转情况下，任何（　　）进入主轴轴承，都可能引起振动，甚至使主轴轴承咬死。

A. 微尘　　B. 油气　　C. 杂质

3. 数控车床车螺纹时，利用（　　）作为车刀进刀点和退刀点的控制信号，以保证车削螺纹不会乱扣。

A. 同步脉冲　　B. 异步脉冲　　C. 位置开关

4. (　　) 对主轴润滑恒温油箱中的润滑油更换一次，并清洗过滤器。

A. 每周　　B. 每月　　C. 每年

5. 数控机床主轴锥孔的锥度通常为7:24，之所以采用这种锥度是为了 (　　)。

A. 靠摩擦力传递转矩　　B. 自锁

C. 定位和便于装卸刀柄　　D. 以上几种情况都是

6. 在加工中心中，刀具必须装在标准的刀柄中，标准刀柄有 (　　)。

A. 直柄　　B. 7:24 锥柄　　C. 莫氏锥柄

7. 加工中心大多采用 (　　) 完成换刀和拉紧刀柄拉钉。

A. 弹簧　　B. 气缸　　C. 液压缸　　D. 连杆机构

8. 为了保证数控机床能满足不同的工艺要求，并能够获得最佳切削速度，主传动系统的要求是 (　　)。

A. 无级调速　　B. 变速范围宽

C. 分段无级变速　　D. 变速范围宽且能无级变速

9. 数控铣床上进行手动换刀时最主要的注意事项是 (　　)。

A. 对准键槽　　B. 擦干净连接锥柄　　C. 调整好拉钉　　D. 不要拿错刀具

10. 主轴准停是指主轴能实现 (　　)。

A. 准确的周向定位　　B. 准确的轴向定位　　C. 精确的时间控制

11. 数控机床的准停功能主要用于 (　　)。

A. 换刀和加工中　　B. 退刀　　C. 换刀和退刀

12. 主轴准停功能分为机械准停和电气准停，二者相比，机械准停 (　　)

A. 结构复杂　　B. 准停时间更短　　C. 可靠性增加　　D. 控制逻辑简化

13. 数控车床用径向尺寸较大的夹具时，采用 (　　) 与车床主轴连接。

A. 锥柄　　B. 过渡盘　　C. 外圆　　D. 拉杆

14. 高精度孔加工完成后退刀时应采用 (　　)。

A. 不停主轴退刀　　B. 主轴停后退刀　　C. 让刀后退刀

三、判断题（正确的划“√”，错误的划“×”）

1. (　　) 交流主轴电动机没有电刷，不产生火花，使用寿命长。

2. (　　) 电主轴的转轴必须进行严格的动平衡。

3. (　　) 轴承预紧就是使轴承滚道预先承受一定的载荷，不仅能消除间隙而且还使滚动体与滚道之间发生一定的变形，从而使接触面积增大，轴承受力时变形减少，抵抗变形的能力增大。

4. (　　) 主轴轴承的轴向定位采用前端支承定位。

5. (　　) 保证数控机床各运动部件间的良好润滑就能提高机床寿命。

6. (　　) 加工中心主轴的特有装置是主轴准停和自动换刀。

7. (　　) 加工中心主轴的特有装置是主轴准停和拉刀换刀。

8. (　　) 主轴上刀具松不开的原因之一可能是系统压力不足。

9. (　　) 主轴轴承的轴向定位采用后端支承定位。

10. (　　) 主轴转数由脉冲编码器监视，到达准停位置前先减慢速度，最后通过触点开关使主轴准停。

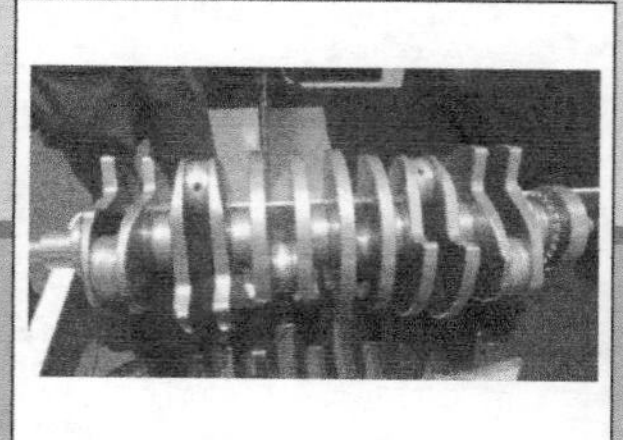

第四章 数控机床进给传动系统的结构与维护

图 4-1 所示为某加工中心的 X、Y 轴进给传动系统，图 4-2 所示为其 Z 轴进给传动系统。其传动路线为：X、Y、Z 轴交流伺服电动机→联轴器→滚珠丝杠（X/Y/Z 轴）→工作台 X/Y 轴进给、主轴 Z 向进给。X、Y、Z 轴的进给分别由工作台、床鞍、主轴箱的移动来实现。X、Y、Z 轴方向的导轨均采用直线滚动导轨，其床身、工作台、床鞍、主轴箱均采用高性能、优化整体铸铁结构，内部均布置适当的网状肋板、肋条，具有足够的刚性、抗振性，能保证良好的切削性能。

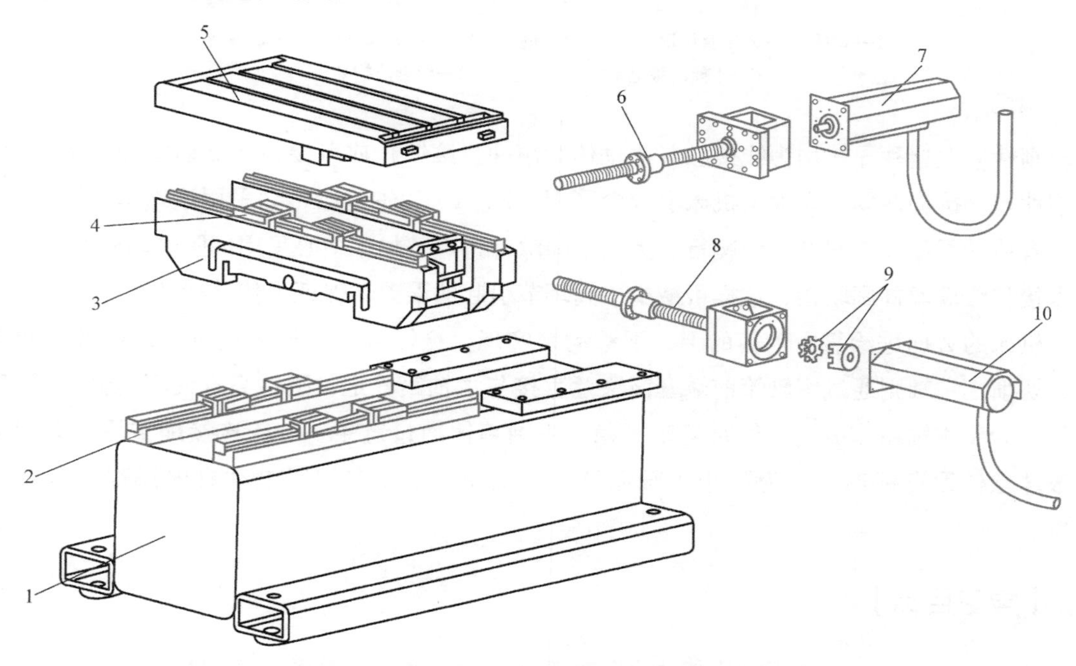

图 4-1　某加工中心的 X、Y 轴进给传动系统

1—床身　2—Y 轴直线滚动导轨　3—床鞍　4—X 轴直线滚动导轨　5—工作台　6—Y 轴滚珠丝杠　7—Y 轴伺服电动机　8—X 轴滚珠丝杠　9—联轴器　10—X 轴伺服电动机

X、Y、Z 轴的支承导轨均采用滑块式直线滚动导轨，导轨的摩擦为滚动摩擦，大大降低了摩擦因数。这种导轨具有精度高、响应速度快、无爬行现象等特点，适当预紧还可提高

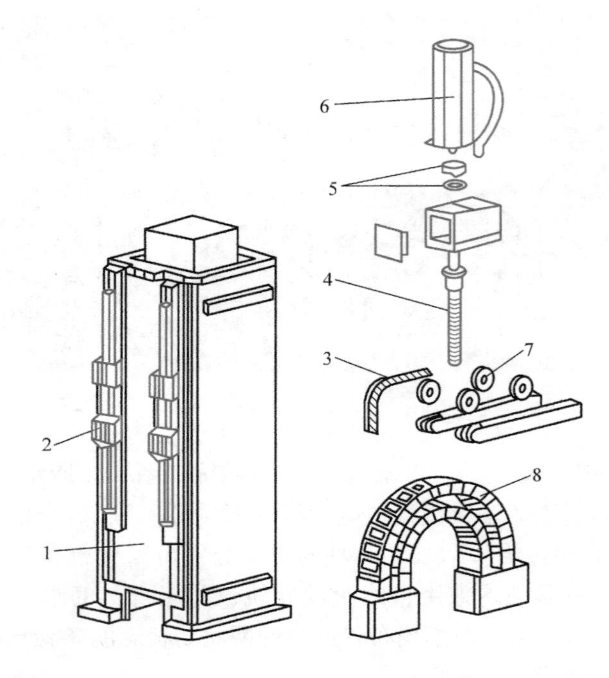

图 4-2　某加工中心的 Z 轴进给传动系统

1—立柱　2—Z 轴直线滚动导轨　3—链条　4—Z 轴滚珠丝杠　5—联轴器
6—Z 轴伺服电动机　7—链轮　8—导管防护套

导轨刚性。但这种导轨均为线接触（滚动体为滚柱、滚针）或点接触（滚动体为滚珠），总体刚性差，抗振性弱，在大型机床上较少采用。X、Y、Z 轴进给传动采用滚珠丝杠副结构，它具有传动平稳、效率高、无爬行、无反向间隙等特点。加工中心采用伺服电动机通过联轴器直接与滚珠丝杠副联接，这样可减少中间环节引起的误差，保证了传动精度。

机床的 Z 向进给靠主轴箱的上、下移动来实现，这样可以增加 Z 向进给的刚性，便于强力切削。主轴则通过主轴箱前端套筒法兰直接与主轴箱固定，刚性高且便于维修、保养。另外，为使主轴箱作 Z 向进给时运动平稳，主轴箱体通过链条、链轮连接配重块，再则由于滚珠丝杠无自锁功能，为防止主轴箱体的垂直下落，Z 向伺服电动机内部都带有制动装置。

【学习目标】

让学生了解数控机床进给传动装置的种类、组成、特点；掌握滚珠丝杠螺母副的种类、支承、维护；掌握数控机床用导轨的维护；掌握数控机床进给驱动与有关参考点的调整及参数设置。

【知识构架】

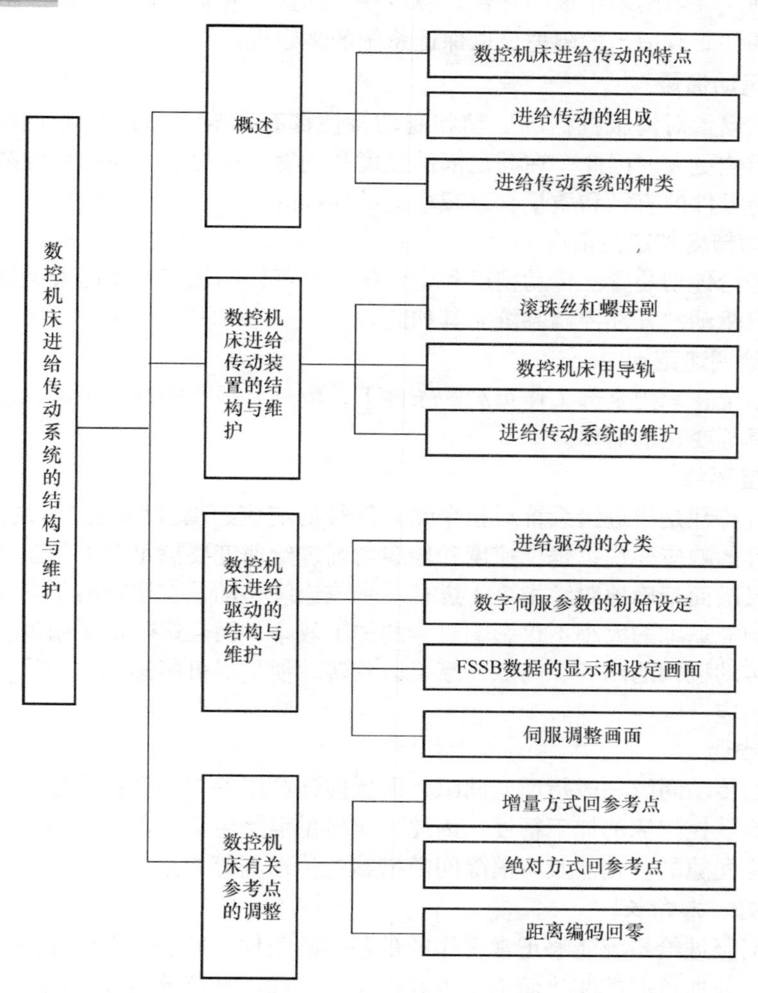

第一节　概　　述

【学习目标】

- 了解数控机床进给传动的特点
- 掌握数控机床进给传动的种类与组成

【学习内容】

一、数控机床进给传动的特点

1. 减少了摩擦阻力

为了提高数控机床进给系统的快速响应性能和运动精度，必须减小运动件的摩擦阻力和动、静摩擦力之差。为满足上述要求，在数控机床进给系统中，普遍采用滚珠丝杠螺母副、静压丝杠螺母副，导轨则采用滚动导轨、静压导轨和塑料导轨。在减小摩擦阻力的同时，还必须考虑传动部件要有适当的阻尼，以保证系统的稳定性。

2. 减少了运动惯量

运动部件的惯量对伺服机构的启动和制动特性都有影响，尤其是处于高速运转的零部件，其惯量的影响更大。因此，在满足部件强度和刚度的前提下，应尽可能减小运动部件的质量、减小旋转零件的直径和质量，以减小运动部件的惯量。

3. 高的传动精度与定位精度

数控机床进给传动装置的传动精度和定位精度对零件的加工精度起着关键性的作用，对采用步进电动机驱动的开环控制系统尤其如此。

4. 宽的进给调速范围

伺服进给系统在承担全部工作负载的条件下，应具有很宽的调速范围，以适应各工件材料、尺寸和刀具等变化的需要。

5. 响应速度要快

所谓快响应特性是指进给系统对指令输入信号的响应速度及瞬态过程结束的迅速程度，即跟踪指令信号的响应要快；定位速度和轮廓切削进给速度要满足要求；工作台应能在规定的速度范围内灵敏而精确地跟踪指令，进行单步或连续移动，在运行时不出现丢步或多步现象。进给系统响应速度的大小不仅影响机床的加工效率，而且影响加工精度。设计中应使机床工作台及其传动机构的刚度、间隙、摩擦以及转动惯量尽可能达到最佳值，以提高伺服进给系统的快速响应。

6. 无间隙传动

进给系统的传动间隙一般指反向间隙，即反向死区误差，它存在于整个传动链的各传动副中，直接影响数控机床的加工精度；因此，应尽量消除传动间隙，减小反向死区误差。设计中可采用消除间隙的联轴器及有消除间隙措施的传动副等方法。

7. 稳定性好、寿命长

稳定性是伺服进给系统能够正常工作的最基本的条件，特别是在低速进给情况下不产生爬行，并能适应外加负载的变化而不发生共振。稳定性与系统的惯性、刚性、阻尼及增益等都有关系，适当选择各项参数，并能达到最佳的工作性能，是伺服系统设计的目标。所谓进给系统的寿命，主要指其保持数控机床传动精度和定位精度的时间长短，即各传动部件保持其原来制造精度的能力。为此，组成进给机构的各传动部件应选择合适的材料及合理的加工工艺与热处理方法，对于滚珠丝杠及传动齿轮，必须具有一定的耐磨性和适宜的润滑方式，以延长其寿命。

8. 使用维护方便

数控机床属高精度自动控制机床，主要用于单件、中小批量、高精度及复杂零部件的生产加工，机床的开机率相应就高，因而进给系统的结构设计应便于维护和保养，最大限度地减小维修工作量，以提高机床的利用率。

二、进给传动的组成

进给传动的典型组成形式是图 4-3 所示的同步带传动。进给传动元件的作用与要求见表 4-1。

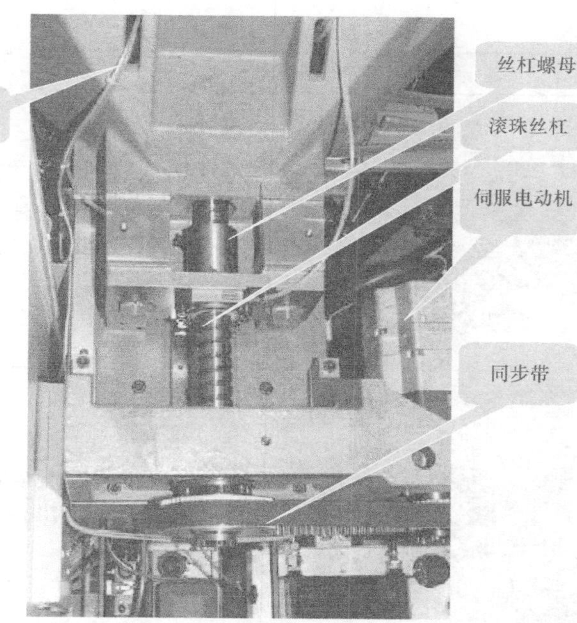

图 4-3 同步带传动

表 4-1 进给传动元件的作用或要求

名称	图示	作用或要求
导轨		机床导轨的作用是支承和引导运动部件沿一定的轨道进行运动 导轨是机床基本结构要素之一，在数控机床上，对导轨的要求则更高。如高速进给时不振动；低速进给时不爬行；有高的灵敏度；能在重负载下，长期连续工作；耐磨性高；精度保持性好等，这些要求都是数控机床的导轨所必须满足的
丝杠		丝杠螺母副的作用是直线运动与回转运动运动相互转换 数控机床上对丝杠的要求：传动效率高；传动灵敏，摩擦力小，动、静摩擦力之差小，能保证运动平稳，不易产生低速爬行现象；轴向运动精度高，施加预紧力后，可消除轴向间隙，反向时无空行程

（续）

名称	图示	作用或要求
轴承		主要用于安装、支承丝杠，使其能够转动，在丝杠的两端均要安装
丝杠支架		该支架内安装了轴承，在基座的两端均安装了一个，主要用于安装滚珠丝杠、传动工作台
联轴器		联轴器是伺服电动机与丝杠之间的联接元件，电动机的转动通过连轴器传给丝杠，使丝杠转动，移动工作台
伺服电动机		伺服电动机是工作台移动的动力元件，传动系统中传动元件的动力均由伺服电动机产生，每根丝杠都装有一个伺服电动机
润滑系统		润滑系统可视为传动系统的“血液”，可减少阻力和摩擦磨损，避免低速爬行，降低高速时的温升，并且可防止导轨面、滚珠丝杠副锈蚀。常用的润滑剂有润滑油和润滑脂，导轨主要用润滑油，丝杠主要用润滑脂

三、进给传动系统的种类

1. 进给驱动的种类

（1）步进伺服系统　步进伺服系统结构简单、控制容易、维修方便，如图 4-4 所示。

随着计算机技术的发展，除功率驱动电路之外，其他部分均可由软件实现，从而进一步简化结构。因此，这类系统目前仍有相当的市场。目前步进电动机仅用于小容量、低速、精度要求不高的场合，如经济型数控机床以及打印机、绘图机等计算机的外部设备。

a)

b)

图 4-4　步进伺服系统

a）步进电动机　b）驱动器

（2）直流伺服系统　直流伺服系统直流电动机的工作原理是建立在电磁力定律基础上的，电磁力的大小正比于电动机中的气隙磁场，直流电动机的励磁绕组所建立的磁场是电动机的主磁场。按励磁绕组的励磁方式不同，直流电动机可分为他励式、并励式、串励式、复励式、永磁式。

（3）交流伺服系统　交流伺服系统如图 4-5 所示。交流伺服电动机与直流伺服电动机在同样体积下，交流伺服电动机的输出功率比直流电动机提高 10% ~70%，且可达到的转速比直流电动机高。目前，交流伺服系统已经取代直流伺服系统成为最主流的数控机床伺服系统类型。

交流伺服系统采用交流感应异步伺服电动机（一般用于主轴伺服系统）和永磁同步伺服电动机（一般用于进给伺服系统）。优点是结构简单、不需维护、适合于在恶劣环境下工作；动态响应好、转速高和容量大。

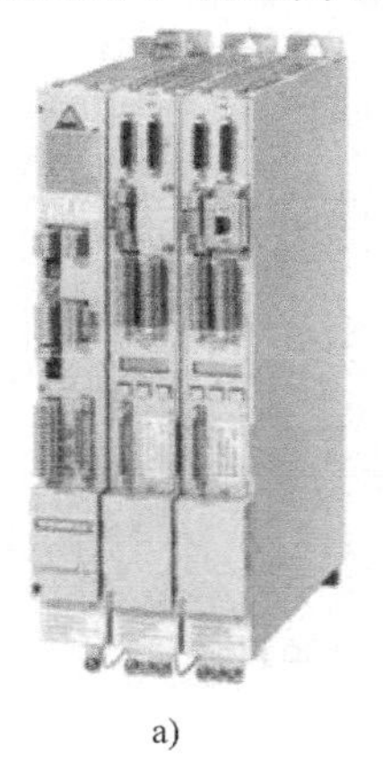

a)

b)

图 4-5　交流伺服系统

a）伺服驱动系统　b）伺服电动机

2. 进给传动的种类

（1）丝杠螺母副

1）滚珠丝杠螺母副。滚珠丝杠螺母副是一种在丝杠和螺母间装有滚珠作为中间元件的丝杠副，其结构原理如图 4-6 所示。在丝杠 3 和螺母 1 上都有半圆弧形的螺旋槽，当它们套装在一起时便形成了滚珠的螺旋滚道。螺母上有滚珠回路管道 4，将几圈螺旋滚道的两端连接起来构成封闭的循环滚道，并在滚道内装满滚珠 2。当丝杠 3 旋转时，滚珠 2 在滚道内沿滚道循环转动即自转，迫使螺母（或丝杠）轴向移动。常用滚珠丝杠结构见表 4-2。

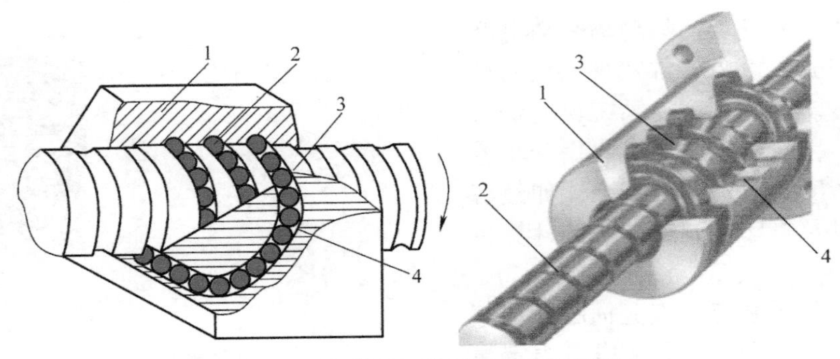

图 4-6　滚珠丝杠螺母副的结构原理

1—螺母　2—滚珠　3—丝杠　4—滚珠回路管道

表 4-2　常用滚珠丝杠结构

名称	实物结构	备注
FFB 型内循环变位导程预紧螺母式滚珠丝杠副		滚珠内循环，单螺母预紧，因摩损出现间隙后，一般无法再进行预紧
FF 型内循环单螺母式滚珠丝杠副		滚珠内循环，无预紧
FFZD 型内循环垫片预紧螺母式滚珠丝杠副		滚珠内循环，双螺母预紧
LR－CF（LR－CFZ）型大导程滚珠丝杠副		滚珠内循环，无预紧
CMD 型滚珠丝杠副		滚珠外循环，双螺母垫片预紧
CBT 型滚珠丝杠副		滚珠外循环，单螺母变位螺距预加负荷预紧

2）静压丝杠螺母副。静压丝杠螺母副（简称静压丝杠或静压螺母，或静压丝杠副）是在丝杠和螺母的螺纹间维持一定厚度，且有一定刚度的压力油膜，如图4-7所示。当丝杠转动时，即通过油膜推动螺母移动，或作相反的传动。

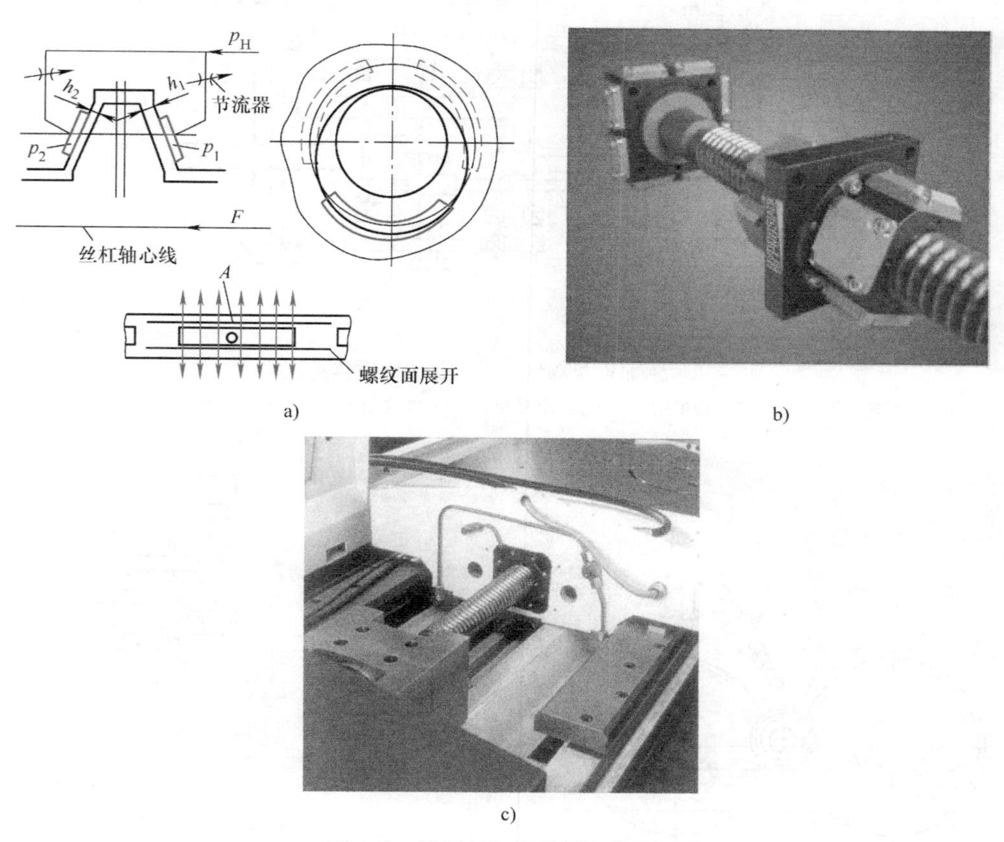

图4-7　静压丝杠螺母副工作原理
a）原理图　b）结构图　c）安装图

（2）齿轮齿条传动　在大型数控机床（如大型数控龙门铣床）中，工作台的行程很大。因此，它的进给运动不宜采用滚珠丝杠副实现（滚珠丝杠一般应用在≤10m的传动中），因太长的丝杠易于下垂，将影响到它的螺距精度及工作性能，此外，其扭转刚度也相应下降，故常用齿轮齿条传动。当驱动负载小时，可采用双片薄齿轮错齿调整法，分别与齿条齿槽左、右侧贴紧，而消除齿侧隙。图4-8所示是预加负载双齿轮－齿条无间隙传动机构示意图。进给电动机经两对减速齿轮传递到轴3，轴3上有两个螺旋方向相反的斜齿轮5和7，分别经两级减速传至与床身齿条2相啮合的两个小齿轮1。轴3端部有加载弹簧6，调整螺母可使轴3上下移动。由于轴3上两个齿轮的螺旋方向相反，因而两个与床身齿条啮合的小齿轮1产生相反方向的微量转动，以改变间隙。当螺母将轴3往上调时，将间隙调小和预紧力加大，反之则将间隙调大和预紧力减小。当驱动负载大时，采用径向加载法消除间隙。如图4-9a所示，两个小齿轮1和6分别与齿条7啮合，并用加载装置4在齿轮3上预加负载，于是齿轮3使啮合的大齿轮2和5向外伸开，与其同轴的齿轮1、6也同时向外伸开，与齿条7上齿槽的左、右两侧相应贴紧而消除间隙。齿轮3由液压马达直接驱动。液压加负载也可以采用图 4-9b 所示结构。

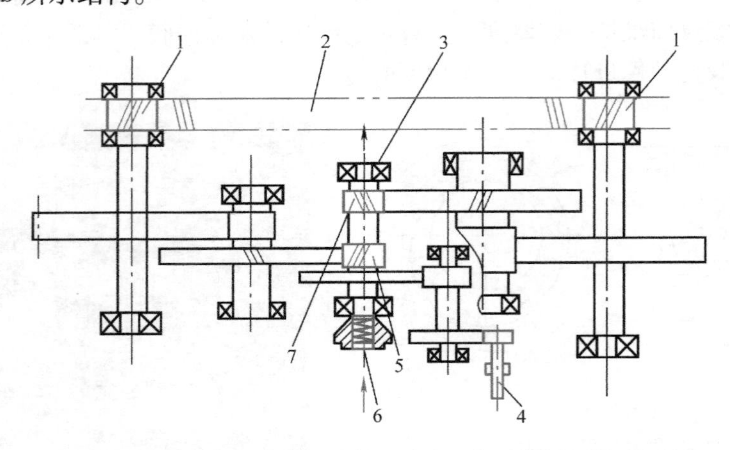

图 4-8 预加负载双齿轮－齿条无间隙传动机构

1—双齿轮 2—齿条 3—调整轴 4—进给电动机轴 5—右旋齿轮 6—加载弹簧 7—左旋齿轮

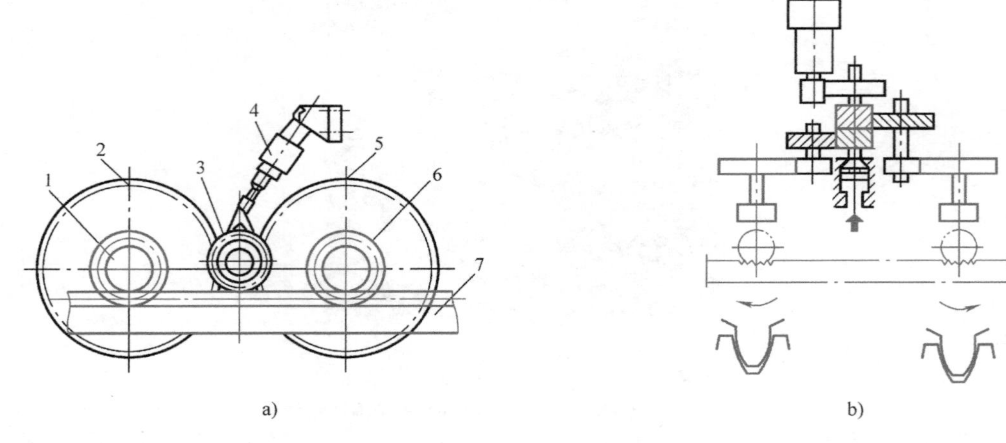

图 4-9 齿轮齿条传动的齿侧隙消除

1、2、3、5、6—齿轮 4—加载装置 7—齿条

（3）双导程蜗杆－蜗轮副 当要在数控机床上实现回转进给运动或大降速比的传动时，常采用蜗杆－蜗轮副。蜗杆－蜗轮副的啮合侧隙对传动、定位精度影响很大，因此，消除其侧隙就成为设计中的关键问题。为了消除传动侧隙，可采用双导程蜗杆－蜗轮。

双导程蜗杆与普通蜗杆的区别是：双导程蜗杆齿的左、右两侧面具有不同的导程，而同一侧的导程则是相等的。因此，该蜗杆的齿厚从蜗杆的一端向另一端均匀地逐渐增厚或减薄。

双导程蜗杆－蜗轮副如图 4-10 所示，图中 $t_{左}$、$t_{右}$分别为蜗杆齿左侧面、右侧面导程，s 为齿厚，c 为槽宽。$s_1 = t_{左} - c$，$s_2 = t_{右} - c$。若 $t_{右} > t_{左}$，则 $s_2 > s_1$。同理 $s_3 > s_2$……

所以双导程蜗杆又称变齿厚蜗杆，故可用轴向移动蜗杆的方法来消除或调整蜗轮蜗杆副之间的啮合间隙。

双导程蜗杆－蜗轮副的啮合原理与一般的蜗杆－蜗轮副的啮合原理相同，蜗杆的轴截面

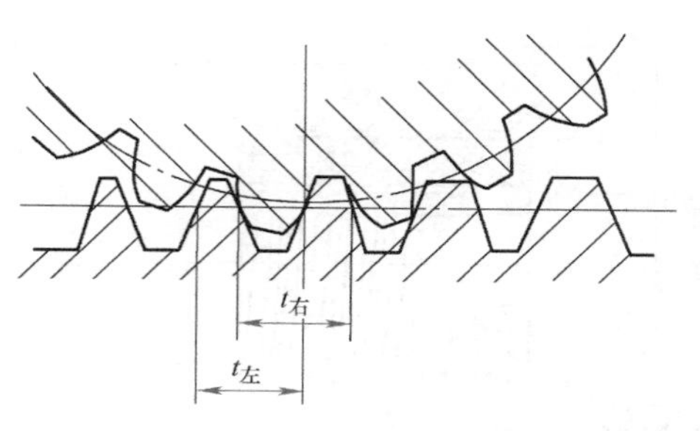

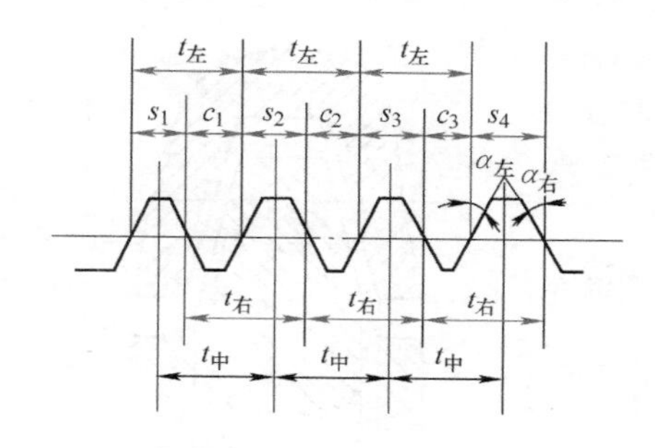

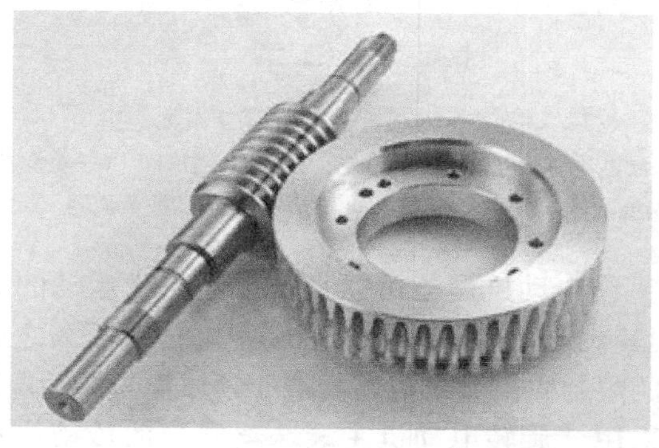

图 4-10　双导程蜗杆 - 蜗轮副

仍相当于基本齿条，蜗轮则相当于同它啮合的齿轮。虽然由于蜗杆齿左、右侧面具有不同的模数 m（$m = t/\pi$），但因为同一侧面的齿距相同，故没有破坏啮合条件，当轴向移动蜗杆后，也能保证良好的啮合。

（4）静压蜗杆 - 蜗轮条传动　蜗杆 - 蜗轮条机构是丝杠螺母机构的一种特殊形式。如图 4-11 所示，蜗杆可看作长度很短的丝杠，其长径比很小。蜗轮条则可以看作一个很长的螺母沿轴向剖开后的一部分，其包容角常在 90° ~ 120°之间。

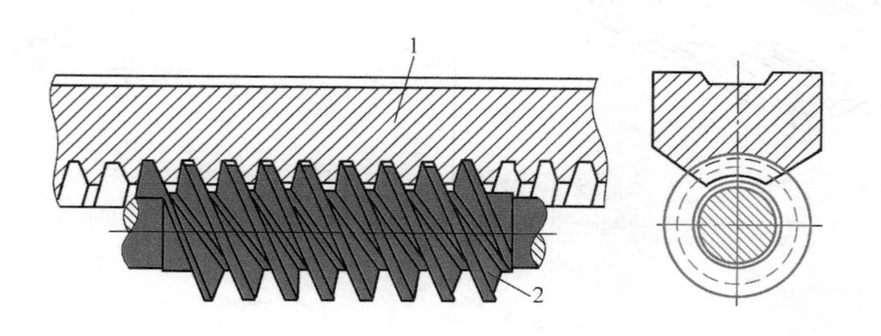

图 4-11　蜗杆 - 蜗轮条传动机构

1—蜗轮条　2—蜗杆

液体静压蜗杆 - 蜗轮条机构是在蜗杆 - 蜗轮条的啮合面间注入压力油，以形成一定厚度的油膜，使两啮合面间成为液体摩擦，如图 4-12 所示。图中油腔开在蜗轮条上，用毛细管节流的定压供油方式给静压蜗杆 - 蜗轮条供压力油。从液压泵输出的压力油，经过蜗杆螺纹内的毛细管节流器 10，分别进入蜗轮条齿的两侧面油腔内，然后经过啮合面之间的间隙，再进入齿顶与齿根之间的间隙，压力降为零，流回油箱。

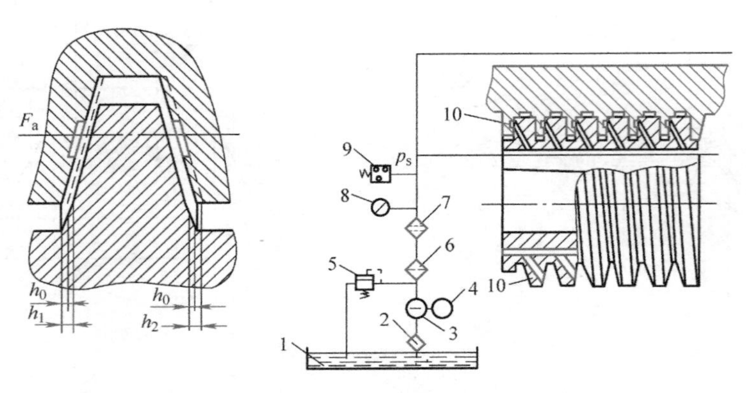

图 4-12 液体静压蜗杆 - 蜗轮条工作原理

1—油箱 2—滤油器 3—液压表 4—电动机 5—溢流阀 6—粗滤油器
7—精滤油器 8—压力表 9—压力继电器 10—节流器

（5）直线电动机系统 直线电动机是指可以直接产生直线运动的电动机，可作为进给驱动系统，如图 4-13 所示。其雏形在世界上出现了旋转电动机不久之后就出现了，但由于受制造技术水平和应用能力的限制，一直未能在制造业领域作为驱动电动机而使用。在常规的机床进给系统中，仍一直采用“旋转电动机 + 滚珠丝杠”的传动体系。随着近几年来超高速加工技术的发展。滚珠丝杠机构已不能满足高速度和高加速度的要求，直线电动机才有了用武之地。特别是大功率电子器件、新型交流变频调速技术、微型计算机数控技术和现代控制理论的发展，为直线电动机在高速数控机床中的应用提供了条件。

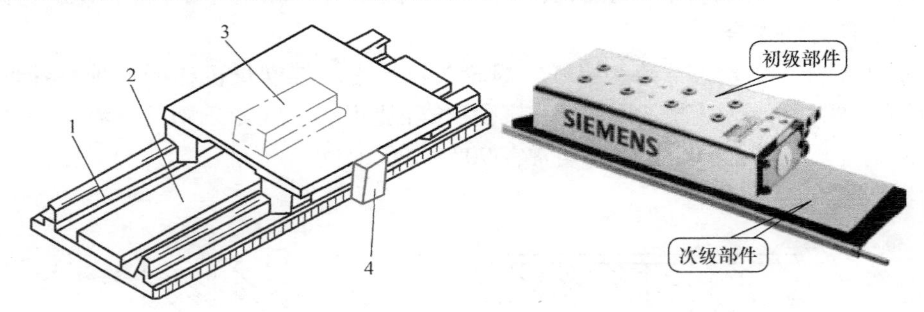

图 4-13 直线电动机进给系统

1—导轨 2—次级 3—初级 4—检测系统

第二节 数控机床进给传动装置的结构与维护

【学习目标】

- 掌握滚珠丝杠的循环方式
- 会对滚珠丝杠螺母副间隙进行调整
- 能对滚珠丝杠螺母副间隙进行维护
- 掌握数控机床用导轨的种类与维护方法
- 能对进给传动副进行维护

【学习内容】

一、滚珠丝杠螺母副

数控机床的进给运动链中，将旋转运动转换为直线运动的方法很多，采用滚珠丝杠螺母副是常用的方法之一。

1. 滚珠丝杠螺母副的循环方式

滚珠丝杠螺母副从问世至今，其结构有十几种之多，通过多年的改进，现国际上基本流行的结构有四种（见图4-14）。滚珠丝杠螺母副分类及特点见表4-3。从表4-3中可以看出，四种结构各有优缺点，最常用的是外循环与内循环结构。

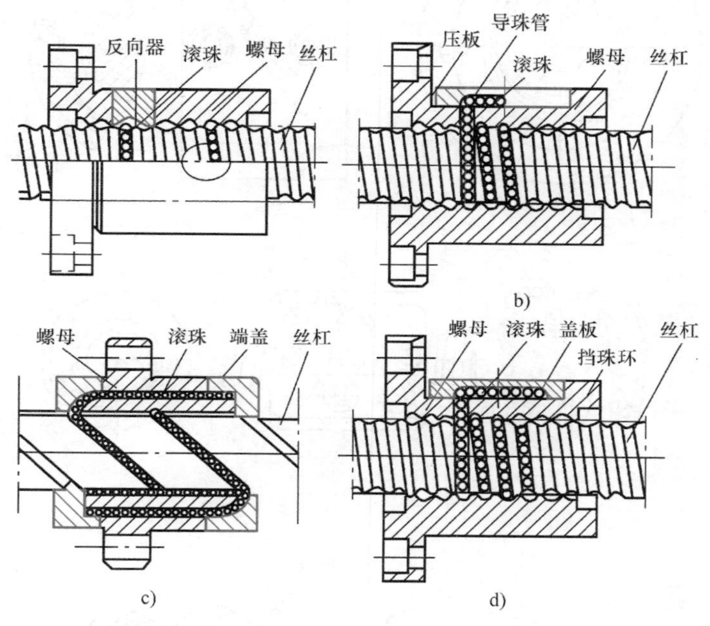

图4-14　滚珠丝杠螺母副的结构

a）内循环结构　b）外循环结构　c）端盖结构　d）盖板结构

表4-3　滚珠丝杠螺母副分类及特点

种类	特点	圈数	列数	螺母尺寸
内循环结构	通过反向器组成滚珠循环回路，每一个反向器组成1圈滚珠链，因此承载小，适用于微型滚珠丝杠螺母副或普通滚珠丝杠螺母副	1	2列以上	小
外循环结构	通过插管组成滚珠循环回路，每一个插管至少1.5圈滚珠链，承载大，适应于小导程、一般导程、大导程与重型滚珠丝杠螺母副	1.5以上	1列以上	大
端盖结构	通过螺母两端的端盖组成滚珠循环回路，每个回路至少1圈滚珠链，承载大，适应于多头大导程、超大导程滚珠丝杠螺母副	1以上	2列以上	小
盖板结构	通过盖板组成滚珠循环回路，每个螺母一个板，每个盖板至少组成1.5圈滚珠链，适用于微型滚珠丝杠螺母副	1.5以上	1	中

2. 外循环结构

滚珠在循环过程中有时与丝杠脱离接触的称为外循环，始终与丝杠保持接触的称内循环。

图 4-15 所示为常用的一种外循环结构，这种结构是在螺母体上轴向相隔数个半导程处钻两个孔与螺旋槽相切，作为滚珠的进口与出口。再在螺母的外表面上铣出回珠槽并沟通两孔。另外在螺母内进出口处各装一挡珠器，并在螺母外表面装一套筒，这样构成封闭的循环滚道。外循环结构制造工艺简单，使用较广泛。其缺点是滚道接缝处很难做得平滑，影响滚珠滚动的平稳性，甚至发生卡珠现象，噪声也较大。

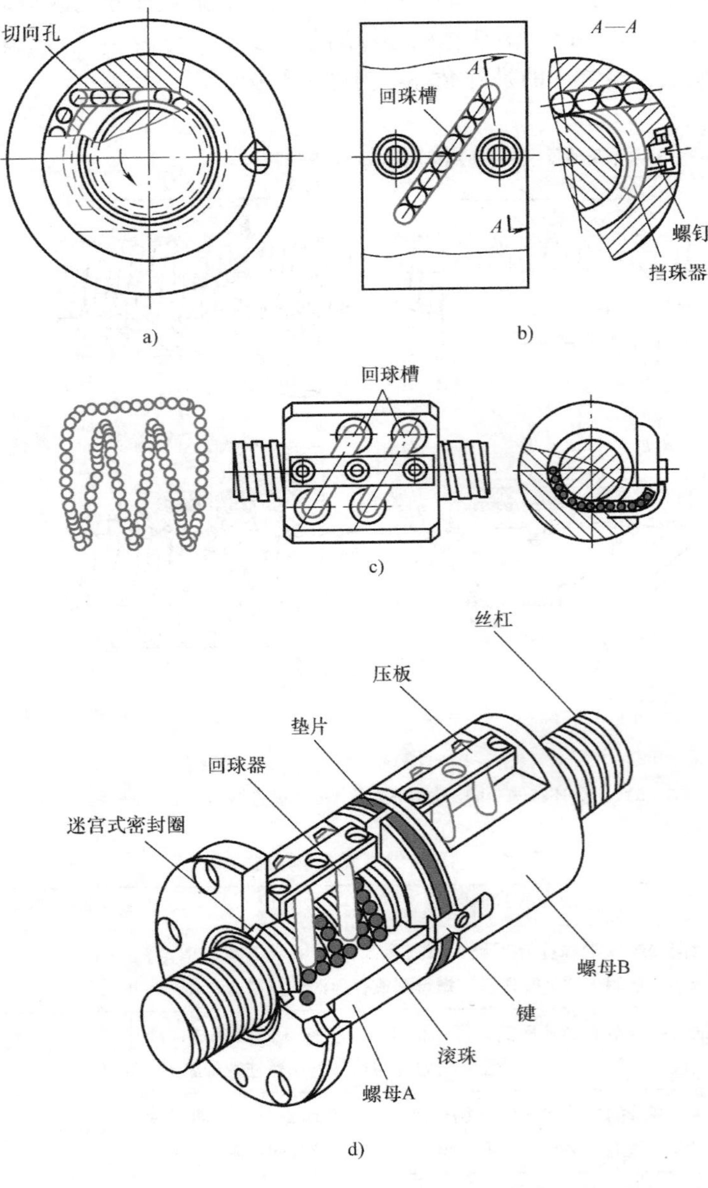

图 4-15　外循环滚珠丝杠螺母副

a）切向孔结构　b）回珠槽结构　c）滚珠的运动轨迹　d）结构图

3. 内循环结构

内循环均采用反向器实现滚珠循环，反向器有两种形式。图4-16a所示为圆柱凸键反向器，反向器的圆柱部分嵌入螺母内，端部开有反向槽2。反向槽靠圆柱外圆面及其上端的凸键1定位，以保证对准螺纹滚道方向。图4-16b所示为扁圆镶块反向器，反向器为一半圆头平键形镶块，镶块嵌入螺母的切槽中，其端部开有反向槽3，用镶块的外廓定位。两种反向器比较，后者尺寸较小，从而减小了螺母的径向尺寸和轴向尺寸。但这种反向器的外廓和螺母上的切槽尺寸精度要求较高。

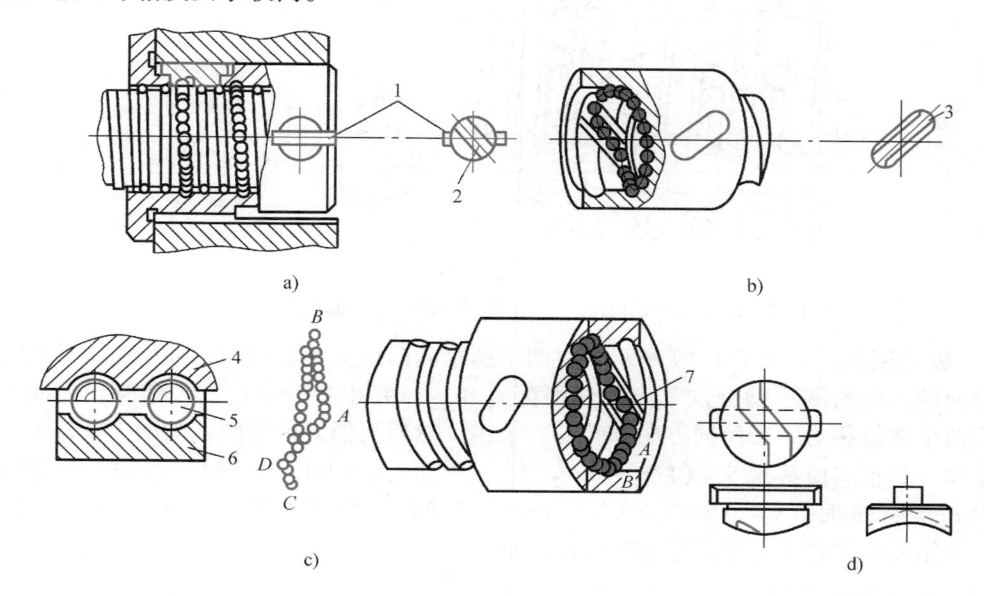

图4-16　内循环滚珠丝杠螺母副

a）凸键反向器　b）扁圆镶块反向器　c）滚珠的运动轨迹　d）凸键反向器结构

1—凸键　2、3—反向槽　4—丝杠　5—钢珠　6—螺母　7—反向器

4. 滚珠丝杠螺母副间隙的调整

为了保证滚珠丝杠螺母副反向传动精度和轴向刚度，必须消除滚珠丝杠螺母副轴向间隙。消除间隙的方法常采用双螺母结构，利用两个螺母的相对轴向位移，使两个滚珠螺母中的滚珠分别贴紧在螺旋滚道的两个相反的侧面上。用这种方法预紧消除轴向间隙时，应注意预紧力不宜过大（小于1/3最大轴向载荷），预紧力过大会使空载力矩增加，从而降低传动效率，缩短使用寿命。

（1）双螺母消隙　常用的双螺母丝杠消除间隙的方法如下。

1）垫片调隙式。如图4-17所示，调整垫片厚度使左右两螺母产生轴向位移，即可消除间隙和产生预紧力。这种方法结构简单，刚性好，但调整不

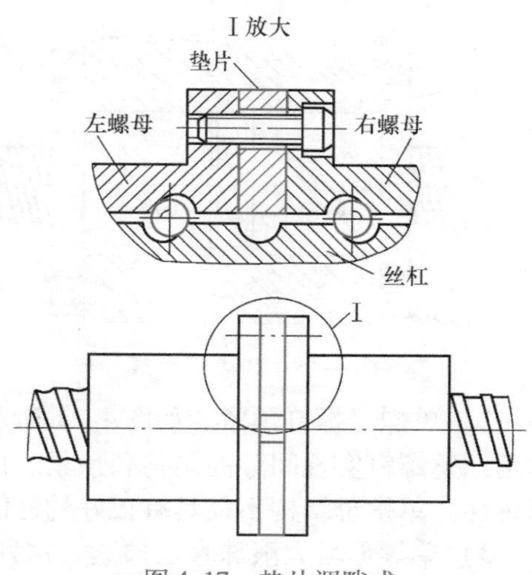

图4-17　垫片调隙式

便，滚道有磨损时不能随时消除间隙和进行预紧。

2）螺纹调整式。如图4-18所示，螺母1的一端有凸缘，螺母7外端制有螺纹，调整时只要旋动圆螺母6，即可消除轴向间隙达到产生预紧力的目的。

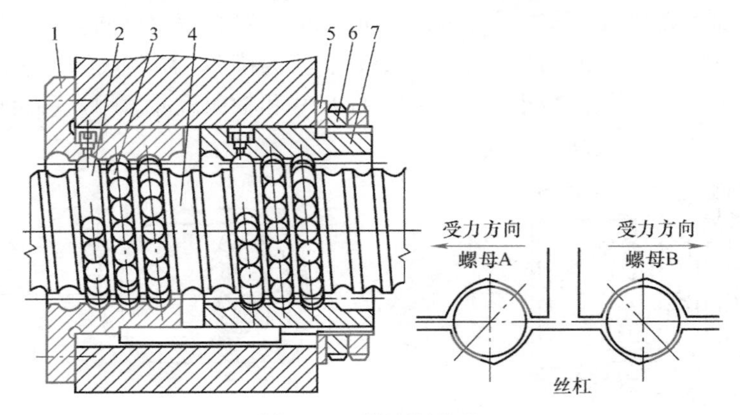

图4-18　螺纹调整式

1、7—螺母　2—返向器　3—钢球　4—螺杆　5—垫圈　6—圆螺母

3）齿差调隙式。如图4-19所示，在两个螺母的凸缘上各设有圆柱外齿轮，分别与固紧在套筒两端的内齿圈相啮合，其齿数分别为z_1和z_2，并相差一个齿。调整时，先取下内齿圈，让两个螺母相对于套筒同方向都转动一个齿，然后再插入内齿圈，则两个螺母便产生相对角位移，其轴向位移量$S=(1/z_1-1/z_2)Ph$。例如，$z_1=80$，$z_2=81$，滚珠丝杠螺母副的导程为$Ph=6\text{mm}$时，$S=6/6480\approx0.001\text{mm}$，这种调整方法能精确调整预紧量，调整方便、可靠、但结构尺寸较大，多用于高精度的传动。

（2）单螺母消隙

1）单螺母变螺距预加负荷。如图4-20所示，它是在滚珠螺母体内的两列循环珠链之间，使内螺母滚道在轴向产生一个ΔL_0的螺距突变量，从而使两列滚珠在轴向错位实现预紧。这种调隙方法结构简单，但负荷量须预先设定且不能改变。

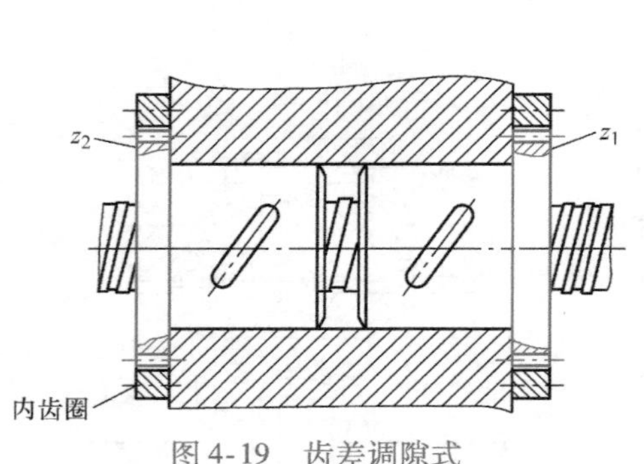

图4-19　齿差调隙式

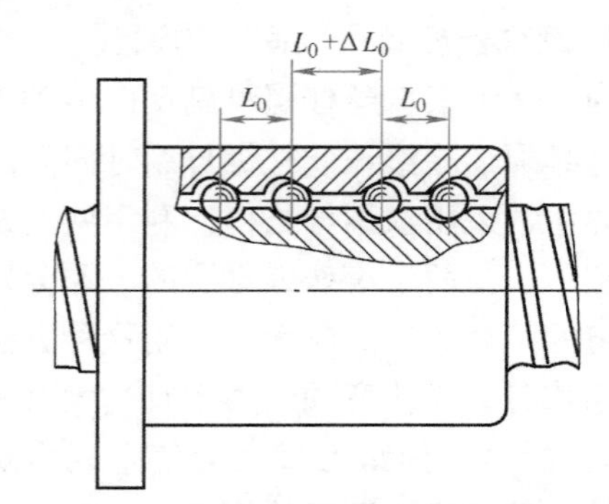

图4-20　单螺母变螺距预加负荷

2）单螺母螺钉预紧。如图4-21所示，螺母在完成精磨之后，沿径向开一薄槽，通过内六角调整螺钉实现间隙的调整和预紧。该专利技术成功地解决了开槽后滚珠在螺母中良好的通过性。单螺母结构不仅具有很好的性能价格比，而且间隙的调整和预紧极为方便。

3）单螺母增大滚珠直径预紧。这种方式是单螺母加大滚珠直径产生预紧，磨损后不可恢复，如图4-22所示。

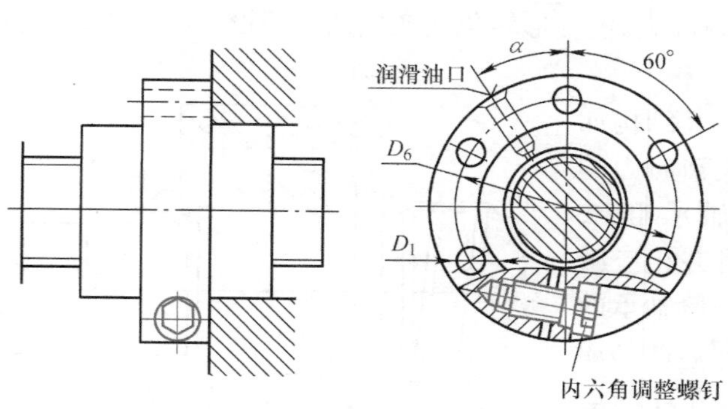

图 4-21 单螺母螺钉预紧

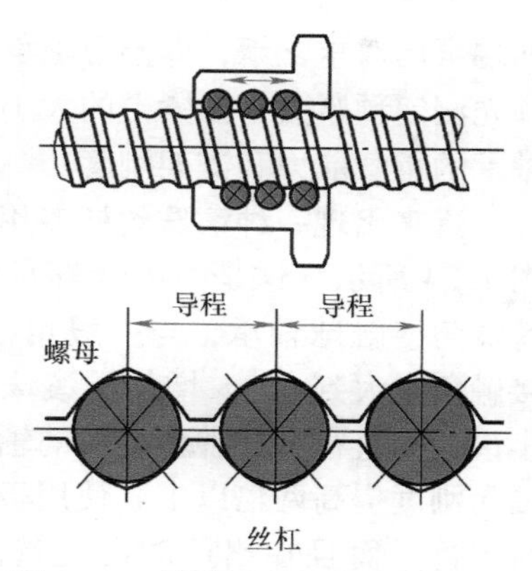

图 4-22 单螺母增大滚珠直径预紧

5. 滚珠丝杠螺母副的支承

螺母座、丝杠的轴承及其支架等刚度不足将严重地影响滚珠丝杠螺母副的传动刚度。因此螺母座应有加强肋，以减少受力的变形，螺母与床身的接触面积宜大一些，其联接螺钉的刚度要高，定位销要紧密配合。

滚珠丝杠螺母副常用推力轴承支座，以提高轴向刚度（当滚珠丝杠螺母副的轴向负载很小时，也可用角接触球轴承支座），滚珠丝杠螺母副在机床上的安装支承方式有以下几种：

1）一端装推力轴承。如图 4-23a 所示，这种安装方式的承载能力小，轴向刚度低，只适用于短丝杠，一般用于数控机床的调节环节或升降台式数控铣床的立向（垂直）坐标中。

2）一端装推力轴承，另一端装向心球轴承。如图 4-23b 所示，此种方式可用于丝杠较长的情况。应将推力轴承远离液压马达等热源及丝杠上的常用段，以减少丝杠热变形的影响。

3）两端装推力轴承。如图 4-23c 所示，把推力轴承装在滚珠丝杠的两端，并施加预紧拉力，这样有助于提高刚度，但这种安装方式对丝杠的热变形较为敏感，轴承的寿命较两端装推力轴承及向心球轴承方式低。

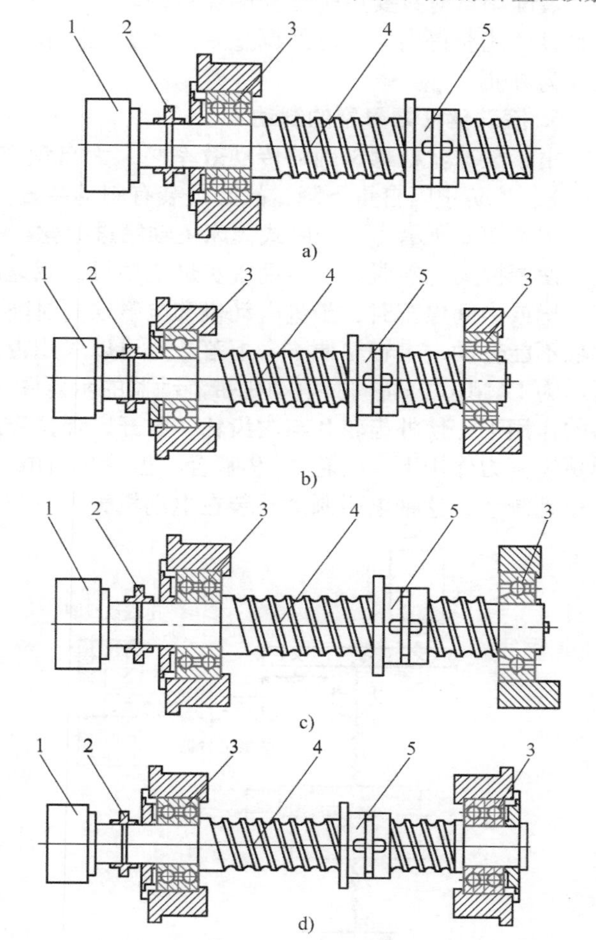

图 4-23 滚珠丝杠螺母副在机床上的支承方式

a）一端装推力轴承 b）一端装推力轴承，另一端装向心球轴承
c）两端装推力轴承 d）两端装推力轴承及向心球轴承
1—电动机 2—弹性联轴器 3—轴承 4—滚珠丝杠
5—滚珠丝杠螺母

4）两端装推力轴承及向心球轴承。如图 4-23d 所示，为使丝杠具有最大的刚度，它的

两端可用双重支承，即推力轴承加向心球轴承，并施加预紧拉力。这种结构方式不能精确地预先测定预紧力，预紧力的大小是由丝杠的温度变形转化而产生的。但设计时要求提高推力轴承的承载能力和支架刚度。

近来出现一种滚珠丝杠专用轴承，其结构如图4-24所示。这是一种能够承受很大轴向力的特殊角接触球轴承，与一般角接触球轴承相比，接触角增大到60°，增加了滚珠的数目并相应减小滚珠的直径。这种新结构的轴承比一般轴承的轴向刚度提高两倍以上，使用极为方便。产品成对出售，而且在出厂时已经选配好内外环的厚度，装配调试时只要用螺母和端盖将内环和外环压紧，就能获得出厂时已经调整好的预紧力，使用极为方便。

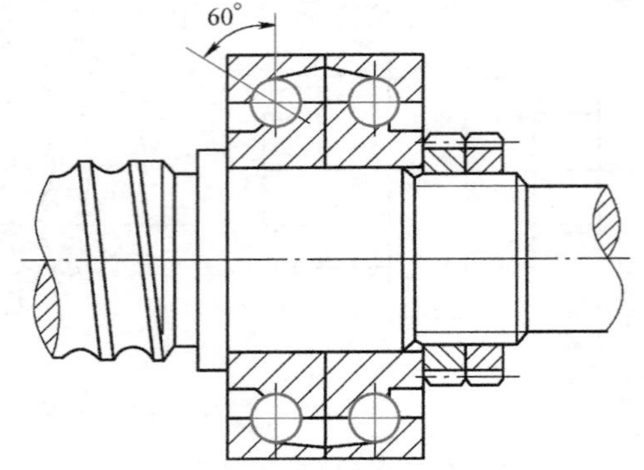

图4-24　接触角60°的角接触球轴承

6. 滚珠丝杠螺母副的制动

由于滚珠丝杠螺母副的传动效率高，无自锁作用（特别是滚珠丝杠螺母副处于垂直传动时），为防止因自重下降，故必须装有制动装置。

图4-25a所示为数控卧式镗床主轴箱进给丝杠制动装置示意图。机床工作时，电磁铁通电，使摩擦离合器脱开。运动由步进电动机经减速齿轮传给丝杠，使主轴箱上下移动。当加工完毕或中间停车时，步进电动机和电磁铁同时断电，借压力弹簧作用合上摩擦离合器，使丝杠不能转动，主轴箱便不会下落。也可以采用带制动器的伺服电动机进行制动，图4-25b所示为FANUC公司伺服电动机带制动器的示意图。机床工作时，在制动器电磁线圈7电磁力的作用下，使外齿轮8与内齿轮9脱开，弹簧受压缩，当停机或停电时，电磁铁失电，在弹簧恢复力作用下，齿轮8、9啮合，齿轮9与电动机端盖为一体，故与电动机轴连接的丝杠得到制动，这种电磁制动器装在电动机壳内，与电动机形成一体化的结构。

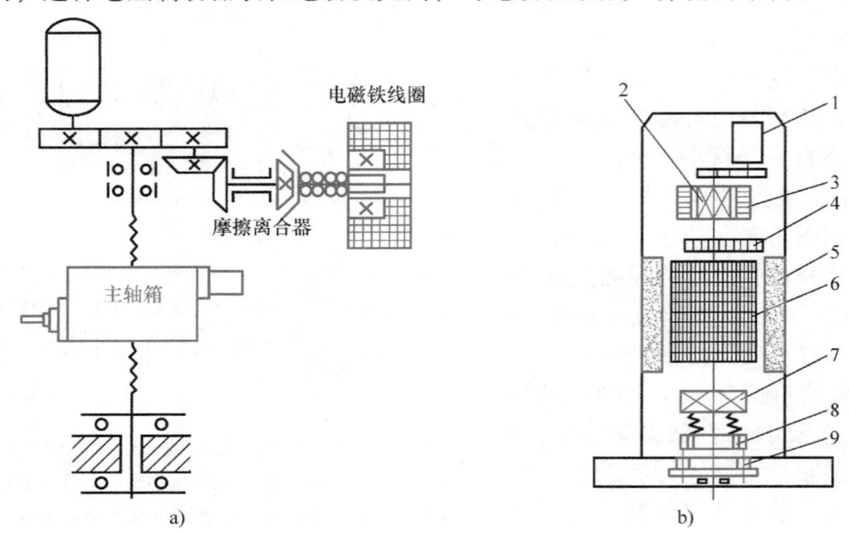

图4-25　滚珠丝杠螺母副的制动

1—旋转变压器　2—测速发电机转子　3—测速发电机定子　4—电刷　5—永久磁铁　6—伺服电动机转子　7—电磁线圈　8—外齿轮　9—内齿轮

7. 滚珠丝杠螺母副的防护与润滑

（1）防护罩防护　若滚珠丝杠螺母副在机床上外露，应采用封闭的防护罩，见表 4-4 与图 4-26。常采用螺旋弹簧钢带套管、伸缩套管、锥形套筒以及折叠式（风琴式）的塑料或人造革等形式的防护罩，以防止尘埃和磨粒黏附到丝杠表面。安装时将防护罩的一端连接在滚珠螺母的端面，另一端固定在滚珠丝杠的支承座上。防护罩的材料必须具有防腐蚀及耐油的性能。

表 4-4　防护套（防护罩防护）种类

名称	实物	名称	实物
伸缩套管		折叠式	
锥形套筒			

图 4-26 中防护装置和螺母一起固定在滑板上，整个装置由支承滚子 1、张紧轮 2 和钢带 3 等零件组成。钢带的两端分别固定在丝杠的外圆表面。防护装置中的钢带绕过支承滚子，并靠弹簧和张紧轮将钢带张紧。当丝杠旋转时，工作台（或滑板）相对丝杠作轴向移动，丝杠一端的钢带按丝杠的螺距被放开，而另一端则以同样的螺距将钢带缠卷在丝杠上。由于钢带的宽度正好等于丝杠的螺距，因此螺纹槽被严密地封住。还因为钢带的正反面始终不接触，钢带外表面黏附的脏物就不会被带到内表面去，使内表面保持清洁。这是其他防护装置很难做到的。

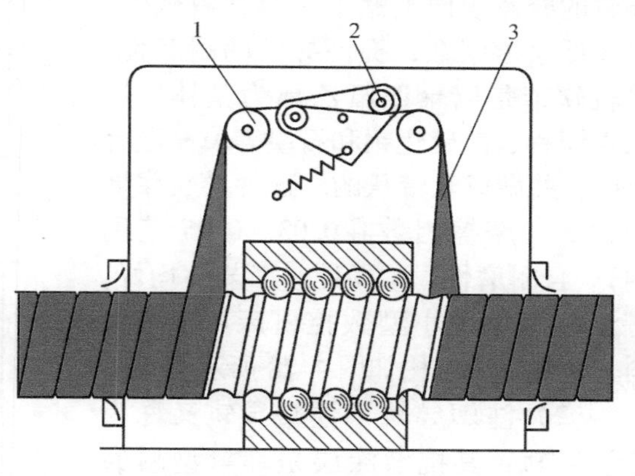

图 4-26　螺旋弹簧钢带套管防护

1—支承滚子　2—张紧轮　3—钢带

（2）密封圈防护　如图 4-27 所示，如果滚珠丝杠螺母副处于隐蔽的位置，可采用密封圈对螺母进行密封，密封圈厚度为螺距的 2 ~ 3 倍，装在滚珠螺母的两端。接触式的弹性密封圈用耐油橡胶或尼龙制成，其内孔做成与丝杠螺纹滚道相配的形状。接触式密封圈的防尘效果好，但因有接触压力，使摩擦力矩略有增加。非接触式密封圈用聚氯乙烯等塑料制成，又称迷宫式密封圈，其内孔形状与丝杠螺纹滚道的形状相反，并略有间隙，这样可避免摩擦力矩，但防尘效果较差。

（3）滚珠丝杠螺母副的润滑　滚珠丝杠螺母副也可用润滑剂来提高耐磨性及传动效率。润滑剂可分为润滑油和润滑脂两大类。润滑油为一般机油或 90 ~ 180$^{\#}$ 透平油、140$^{\#}$ 或 N15 主轴油，而润滑脂一般采用锂基润滑脂。润滑脂通常加在螺纹滚道和安装螺母的壳体空间内，而润滑油则是经过壳体上的油孔注入螺母的内部。通常每半年应对滚珠丝杠螺母副上的润滑脂更换一次，清洗丝杠上的旧润滑脂，涂上新的润滑脂。润滑脂的给脂量一般为螺母内部空间容积的1/3，滚珠丝杠螺母副出厂时在螺母内部已加注锂基润滑脂。用润滑油润滑的滚珠丝杠螺母副，则可在每次机床工作前加油一次，给油量随使用条件等的不同而有所变化。

图4-27　密封圈防护

二、数控机床用导轨

导轨主要用来支承和引导运动部件沿一定的轨道运动。在导轨副中，运动的一方叫做动导轨，不动的一方叫做支承导轨。动导轨相对于支承导轨的运动，通常是直线运动或回转运动。

1. 塑料导轨

镶粘塑料导轨已广泛用于数控机床上，其摩擦因数小，且动、静摩擦因数差很小，能防止低速爬行现象；耐磨性、抗撕伤能力强；加工性和化学稳定性好，工艺简单，成本低，并有良好的自润滑性和抗振性。塑料导轨多与铸铁导轨或淬硬钢导轨配合使用。

（1）贴塑导轨　贴塑导轨是在动导轨的摩擦表面上贴上一层塑料软带，以降低摩擦因数，提高导轨的耐磨性。导轨软带是以聚四氟乙烯为基体，加入青铜粉、二硫化钼和石墨等填充混合烧结，并做成软带状的。这种导轨摩擦因数低（摩擦因数在0.03～0.05范围内），且耐磨性、减振性、工艺性均好，广泛应用于中小型数控机床。镶粘塑料－金属导轨结构如图4-28所示。

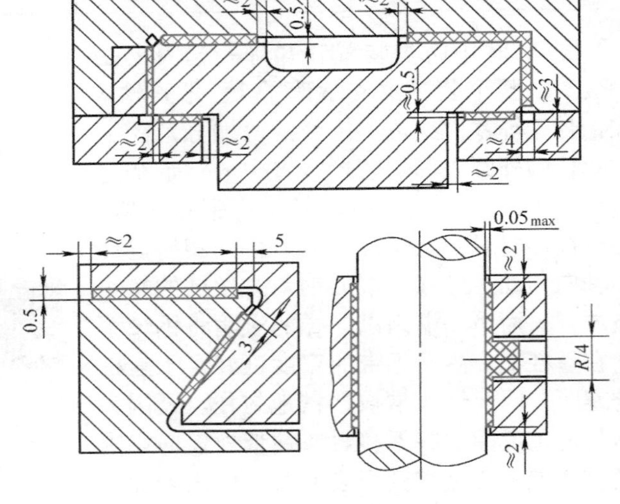

图4-28　镶粘塑料－金属导轨结构

（2）注塑导轨　注塑导轨又称为涂塑导轨，其抗磨涂层是环氧型耐磨导轨涂层，材料是以环氧树脂和二硫化钼为基体，加入增塑剂，混合成膏状为一组分，固化剂为一组分的双组分塑料涂层。这种导轨有良好的可加工性、摩擦特性和耐磨性，其抗压强度比聚四氟乙烯导轨软带要高，特别是可在调整好固定导轨和运动导轨间的相对位置精度后注入塑料，可节省很多工时，适用于大型和重型机床。

塑料导轨有逐渐取代滚动导轨的趋势，不仅适用于数控机床，而且还适用于其他各种类型机床导轨，它在旧机床修理和数控化改装中可以减少机床结构的修改，因而更加扩大了塑料导轨的应用领域。

2. 滚动导轨

（1）滚动导轨的特点　图4-29所示滚动导轨是在导轨工作面间放入滚动体，使导轨面间成为滚动摩擦。滚动导轨摩擦因数小（$\mu=0.0025\sim0.005$），动、静摩擦因数很接近，且不受运动速度变化的影响，因面运动轻便灵活，所需驱动功率小；摩擦发热少、磨损小、精度保持性好；低速运动时，不易出现爬行现象，定位精度高；滚动导轨可以预紧，显著提高了刚度。滚动导轨适用于要求移动部件运动平稳、灵敏以及实现精密定位的场合，在数控机床上得到了广泛的应用。

图 4-29　滚动导轨

1—伺服电动机　2—联轴器　3—滚动导轨　4—润滑油管　5—滚珠丝杠

滚动导轨的缺点是结构较复杂、制造较困难、成本较高。此外，滚动导轨对脏物较敏感，必须要有良好的防护装置。

（2）滚动导轨的种类　滚动导轨分为开式和闭式两种，开式用于加工过程中载荷变化较小、颠覆力矩较小的场合。当颠覆力矩较大、载荷变化较大时则用闭式，此时采用预加载荷，能消除其间隙，减小工作时的振动，并大大提高导轨的接触刚度。

滚动导轨分为直线滚动导轨、圆弧滚动导轨、圆形滚动导轨。

直线滚动导轨品种很多，有整体型和分离型。整体型滚动导轨常用的有滚动导轨块，如图4-30 所示，滚动体为滚柱或滚针，且有单列和双列之分。直线滚动导轨如图4-31 所示，

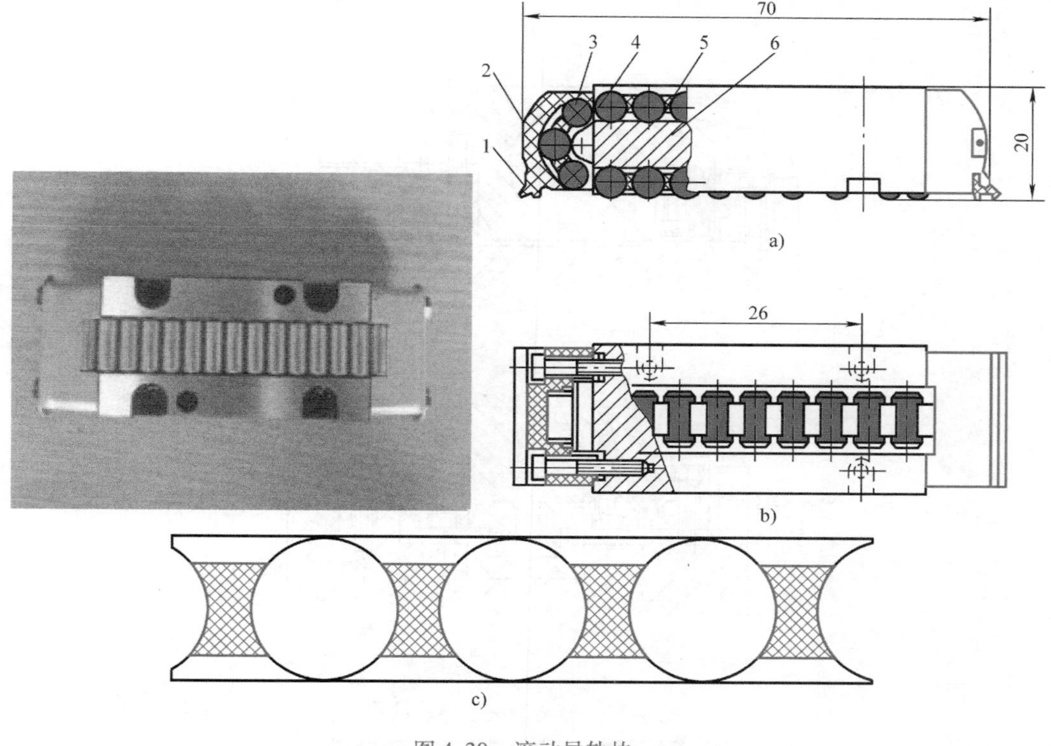

图 4-30　滚动导轨块

a）结构图　b）本体图　c）保持器

1—防护板　2—端盖　3—滚柱　4—导向片　5—保持器　6—本体

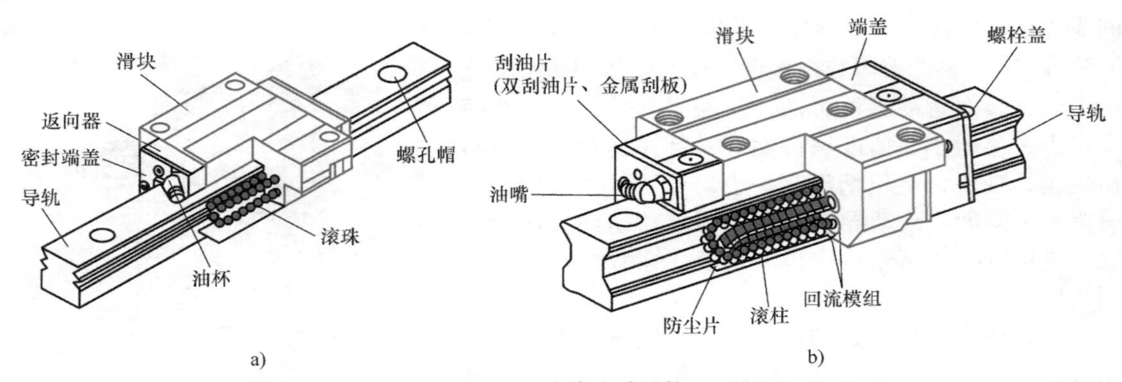

图 4-31　直线滚动导轨

a）滚动体为滚珠　b）滚动体为滚柱

其中图 4-31a 所示滚动体为滚珠，图 4-31b 所示滚动体为滚柱。分离型滚动导轨有 V 字形和平板形，其结构如图 4-32 所示，其中滚动体有滚柱、滚针和滚珠。直线滚动导轨摩擦因

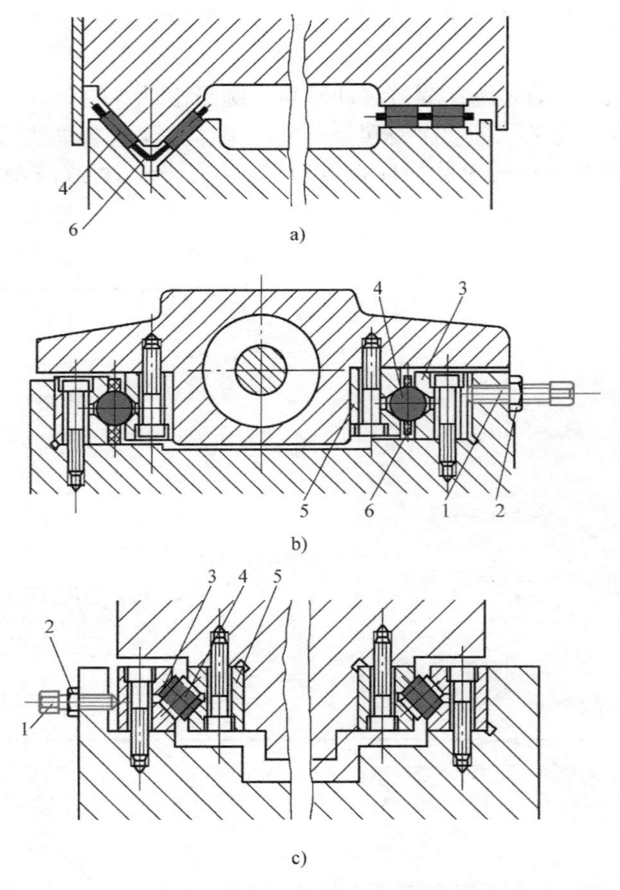

图 4-32　分离型滚动导轨结构

a）滚针导轨　b）滚珠导轨　c）滚柱导轨

1—调节螺钉　2—锁紧螺母　3—镶钢导轨　4—滚动体　5—镶钢导轨　6—保持架

数小，精度高，安装和维修都很方便，由于它是一个独立部件，对机床支承导轨的部分要求不高，既不需要淬硬也不需磨削或刮研，只要精铣或精刨。由于这种导轨可以预紧，因而比滚动体不循环的滚动导轨刚度高，承载能力大，但不如滑动导轨。抗振性也不如滑动导轨，为提高抗振性，有时装有抗振阻尼滑座（见图4-33）。有过大的振动和冲击载荷的机床不宜应用直线导轨副。

直线运动导轨副的移动速度可以达到60m/min，在数控机床和加工中心上得到广泛应用。

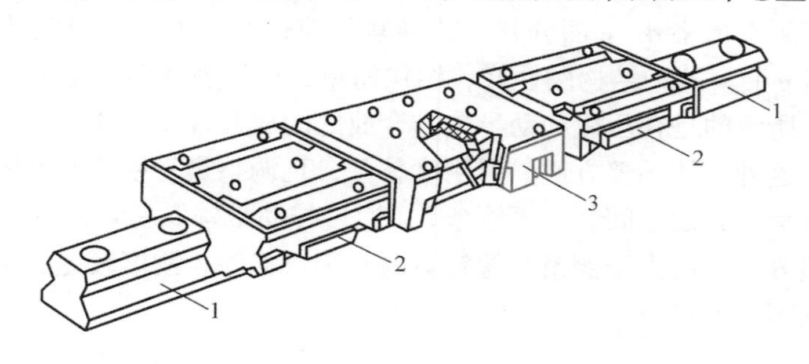

图4-33　带阻尼器的滚动直线导轨副

1—导轨条　2—循环滚柱滑座　3—抗振阻尼滑座

圆弧滚动导轨如图4-34所示，圆弧角可按用户需要定制。另外还派生出直线和圆弧相接的直曲滚动导轨（见图4-35）。圆形滚动导轨中，滚动体用滚珠或交叉滚柱，分整体型（见图4-36）和分离型（见图4-37）。

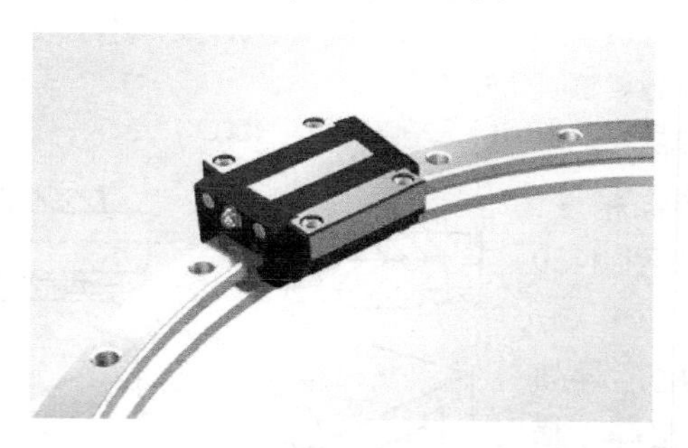

图4-34　圆弧滚动导轨

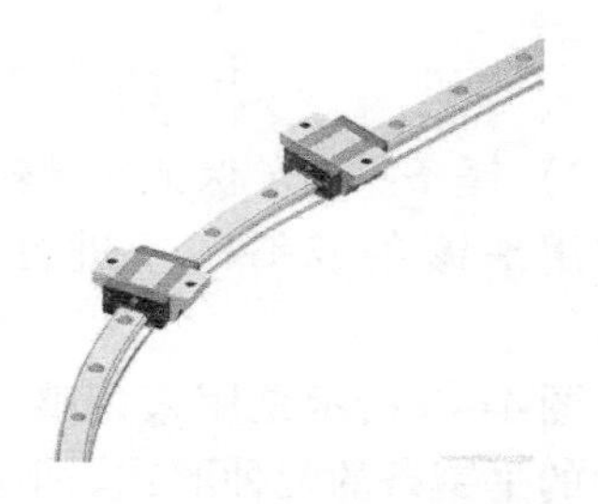

图4-35　直曲滚动导轨

图4-36　整体型圆形滚动导轨

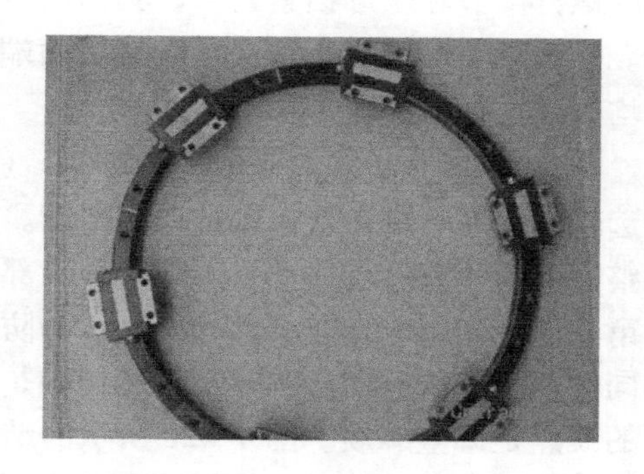

图4-37　分离型圆形滚动导轨

3. 导轨副的维护

（1）间隙调整　导轨的结合面之间的间隙大小直接影响导轨的工作性能。若间隙过小，不仅会增加运动阻力，且会加速导轨磨损；若间隙过大，又会导致导向精度降低，还易引起振动。因此，导轨必须设置间隙调整装置，以利于保持合理的导轨间隙。常用压板和镶条来调整导轨间隙。

1）压板。图4-38所示的是矩形导轨常用的几种压板调整间隙的装置。图4-38a所示的是在压板3的顶面用沟槽将 d、e 面分开。若导轨间隙过大，可修磨或刮研 d 面；若间隙过小，可修磨或刮研 e 面。这种结构刚性好，结构简单，但调整费时，适用于不经常调整间隙的导轨。图4-38b所示的是在压板和动导轨结合面之间放几片垫片4，调整时根据情况更换或增减垫片数量。这种结构调整方便，但刚度较差，且调整量受垫片厚度限制。图4-38c所示的是在压板和支承导轨面之间装一平镶条5，通过拧动带锁紧螺母的调整螺钉6来调整间隙。这种方法调整方便，但由于镶条与螺钉只是几个点接触，刚度较差，多用于需要经常调整间隙且刚度要求不高的场合。

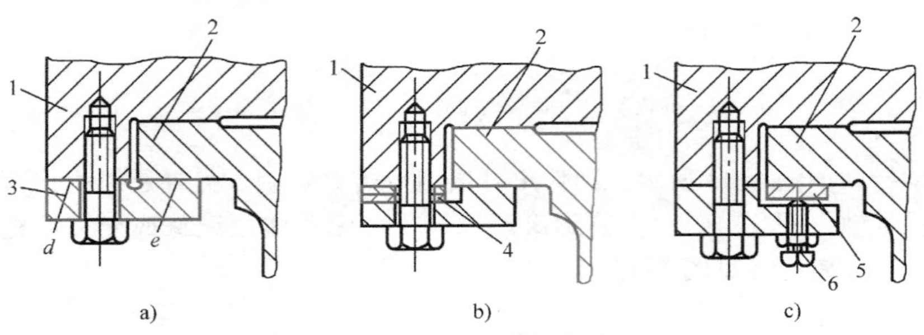

图4-38　几种压板调整间隙的装置

1—动导轨　2—支承导轨　3—压板　4—垫片　5—平镶条　6—螺钉

2）镶条。为了保证平导轨具有较高的导向精度，常采用平镶条或斜镶条进行间隙调整，如图4-39所示。

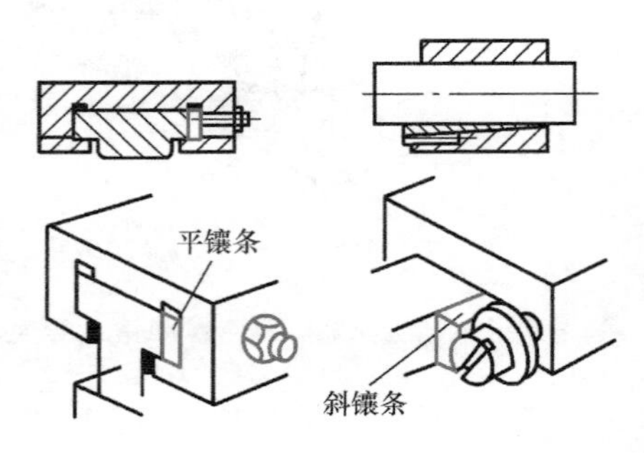

图4-39　镶条调整间隙

图4-40所示是用来调整矩形导轨和燕尾形导轨间隙的平镶条的两种形式。平镶条全长厚度相等，横截面为平行四边形（用于燕尾导轨）或矩形，通过侧面的螺钉调节和螺母锁紧，可以其横向位移来调整间隙。拧紧调节螺钉时必须从导向滑块两端向中间对称且均匀地进行，如图4-41所示。

图4-42所示是斜镶条的三种结构。斜镶条的斜度在1∶100～1∶40之间选取，镶条长，可选较小斜度；镶条短，则选较大斜度。图4-42a所示的结构是用螺钉1推动镶条2移动来调整间隙的。其结构简单，但螺钉1头部凸肩与镶条2上的沟槽间的间隙会引起镶条在运动中窜动，从而影响导向精度和刚度。为防止镶条窜动，可在导轨另一端再加一个与图示结构相同的调整结构。图4-42b所示的结构是通过修磨开口垫圈3的厚度来调整间隙的。这种方法的缺点是调整麻烦。图4-42c所示的结构用螺母6、7来调整间隙，用螺母5锁紧。其特点是工作可靠，调整方便。斜镶条两侧面分别与动导轨和支承导轨均匀接触，故刚度比平镶条高，但制造工艺性较差。

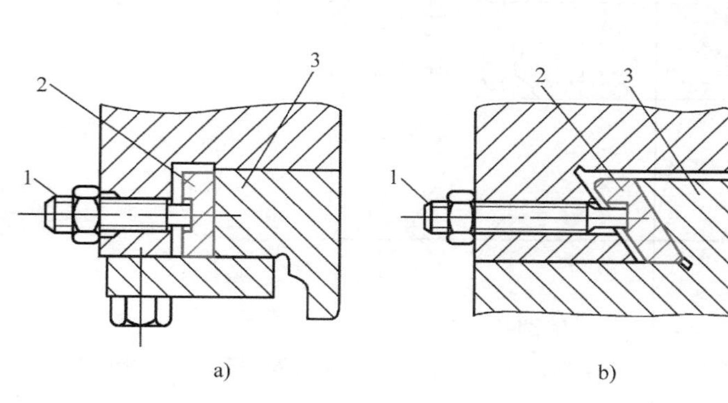

图 4-40　平镶条

a）横截面为矩形　b）横截面为平行四边形

1—螺钉　2—平镶条　3—支承导轨

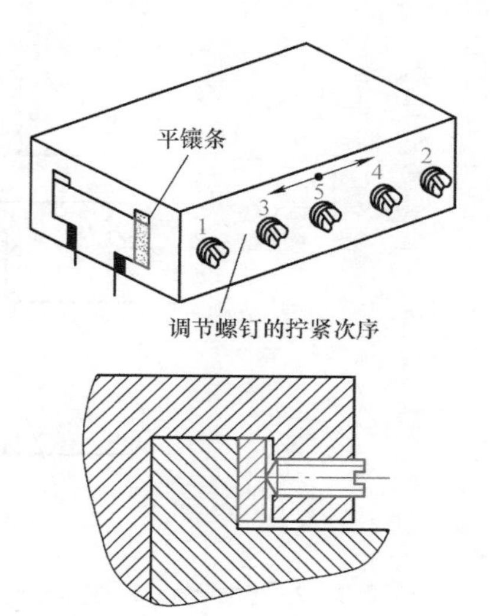

图 4-41　调节螺钉的拧紧

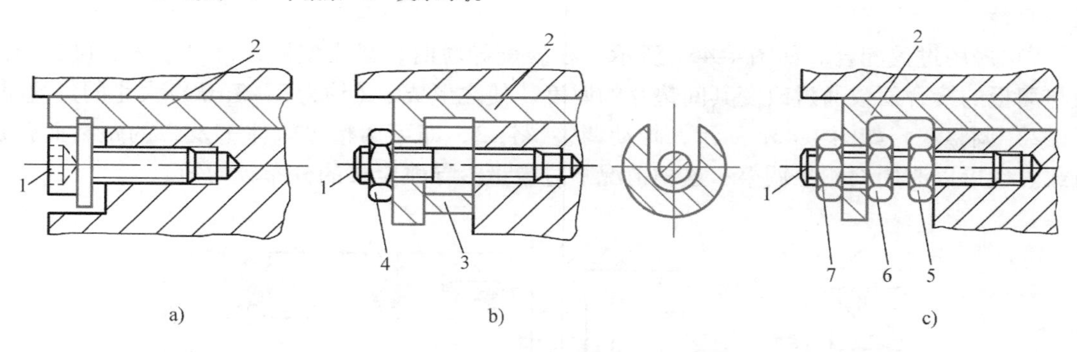

图 4-42　斜镶条

1—螺钉　2—镶条　3—开口垫圈　4、5、6、7—螺母

3）压板镶条调整间隙。如图 4-43所示，T 形压板用螺钉固定在运动部件上，运动部件内侧和 T 形压板之间放置斜镶条，镶条不是在纵向有斜度，而是在高度方面做成倾斜。调整时，借助压板上几个推拉螺钉，使镶条上下移动，从而调整间隙。

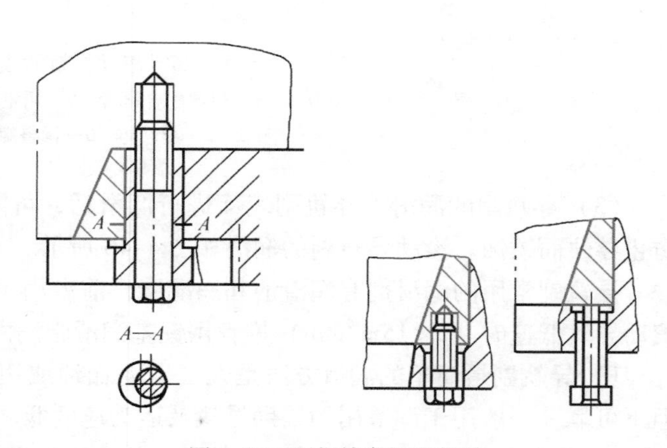

图 4-43　压板镶条调整间隙

4）调整实例。图 4-44 所示是滚动导轨块的调整实例（楔铁调整机构），楔铁 1 固定不动，滚动导轨块 2 固定在楔铁 4 上，可随楔铁 4 移动，转动调整螺钉 5、7 可使楔铁 4 相对楔铁 1 运动，因而可调整滚动导轨块对支承导轨的间隙和预加载荷。

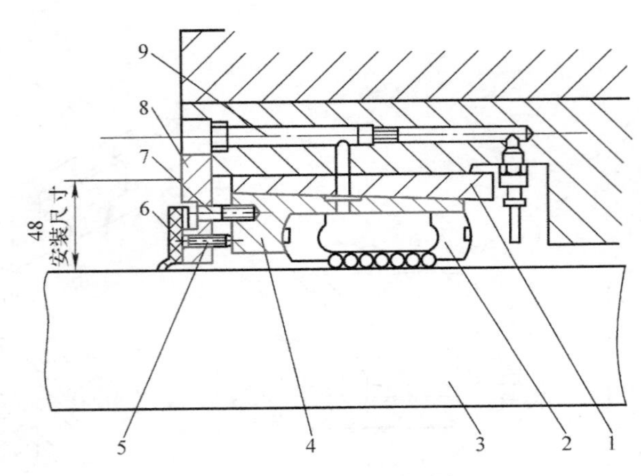

图 4-44 导轨间隙调整

1—楔铁 2—标准导轨 3—支承导轨 4—楔铁 5、7—调整螺钉 6—刮板 8—楔铁调整板 9—润滑油路

（2）滚动导轨的预紧 为了提高滚动导轨的刚度，对滚动导轨应预紧。预紧可提高接触刚度和消除间隙；在立式滚动导轨上，预紧可防止滚动体脱落和歪斜。常见的预紧方法有以下两种：

1）采用过盈配合。如图 4-45a 所示，在装配导轨时，量出实际尺寸 A，然后再刮研压板与溜板的接合面或通过改变其间垫片的厚度，使之形成 δ（约为 2～3μm）大小的过盈量。

2）调整法。如图 4-45b 所示，拧动调整螺钉 3，即可调整导轨体 1 及 2 的距离而预加负载。也可以改用斜镶条调整，这种情况下过盈量沿导轨全长的分布较均匀。

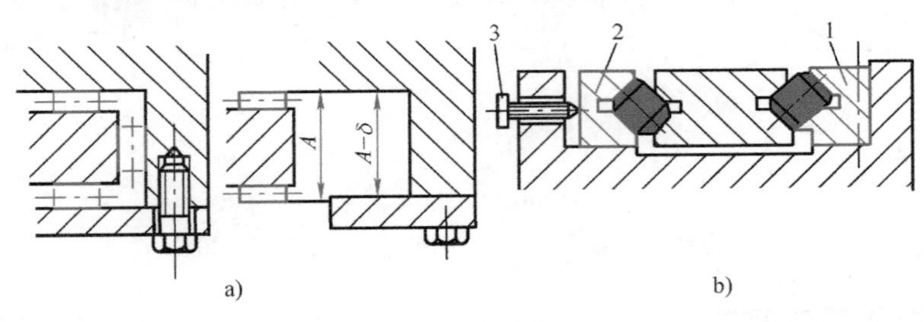

图 4-45 滚动导轨的预紧

a）过盈配合预紧 b）调整预紧

1、2—导轨体 3—调整螺钉

（3）导轨副的润滑 导轨副表面进行润滑后，可降低其摩擦因数，减少磨损，并且可防止导轨面锈蚀。滚动导轨副的润滑如图 4-46 所示。

导轨副常用的润滑剂有润滑油和润滑脂，前者用于滑动导轨，而滚动导轨则两种都用。滚动导轨低速时（$v<15\text{m/min}$）推荐用锂基润滑脂润滑。

1）导轨副最简单的润滑方法是人工定期加油或用油杯供油。这种方法简单，成本低，但不可靠，一般用于调节用的辅助导轨及运动速度低、工作不频繁的滚动导轨。

2）在数控机床上，对运动速度较高的导轨主要采用压力润滑，一般常采用压力循环润滑和定时定量润滑两种方式，且多数采用润滑泵，以压力油强制润滑。这样不但可连续或间歇供油给导轨进行润滑，而且可利用油的流动冲洗和冷却导轨表面。为实现强制润滑，必须

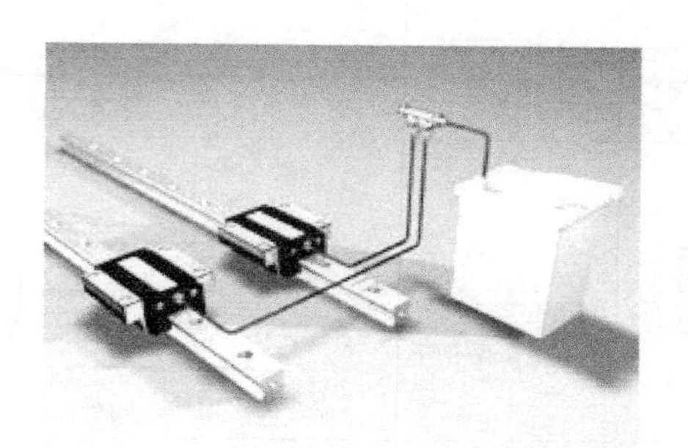

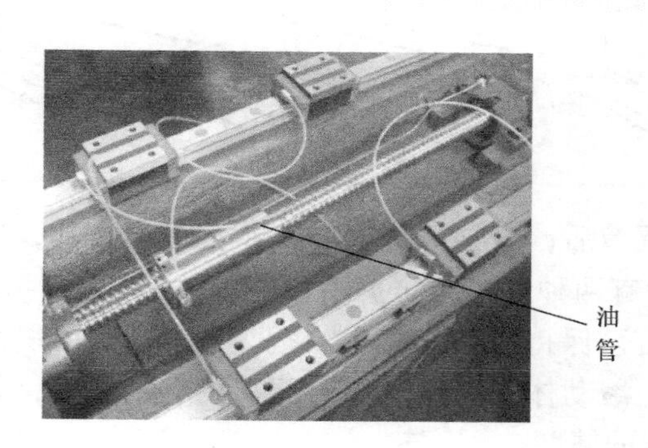

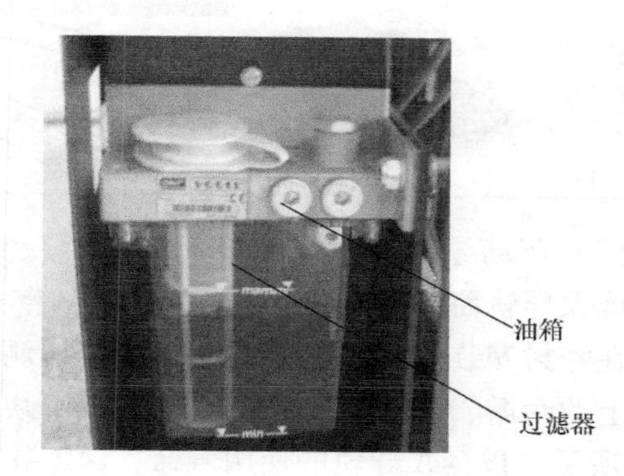

图 4-46　滚动导轨副的润滑

备有专门的供油系统。

常用的全损耗系统用油（俗称机油）型号有 L－AN10、15、32、42、68，精密机床导轨油 L－HG68，汽轮机油 L－TSA32、46 等。油液牌号不能随便选，要求润滑油黏度随温度的变化要小，以保证有良好的润滑性能和足够的油膜刚度，且油中杂质应尽可能少以不侵蚀机件。

（4）导轨副的防护　为了防止切屑、磨粒或切削液散落覆盖在导轨面上而引起磨损、擦伤和锈蚀，导轨面上应设置有可靠的防护装置。常见的防护罩类型见表 4-5。常用的导轨防护罩有刮板式、卷帘式和叠层式，这些防护罩大多用于长导轨上。在机床使用过程中应防止损坏防护罩，对叠层式防护罩应经常用刷子蘸机油清理移动接缝，以避免发生碰壳现象。

表 4-5　常见的防护罩类型

名称	实物	结构简图
柔性风琴式防护罩		压缩后长度 行程 最大长度
钢板机床导轨防护罩		

（续）

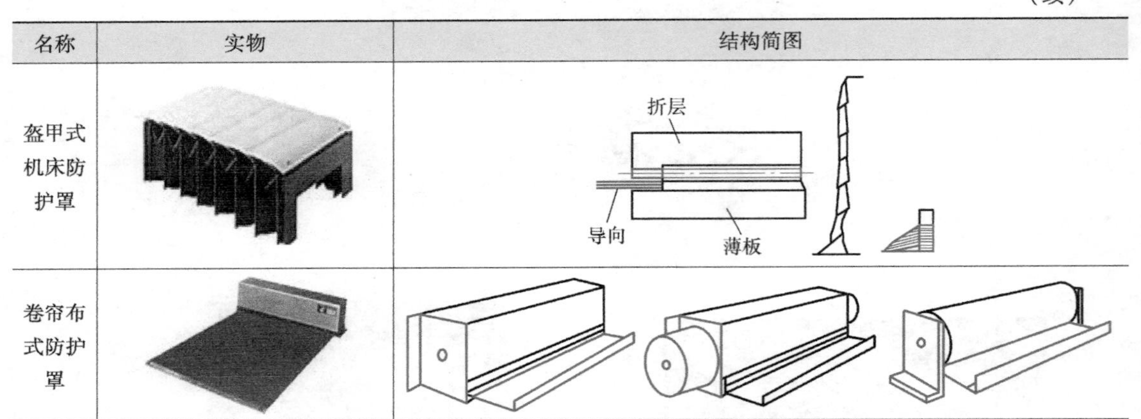

名称	实物	结构简图
盔甲式机床防护罩		
卷帘布式防护罩		

（5）滚动导轨的密封　导轨经过安装和调节后，需要对螺栓的安装孔进行密封，这样可以确保导轨面的光滑和平整。安装孔的密封有两种办法：防护条和防护塞，如图 4-47 所示。在密封安装孔前需使导轨表面（包括侧面）保持清洁，没有油脂。为了去除滑块前面导轨上的污垢、液体等，避免它们进入滑块的滚动体中，在滑块的两端装有刮屑板，如图 4-48 所示，以延长导轨的使用寿命，保障导轨的精度。

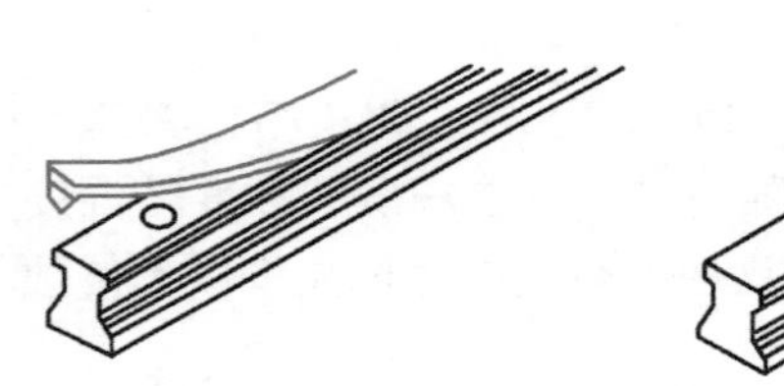

图 4-47　安装孔的密封

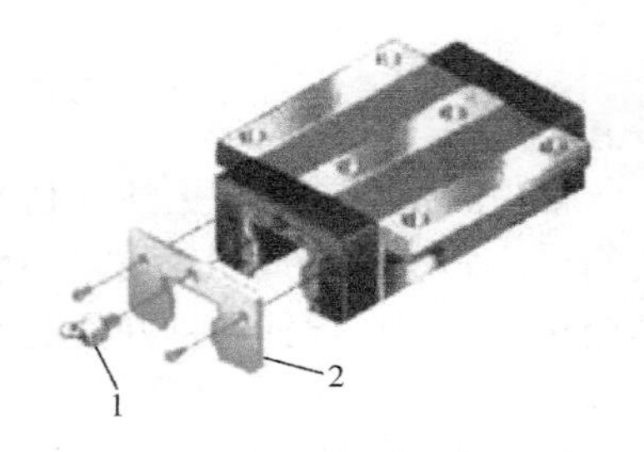

图 4-48　刮屑板的应用

1—润滑脂油嘴　2—刮屑板

三、进给传动系统的维护

1）每次操作机床前都要先检查润滑油箱里的油是否在使用范围内，如果低于最低油位，需加油后方可操作机床，如图 4-49 所示。

2）操作结束时，要及时清扫工作台、导轨防护罩上的铁屑，如图 4-50 所示。

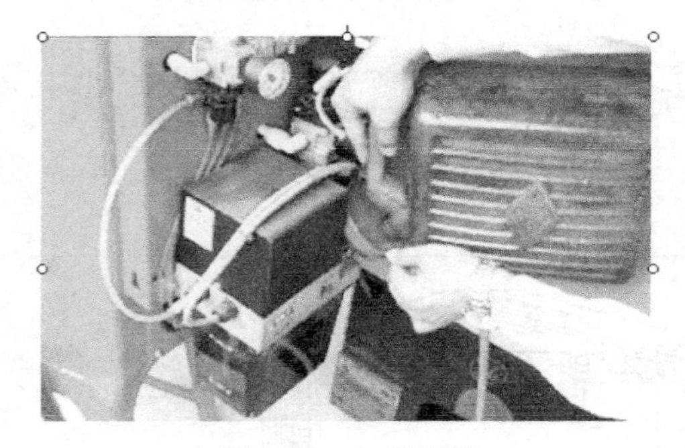

图 4-49　加润滑油

图 4-50　清除铁屑

3）如果机床停放时间过长没有运行，特别是春季（停机时间太长没有运行，进给传动零件容易生锈，春季气候潮湿更容易生锈），应先打开导轨、丝杠防护罩，将导轨、滚珠丝杠等零件擦干净，然后上油再开机运行，如图 4-51 所示。

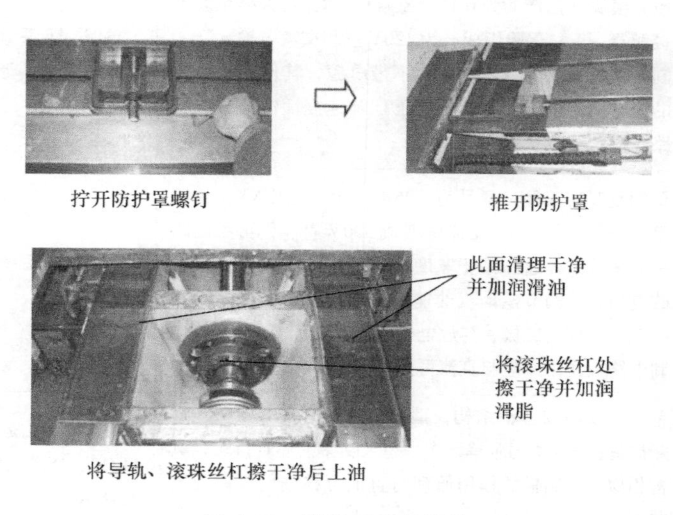

图 4-51 进给系统的维护

第三节 数控机床进给驱动的结构与维护

【学习目标】

- 了解进给驱动的种类
- 会对数字伺服参数进行初始设定
- 能对伺服系统进行调整
- 掌握 FSSB 数据的显示和设定方法

【学习内容】

一、进给驱动的分类

不同的数控系统，其进给驱动也是各不相同，FANUC 进给驱动的种类与特点见表 4-6。

二、数字伺服参数的初始设定

1. 调出方法

1）在紧急停止状态下将电源至于 ON。

2）设定用于显示伺服设定画面、伺服调整画面的参数 3111。输入类型为设定输入，数据类型。其中#0 位 SVS 表示是否显示伺服设定画面、伺服调整画面，“0：不予显示”；“1：予以显示”。

表 4-6 FANUC 进给驱动的分类与特点

序号	名称	特点简介	所配系统型号
1	直流可控硅伺服单元	只有单轴结构，型号为 A06B－6045. HXXX。主回路有 2 个可控硅模块（国产的为 6 只可控硅）、六路可控硅全波整流、接触器，三只保险组成，为 120V 三相交流电输入 控制电路板有两种，带电源和不带电源，其作用是接受系统的速度指令（0. 10V 模拟电压）和速度反馈信号，给主回路提供六路触发脉冲	配早期系统，如：5、7、330C、200C、2000C 等，市场上已不常见
2	直流 PWM 伺服单元	有单轴或双轴两种，型号为 A06B－6047－HXXX，主回路由整流桥将三相 185V 交流电变成 300V 直流，再由四路大功率晶体管的导通和截止宽度来调整输出到直流伺服电动机的电压，以调节电动机的速度。它由两个无保险断路器、接触器、放电二极管与放电电阻等组成 控制电路板作用原理与直流可控硅伺服单元基本相同	较早期系统，如：3、6、0A 等，市场较常见
3	交流模拟伺服单元	有单轴、双轴或三轴结构，型号为 A06B－6050. HXXX，主回路比直流 PWM 伺服单元多一组大功率晶体管模块，其他结构相似，控制板的作用原理与直流可控硅伺服单元基本相同	较早期系统，如：3、6、0A、10/11/12、15E、15A、0E、0B 等，市场较常见
4	交流 S 系列 1 伺服单元	有单轴、双轴或三轴结构，型号为 A06B－6057－HXXX，主回路与交流模拟伺服单元相似，控制板有较大改变，它只接受系统的六路脉冲，将其放大后送到主回路的晶体管的基级。主回路将电动机的 U、V 两相电流转换为电压信号经控制板送给系统	0 系列、16/18A、16/18E、15E、10/11/12 等，市场较常见
5	交流 S 系列 2 伺服单元	有单轴、双轴或三轴结构，型号为 A06B－6058. HXXX，原理同交流 S 系列 1 伺服单元，主回路有所改变，将接线改为螺钉固定到印制电路板上，这样便于维修，拆卸较为方便，不会造成接线错误 控制板可与交流 S 系列 1 伺服单元通用	0 系列、16/18A、16/18E、15E、10/11/12 等，市场较常见
6	交流 C 系列伺服单元	有单轴、双轴结构，型号为 A06B－6066－HXXX，主回路体积明显减小，将原来的金属框架式改为黄色塑料外壳的封闭式，从外面看不到电路板，维修时需打开外壳，主回路有一个整流桥、一个 IPM 或晶体管模块、一个驱动板、一个报警检测板、一个接口板、一个焊接到主板上的电源板，需要外接 100V 交流电源提供接触器电源	0C，16/18B，15B 等，市场不常见
7	交流 α 系列伺服单元 SVU、SVUC	有单轴、双轴或三轴结构，型号为 SVU：A06B－6089. HXXX，SVUC：A06B－6090. HXXX，可替代交流 C 系列伺服单元，结构与外形交流 C 系列伺服单元相似，电路板有接口板和主控制板，电源、驱动和报警检测电路都集成在主控制板上，无 100V 交流输入 常用于不配备 FANUC 交流主轴电动机系统的机床上，如数控车床、数控铣床、数控磨床等	0C、0D、16/18C、15B、I 系列，市场常见

（续）

序号	名称	特点简介	所配系统型号
8	交流 α 系列伺服单元 SVM	有单轴、双轴或三轴结构，型号为 SVM－A06B－6079－HXXX，将伺服系统分成三个模块：PSMi（电源模块）、SPMi（主轴模块）和 SVM（伺服模块） 电源模块将 200V 交流电整流为 300V 直流和 24V 直流给后面的 SPM 和 SVM 使用，以完成回馈制动任务。SVM 不能单独工作，必须与 PSM 一起使用 其结构为一块接口板、一块主控制板、一个 IPM 模块（智能晶体管模块），无接触器和整流桥	0C、0D、16/18C、15B、i 系列，市场常见
9	交流 αi 系列伺服单元 SVM	有单轴、双轴或三轴结构，型号为 SVM：A06B－6114－HXXX。将伺服系统分成三个模块：PSM（电源模块）、SPM（主轴模块）和 SVM（伺服模块） 电源模块将 200V 交流电整流为 300V 直流和 24V 直流给后面的 SPM 和 SVM 使用，以完成回馈制动任务。SVM 不能单独工作，必须与 PSM 一起使用，而 SVU 以及前面的交、直流伺服单元都可单独使用 其结构为一块接口板、一块主控制板、一个 IPM 模块（智能晶体管模块），无接触器和整流桥	15/16/18/2i/0i－B 系列，0i－C 系列
10	交流 β 系列伺服单元	单轴，型号为 A06B－6093. HXXX，有两种形式：一种是 I/O LINK 形式控制，控制刀库、刀塔或机械手，有 LED 显示报警号；另一种为伺服轴，由轴控制板控制，只有报警红灯点亮，无报警号，可在系统的伺服诊断画面查到具体的报警号。外部电源有三相交流 200V、直流 24V，外部急停、外接放电电阻及其过热线等插头很容易插错，一旦插错一个，就会将它烧坏。只有接口板和控制板两块	0C、0D、16/18C、15B、i 系列，市场常见 多用于小型数控机床或刀库、机械手等的定位
11	交流 βi 系列伺服单元	有单轴、双轴或三轴结构，型号为 SVPM：A06B－6134－H30X（三轴），H20X（两轴）；SVU：A06B－6130－HOOX（只有单轴）	15/16/18/21/0i－B 系列，0i－C、0i－MATE. B/C 系列

3111	#7	#6	#5	#4	#3	#2	#1	#0
								SVS

3）暂时将电源置于 OFF，然后再将其置于 ON。

4）依次按下功能键 SYSTEM、功能菜单键 ▷、软键［SV 设定］，显示图 4-52 所示伺服参数的设定画面。

5）利用光标翻页键，输入初始设定所需的数据。

6）设定完毕后将电源置于 OFF，然后再将其置于 ON。

2. 设定方法

1）初始化设定。初始化设定如下：

2000	#7	#6	#5	#4	#3	#2	#1	#0
							DGPR	PLC0

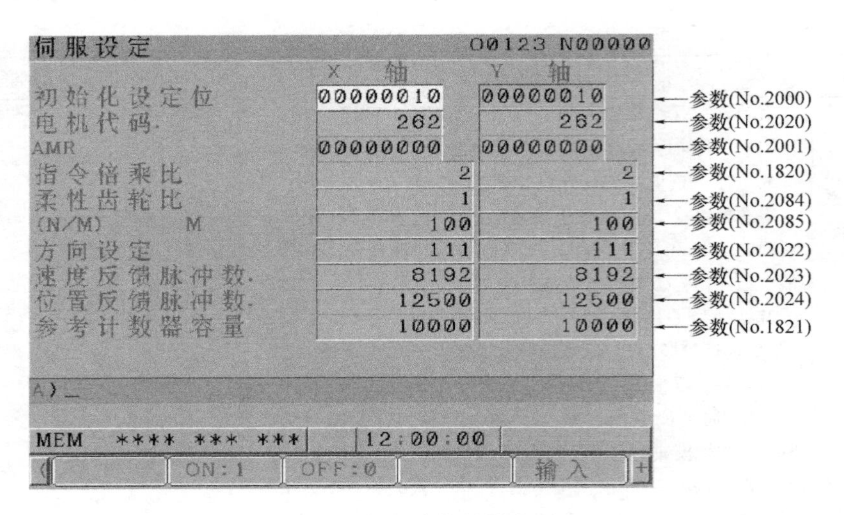

图 4-52 伺服参数的设定画面

初始化设定内容见表 4-7。

表 4-7 初始化设定内容

参数	位数	内容	设定	说明
2000	0	PLC0	0	原样使用参数（No. 2023、No. 2024）的值
			1	参数（No. 2023、No. 2024）的值再增大 10 倍
	1	DGPR	0	进行数字伺服参数的初始化设定
			1	不进行数字伺服参数的初始化设定

2）电动机代码。根据电动机型号、图号（A06B－××××－B×××的中间 4 位数字）的不同，输入不同的伺服电动机代码。如电动机型号为 αiS 2/5000，电动机图号为 0212，则输入电动机代码：262。

3）任意 AMR 功能。设定“00000000”，设定方法如下：

	#7	#6	#5	#4	#3	#2	#1	#0	
2001	AMR7	AMR6	AMR5	AMR4	AMR3	AMR2	AMR1	AMR0	轴形

4）指令倍乘比。指定方式如下：

1820	每个轴的指令倍乘比(CMR)

① CMR 由 1/2 变为 1/27 时，设定值 = 1/CMR + 100。

② CMR 由 1 变为 48 时，设定值 = 2 × CMR。

5）暂时将电源置于 OFF，然后再将其置于 ON。

6）进给齿轮（F·FG）n/m 的设定。

αi 脉冲编码器和半闭环的设定：

$$n、m \leqslant 32767$$

n/m 的设定：
$$\frac{n}{m}=\frac{\text{电动机每转一周所需的位置反馈脉冲数}}{1000000}$$

2084	柔性进给齿轮的n

2085	柔性进给齿轮的m

说明：

① F·FG 的分子、分母（n、m），其最大设定值（约分后）均为 32767。

② αi 脉冲编码器与分辨率无关，在设定 F·FG 时，电动机每转动一圈作为 100 万脉冲处理。

③ 齿轮齿条等电动机每转动一圈所需的脉冲数中含有圆周率 π 时，假定 π＝355/113。

例 1　在半闭环中检测出 1μm 时，F·FG 的设定见表 4-8。

表 4-8　F·FG 的设定

滚珠丝杠的导程/mm	所需的位置反馈脉冲数/(脉冲 r)	F·FG
10	10000	1/100
20	20000	2/100 或 1/50
30	30000	3/100

7）方向设定。111：正向（从脉冲编码器一侧看沿顺时针方向旋转）；－111：反向（从脉冲编码器一侧看沿逆时针方向旋转）。设定方法如下：

2022	电动机旋转方向

8）速度反馈脉冲数、位置反馈脉冲数。一般设定指令单位：1/0.1μm；初始化设定位：bit0＝0；速度反馈脉冲数：8192。位置反馈脉冲数的设定如下：

① 半闭环的情形设定 12500。

② 全闭环的情形。在位置反馈脉冲数中设定电动机转动一圈时从外置检测器反馈的脉冲数（位置反馈脉冲数的计算与柔性进给齿轮无关）。

例 2　在使用导程为 10mm 的滚珠丝杠（直接连接）及具有 1 脉冲 0.5μm 的分辨率的外置检测器的情形下，电动机每转动一圈来自外置检测器的反馈脉冲数为：

10/0.0005＝20000。因此，位置反馈脉冲数为 20000。

③ 当位置反馈脉冲数的设定大于 32767 时，在 FS0i－C 中，需要根据指令单位改变初始化设定位的 bit0（高分辨率位）；但是，在 FS0i－D 中指令单位与初始化设定位的#0 之间不存在相互依存关系，即使如 FS0i－C 一样地改变初始化设定位的 bit0 也没有问题，也可以使用位置反馈脉冲变换系数。

位置反馈脉冲变换系数将会使设定更加简单。使用位置反馈脉冲变换系数，以两个参数的乘积设定位置反馈脉冲数。设定方式如下：

2024	位置反馈脉冲数

2185	位置反馈脉冲数变换系数

例3 使用最小分辨率为0.1μm的光栅尺，电动机每转动一圈的移动距离为16mm的情形。

由于位置反馈脉冲数 = 电动机每转动一圈的移动距离(mm)/检测器的最小分辨率(mm) = 16mm/0.0001mm = 160000(>32767) = 10000×16，所以进行如下设定：

A(参数No.2024) = 10000

B(参数No.2185) = 16

电动机的检测器为αi脉冲编码器的情形（速度反馈脉冲数 = 8192），尽可能为变换系数选择2的乘方值（2，4，8，…）（软件内部中所使用的位置增益值将更加准确）。

9）参考计数器的设定。

1821	每个轴的参考计数器容量(0～999999999)

① 半闭环的情形。参考计数器 = 电动机每转动一圈所需的位置反馈脉冲数或其整数分之一。当旋转轴上电动机和工作台的旋转比不是整数时，需要设定参考计数器的容量，以使参考计数器 = 0的点（栅格零点）相对于工作台总是出现在相同位置。

例4 检测单位为1μm、滚珠丝杠的导程为20mm、减速比为1/17的系统。

a. 以分数设定参考计数器容量的方法。电动机每转动一圈所需的位置反馈脉冲数 = 20000/17，设定分子 = 20000，分母 = 17。设定方法如下（分母的参数在伺服设定画面上不予显示，需要从参数画面进行设定）：

1821	每个轴的参考计数器容量(分子)(0～999999999)

2179	每个轴的参考计数器容量(分母)(0～32767)

b. 改变检测单位的方法。电动机每转动一圈所需的位置反馈脉冲数 = 20000/17，它使表4-9的参数都增大17倍，将检测单位改变为1/17μm。

表4-9 参数改变

参数	变更方法
FFG	可在伺服设定画面上变更
指令倍乘比	可在伺服设定画面上变更
参考计数器	可在伺服设定画面上变更
到位宽度	No. 1826，No. 1827
移动时位置偏差量限界值	No. 1828
停止时位置偏差量限界值	No. 1829
反间隙量	No. 1851，No. 1852

因为检测单位由1μm改变为1/17μm，故需要将用检测单位设定的参数全都增大17倍。

② 全闭环的情形。参考计数器 = Z相（参考点）的间隔/检测单位或者其整数分之一。

三、FSSB数据的显示和设定画面

通过将CNC和多个伺服放大器之间用一根光纤电缆连接起来的高速串行伺服总线

（Fanuc Serial Servo Bus，FSSB），可以设定画面输入轴和放大器的关系等数据，进行轴设定的自动计算，若参数 DFS（No. 14476#0）=0，则自动设定参数（No. 1023，1905，1936～1937，14340～14349，14376～14391），若参数 DFS（No. 14476#0）=1，则自动设定参数（No. 1023，1905，1910～1919，1936～1937）。

1. 显示步骤

1）按下功能键。

2）按继续菜单键数次，显示软键［FSSB］。

3）按下软键［FSSB］，切换到“放大器设定”画面（或者以前所选的 FSSB 设定画面），显示图 4-53 所示软键。

图 4-53　软键

① 放大器设定画面。在放大器设定画面上，各从控装置的信息分为放大器和外置检测器接口单元予以显示，如图 4-54 所示。可通过翻页键、切换画面。显示信息见表 4-10。

图 4-54　放大器设定画面

表 4-10　显示信息

信息	内容	说　明
号	从控装置号	由 FSSB 连接的从控装置，从最靠近 CNC 数起的编号，每个 FSSB 线路最多显示 10 个从控装置（对放大器最多显示 8 个，对外置检测器接口单元最多显示 2 个）。放大器设定画面中的从控装置号中，表示 FSSB1 行的 1 后面带有“－”（连字符），而后连接的从控装置的编号从靠近 CNC 的一侧按照顺序显示
放大	放大器类型	在表示放大器开头字符的“A”后面，从靠近 CNC 一侧数起显示表示第几台放大器的数字和表示放大器中第几轴的字母（L 表示第 1 轴，M 表示第 2 轴，N 表示第 3 轴）
轴	控制轴号	若参数 DFS（No. 14476#0）=0，则显示在参数（No. 14340～14349）所设定的值上加 1 的轴号；若参数 DFS（No. 14476#0）=1，则显示在参数（No. 1910～1919）所设定的值上加 1 的轴号。所设定的值处在数据范围外时，显示“0”

（续）

信息	内容	说　明
名称	控制轴名称	显示对应于控制轴号的参数（No. 1020）的轴名称。控制轴号为“0”时，显示“—”
系列	伺服放大器系列	
单元	伺服放大器单元的种类	
电流	最大电流值	
其他		在表示外置检测器接口单元的开头字母“M”之后，显示从靠近 CNC 一侧数起的表示第几台外置检测器接口单元的数字
型式	外置检测器接口单元的类型	以字母显示
PCB ID		以 4 位 16 进制数显示外置检测器接口单元的 ID。此外，若是外置检测器模块（8 轴或 4 轴），“SDU（8AXES 或 4AXES）”显示在外置检测器接口单元的 ID 之后

② 轴设定画面。在轴设定画面上显示轴信息。轴设定画面上的显示项目见表 4-11。

表 4-11　显示项目

信息		内容	说　明
轴设定画面	轴	轴号	NC 的控制轴顺序显示
	名称	制轴名称	
	放大器	每个轴上的放大器类型	
	M1	检测器接口单元 1	保持在 SRAM 上的用于外置检测器接口单元 1、2 的连接器号
	M2	检测器接口单元 2	
	轴专有	当伺服 HRV3 控制轴上以一个 DSP 进行控制的轴数有限制时，显示可由保持在 SRAM 上的一个 DSP 进行控制可能的轴数。“0”表示没有限制	
	Cs	Cs 轮廓控制轴	显示保持在 SRAM 上的值。在 Cs 轮廓控制轴上显示主轴号
	双电	显示保持在 SRAM 上的值	对于进行串联控制时的主控轴和从控轴，显示奇数和偶数连续的编号
放大器维护画面	轴	控制轴号	
	名称	控制轴名称	
	放大器	连接在每个轴上的放大器类型	
	系列	连接在每个轴上的伺服放大器类型	
	单元	连接在每个轴上的伺服放大器单元的种类	
	轴	连接在每个轴上的伺服放大器最大轴数	
	电流	连接在每个轴上的放大器的最大电流值	
	版本	连接在每个轴上的放大器的单元版本	
	测试	连接在每个轴上的放大器的测试	
	维护号	连接在每个轴上的放大器的改造图号	

③ 放大器维护画面。在放大器维护画面上显示伺服放大器的维护信息。放大器维护画面有图 4-55 所示的两个画面，通过翻页键、进行切换。显示项目见表 4-11。

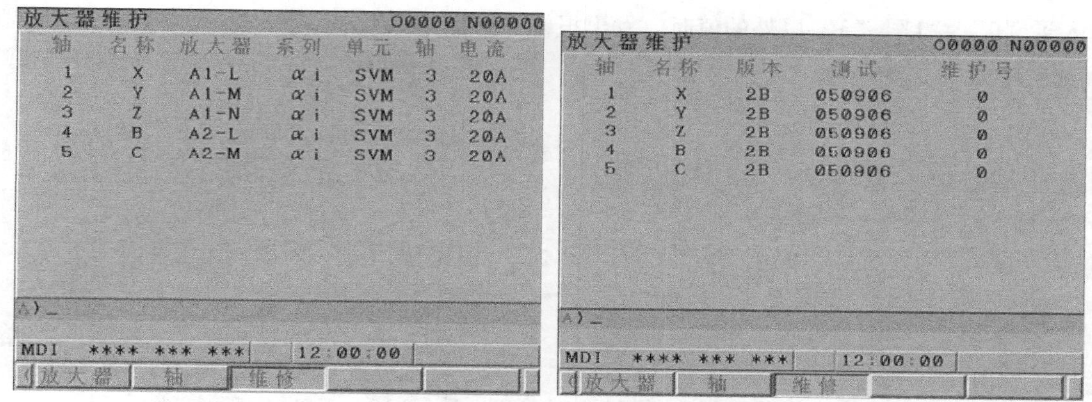

图4-55　放大器维护画面

2. 设定

图4-56　软键

在FSSB设定画面（放大器维护画面除外）上，按下软键［（操作）］时，显示图4-56所示软键。输入数据时，设定为MDI方式或者紧急停止状态，使光标移动到输入项目位置，键入后按下软键［输入］（或者按下MDI面板上的键）。当输入后按下软键［设定］时，若设定值有误，则发出报警；在设定值正确的情况下，若参数DFS(No.14476#0)=0，则在参数（No.1023，1905，1936~1937，14340~14349，14376~14391）中进行设定，若参数DFS(No.14476#0)=1，则在参数（No.1023，1905，1910~1919，1936~1937）中进行设定。当输入值错误时，若希望返回到参数中所设定的值，按下软键［读入］。此外，通电时读出设定在参数中的值，并予以显示。

注意：

① 有关在FSSB设定画面输入并进行设定的参数，请勿在参数画面上通过MDI直接输入来进行设定，或者通过G10输入进行设定，务须在FSSB设定画面上进行设定。

② 按下软键［设定］而有报警发出的情况下，需重新输入，或者按下软键［读入］来解除报警。因为此时即使按下RESET（复位）键也无法解除告警。

1）放大器设定画面如图4-57所示。轴表示控制轴号，在1~最大控制轴数的范围内输入控制轴号。当输入了范围外的值时，发出报警“格式错误”。输入后按下软键［设定］并在参数中进行设定。输入重复的控制轴号或输入了“0”时，发出报警“数据超限”，不会被设定到参数。

2）轴设定画面如图4-58所示。在轴设定画面上可以设定如下项目。

① M1、M2。用于外置检测器接口单元1、2的连接器号，对于使用各外置检测器接口单元的轴，以1~8（外置检测器接口单元的最大连接器数范围内）输入该连接器号。不使用各外置检测器接口单元时，输入“0”。在尚未连接各外置检测器接口单元的情况下，输入了超出范围的值时，发出报警“非法数据”。在已经连接各外置检测器接口单元的情况下，输入了超出范围的值时，出现报警“数据超限”。

② 轴专有。以伺服HRV3控制轴限制一个DSP的控制轴数时，设定可以用一个DSP进行控制的轴数。伺服HRV3控制轴，设定值：3；在Cs轮廓控制轴以外的轴中设定相同值。

输入了“0”、“1”、“3”以外的值时，发出报警“数据超限”。

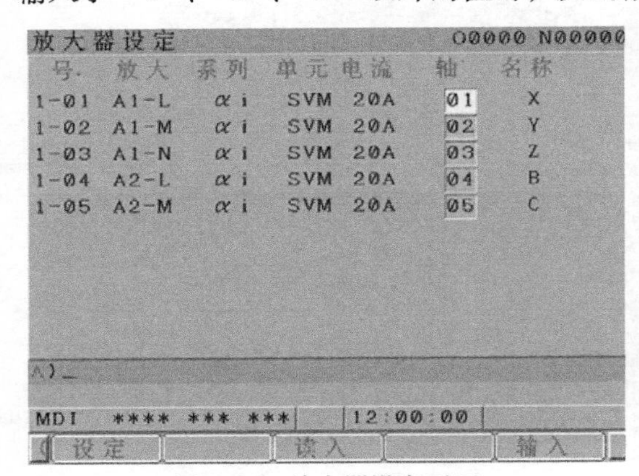

图 4-57　放大器设定画面

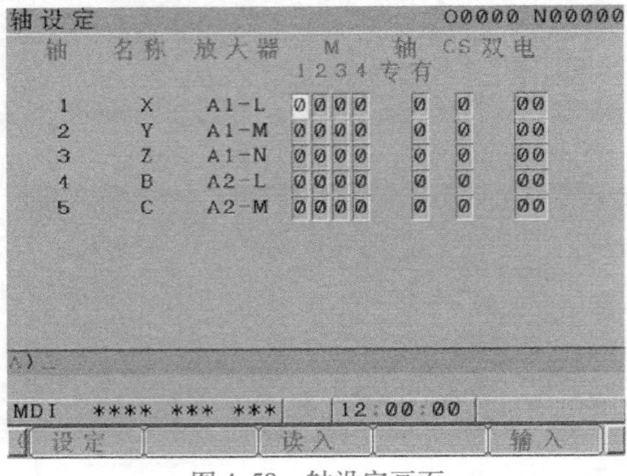

图 4-58　轴设定画面

③ Cs。Cs 轮廓控制轴，输入主轴号（1，2）。输入了 0 ~ 2 以外的值时，发出报警“数据超限”。

④ 双电［EGB（T 系列）有效时为 M/S］。对进行串联控制和 EGB（T 系列）的轴，在 1 ~ 控制轴数的范围内输入奇数、偶数连续的号码。输入了超出范围的值时，发出报警“数据超限”。

四、伺服调整画面

1. 参数的设定

设定显示伺服调整画面的参数。输入类型：设定输入；数据类型：位路径型。

	#7	#6	#5	#4	#3	#2	#1	#0
3111								SVS

#0 SVS 是否显示伺服设定画面、伺服调整画面。0：不予显示；1：予以显示。

2. 显示伺服调整画面

1）依次按下功能键、功能菜单键、软键［SV 设定］。

2）按下软键［SV 调整］，选择伺服调整画面，如图 4-59 所示。伺服调整画面的说明见表 4-12。报警 1 ~ 5 的信息见表 4-13。

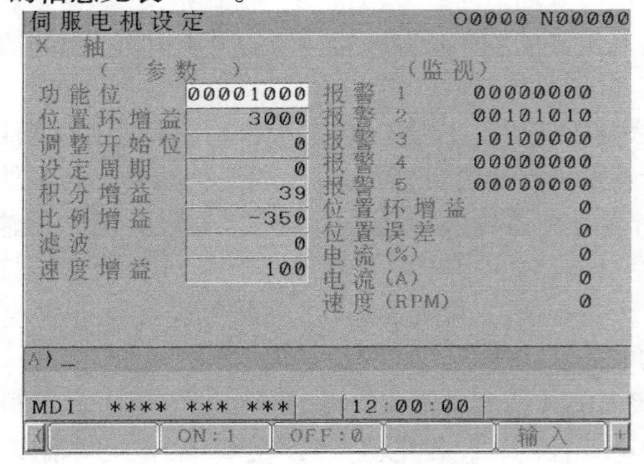

图 4-59　伺服调整画面

表 4-12　伺服调整画面的说明

项目	说明	项目	说明
功能位	参数（No. 2003）	报警 2	诊断号 201
置环增益	参数（No. 1825）	报警 3	诊断号 202
调整开始位	0	报警 4	诊断号 203
定周期	0	报警 5	诊断号 204
积分增益	参数（No. 2043）	位置环增益	实际环路增益
比例增益	参数（No. 2044）	位置误差	实际位置误差值（诊断号 300）
滤波	参数（No. 2067）	电流（A）	以 A（峰值）表示实际电流
速度增益	设定值 $=\frac{(\text{参数 No. 2021})+256}{256}\times100$	电流%	以相对于电动机额定值的百分比表示电流值
报警 1	诊断号 200 报警 1～5 信息见表 4-13	速度（RPM）	表示电动机实际转速

表 4-13　报警 1～5 信息

报警号	#7	#6	#5	#4	#3	#2	#1	#0
报警1	OVL	LVA	OVC	HCA	HVA	DCA	FBA	OFA
报警2	ALD			EXP				
报警3		CSA	BLA	PHA	RCA	BZA	CKA	SPH
报警4	DTE	CRC	STB	PRM				
报警5		OFS	MCC	LDM	PMS	FAN	DAL	ABF

五、αi 伺服信息画面

在 αi 伺服系统中，获取由各连接设备输出的 ID 信息，输出到 CNC 画面上。具有 ID 信息的设备主要有伺服电动机、脉冲编码器、伺服放大器模块和电源模块等。CNC 首次启动时，自动地从各连接设备读出并记录 ID 信息。从下一次起，对首次记录的信息和当前读出的 ID 信息进行比较，由此就可以监视所连接设备的变更情况（当记录与实际情况不一致时，显示表示警告的标记“ * ”）。可以对存储的 ID 信息进行编辑。由此，就可以显示不具备 ID 信息的设备的 ID 信息（但是，与实际情况不一致时，显示表示警告的标记“ * ”）。

1. 参数设置（见表 4-14）

表 4-14　参数设置

参数号	#7	#6	#5	#4	#3	#2	#1	#0
13112							SVI	IDW

（续）

输入类型	参数输入	参数	说明	设置	
参数输入	位路径型	IDW	对伺服或主轴的信息画面进行编辑	0	禁止
				1	不禁止
		SVI	是否显示伺服信息画面	0	予以显示
				1	不予显示

2. 显示伺服信息画面

1）按下功能键SYSTEM，按下软键［系统］。

2）按下软键［伺服］时，出现图4-60所示画面。伺服信息被保存在FLASH－ROM中。对画面所显示的ID信息与实际ID信息不一致的项目，在其项目的左侧显示“*”。此功能在即使因为需要修理等正当的理由而进行更换的情况，也会检测该更换并显示“*”标记。擦除“*”标记的步骤如下。

① 可进行编辑（参数IDW（No. 13112#0）=1）。

② 在编辑画面，将光标移动到希望擦除“*”标记的项目。

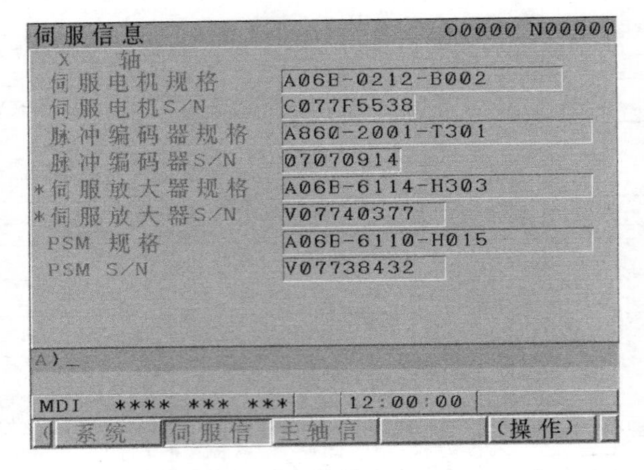

图4-60 显示伺服信息画面

③ 通过软键［读取ID］→［输入］→［保存］进行操作。

3. 编辑伺服信息画面

1）设定参数IDW（No. 13112#0）=1。

2）按下机床操作面板上的MDI开关。

3）按照“显示伺服信息画面”的步骤显示图4-61所示画面。

4）通过光标键↑ ↓移动画面上的光标。按键操作见表4-15。

表4-15 按键操作

按键操作		用途
翻页键		上下滚动画面
软键	［输入］	将所选中的光标位置的ID信息改变为键入缓冲区内的字符串
	［取消］	擦除键入缓冲区的字符串
	［读取ID］	将所选中的光标位置的连接设备具有的ID信息传输到键入缓冲区。只有左侧显示“*”（※3）的项目有效
	［保存］	将在伺服信息画面上改变的ID信息保存在FLASH－ROM中
	［重装］	取消在伺服信息画面上改变的ID信息，由FLASH－ROM上重新加载
光标键		上下滚动ID信息的选择

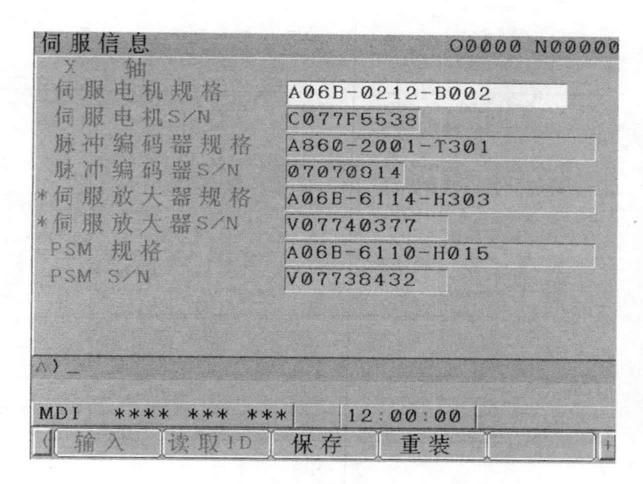

图4-61　编辑伺服信息画面

第四节　数控机床有关参考点的调整

【学习目标】

- 掌握各种返回参考点参数设置方式
- 会对参考点进行设置

【学习内容】

FANUC 0i 系列数控系统可以通过三种方式实现回参考点：增量方式回参考点、绝对方式回参考点、距离编码回参考点。

一、增量方式回参考点

所谓增量方式回参考点，就是采用增量式编码器，工作台快速接近，经减速挡块减速后低速寻找栅格零点作为机床参考点。

1. FANUC 系统实现回参考点的条件

1）回参考点（ZRN）方式有效。对应 PMC 地址 G43.7 = 1，同时 G43.0（MD1）和 G43.2（MD4）同时 = 1。

2）轴选择（ +/ - Jx）有效。对应 PMC 地址 G100 ~ G102 = 1

3）减速开关触发（ * DECx）。对应 PMC 地址 X9.0 ~ X9.3 或 G196.0 ~ G196.3 从 1 到 0 再到 1。

4）栅格零点被读入，找到参考点。

5）参考点建立，CNC 向 PMC 发出完成信号 ZP4 内部地址 F094，ZRF1，内部地址 F120。

其动作过程和时序图如图 4-62 所示。

FANUC 数控系统除了与一般数控系统一样，在返回参考点时需要寻找真正的物理栅格

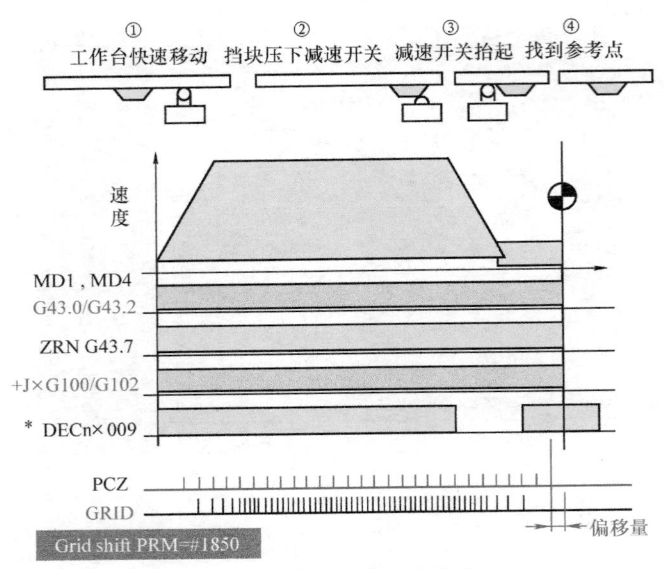

图 4-62　增量方式回参考点

（栅格零点）——编码器的一转信号（见图 4-63），或光栅尺的栅格信号（见图 4-64），并且还要在物理栅格的基础上再加上一定的偏移量——栅格偏移量（1850#参数中设定的量），形成最终的参考点，也就是图 4-62 中的“GRID”信号。“GRID”信号可以理解为是在所找到的物理栅格基础上再加上“栅格偏移量”后生成的点。

FANUC 公司使用电气栅格“GRID”的目的，就是可以通过 1850#参数的调整，在一定量的范围内（小于参考计数器容量设置范围）灵活地微调参考点的精确位置。

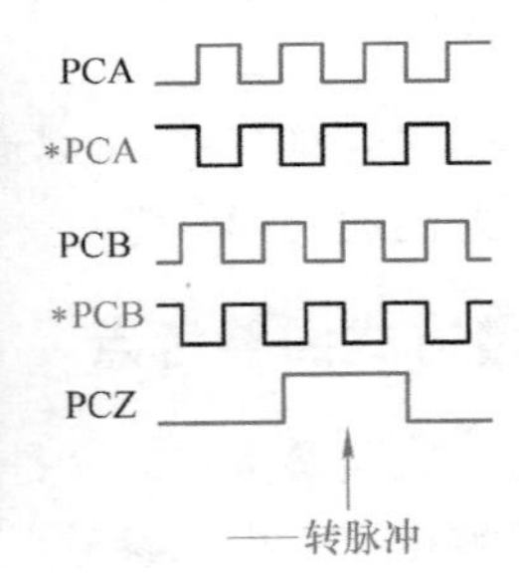

图 4-63　栅格零点

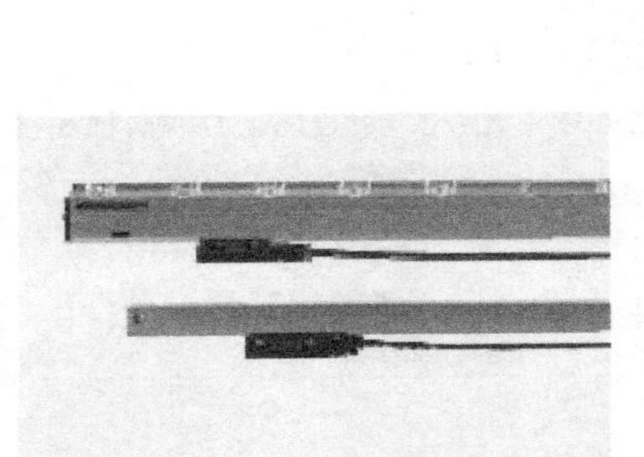

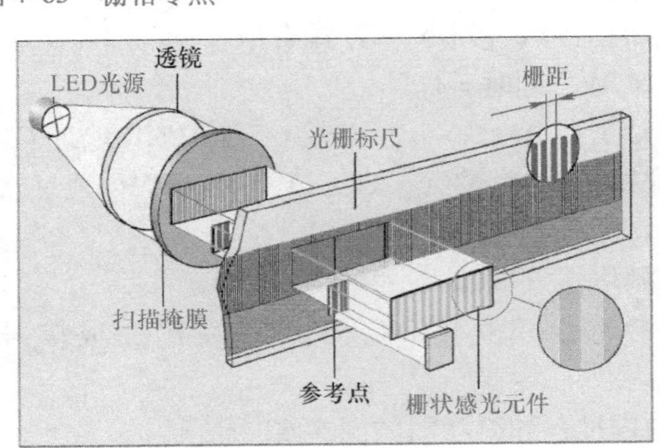

图 4-64　光栅尺的栅格信号

2. 参数设置

1）1005 号参数见表 4-16。

表 4-16　1005 号参数

1005	#7	#6	#5	#4	#3	#2	#1	#0
							DLZx	

输入类型	参数输入	参数	说明	设置	
参数输入	位轴型	DLZX	无挡块参考点设定功能	0	无效
				1	有效

2）1821 号参数见表 4-17。

表 4-17　1821 号参数

1821	每个轴的参考计数器容量

输入类型	参数输入	数据单位	数据范围
参数输入	字轴型	检测单位	0 ~ 999999999

数据范围为参数设定参考计数器的容量，为执行栅格方式的返回参考点的栅格间隔。设定值在 0 以下时，将其视为 10000。在使用附有绝对地址参照标记的光栅尺时，设定标记 1 的间隔。在设定完此参数后，需要暂时切断电源。

3）1850 号参数见表 4-18。

表 4-18　1850 号参数

1850	每个轴的栅格偏移量/参考点偏移量

输入类型	参数输入	数据单位	数据范围
参数输入	2 字轴型	检测单位	-99999999 ~ 99999999

数据范围是为每个轴设定使参考点位置偏移的栅格偏移量或者参考点偏移量。可以设定的栅格量为参考计数器容量以下的值。参数 SFDX（No. 1008#4）为“0”时，成为栅格偏移量，为“1”时成为参考点偏移量。若是无挡块参考点设定，仅可使用栅格偏移，不能使用参考点偏移。

4）1815 号参数见表 4-19。

表 4-19　1815 号参数

1815	#7	#6	#5	#4	#3	#2	#1	#0
			APCx	APZx			OPTx	

（续）

输入类型	参数输入	参数	说明	设置		备　注
参数输入	位轴型	OPTX	位置检测器	0	不使用外置脉冲编码器	使用带有参照标记的光栅尺或者带有绝对地址原点的光栅尺（全闭环系统）时，将参数值设定为“1”
				1	用外置脉冲编码器	
		APZX	对应关系	0	未建立	
				1	已经结束	
		APCX	位置检测器	0	绝对位置检测器	
				1	绝对位置检测器	

APZX 表示作为位置检测器使用绝对位置检测器时，机械位置与绝对位置检测器之间的位置对应关系。使用绝对位置检测器时，在进行第 1 次调节时或更换绝对位置检测器时，务须将其设定为“0”，再次通电后，通过执行手动返回参考点等操作进行绝对位置检测器的原点设定。由此，完成机械位置与绝对位置检测器之间的位置对应，此参数即被自动设定为“1”。

5）外置脉冲编码器与光栅尺的设置。通常，将电动机每转动一圈的反馈脉冲数作为参考计数器容量予以设定。

1821	每个轴的参考计数器容量

在光栅尺上多处具有参照标记的情况下，有时将该距离以整数相除的值作为参考计数器容量予以设定，如图 4-65 所示。

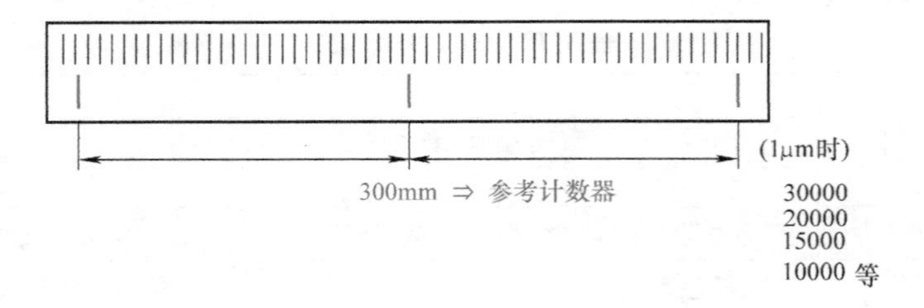

图 4-65　多处参照标记

二、绝对方式回参考点（又称无挡块回零）

所谓绝对回零（参考点），就是采用绝对位置编码器建立机床零点，并且一旦零点建立，无需每次通电后回零，即便系统关断电源，断电后的机床位置偏移（绝对位置编码器转角）也被保存在电动机编码器 SRAM 中，并通过伺服放大器上的电池支持电动机编码器 SRAM 中的数据。

传统的增量式编码器，在机床断电后不能够将零点保存，所以每遇断电再接通电源后，均需要操作者进行返回零点操作。20 世纪 80 年代中后期，断电后仍可保存机床零点的绝对位置编码器被用于数控机床上，其保存零点的“秘诀”就是在机床断电后，机床微量位移

的信息被保存在编码器电路的SRAM中，并有后备电池保持数据。FANUC早期的绝对位置编码器有一个独立的电池盒，内装干电池，电池盒安装在机柜上便于操作者更换。目前αi系列绝对位置编码器电池安装在伺服放大器塑壳迎面正上方。

这里需要注意的是，当更换电动机或伺服放大器后，由于将反馈线与电动机航空插头脱开，或电动机反馈线与伺服放大器脱开，必将导致编码器电路与电池脱开，SRAM中的位置信息即刻丢失。因此再开机后会出现300#报警，需要重新建立零点。

1. 绝对零点建立的过程（见图4-66）

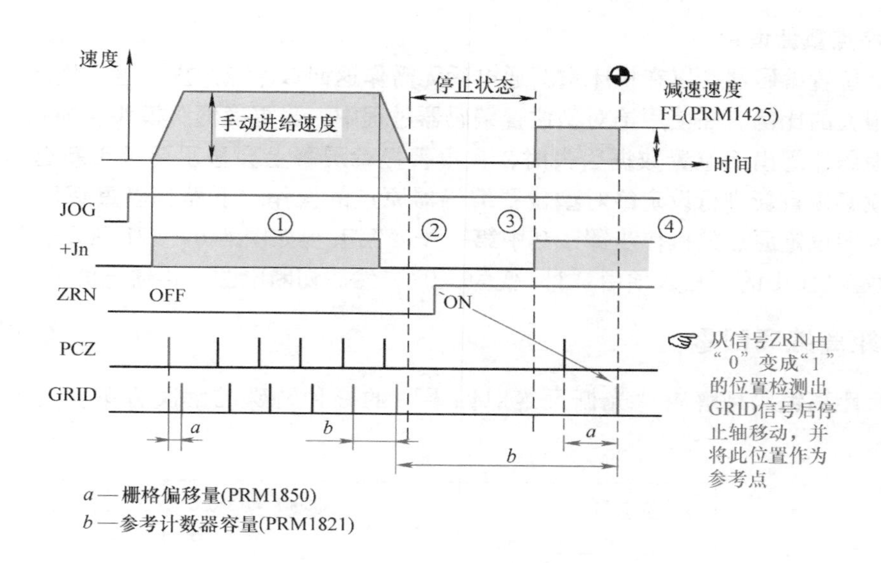

图4-66　绝对零点建立的过程

2. 操作

1）将希望进行参考点设定的轴向返回参考点方向以JOG方式进给到参考点附近。

2）选择手动返回参考点方式，将希望设定参考点的轴的进给轴方向选择信号（正向或者负向）设定为“1”。

3）定位于以从当前点到参数ZMIX（No.1006#5）中所确定的返回参考点方向的最靠近栅格位置，将该点作为参考点。

4）确认已经到位后，返回参考点结束信号（ZPn）和参考点建立信号（ZRFn）即被设定为“1”。

设定参考点之后只要将ZRN信号设定为“1”，通过手动方式赋予轴向信号，刀具就会返回到参考点。

3. 参数设置

1）1005号参数见表4-16。

2）1006号参数见表4-20。

表 4-20　1006 号参数

	#7	#6	#5	#4	#3	#2	#1	#0
1006			ZMIx					

输入类型	参数输入	参数	说明	设置	
参数输入	位轴型	ZMIX	手动返回参考点的方向	0	正
				1	负

4. 参考点重新设置

绝对型位置编码器，以在机床重新通电后无需作返回参考点的操作这一优点，在实际应用中占了很大的比例。在使用绝对型位置编码器过程中，当更换伺服模块、伺服电动机、丝杠、位置编码器等出现位置数据丢失时，在报警显示屏幕上会显示要求重新返回原点的报警，这时就必须重新进行设定绝对型位置编码器原点的操作。下面就以重新设定 X 轴的原点为例，说明设定原点的操作步骤，其中第一步～第五步如图 4-67～71 所示，第六步是将图 4-69 设定画面中的可写入项由“1”变为“0”，然后切断电源，再通电即可。

三、距离编码回零

光栅尺距离编码是解决“光栅尺绝对回零”的一种特殊的解决方案。具体工作原理如下：

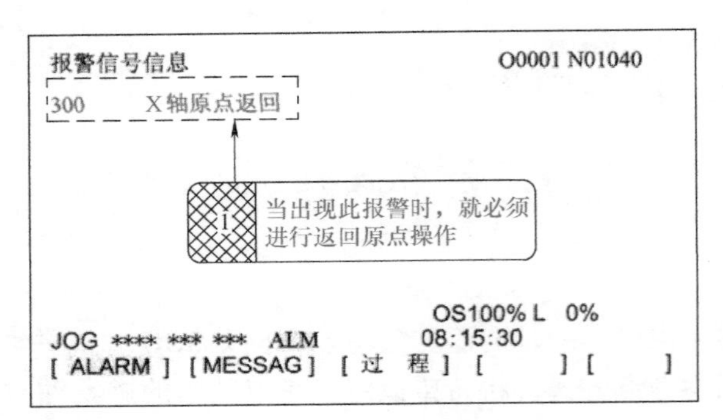

图 4-67　第一步

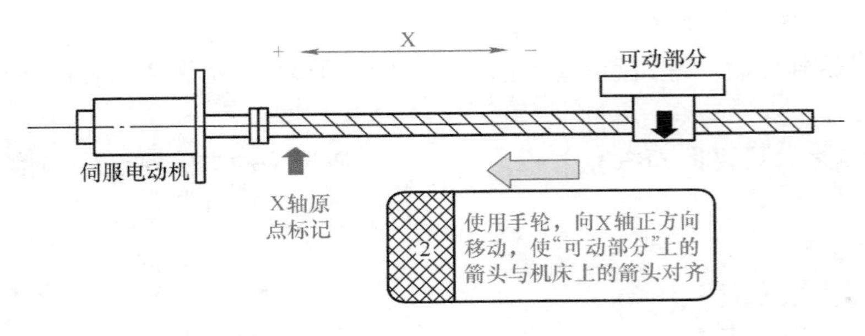

图 4-68　第二步

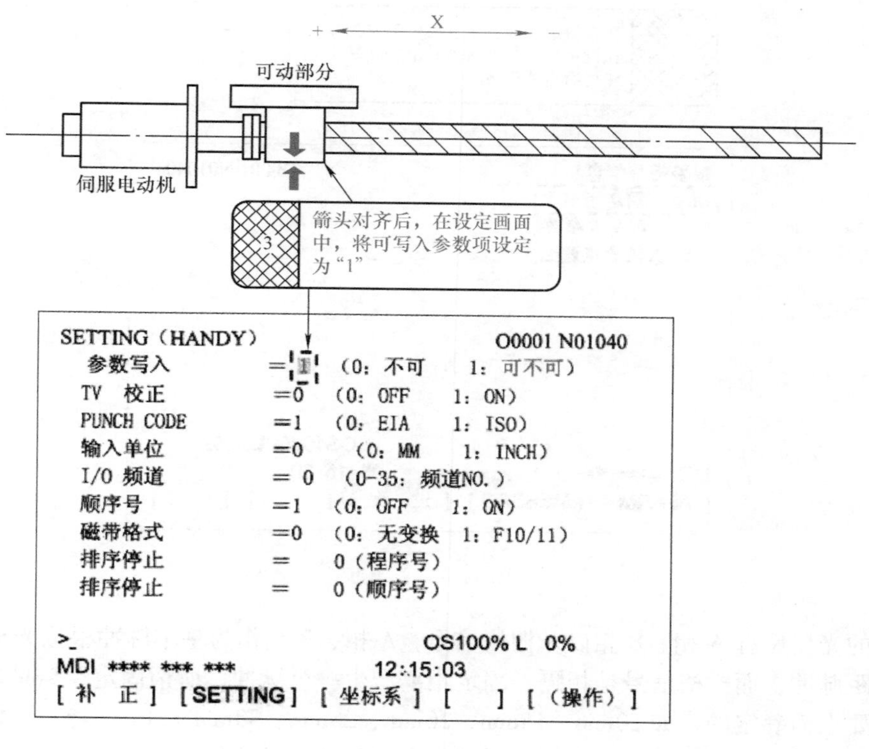

图4-69 第三步

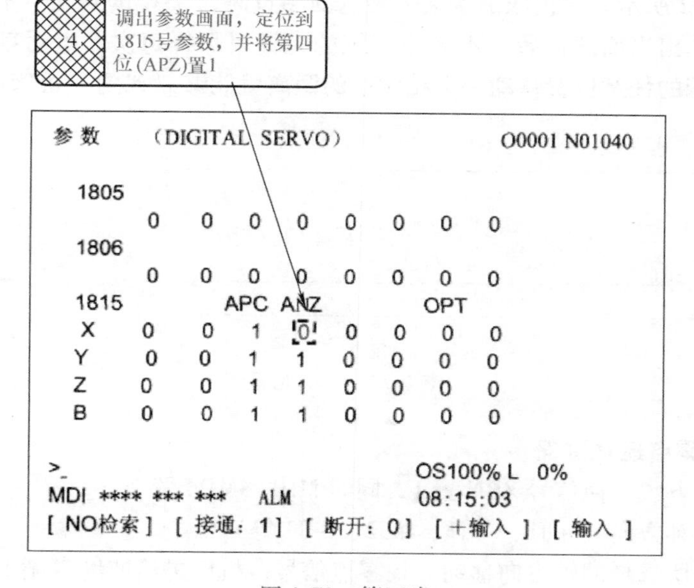

图4-70 第四步

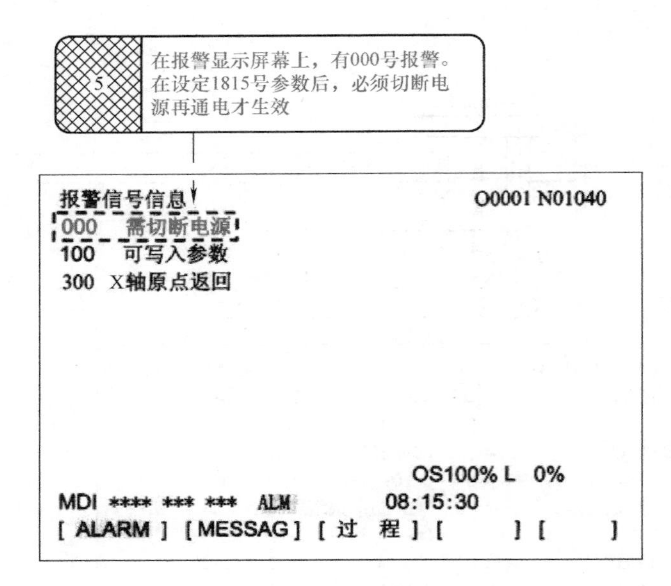

图 4-71　第五步

传统的光栅尺有 A 相、B 相以及栅格信号，A 相、B 相作为基本脉冲根据光栅尺分辨精度产生步距脉冲，而栅格信号是相隔一固定距离产生一个脉冲。所谓固定距离是根据产品规格或订货要求而确定的，如 10mm、15mm、20mm、25mm、30mm、50mm 等。该栅格信号的作用相当于编码器的一转信号，是用于返回零点时的基准零位信号。

而距离编码的光栅尺，其栅格距离不像传统光栅尺是固定的，它是按照一定比例系数成变化的，如图 4-72 所示。当机床沿着某个轴返回零点时，CNC 读到几个不等距离的栅格信号后，会自动计算出当前的位置，不必像传统的光栅尺那样每次断电后都要返回到固定零点，它仅需在机床的任意位置移动一个相对小的距离就能够“找到”机床零点。

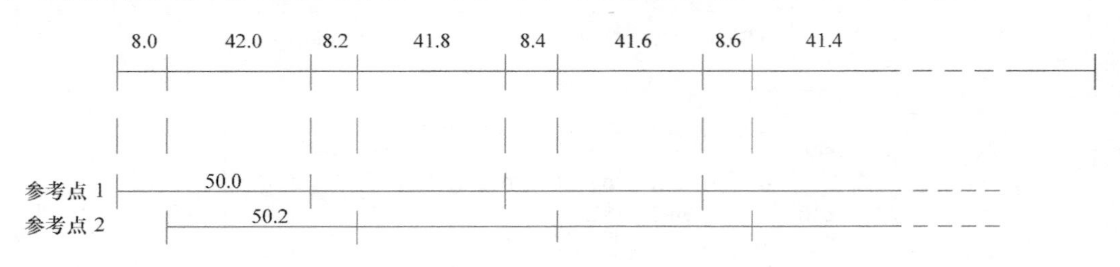

图 4-72　比例光栅

1. 距离编码零点建立过程

1）选择回零方式，使信号 ZRN 置 1，同时 MD1、MD4 置 1。

2）选择进给轴方向（+J1、-J1、+J2、-J2 等）。

3）机床按照所选择的轴方向移动寻找零点信号，机床进给速度遵循 1425 参数中（FL）设定的速度运行。

4）一旦检测到第一个栅格信号，机床就会停顿片刻，随后继续低速（按照参数 1425 FL 中设定的速度）按照指定方向继续运行。

5）继续重复上述4）的步骤，直到找到3～4个栅格后停止，并通过计算确立零点位置。

6）最后发出参考点建立信号（ZRF1、ZRF2、ZRF3等置1），如图4-73所示。

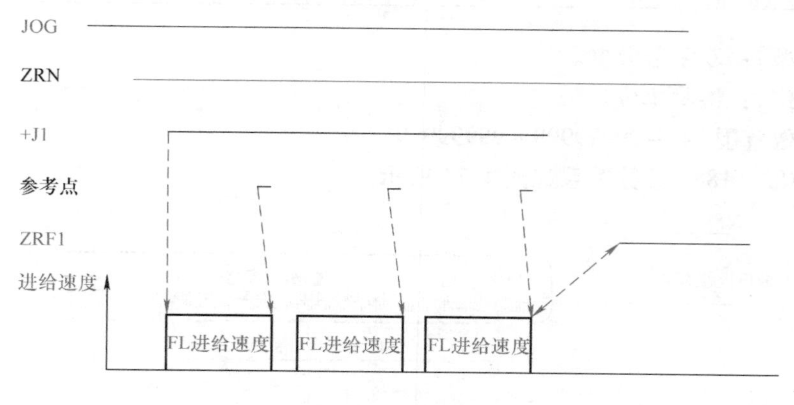

图4-73　参考点建立

2. 参数设置

1815	#7	#6	#5	#4	#3	#2	#1	#0
						DCLx	OPTx	

［数据类型］：位数据。

OPTx：位置检测方式，其中0表示不使用分离式编码器（采用电动机内置编码器作为位置反馈），1表示使用分离式编码器（光栅）。

DCLx：分离检测器类型，其中0表示光栅尺检测器不是绝对栅格的类型，1表示光栅尺采用绝对栅格的形式。

1802	#7	#6	#5	#4	#3	#2	#1	#0
							DC4	

［数据类型］：位数据。

DC4：当采用绝对栅格建立参考点时，0表示检测3个栅格后确定参考点位置，1表示检测4个栅格后确定参考点位置。

1821	参考计数器容量

［数据类型］：双字节数据。

［数据单位］：检测单位。

［数据有效范围］：0～99999999。

距离编码1（Mark 1）栅格的间隔设置如下：

1882	距离编码2(Mark2)栅格的间隔

［数据类型］：双字节数据。

［数据单位］：检测单位。

[数据有效范围]：0～99999999。

距离编码2（Mark 2）栅格的间隔设置如下：

1883	光栅尺栅格起始点与参考点的距离

[数据类型]：双字节数据。

[数据单位]：检测单位。

[数据有效范围]：－99999999～99999999。

1821、1882、1883参数关系如图4-74所示。

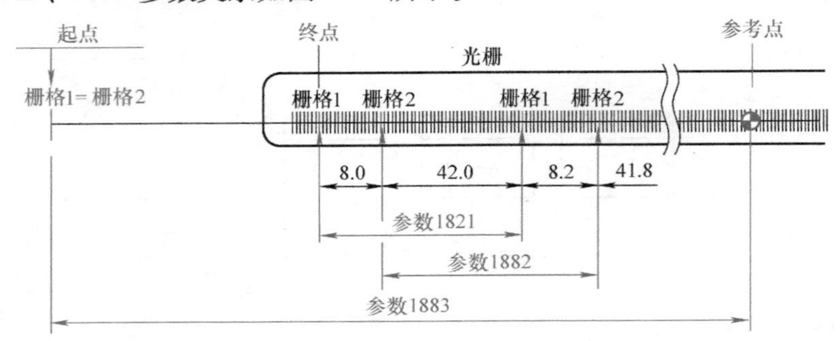

图4-74　相关参数

具体实例如图4-75所示，机床采用米制输入。

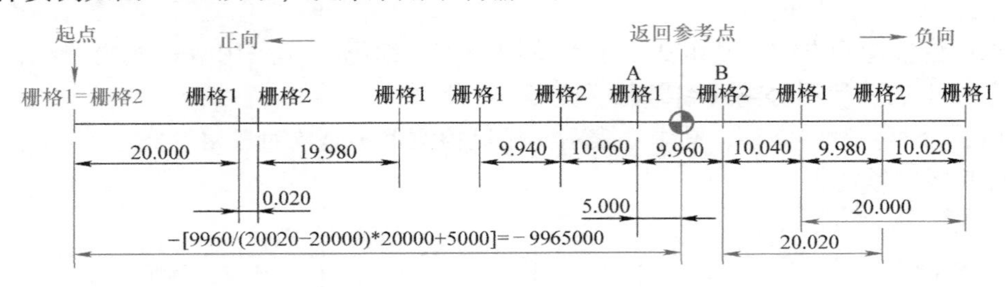

Parameter No.1821(栅格1 interval)　=“20000”

No.1822(栅格2 interval)　=“20000”

No.1883(1参考点位置)　= A点坐标+5.000

$$= \frac{\text{A、B两点的距离}}{\text{栅格2}-\text{栅格1}} \times \text{栅格1}+5.000$$

$$= \frac{9960}{20020-20000} \times 20000+5000$$

$$= 9965000$$

→“−9965000”(负向返回距离)

图4-75　参数设置实例

一、填空题

1. 轮廓控制系统必须对进给运动的________和运动的________两方面同时实现自动

控制。

2. 丝杠螺母副作用是________与________相互转换。

3. 常用的双螺母丝杠消除间隙的方法有垫片调隙式、________、________三种。

4. 滚珠丝杠螺母副常采用的防护套有________、锥形套筒和________三种。

5. 直线电动机可以将其视为旋转电动机沿圆周方向拉开展平的产物，对应于旋转电动机的定子部分，称为直线电动机的________；对应于旋转电动机的转子部分，称为直线电动机的________。

6. 滚动导轨的结构形式，可按滚动体的种类分为：________、滚柱导轨和________。

7. 滚动导轨也可以按照滚动体的滚动是否沿封闭的轨道返回作连续运动分为：滚动体循环式和________两类。

8. FANUC 0i 系列数控系统可以通过三种方式实现回参考点：________回参考点、绝对方式回参考点、________回参考点。

9. 所谓增量方式回参考点，就是采用________，工作台快速接近，经减速挡块减速后低速寻找________作为机床参考点。

10. 使用绝对位置检测器时，在进行第 1 次调节时或更换绝对位置检测器时，务须将其设定为________，再次通电后，通过执行手动返回参考点等操作进行绝对位置检测器的原点设定。由此，完成机械位置与绝对位置检测器之间的位置对应，此参数即被自动设定为________。

11. 当更换电动机或伺服放大器后，由于将反馈线与电动机航空插头脱开，或电动机反馈线与伺服放大器脱开，必将导致编码器电路与电池脱开，________中的位置信息即刻丢失。再开机后会出现 300#报警，需要重新建立________。

12. FANUC 公司使用电气栅格“GRID”的目的，就是可以通过________参数的调整，在一定量的范围内（小于参考计数器容量设置范围）灵活的微调参考点的精确位置。

二、选择题（请将正确答案的代号填在空格中）

1. 数控机床中将伺服电动机的旋转运动转换为滑板或工作台的直线运动的装置一般是（　　）。

A. 滚珠丝杠螺母副　　B. 差动螺母副　　C. 连杆机构　　D. 齿轮副

2. 数控机床的进给机构采用的丝杠螺母副是（　　）。

A. 双螺母丝杠螺母副　　B. 梯形螺母丝杠副　　C. 滚珠丝杠螺母副

3. 滚珠丝杠螺母副由丝杠、螺母、滚珠和（　　）组成。

A. 消隙器　　B. 补偿器　　C. 反向器　　D. 插补器

4. 一端固定，一端自由的丝杠支承方式适用于（　　）。

A. 丝杠较短或丝杠垂直安装的场合　　B. 位移精度要求较高的场合

C. 刚度要求较高的场合　　D. 以上三种场合

5. 滚珠丝杠预紧的目的是（　　）。

A. 增加阻尼比，提高抗振性　　B. 提高运动平稳性

C. 消除轴向间隙和提高传动刚度　　D. 加大摩擦力，使系统能自锁

6. 滚珠丝杠螺母副消除轴向间隙的目的是（　　）。

A. 减小摩擦力矩　　B. 提高使用寿命

C. 提高反向传动精度　　D. 增大驱动力矩

7. 一般（　　）对滚珠丝杠上的润滑脂更换一次。

A. 每月　　B. 每半年　　C. 每年　　D. 每两年

8. 滚珠丝杠螺母副在垂直传动或水平放置的高速大惯量传动中，必须安装制动装置，这是为了（　　）。

A. 提高定位精度　　B. 防止逆向传动　　C. 减小电动机驱动力矩

9. 塑料导轨两导轨面间的摩擦力为（　　）。

A. 滑动摩擦　　B. 滚动摩擦　　C. 液体摩擦

10. 数控机床导轨按接合面的摩擦性质可分为滑动导轨、滚动导轨和（　　）导轨三种。

A. 贴塑　　B. 静压　　C. 动摩擦　　D. 静摩擦

11. （　　）不是滚动导轨的缺点。

A. 动、静摩擦因数很接近　　B. 结构复杂　　C. 防护要求高

12. 滚动导轨预紧的目的是（　　）。

A. 提高导轨的强度　　B. 提高导轨的接触刚度　　C. 减少牵引力

13. 目前机床导轨中应用最普遍的导轨形式是（　　）。

A. 静压导轨　　B. 滚动导轨　　C. 滑动导轨

14. 参数3111#0位SVS表示（　　）。

A. 是否显示伺服设定画面、伺服调整画面　　B. 是否显示主轴画面

C. 是否只显示伺服设定画面　　D. 是否只显示伺服调整画面

15. 参数3112#0=1能显示（　　）。

A. 程序仿真轨迹　　B. 程序仿真图形

C. 伺服调整画面　　D. 伺服波形诊断画面

16. 参数3112#0=1应用结束后，应使参数No. 3112#0设定为（　　）。

A. 1　　B. 2　　C. 3　　D. 0

17. 若参数DFS（No. 14476#0）=0，则自动设定参数是（　　）。

A. No. 2023　　B. No. 1023　　C. No. 1024　　D. No. 1223

18. 若参数DFS（N0. 14476#0）=1，则自动设定参数是（　　）。

A. No. 1920　　B. No. 1930　　C. No. 1910　　D. No. 1940

19. 若参数IDW（No. 13112#0）=1，则说明对伺服或主轴的信息画面进行编辑（　　）。

A. 禁止　　B. 不禁止

C. 无关　　D. 与其他参数配合

三、判断题（正确的划“√”，错误的划“×”）

1. （　　）数控机床的导轨主要用润滑脂。

2. （　　）滚珠丝杠副实现无间隙传动，定位精度高，刚度好。

3. （　　）滚珠丝杠副有高的自锁性，不需要增加制动装置。

4. （　　）滚珠在循环过程中有时与丝杠脱离接触的称为内循环。

5. （　　）直线电动机次级部件与机床固定部件之间有一层隔热材料和空气层，连接的螺栓及次级冷却回路所用的冷却管材料均采用导热性较差的铝。

6. (　　) 贴塑导轨摩擦因数低，摩擦因数在0.03～0.05范围内，且耐磨性、减振性、工艺性均好，广泛应用于大型数控机床。

7. (　　) 注塑导轨在调整好固定导轨和运动导轨间的相对位置精度后注入塑料，可节省很多工时，适用于大型和重型机床。

8. (　　) 在数控机床中常用滚珠丝杠，用滚动摩擦代替滑动摩擦。

9. (　　) 在滚珠丝杠螺母副轴向间隙的调整方法中，常用双螺母结构形式，其中以齿差调隙式调整最为精确方便。

10. (　　) 在开环和半闭环数控机床上，定位精度主要取决于进给丝杠的精度。

11. (　　) 伺服系统的执行机构常采用直流或交流伺服电动机。

12. (　　)“GRID”信号可以理解为是在所找到的物理栅格基础上再加上“栅格偏移量”后生成的点。

13. (　　) 所谓绝对回零（参考点），就是采用增量位置编码器建立机床零点，并且一旦零点建立，无需每次通电后回零。

14. (　　) 传统的增量式编码器，在机床断电后不能够将零点保存，所以每遇断电再接通电源后，均需要操作者进行返回零点操作。

15. (　　) 外置脉冲编码器与光栅尺的设置方法为：通常，将电动机每转动一圈的反馈脉冲数作为参考计数器容量予以设定。

第五章

自动换刀装置的结构与维护

为进一步提高数控机床的加工效率，数控机床正向着工件在一台机床一次装夹即可完成多道工序或全部工序加工的方向发展。由于这类多工序加工的数控机床在加工中使用多种刀具，因此必须有自动换刀装置，以便选用不同刀具，完成不同工序的加工工艺。自动换刀装置应具备换刀时间短、刀具重复定位精度高、有足够的刀具储备量、占地面积小、安全可靠等特性。在数控车床上常采用刀架换刀，如图 5-1 所示。在加工中心上常采用刀库换刀，如图 5-2 所示。

a)

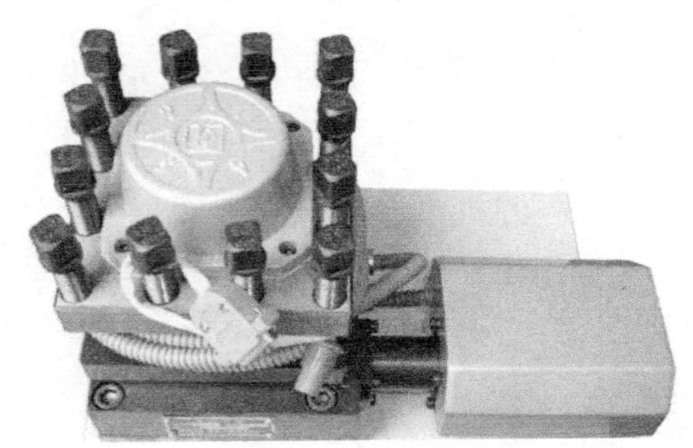

b)

c)

d)

图 5-1　刀架换刀

a）回转刀架　b）四工位方刀架　c）排刀架　d）带动力刀具的刀架

图 5-2　刀库换刀

a）盘式刀库　b）斗笠式刀库　c）链式刀库　d）加长链条式刀库

【学习目标】

能看懂数控机床自动换刀装置（刀架、刀库与机械手）的装配图；掌握自动换刀装置的工作原理；掌握数控机床自动换刀装置的维护方法。

【知识构架】

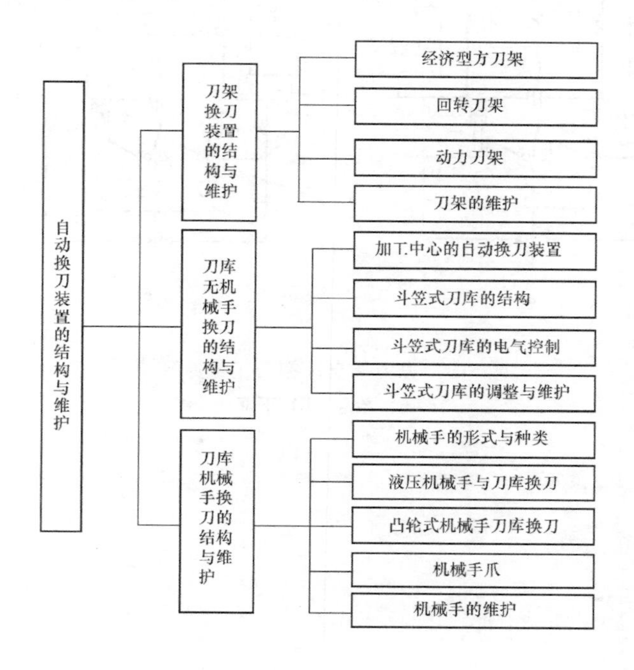

第一节 刀架换刀装置的结构与维护

【学习目标】

- 掌握常用刀架的工作原理
- 能看懂常用刀架的装配图
- 能看懂刀架的电气图
- 会对常用刀架进行维护与保养

【学习内容】

一、经济型方刀架

1. 刀架的结构

以经济型数控车床方刀架为例介绍其结构。经济型数控车床方刀架是在普通车床四方刀架的基础上发展的一种自动换刀装置，其功能和普通四方刀架一样：有四个刀位，能装夹四把不同功能的刀具，方刀架回转90°时，刀具交换一个刀位，但方刀架的回转和刀位号的选择是由加工程序指令控制的。图5-3所示为其自动换刀工作原理图（其中零件标识与图5-4同）。图5-4所示为WED4型方刀架结构图，主要由电动机1、刀架底座5、刀架体7、蜗轮丝杠4、定位齿盘6、转位套9等组成，其零部件见表5-1。

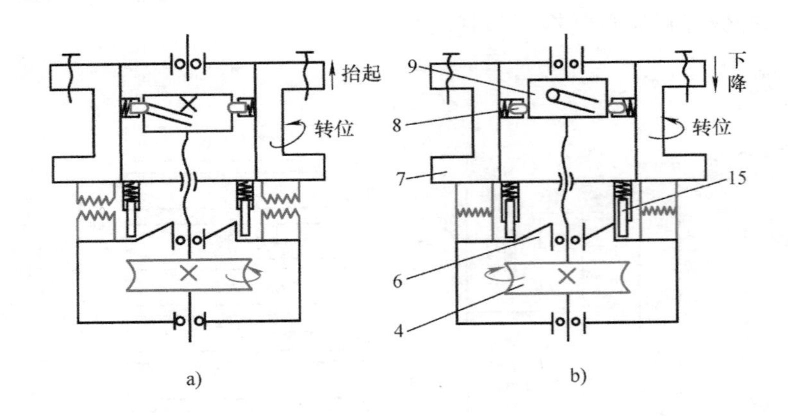

图5-3 方刀架自动换刀工作原理图

a）抬起 b）下降

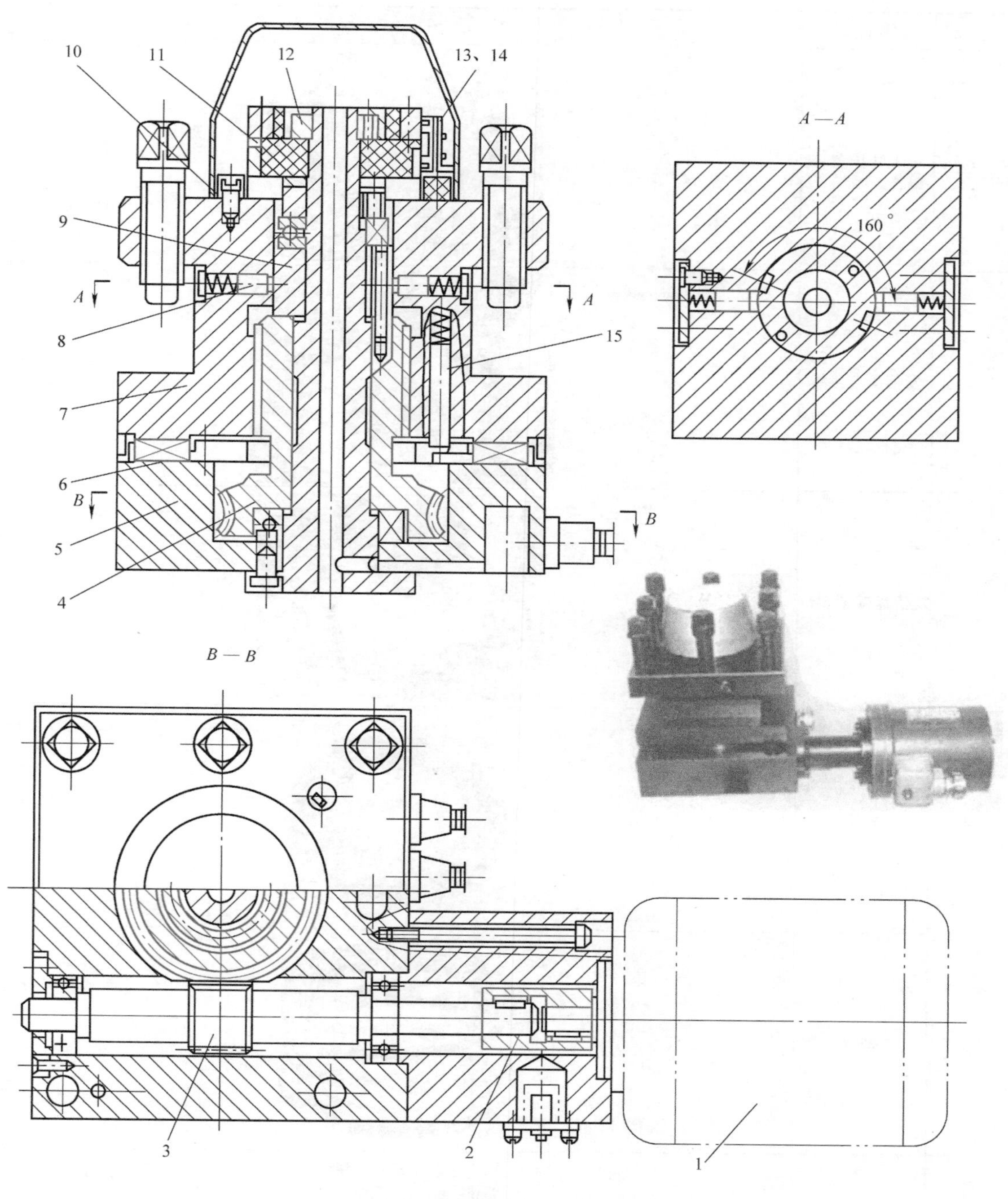

图 5-4　WED4 型方刀架结构图

1—电动机　2—联轴器　3—蜗杆轴　4—蜗轮丝杠　5—刀架底座　6—定位齿盘　7—刀架体
8—球头销　9—转位套　10—电刷座　11—发信体　12—螺母　13、14—电刷　15—粗定位销

表 5-1　经济型方刀架零部件

序号	零部件	图　示
1	上防护盖	
2	发信盘连接线	
3	发信盘锁紧螺母	
4	磁钢	
5	轴承	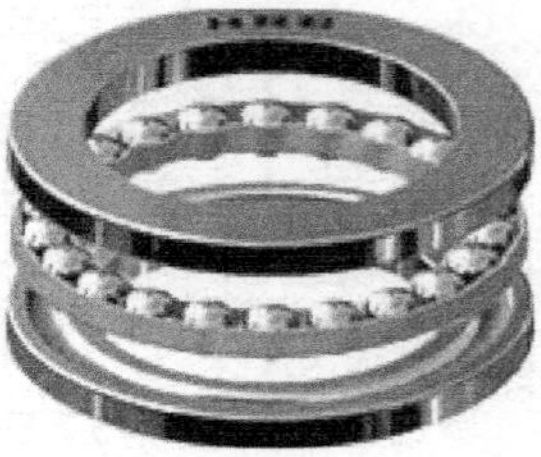
6	转位盘	

（续）

序号	零部件	图　示
7	刀架体	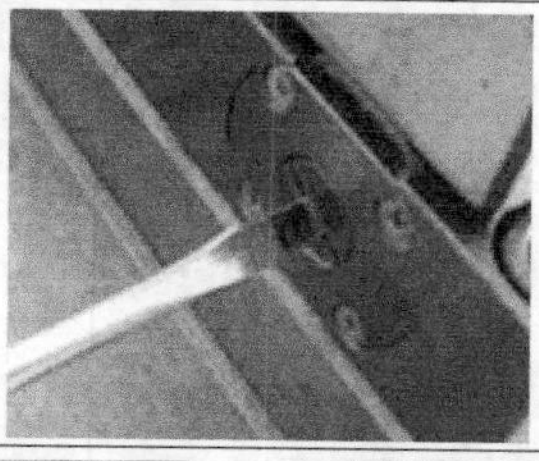
8	上齿盘	 
9	下齿盘	
10	刀架底座	
11	刀架轴和蜗轮丝杠	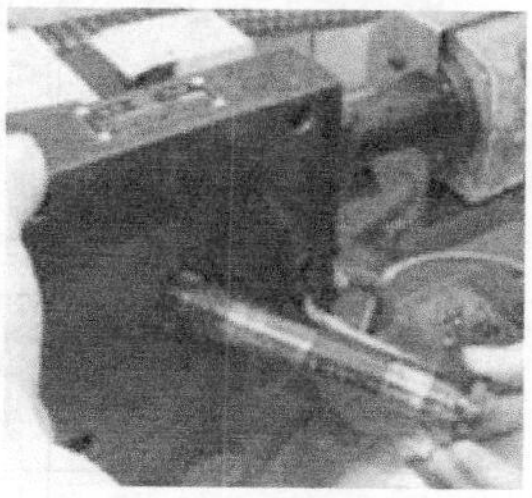
12	丝杠蜗轮	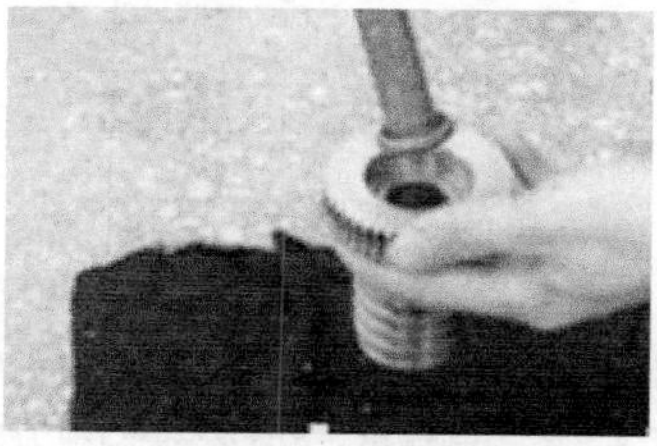

2. 刀架的电气控制

图 5-5 所示为四工位立式回转刀架的电路控制图，主要是通过控制两个交流接触器来控制刀架电动机的正转和反转，进而控制刀架的正转和反转的。图 5-6 所示为刀架的 PMC 系统控制的输入及输出回路，其换刀流程图如图 5-7 所示。

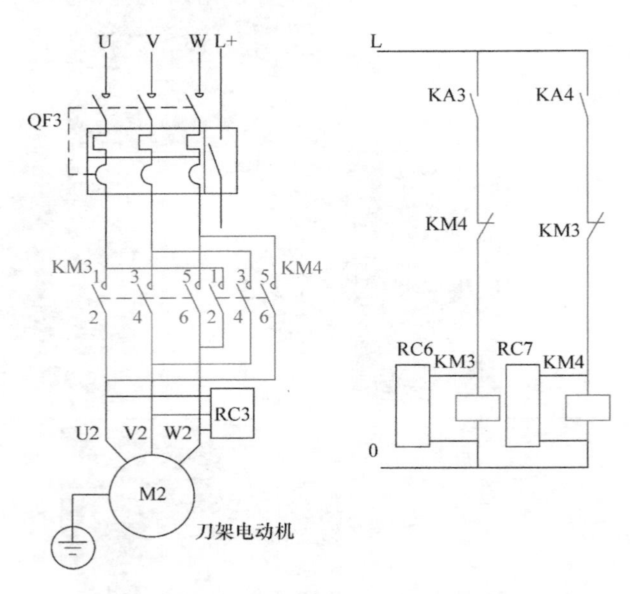

图 5-5　四工位立式回转刀架的电路控制图

M2—刀架电动机　KM3、KM4—刀架电动机正、反转控制交流接触器　QF3—刀架电动机带过载保护的电源断路器
KA3、KA4—刀架电动机正、反转控制中间继电器　RC3—三相灭弧器　RC6、RC7—单相灭弧器

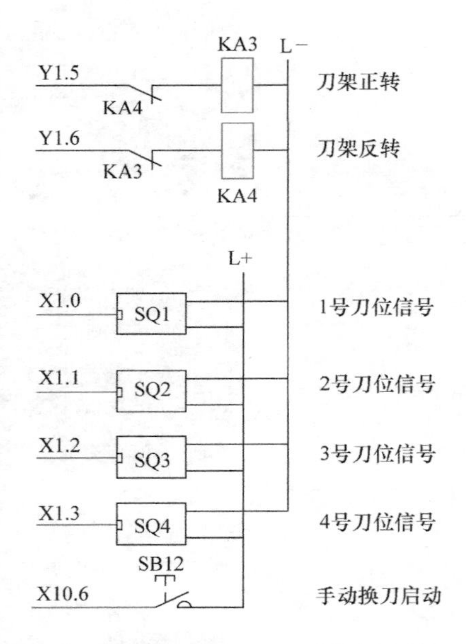

图 5-6　四工位立式回转刀架的 PMC 系统控制的输入及输出回路图

X1. 0 ~ X1. 3—1 ~ 4 号刀到位信号输入　X10. 6—手动刀位选择按钮信号输入　Y1. 5—刀架正转继电器控制输出
Y1. 6—刀架反转继电器控制输出　SB12—手动换刀启动按钮　SQ1 ~ SQ4—刀位检测霍尔开关

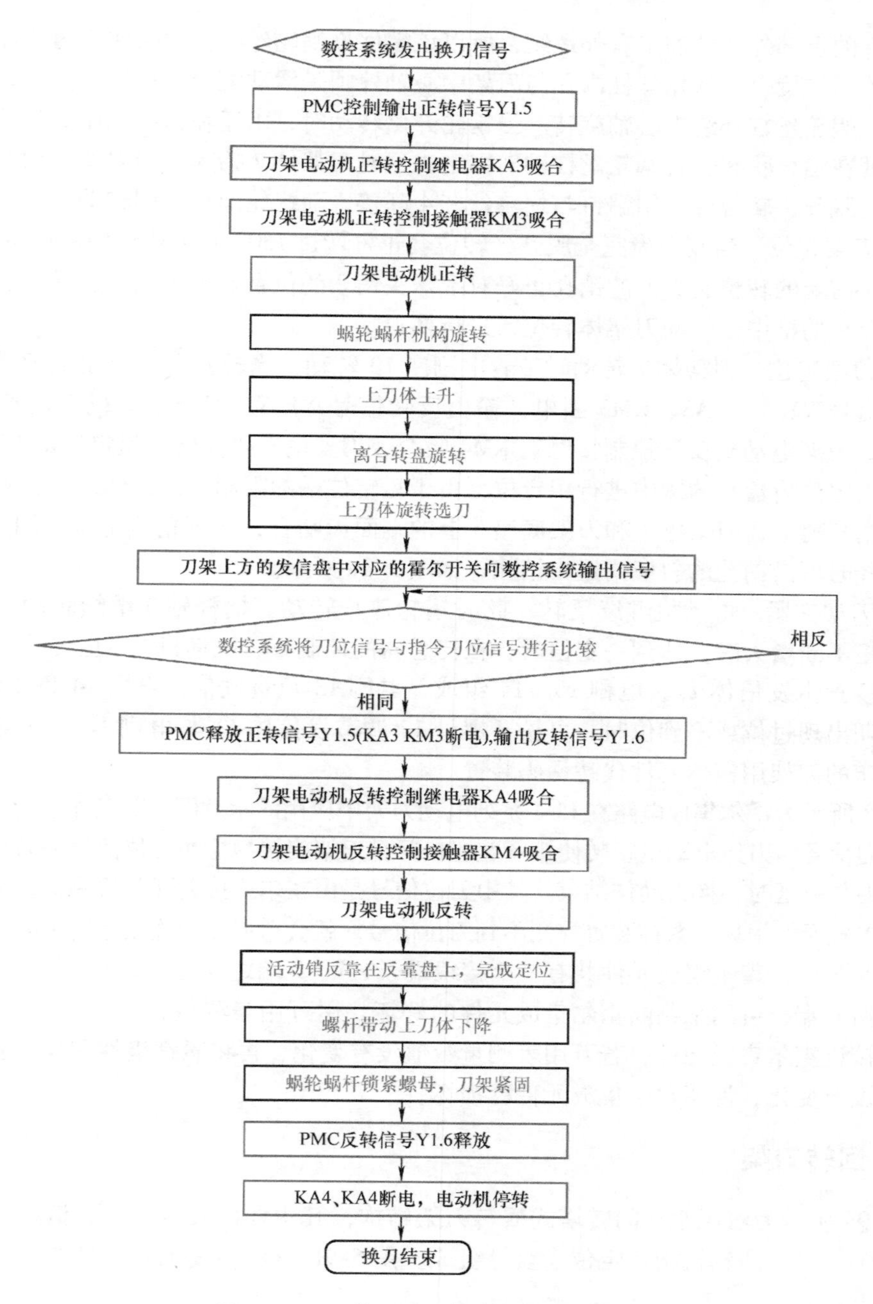

图 5-7 四工位立式回转刀架换刀流程图

3. 工作原理

换刀时方刀架的动作顺序是：刀架抬起、刀架转位、刀架定位和夹紧。

（1）刀架抬起 该刀架可以安装四把不同的刀具，转位信号由加工程序指定。数控系统发出换刀指令后，PMC 控制输出正转信号 Y1.5（见图 5-6），刀架电动机正转控制继电器 KA3 吸合（见图 5-5），刀架电动机正转控制接触器 KM3 吸合（见图 5-5），小型电动机 1（见图 5-4）起动正转，通过平键套筒联轴器 2 使蜗杆轴 3 转动，从而带动蜗轮丝杆 4 转动。

由于该零件的上部外圆柱加工有外螺纹，所以该零件称蜗轮丝杠。刀架体 7 内孔加工有内螺纹，与蜗轮丝杠旋合。蜗轮丝杠内孔与刀架中心轴外圆是滑动配合，在转位换刀时，中心轴固定不动，蜗轮丝杠环绕中心轴旋转。当蜗轮开始转动时，由于在刀架底座 5 和刀架体 7 上的端面齿处在啮合状态，且蜗轮丝杠轴向固定，这时刀架体 7 抬起。当刀架体抬至一定距离后，端面齿脱开，转位套 9 用销钉与蜗轮丝杠 4 联接，随蜗轮丝杠一同转动。

（2）刀架转位　当端面齿完全脱开，转位套正好转过 160°（见图 5-4 中 *A*—*A* 剖示图），蜗轮丝杠 4 前端的转位套 9 上的销孔正好对准球头销 8 的位置。球头销 8 在弹簧力的作用下进入转位套 9 的槽中，带动刀架体转位，进行换刀。

（3）刀架定位　刀架体 7 转动时带着电刷座 10 转动，当转到程序指定的刀号时，PMC 释放正转信号 Y1.5，KA3、KM3 断电，输出反转信号 Y1.6，刀架电动机反转控制继电器 KA4 吸合，刀架电动机反转控制接触器 KM4 吸合，刀架电动机反转，粗定位销 15 在弹簧的作用下进入定位齿盘 6 的槽中进行粗定位，由于粗定位槽的限制，刀架体 7 不能转动，使其在该位置垂直落下，刀架体 7 和刀架底座 5 上的端面齿啮合，实现精确定位。同时球头销 8 在刀架下降时可沿销孔的斜楔槽退出销孔，如图 5-3a 所示。

（4）刀架夹紧　电动机继续反转，此时蜗轮停止转动，蜗杆轴 3 继续转动，随夹紧力增加，转矩不断增大时，达到一定值时，在传感器的控制下，电动机 1 停止转动。

译码装置由发信体 11、电刷 13、14 组成，电刷 13 负责发信，电刷 14 负责位置判断。刀架不定期出现过位或不到位时，可松开螺母 12 调节发信体 11 与电刷 14 的相对位置。有些数控机床的刀架用霍尔元件代替译码装置。

图 5-8 所示为霍尔集成电路在 LD4 系列电动刀架中应用的示意图。其动作过程为：数控装置发出换刀信号→刀架电动机正转使锁紧装置松开且刀架旋转→检测刀位信号→刀架电动机反转定位并夹紧→延时→换刀动作结束。其中刀位信号是由霍尔式接近开关检测的，如果某个刀位上的霍尔式元件损坏，数控装置检测不到刀位信号，就会造成刀台连续旋转不能定位。

在图 5-8 中，霍尔集成元件共有三个接线端子，1、3 端之间是 +24V 直流电源电压，2 端是输出信号端，可用来判断霍尔集成元件的好坏。用万用表测量 2、3 端的直流电压，人为将磁铁接近霍尔集成元件，若万用表测量数值没有变化，再将磁铁极性调换；若万用表测量数值还没有变化，说明霍尔集成元件已损坏。

二、回转刀架

图 5-9a 所示为液压驱动的转塔式回转刀架结构，其主要由液压马达、液压缸、刀盘及刀架中心轴、转位凸轮机构、定位齿盘等组成。图 5-9b 所示为其工作原理图。回转刀架换刀过程如下：

（1）刀盘松开　液压缸 1 右腔进油，活塞推动刀架中心轴 2 将刀盘 3 左移，使齿盘 4、5 脱开啮合，松开刀盘。

（2）刀盘转位　齿盘脱开啮合后，液压马达带动转位凸轮 6 转动。凸轮每转一周拨过一个柱销 8，通过回转盘 7 便带动中心轴及刀盘转 $1/n$ 周（n 为拨销数），直至刀盘转到指定的位置，液压马达刹车，完成转位。

（3）刀盘定位与夹紧　刀盘转位结束后，液压缸 1 左腔进油，活塞将刀架中心轴 2 和刀盘拉回，齿盘重新啮合，液压缸 1 左腔仍保持一定压力将刀盘夹紧。

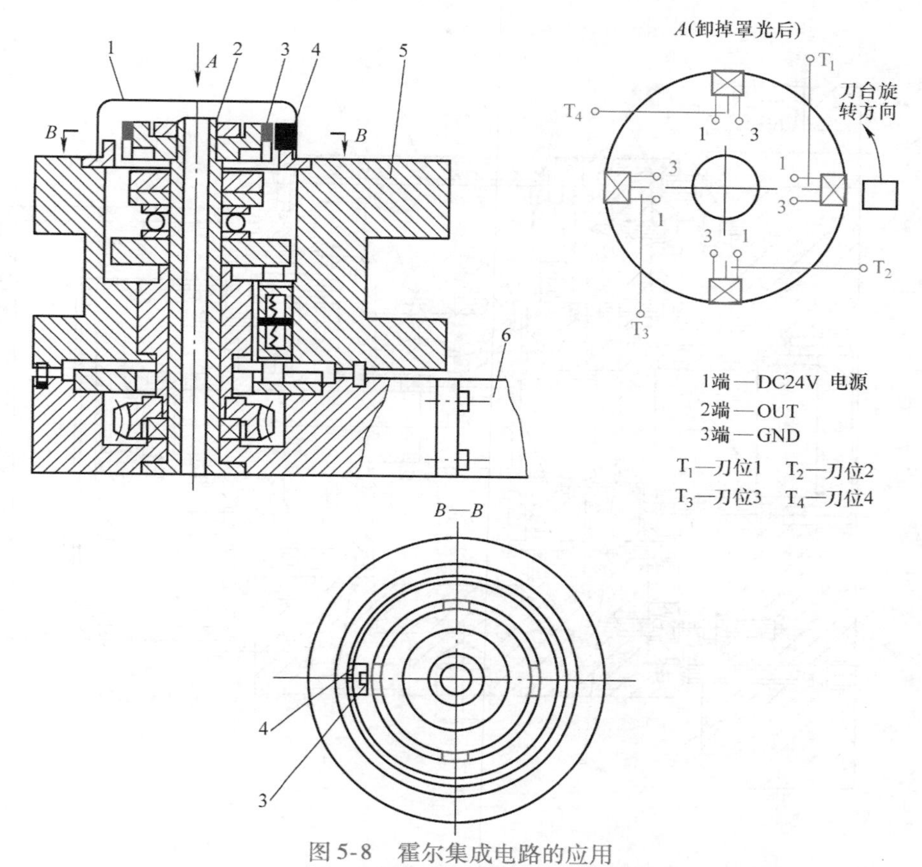

图 5-8　霍尔集成电路的应用

1—罩壳　2—定轴　3—霍尔集成电路　4—磁钢　5—刀台　6—刀架座

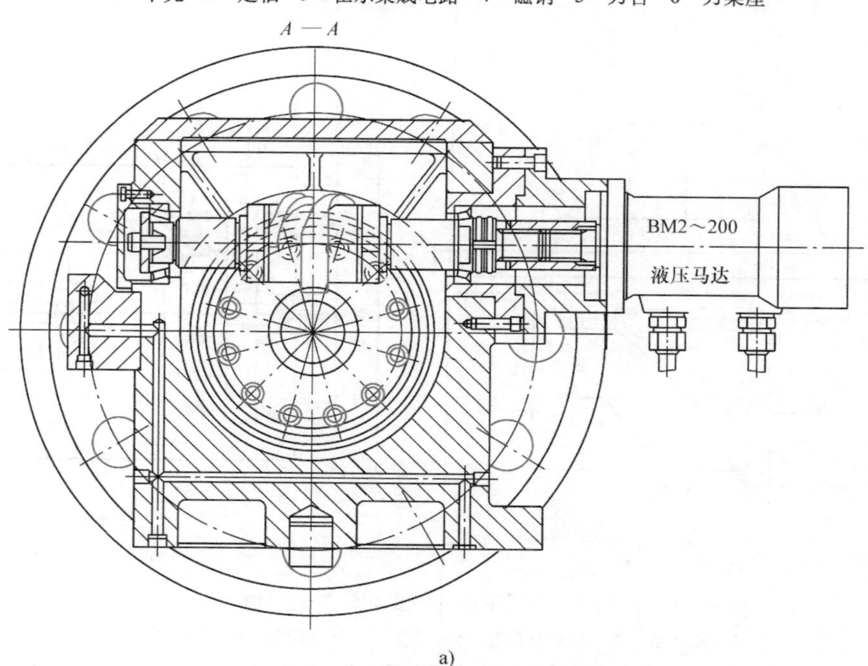

图 5-9　液压驱动转塔式回转刀架

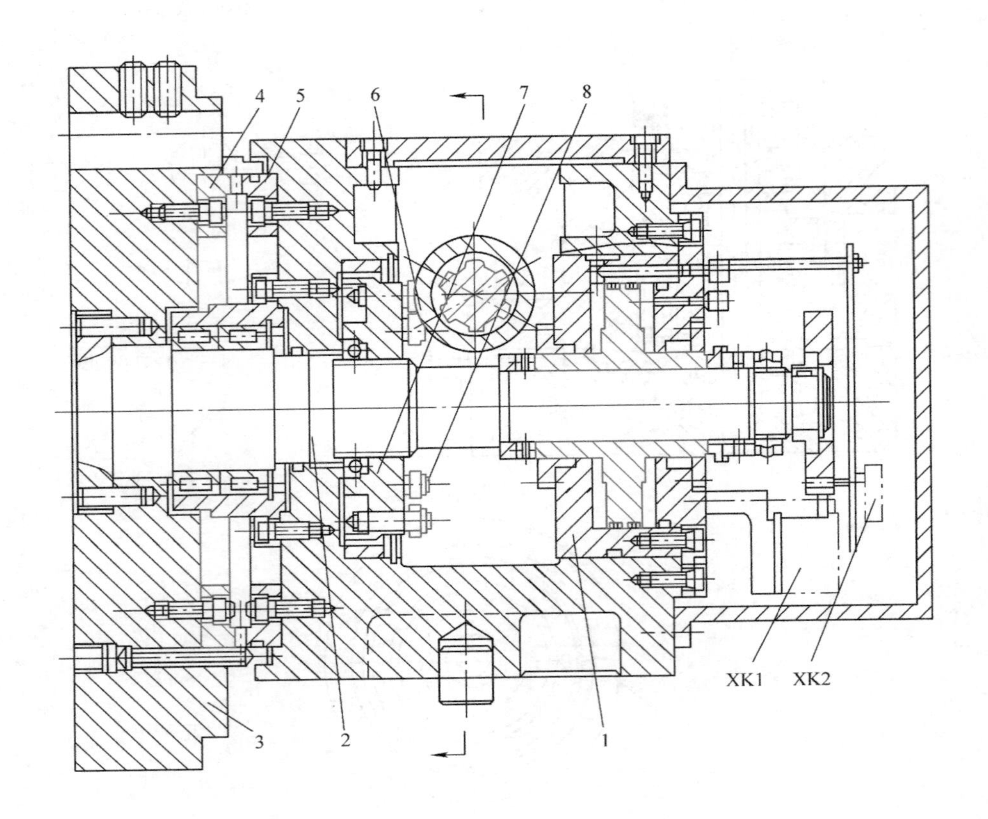

a)

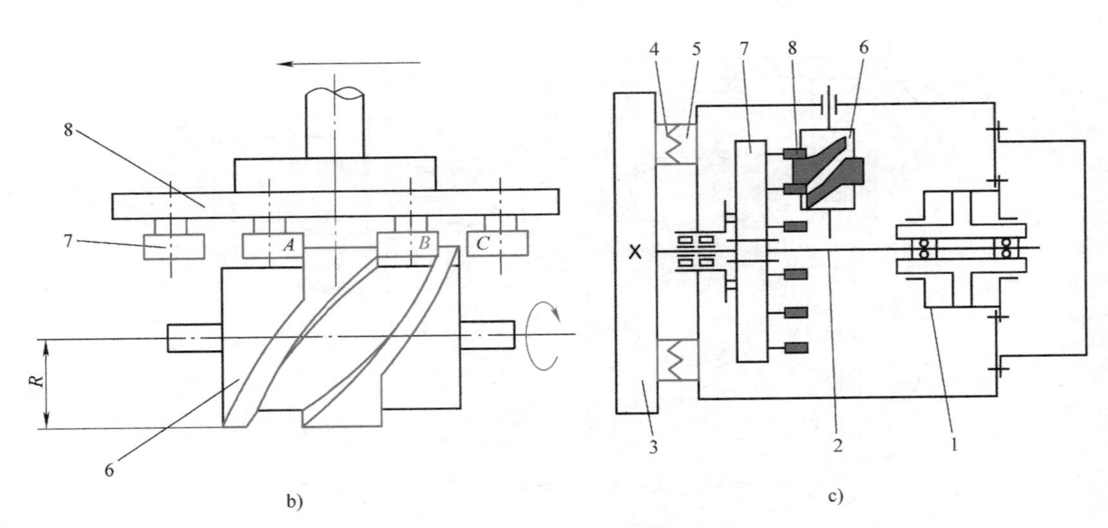

b)　　c)

图 5-9　液压驱动转塔式回转刀架（续）

1—液压缸　2—刀架中心轴　3—刀盘　4、5—齿盘　6—转位凸轮
7—回转盘　8—分度柱销　XK1—计数行程开关　XK2—啮合状态行程开关

三、动力刀架

图5-10a所示为车削中心用的动力转塔刀架。其刀盘上安装动力刀夹进行主动切削，可加工工件端面或圆柱面上与工件不同心的表面。动力刀架还可配合主轴完成车、铣、钻、镗等各种复杂工序，扩展车削中心的工艺范围。动力刀架的刀盘上也可安装非动力刀夹，夹持刀具进行一般的车削加工。

动力刀夹与非动力刀夹的主要区别是：动力刀夹具有动力传递装置，其刀夹尾部有端面键，可与动力输出轴的离合器啮合，使刀具旋转。而非动力刀夹则无此结构，如图5-10b所示。

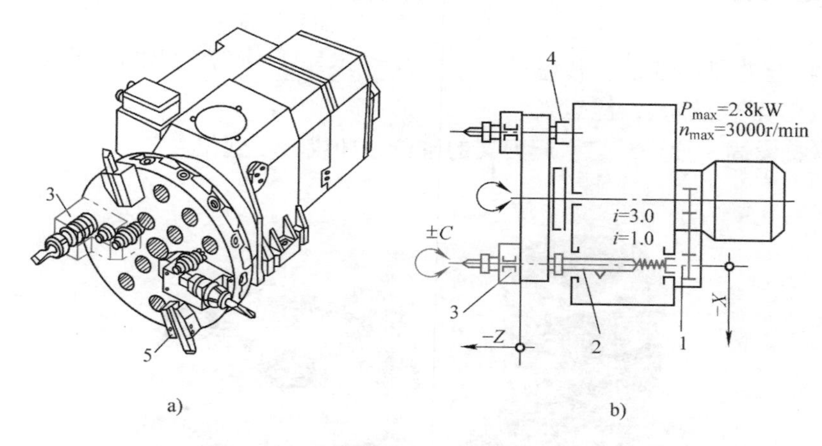

图5-10 动力刀架

1—动力输出轴 2—离合器 3—动力刀夹 4—端面键 5—非动力刀夹

四、刀架的维护

刀架的维护与维修，一定要紧密结合起来，维修中容易出现故障的地方，就要加以重点维护。刀架的维护主要包括以下几个方面。

1）每次上下班清扫散落在刀架表面上的灰尘和切屑。刀架体类部件容易积留一些切屑，几天就会粘连成一体，清理起来很费事，且容易与切削液混合氧化腐蚀等。特别是刀架体都是旋转时抬起，到位后反转落下，最容易将未及时清理的铁屑卡在里面。故应每次上下班对刀架表面切屑、灰尘进行清理，防止其进入刀架体内。

2）及时清理刀架体上的异物，防止其进入刀架内部，保证刀架换位的顺畅无阻，利于刀架回转精度的保持（见图5-11）；及时拆开并清洁刀架内部机械接合处，否则容易产生故障，如内齿盘上有碎屑就会造成夹紧不牢或导致加工尺寸变化；定期对电动刀架进行清洁处理，包括拆开电动刀架、定位齿盘并进行清扫。

3）严禁超负荷使用。

4）严禁撞击、挤压通往刀架的连线。

5）减少刀架被间断撞击（断续切削）的机会，保持良好操作习惯，严防刀架与卡盘、尾座等部件的碰撞。

6）保持刀架的润滑良好，定期检查刀架内部润滑情况（见图5-12）。如果润滑不良，易造成旋转件研死，导致刀架不能起动。

7）尽可能减少腐蚀性液体的喷溅，无法避免时，下班后应及时擦拭涂油。

8）注意刀架预紧力的大小要调节适度，如过大会导致刀架不能转动。

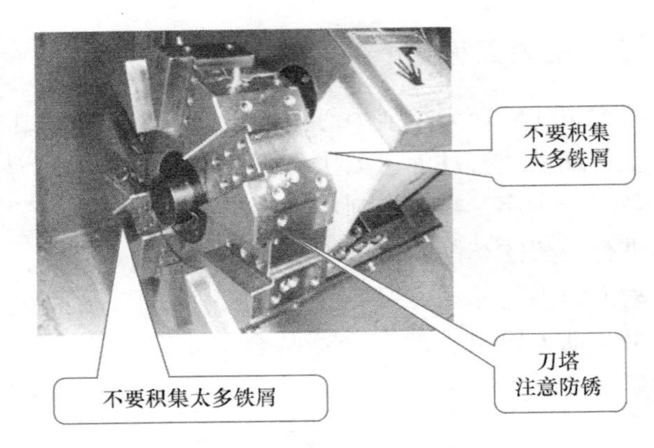

图5-11　清理刀架体上的异物

9）经常检查并紧固连线、传感器元件盘（发信盘）、磁铁，注意发信盘螺母应联接紧固，如松动易引起刀架的越位过冲或转不到位。

图5-12　刀架内部润滑

10）定期检查刀架内部机械配合是否松动，否则容易造成刀架不能正常夹紧故障。

11）定期检查刀架内部后靠定位销、弹簧、后靠棘轮等是否起作用，以免造成机械卡死。

第二节　刀库无机械手换刀的结构与维护

【学习目标】

- 掌握加工中心自动换刀装置的种类
- 掌握斗笠式刀库的结构与电气控制方式
- 会对斗笠式刀库进行维护与保养

【学习内容】

一、加工中心的自动换刀装置

加工中心的自动换刀装置可分为五种基本形式，即转塔式、180°回转式、回转插入式、二轴转动式和主轴直接式，主轴直接式有斗笠式刀库换刀与圆盘式刀库换刀。自动换刀的刀具固定在专用刀夹内，每次换刀时将刀夹直接装入主轴。

1. 转塔式换刀方式

转塔式换刀是最早的自动换刀方式。转塔式换刀装置如图5-13所示，转塔由若干与铣床动力头相连接的主轴组成。在运行程序之前将刀具分别装入主轴，需要哪把刀具时，转塔就转到相应的位置。

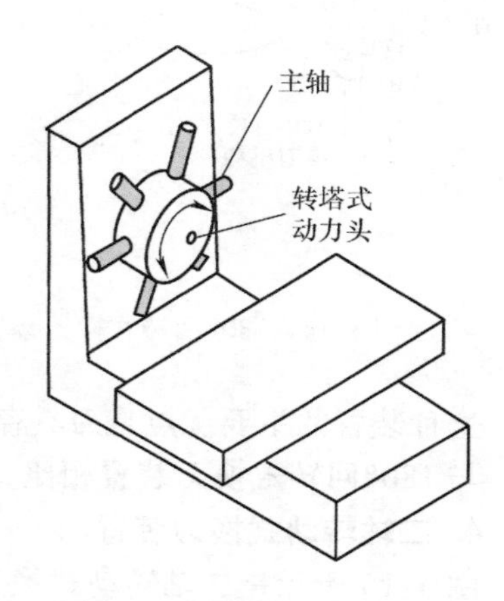

图5-13 转塔式换刀装置

这种装置的缺点是主轴的数量受到限制。当要使用数量多于主轴数的刀具时，操作者必须卸下已用过的刀具，将刀具和刀夹一起换下。这种换刀方式换刀速度很快。目前NC钻床等还在使用转塔式刀库。

2. 180°回转式换刀装置

最简单的换刀装置是180°回转式换刀装置，如图5-14所示。接到换刀指令后，机床控制系统便将主轴控制到指定换刀位置；与此同时，刀具库运动到适当位置，换刀装置回转并同时与主轴、刀具库的刀具相配合；拉杆从主轴刀具上卸掉，换刀装置将刀具从各自的位置上取下；换刀装置回转180°，并将主轴刀具与刀具库刀具带走；换刀装置回转的同时，刀具库重新调整其位置，以接受从主轴取下的刀具；接下来，换刀装置将要换上的刀具与卸下的刀具分别装入主轴和刀具库；最后，换刀装置转回原“待命”位置。至此，换刀完成，程序继续运行。

这种换刀装置的主要优点是结构简单，涉及的运动少，换刀快；主要缺点是刀具必须存放在与主轴平行的平面内，与侧置、后置刀具库相比，切屑及切削液易进入刀夹，因此必须对刀具另加防护。刀夹锥面上有切屑会造成换刀误差，甚至有损坏刀夹与主轴的可能。有些加工中心使用了传递杆，并将刀具库侧置。当换刀指令被调用时，传递杆将刀具库的刀具取下，转到机床前方，并定位于与换刀装置配合的位置。180°回转式换刀装置既可用于卧式机床，也可用于立式机床。

3. 回转插入式换刀装置

回转插入式换刀装置是回转式换刀装置的改进形式。回转插入机构是换刀装置与传递杆的组合。图5-15所示为回转插入式换刀装置，这种换刀装置应用在卧式加工中心上。这种换刀装置的结构设计与180°回转式换刀装置基本相同。

当接到换刀指令时，主轴移至换刀点，刀具库转到适当位置，使换刀装置从其槽内取出欲换上的刀具；换刀装置转动并从位于机床一侧的刀具库中取出刀具，换刀装置回转至机床的前方，在该位置将主轴上的刀具取下，回转180°，将欲换上的刀具装入主轴；与此同时，刀具库移至适当位置以接受从主轴取下的刀具；换刀装置转到机床的一侧，并将从主轴取下的刀具放入刀具库的槽内。

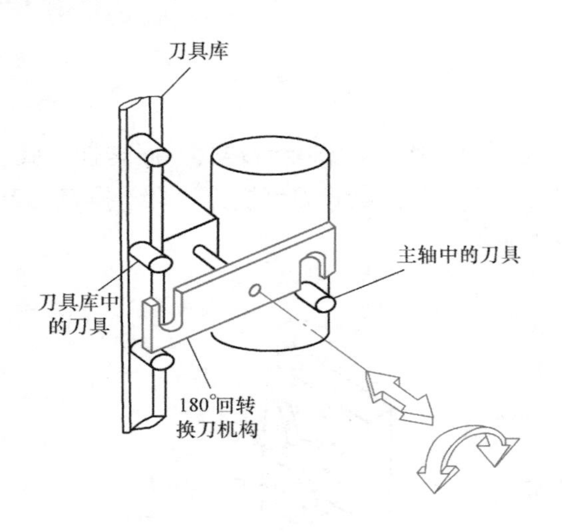

图 5-14　180°回转式换刀装置

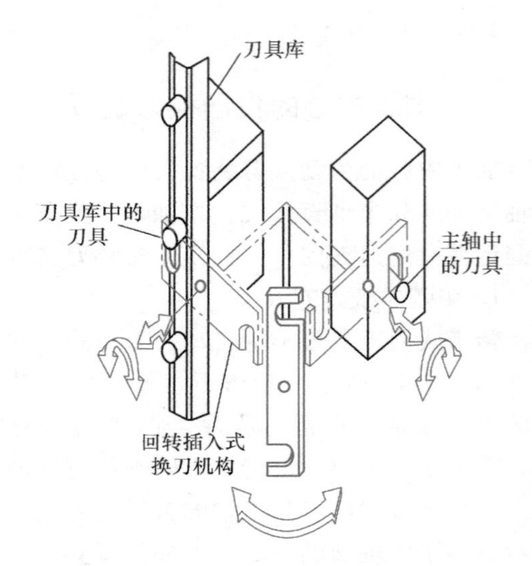

图 5-15　回转插入式换刀装置

这种装置的主要优点是刀具存放在机床的一侧，避免了切屑造成主轴或刀夹损坏的可能性。与 180°回转式换刀装置相比，其缺点是换刀过程中的动作多，换刀所用的时间长。

4. 二轴转动式换刀装置

图 5-16 所示是二轴转动式换刀装置。这种换刀装置可用于侧置或后置式刀具库，其结构特点最适用于立式加工中心。

接到换刀指令，换刀机构从“等待”位置开始运动，夹紧主轴上的刀具并将其取下，转至刀具库，并将刀具放回刀具库；从刀具库中取出欲换上的刀具，转向主轴，并将刀具装入主轴；然后返回“等待”位置，换刀完成。

这种装置的主要优点是刀具库位于机床一侧或后方，能最大限度地保护刀具。其缺点是刀具的传递次数及运动较多。这种装置在立式加工中心中的应用已逐渐被 180°回转式和主轴直接式换刀装置所取代。

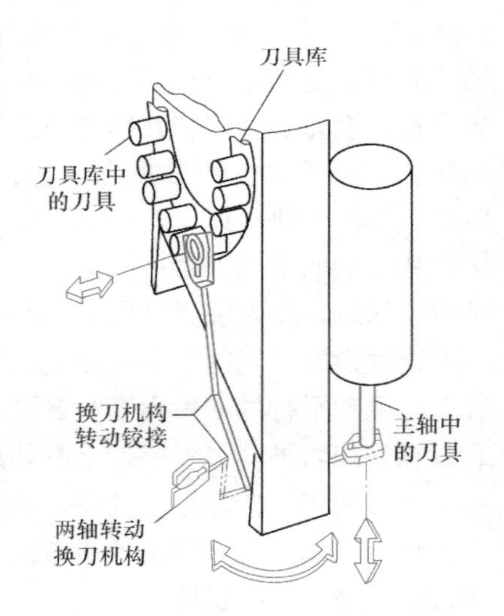

图 5-16　二轴转动式换刀装置

5. 主轴直接式换刀装置

主轴直接式换刀装置不同于其他形式的换刀装置。这种装置中，要么刀具库直接移到主轴位置，要么主轴直接移至刀具库。

(1) 圆盘式刀库换刀　图 5-17 所示为主轴直接式换刀装置在卧式加工中心中的应用。换刀时，主轴移动到换刀位置，圆盘式刀具库转至所需刀槽的位置，将刀具从“等待”位置移出至换刀位置，并与装在主轴内的刀夹配合；拉杆从刀夹中退出，刀具库前移，卸下刀具；然后刀具库转到所需刀具对准主轴的位置，向后运动，将刀具插入主轴并固定；最后，刀具库离开主轴向上移动，回到“等待”位置，换刀完成。

（2）斗笠式刀库换刀　斗笠式刀库换刀动作分解如图5-18所示，换刀过程如下。

1）主轴箱移动到换刀位置，同时完成主轴准停。

2）分度。由低速力矩电动机驱动，通过槽轮机构实现刀库刀盘的分度运动，将刀盘上接受刀具的空刀座转到换刀所需的预定位置，如图5-18a所示。

3）接刀。刀库气缸活塞杆推出，将刀盘接受刀具的空刀座送至主轴下方并卡住刀柄定位槽，如图5-18b所示。

4）卸刀。主轴松刀，主轴上移至第一参考点，刀具留在空刀座内，如图5-18c所示。

5）再分度。再次通过分度运动，将刀盘上选定的刀具转到主轴正下方，如图5-18d所示。

6）装刀。主轴下移，主轴夹刀，刀库气缸活塞杆缩回，刀盘复位，完成换刀动作，如图5-18e、f所示。

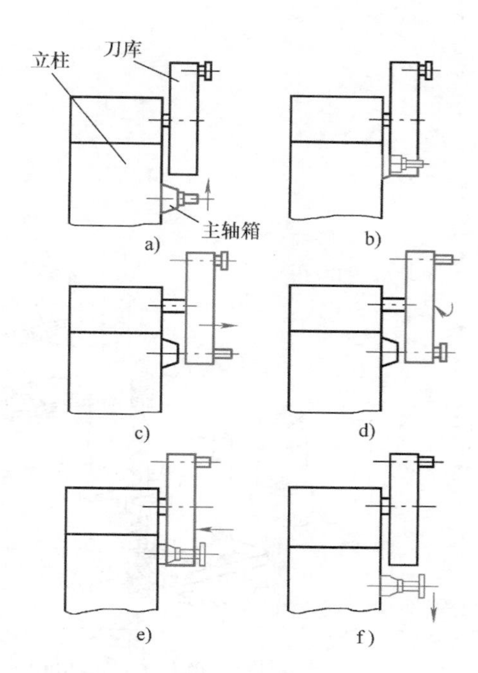

图5-17　主轴直接式换刀装置的换刀过程

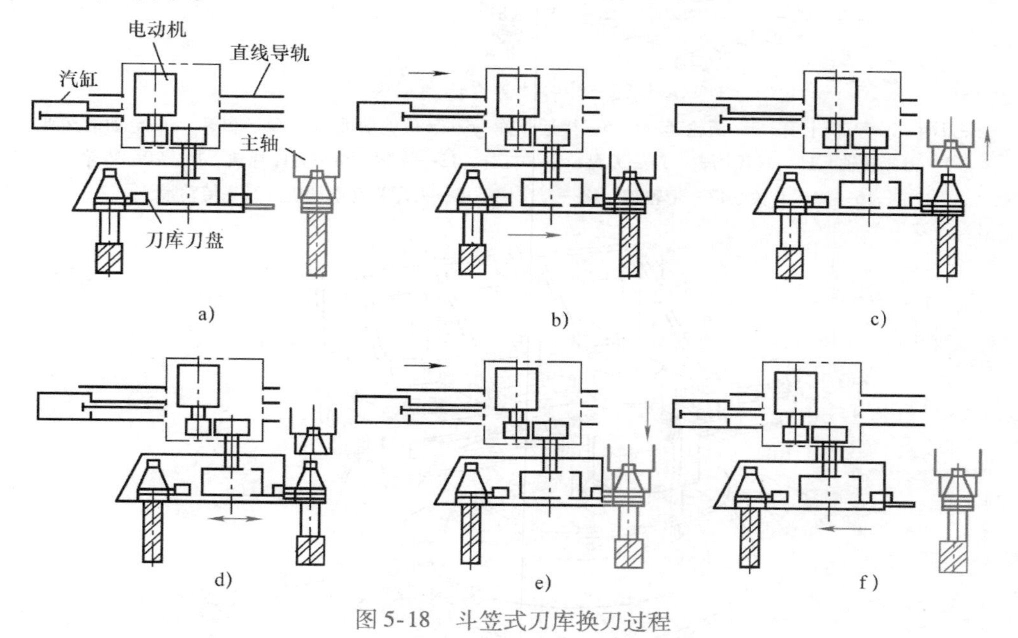

图5-18　斗笠式刀库换刀过程

二、斗笠式刀库的结构

图5-19所示为斗笠式刀库传动示意图，图5-20所示为斗笠式刀库的结构示意图。斗笠式刀库各零部件的名称和作用见表5-2。

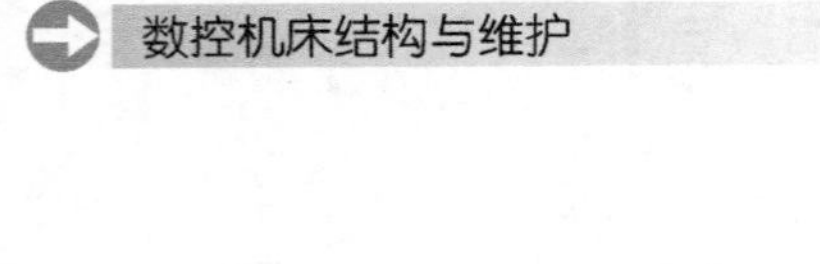

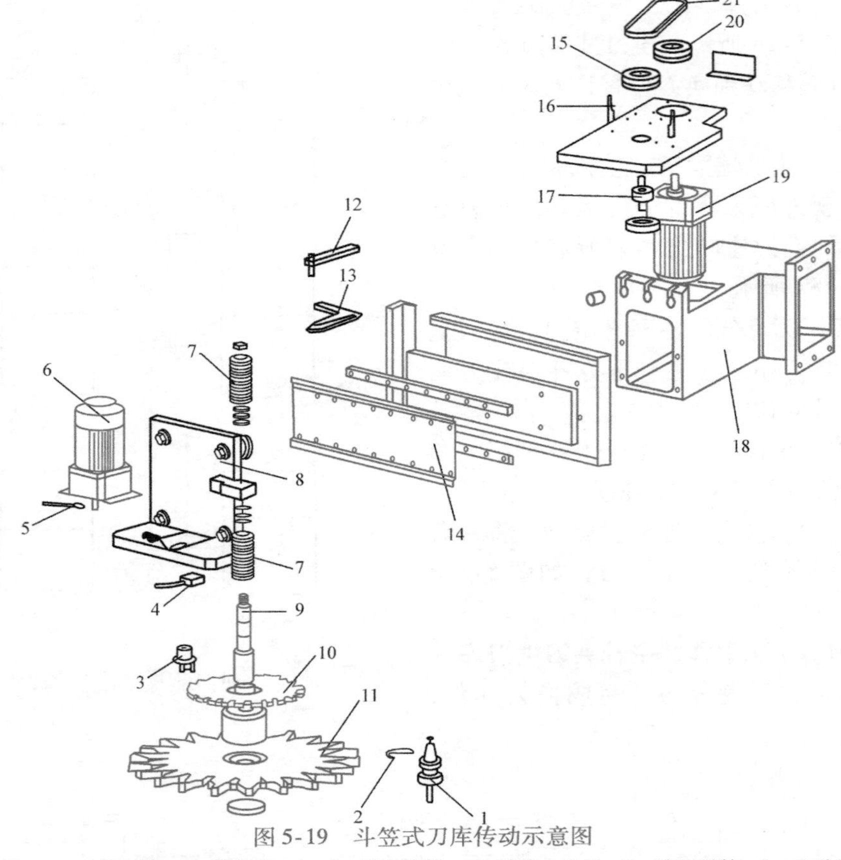

图 5-19　斗笠式刀库传动示意图

1—刀柄　2—刀柄卡簧　3—槽轮套　4、5—接近开关　6—转位电动机　7—碟形弹簧　8—电动机支架　9—刀库转轴　10—马氏槽轮　11—刀盘　12—杠杆　13—支架　14—刀库导轨　15、20—带轮　16—接近开关　17—带轮轴　18—刀库架　19—刀库移动电动机　21—传动带

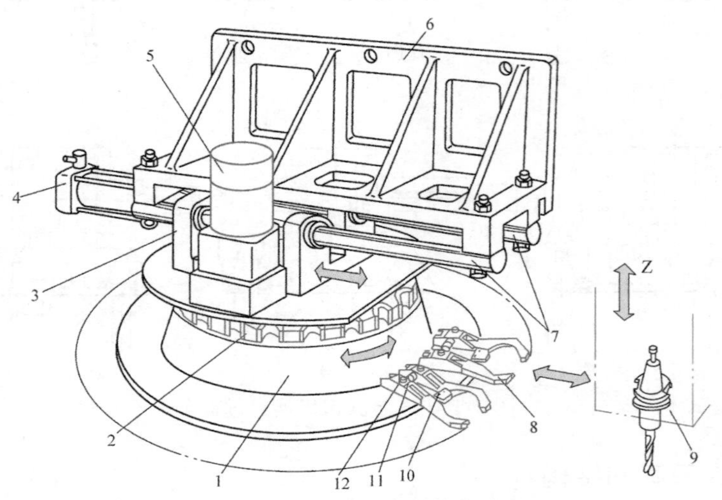

图 5-20　斗笠式刀库结构示意图

1—刀盘　2—分度轮　3—导轨滑座（和刀盘固定）　4—气缸（缸体固定在机架上，活塞与导轨滑座连接）　5—刀盘电动机　6—机架（固定在机床立柱上）　7—圆柱滚动导轨　8—刀夹　9—主轴箱　10—定向键　11—弹簧　12—销轴

表 5-2　斗笠式刀库各零部件的名称和作用

名称	图　示	作　用
刀库防护罩		防护罩起保护转塔和转塔内刀具的作用，防止加工时铁屑直接从侧面飞进刀库，影响转塔转动
刀库转塔电动机		主要是用于转动刀库转塔
刀库导轨		由两圆管组成，用于刀库转塔的支承和移动
气缸		用于推动和拉动刀库，执行换刀
刀库转塔		用于装夹备用刀具

三、斗笠式刀库的电气控制

1. 控制电路说明

机床从外部动力线获得 380V 三相交流电后，在电控柜中进行再分配，经变压器 TC1 获得三相 AC200～230V 主轴及进给伺服驱动装置电源；经变压器 TC2 获得单相 AC110V 数控系统电源、单相 AC100V 交流接触器线圈电源；经开关电源 VC1 和 VC2 获得 DC +24V 稳压电源，作为 I/O 电源和中间继电器线圈电源；同时进行电源保护，如熔断器、断路器等。图 5-21 所示为该机床电源配置。系统电气原理如图 5-22～图 5-25 所示。图 5-26 所示为换刀控制电路和主电路，表 5-3 为输入信号所用检测开关的作用，圆盘式自动换刀控制中检测开关位置如图 5-27 所示，图 5-28 所示为换刀控制中的 PLC 输入/输出信号分布。

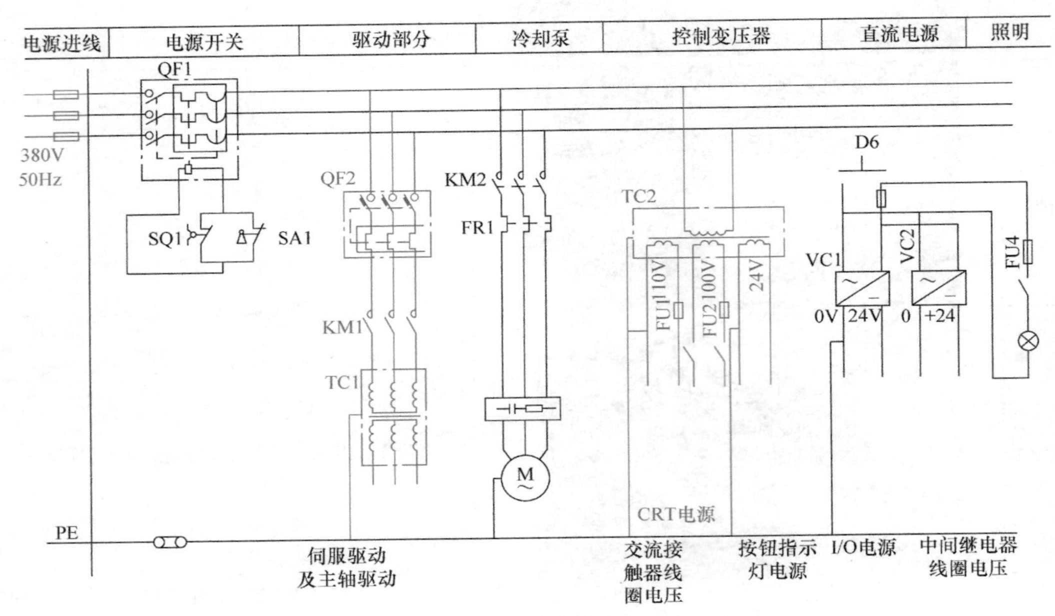

图 5-21　电源配置

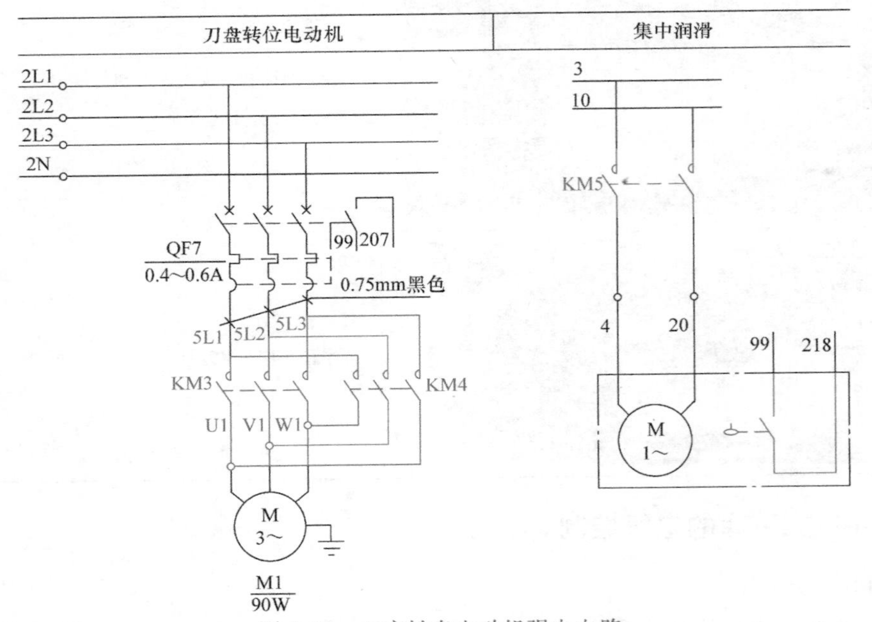

图 5-22　刀库转盘电动机强电电路

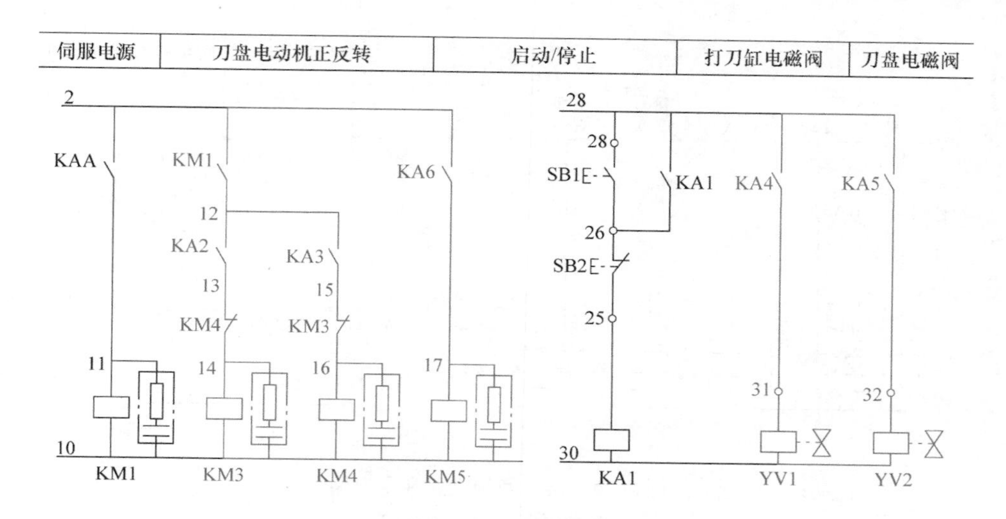

图 5-23　刀库转盘电动机正反转控制电路

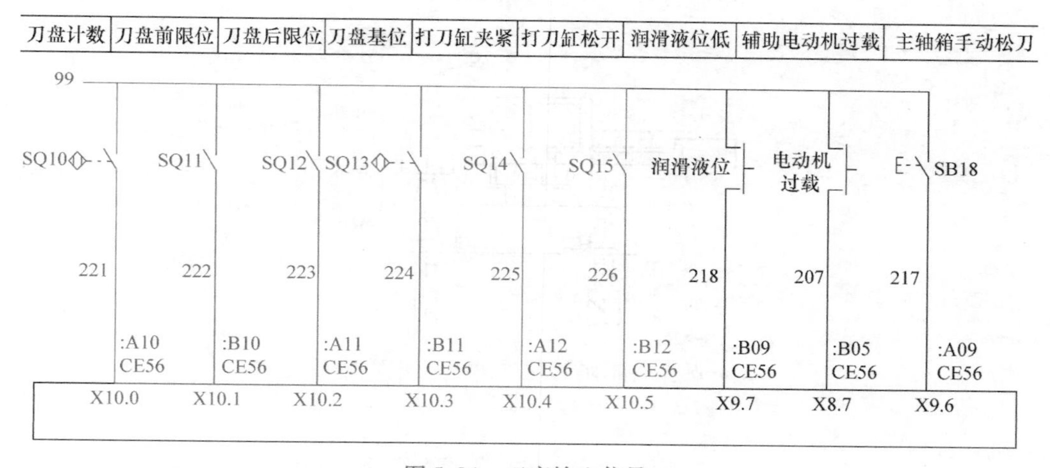

图 5-24　刀库输入信号

刀盘正转　刀盘反转　打刀缸松开　刀盘推出　集中润滑　警示灯红　警示灯绿　警示灯黄　警示灯峰鸣

DOCOM　Y1.2　Y1.3　Y1.4　Y1.5　Y1.7　Y2.0　Y2.1　Y2.2　Y2.3

CE56 :A25 :B25　CE57 :A25 :B25　CE56 :A21　CE56 :B21　CE56 :A22　CE56 :B22　CE56 :B23　CE57 :A16　CE57 :B16　CE57 :A17　CE57 :B17

410　411　412　413

红色线　绿色线　黄色线　橙色线

TL-50LLI/cgy23警示灯　黑色线

401　402　406　407　408

29

30

KA2　KA3　KA4　KA5　KA6

图 5-25　刀库输出信号

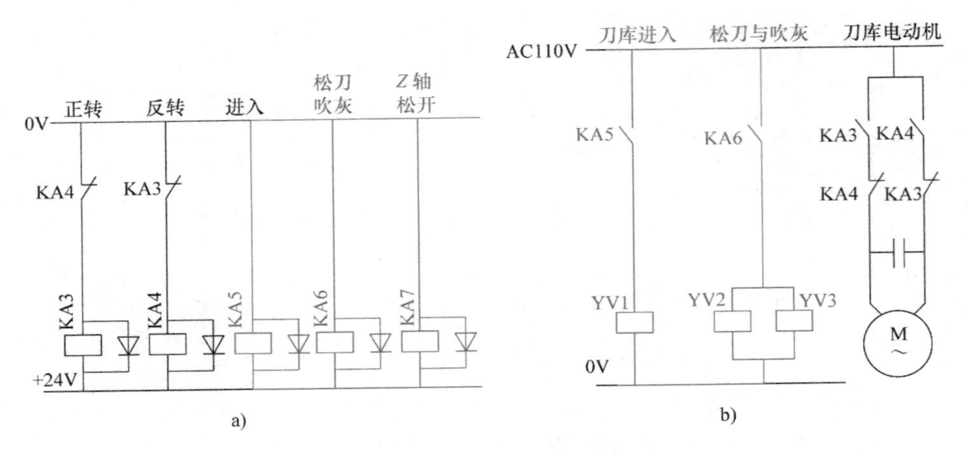

图 5-26　换刀控制电路和主电路

a）控制电路　b）主电路

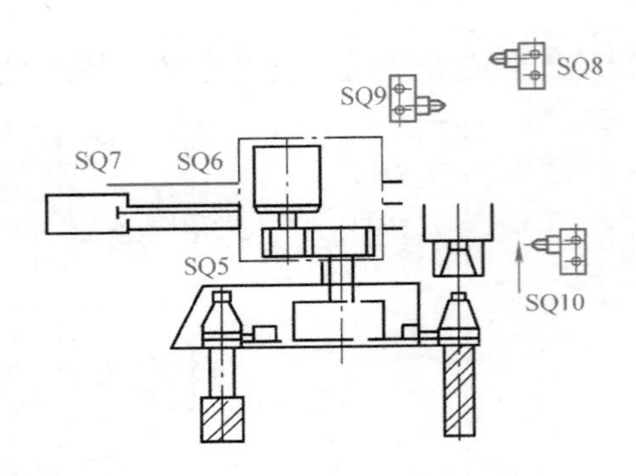

图 5-27　圆盘式自动换刀控制中检测开关位置示意图

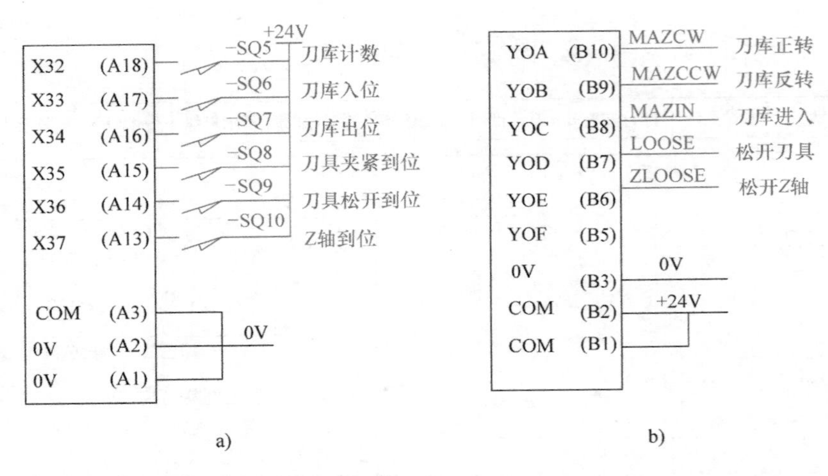

图 5-28　换刀控制中的 PLC 输入/输出信号分布

a）换刀控制中的输入信号　b）换刀控制中的输出信号

表 5-3　输入信号所用检测开关的作用

元件代号	元件名称	作　用
SQ5	行程开关	刀库圆盘旋转时，每转到一个刀位凸轮会压下该开关
SQ6	行程开关	刀库进入位置检测
SQ7	行程开关	刀库退出位置检测
SQ8	行程开关	气缸活塞位置检测，用于确认刀具夹紧
SQ9	行程开关	气缸活塞位置检测，用于确认刀具已经放松
SQ10	行程开关	此处为换刀位置检测，换刀时 Z 轴移动到此位置

2. 换刀过程

当系统接收到 M06 指令时，换刀过程如下。

1）系统首先按最短路径判断刀库旋转方向，然后令 I/O 输出端 YOA 或 YOB 为“1”，即令刀库旋转，将刀盘上接受刀具的空刀座转到换刀所需的预定位置，同时执行 Z 轴定位和执行 M19 主轴准停指令。

2）待 Z 轴定位完毕，行程开关 SQ10 被压下，且完成“主轴准停”，PLC 程序令输出端 YOC 为“1”，图 5-26a 中的 KA5 继电器线圈得电，电磁阀 YV1 线圈得电，从而使刀库进入到主轴下方的换刀位置，夹住主轴中的刀柄。此时，SQ6 被压下，刀库进入检测信号有效。

3）PLC 令输出端 YOD 为“1”，KA6 继电器线圈得电，使电磁阀 YV2、YV3 线圈通电，从而使气缸动作，令主轴中刀具放松，同时进行主轴锥孔吹气。此时 SQ9 被压下，使 I/O 输入端 X36 信号有效。

4）PLC 令主轴上移直至刀具彻底脱离主轴（一般 Z 轴上移到参考点位置）。

5）PLC 按最短路径判断出刀库的旋转方向，令输出端 YOA 或 YOB 有效，使刀盘中目标刀具转到换刀位置。刀盘每转过一个刀位，SQ5 开关被压一次，其信号的上升沿作为刀位计数的信号。

6）Z 轴下移至换刀位置，压下 SQ10，令输入端 X37 信号有效。

7）PLC 令 I/O 输出端 YOD 信号为“0”，使 KA6 继电器线圈失电，电磁阀 YV2、YV3 线圈失电，从而使气缸回退，夹紧刀具。

8）待 SQ8 开关被压下后，PLC 令 I/O 输出端 YOC 为“0”，KA5 线圈失电，电磁阀 YV1 线圈失电，气缸活塞回退，使刀库退回至其初始位置，待 SQ7 被压下，表明整个换刀过程结束。

四、斗笠式刀库的调整

机床在出厂前已经做了精确的调整，并做了几十小时的运转实验，换刀动作是准确可靠的。但考虑到机床的长时间运转或经事故、大修等原因，造成换刀位置发生变化，刀柄中心与主轴中心不重合或主轴准停位置走失，致使换刀不能正常进行时，则应进行相应的位置调整。机床换刀时，刀柄中心与主轴锥孔必须对正，刀柄上的键槽与主轴端面键也必须对正，这两点至关重要。换刀位置的调整包括刀库换刀位置的调整、主轴准停位置调整、Z 轴换刀位置调整。

1. 刀库换刀位置的调整

刀库换刀位置调整的目的是使刀库在换刀位置处，其中的刀柄中心与主轴锥孔中心在一条直线上。盘式刀库换刀位置调整可通过两个部位调整完成。

1）先将主轴箱升到最高位置，在 MDI 方式下执行 G91　G28　Z0，使 Z 轴回到第一参考点位置（换刀准备位置）；把刀库移动到换刀位置，此时刀库气缸活塞杆推出到最前位置。松开活塞杆上的背母，旋转活塞杆，此时活塞杆与固定在刀库上的关节轴承之间的相对位置将发生变化，从而改变刀库与主轴箱的相对位置（见图 5-29）。

2）在刀库的上部靠前位置，有两个调整螺钉，松开背母，旋转两个调整螺钉，可使刀库的刀盘绕刀库中心旋转，从而可改变换刀刀位相对于主轴箱的位置（见图 5-30）。

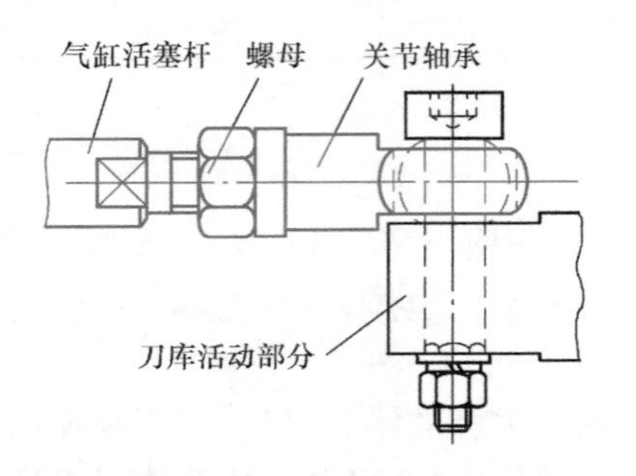

图 5-29　刀库与主轴箱的相对位置调整

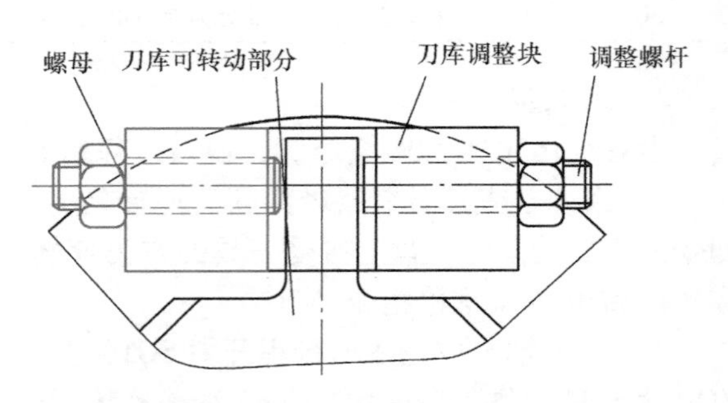

图 5-30　换刀刀位相对于主轴箱的位置调整

通过上述两个环节的调整，可使刀库摆到主轴位时其刀柄的中心准确地对正主轴中心，调整时，可利用工装进行检查，检测刀柄中心和主轴中心是否对正，如图 5-31 所示。调好后将活塞杆上及调整螺钉上的背母拧紧。

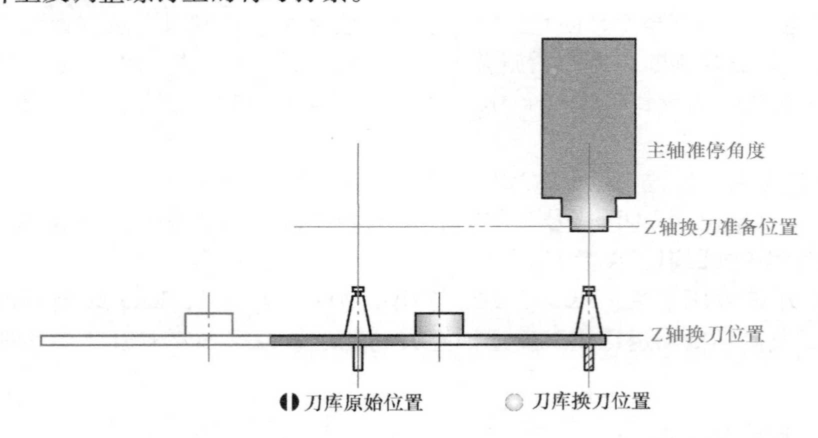

图 5-31　刀柄中心和主轴中心对正

2. 主轴准停位置调整

主轴准停位置调整的目的是使刀柄上的键槽与主轴端面键对正，从而实现准确抓刀。具体步骤如下。

1）在 MDI 状态下，执行 M19 或者在 JOG 方式下按主轴定向键。

2）把刀柄（无拉钉）装到刀库上，再把刀库摆到换刀位置。

3）利用手轮把 Z 轴摇下，观察主轴端面键是否对正刀柄键槽，如果没有对正，利用手轮把 Z 轴慢慢升起，如图 5-32 所示。

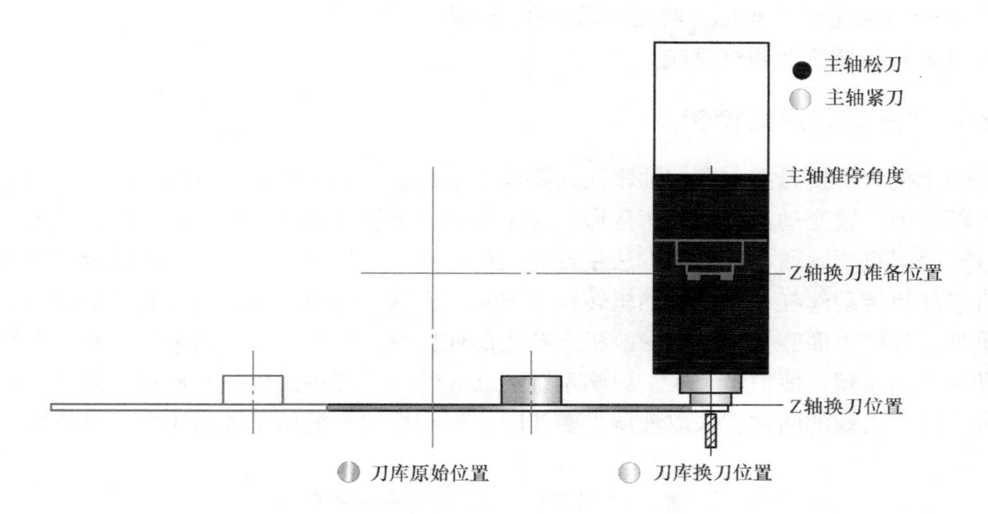

图 5-32　主轴准停位置的调整

4）通过修改参数调整主轴准停位置，其操作步骤如下。

① 选择 MDI 方式。

② 按【SETTING】按钮，进入参数设定画面。

③ 按光标键使光标移到页面中的 PWE（写参数开关）参数处，将其置“1”，打开参数开关。

④ 按【SYSTEM】键查找参数 No. 4077，修正此参数值。

⑤ 重复①、③、④步骤，直到主轴端面键对正键槽为止。

⑥ 把 PWE 置“0”，关闭参数写保护开关。

此时主轴准停调整完成。

3. Z 轴换刀位置调整

Z 轴换刀位置调整同样也是为了使刀柄上的键槽与主轴端面键在一条水平线上，能够对正，从而实现正确抓、卸刀具。

方法是采用标准刀柄测主轴松刀和抓刀时刀柄的位移量 ΔK，要求 $\Delta K = 0.79 \pm 0.04$。主轴向下移动，抓住标准刀柄并夹紧后，用量规和塞尺测量主轴下端面与刀环上端面的距离 ΔG，然后来确定主轴箱换刀的位置坐标 Z_{tc}。

1）刀库装上无拉钉的标准刀柄，使刀库摆到主轴位，手摇主轴箱缓慢下降，使主轴键慢慢进入刀柄键槽，直到主轴端面离刀环上端面的间隙为 $\Delta G = \Delta K/2$ 为止，此时主轴坐标即为换刀位置坐标 Z_{tc} 值。

2）修改 Z 轴的第二参考点位置参数，即换刀位置坐标参数。

① 选择 MDI 方式。

② 按【SETTING】键，进入参数设定画面。

③ 按光标键使光标移到写参数开关（PWE）处，将其置“1”，打开参数写保护开关。

④ 按【SYSTEM】键查找参数 No. 1241，把 Z_{tc} 写入 No. 1241 参数中。

⑤ 再进入参数设定画面，将写参数开关（PWE）置“0”。

此时 Z 轴高低位置调整完成。

五、斗笠式刀库的维护

对于无机械手换刀方式，主轴箱往往要作上下运动。如何平衡垂直运动部件的重量，减少移动部件因位置变动造成的机床变形，使主轴箱上下移动灵活、运行稳定性好、迅速且准确，就显得很重要。通常平衡的方法主要有三种：第一是当垂直运动部件的重量较轻时，可采用直接加粗传动丝杠，加大电动机转矩的方法。但这样将使得传动丝杠始终承担着运动部件的重量，导致单面磨损加重，影响机床精度的保持性；第二种是使用平衡重锤，但这将增加运动部件的质量，使惯量增大，影响系统的快速性；第三种是液压平衡法。它可以避免前面两种方法所出现的问题。采取液压平衡法时，要定期检查液压系统的压力。具体操作要求见表 5-4。

表 5-4　斗笠式刀库维护的操作要求

项目	图示	说明
换刀缸	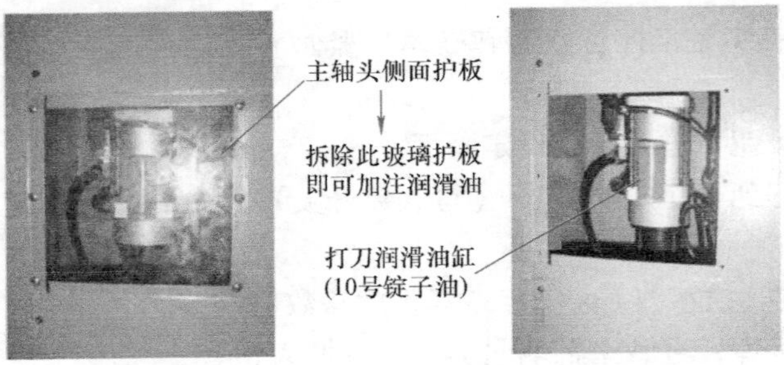 主轴头侧面护板 拆除此玻璃护板即可加注润滑油 打刀润滑油缸（10号锭子油）	每半年检查加工中心换刀缸润滑油，不足时需要及时添加
齿轮	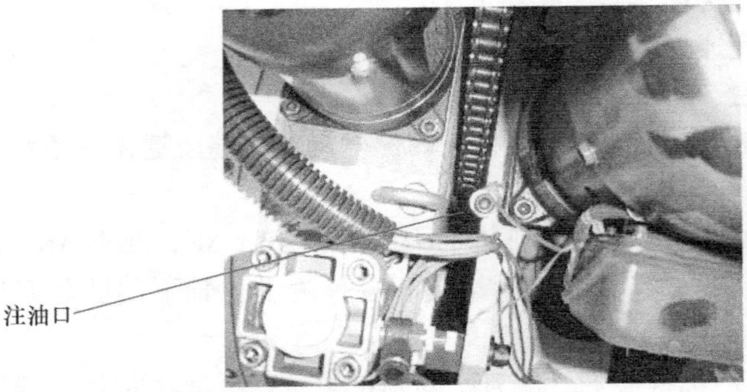 注油口	每季度检查加工中心刀臂式换刀机构齿轮箱油量，不足时需要添加齿轮箱油
铁屑	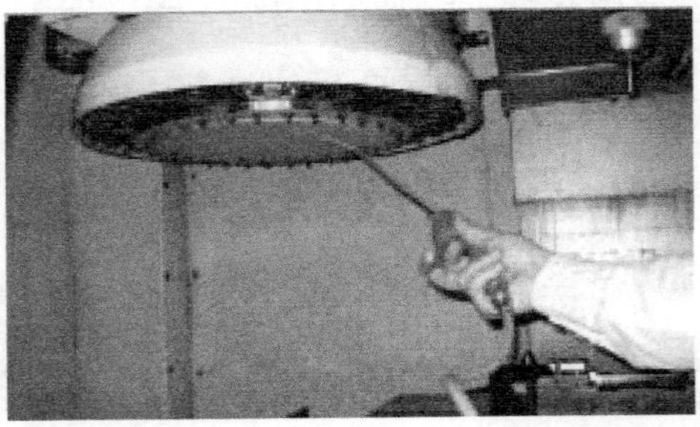	用气枪吹掉刀库内的铁屑

（续）

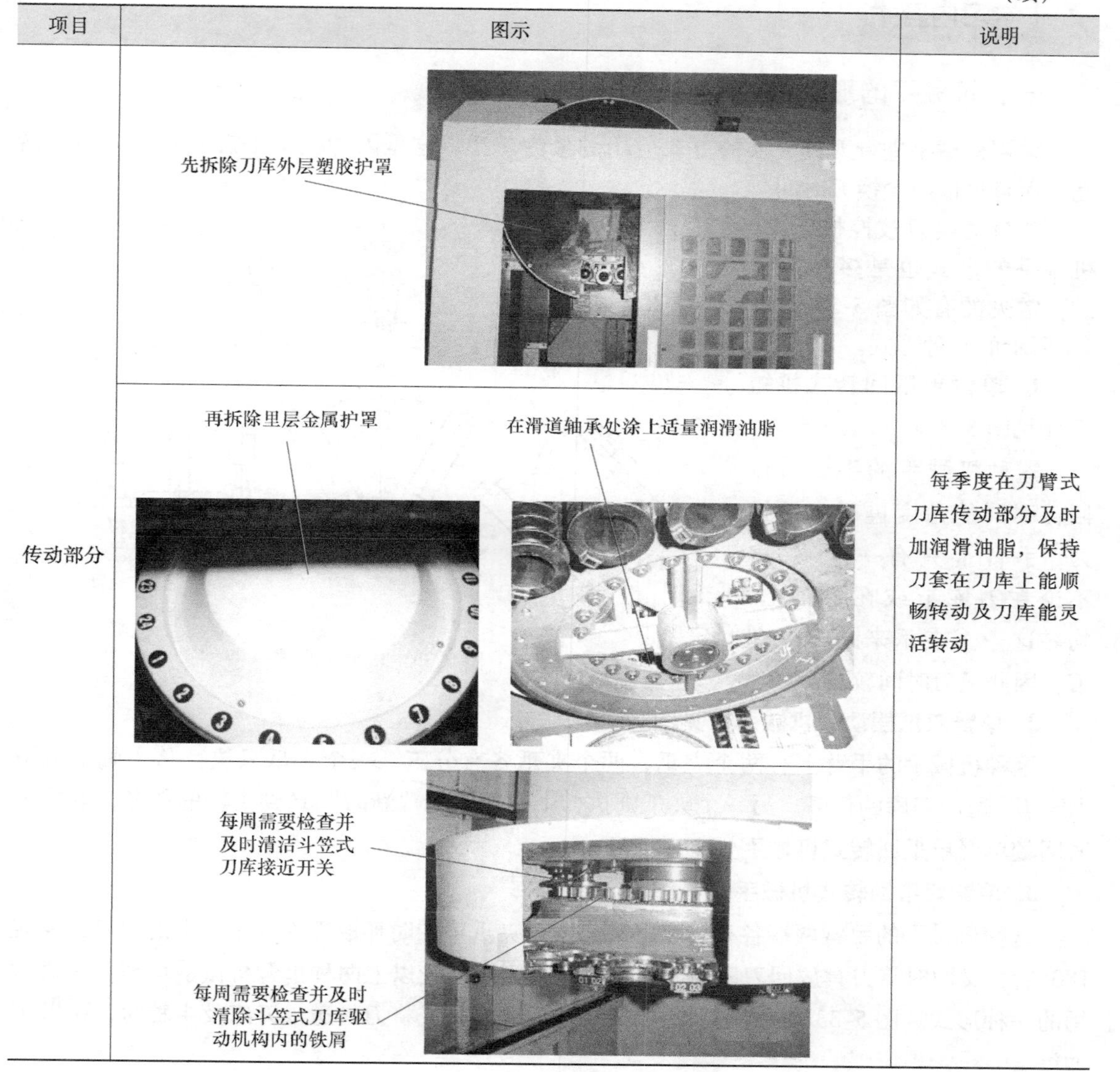

项目	图示	说明
传动部分	（见上图）	每季度在刀臂式刀库传动部分及时加润滑油脂，保持刀套在刀库上能顺畅转动及刀库能灵活转动

第三节　刀库机械手换刀的结构与维护

【学习目标】

- 了解机械手的形式与种类
- 掌握液压机械手与刀库换刀的结构与原理
- 会对机械手进行维护与保养
- 了解凸轮式机械手刀库换刀的结构

【学习内容】

一、机械手的形式与种类

采用机械手进行刀具交换的方式应用的最为广泛，这是因为机械手换刀有很大的灵活性，而且可以减少换刀时间。

在自动换刀数控机床中，机械手的形式也是多种多样的，常见的有如图 5-33 与表 5-5所示的几种形式。

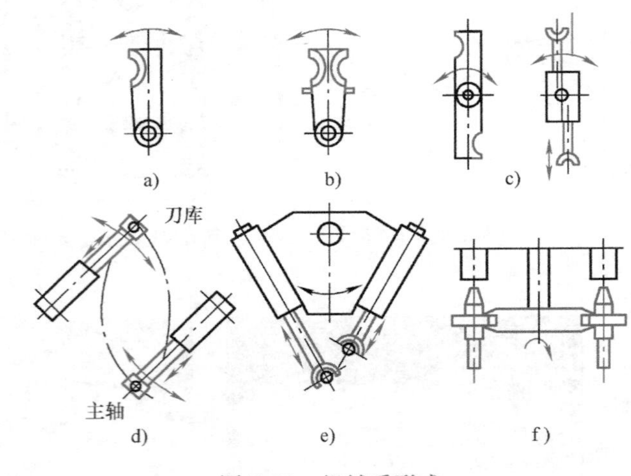

图 5-33　机械手形式

1. 单臂单爪回转式机械手（见图 5-33a）

这种机械手的手臂可以回转不同的角度进行自动换刀，手臂上只有一个夹爪，不论在刀库上或在主轴上，均靠这一个夹爪来装刀及卸刀，因此换刀时间较长。

2. 单臂双爪摆动式机械手（见图 5-33b）

这种机械手的手臂上有两个夹爪，两个夹爪各有分工，一个夹爪只执行从主轴上取下“旧刀”送回刀库的任务，另一个夹爪则执行由刀库取出“新刀”送到主轴的任务，其换刀时间较单臂单爪回转式机械手要少。

3. 单臂双爪回转式机械手（见图 5-33c）

这种机械手的手臂两端各有一个夹爪，两个夹爪可同时抓取刀库及主轴上的刀具，回转 180°后，又同时将刀具放回刀库及装入主轴。换刀时间较以上两种单臂机械手均短，是最常用的一种形式。图 5-33c 右边的一种机械手在抓取刀具或将刀具送入刀库及主轴时，两臂可伸缩。

4. 双机械手（见图 5-33d）

这种机械手相当于两个单爪机械手，相互配合起来进行自动换刀。其中一个机械手从主轴上取下“旧刀”送回刀库，另一个机械手由刀库里取出“新刀”装入机床主轴。

5. 双臂往复交叉式机械手（见图 5-33e）

这种机械手的两手臂可以往复运动，并交叉成一定的角度。一个手臂从主轴上取下“旧刀”送回刀库，另一个手臂由刀库取出“新刀”装入主轴。整个机械手可沿某导轨直线移动或绕某个转轴回转，以实现刀库与主轴间的运刀运动。

6. 双臂端面夹紧机械手（见图 5-33f）

这种机械手只是在夹紧部位上与前几种不同。前几种机械手均靠夹紧刀柄的外圆表面抓取刀具，这种机械手则夹紧刀柄的两个端面。

表 5-5　常见机械手实物图

名称	结构形状
单手机械手	 
单臂双手机械手	 
双机械手	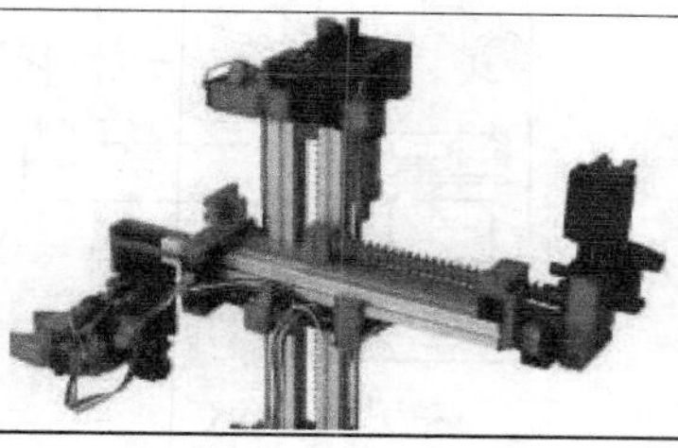

单臂双爪式机械手，也叫扁担式机械手，它是目前加工中心上用得较多的一种。有液压换刀机械手和凸轮式换刀机械手等形式。液压换刀机械手的拔刀、插刀动作，大都由液压缸来完成。根据结构要求，可以采取液压缸动、活塞固定或活塞动、液压缸固定的结构形式。而手臂的回转动作，则通过活塞的运动带动齿条齿轮传动来实现。机械手臂的不同回转角度，由活塞的可调行程来保证。

这种机械手采用了液压装置，既要保持不漏油，又要保证机械手动作灵活，而且每个动作结束之前均必须设置缓冲机构，以保证机械手的工作平衡、可靠。由于液压驱动的机械手需要严格的密封，还需较复杂的缓冲机构；控制机械手动作的电磁阀都有一定的时间常数，因而换刀速度慢。

二、液压机械手与刀库换刀

1. 刀库的结构

图 5-34 所示是 JCS－018A 型加工中心的盘式刀库。当数控系统发出换刀指令后，直流伺服电动机 1 接通，其运动经过十字联轴器 2、蜗杆 4、蜗轮 3 传到刀盘 14，刀盘带动其上面的 16 个刀套 13 转动，完成选刀工作。每个刀套尾部有一个滚子 11，当待换刀具转到换刀位置时，滚子 11 进入拨叉 7 的槽内。同时气缸 5 的下腔通压缩空气，活塞杆 6 带动拨叉 7 上升，放开位置开关 9，用以断开相关的电路，防止刀库、主轴等有误动作。拨叉 7 在上升的过程中，带动刀套绕着销轴 12 逆时针向下翻转 90°，从而使刀具轴线与主轴轴线平行。

刀库下转 90°后，拨叉 7 上升到终点，压住定位开关 10，发出信号使机械手抓刀。通过

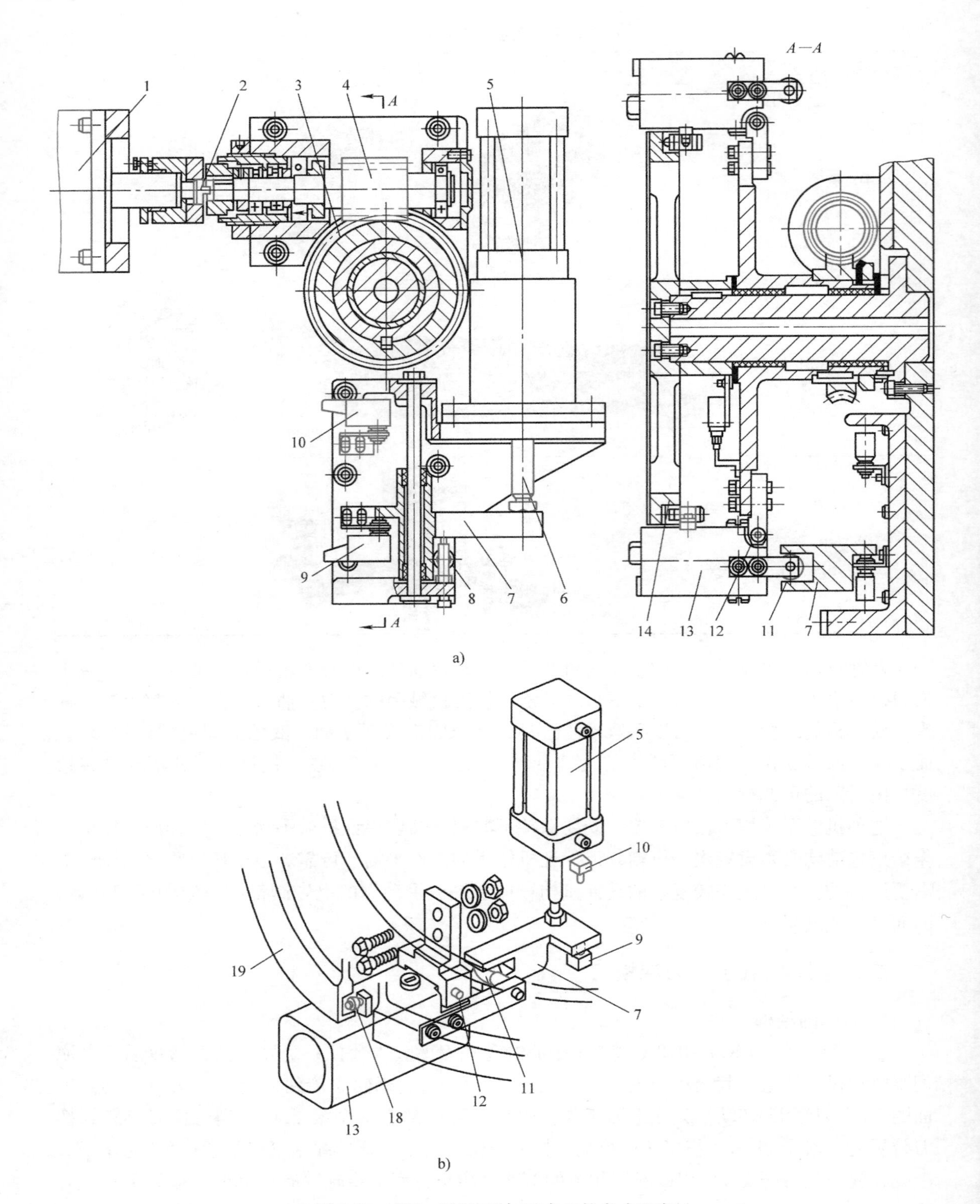

图 5-34　JCS－018A 型加工中心的盘式刀库
a）刀库结构简图　b）选刀及刀套翻转示意图

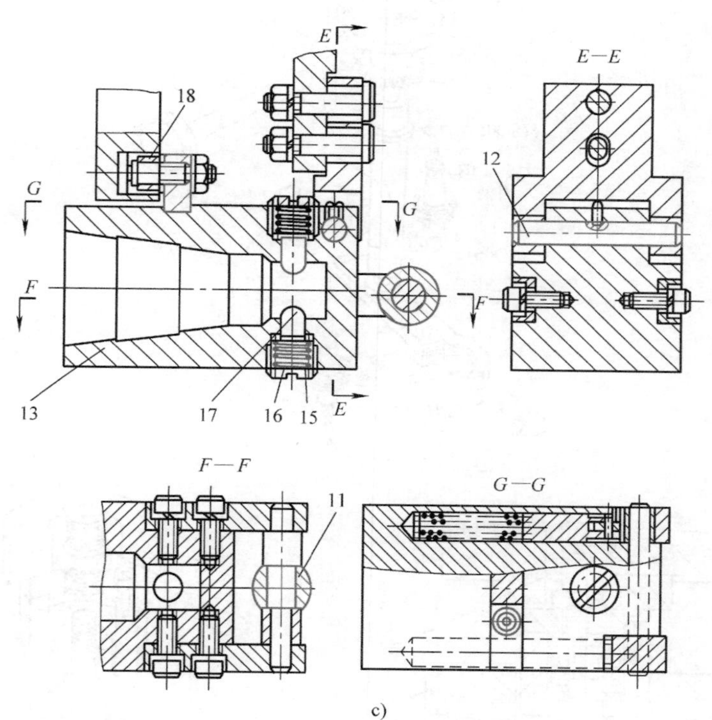

c)

图 5-34　JCS-018A 型加工中心的盘式刀库（续）

c）刀库结构图

1—直流伺服电动机　2—十字联轴器　3—蜗轮　4—蜗杆　5—气缸　6—活塞杆　7—拨叉　8—螺杆　9—位置开关　10—定位开关　11—滚子　12—销轴　13—刀套　14—刀盘　15—弹簧　16—螺纹套　17—球头销钉　18—滚轮　19—固定盘

螺杆 8 可以调整拨叉的行程。拨叉的行程决定刀具轴线相对主轴轴线的位置。

刀套 13 的锥孔尾部有两个球头销钉 17。在螺纹套 16 与球头销之间装有弹簧 15，当刀具插入刀套后，由于弹簧力的作用，使刀柄被夹紧。拧动螺纹套，可以调整夹紧力大小，当刀套在刀库中处于水平位置时，靠刀套上部的滚轮 18 来支承。

2. 机械手的结构

图 5-35 所示为 JCS－018A 型加工中心机械手传动结构示意图。当刀库中的刀套逆时针旋转 90°后，压下上行程位置开关，发出机械手抓刀信号。此时，机械手 21 正处在如图 5-35

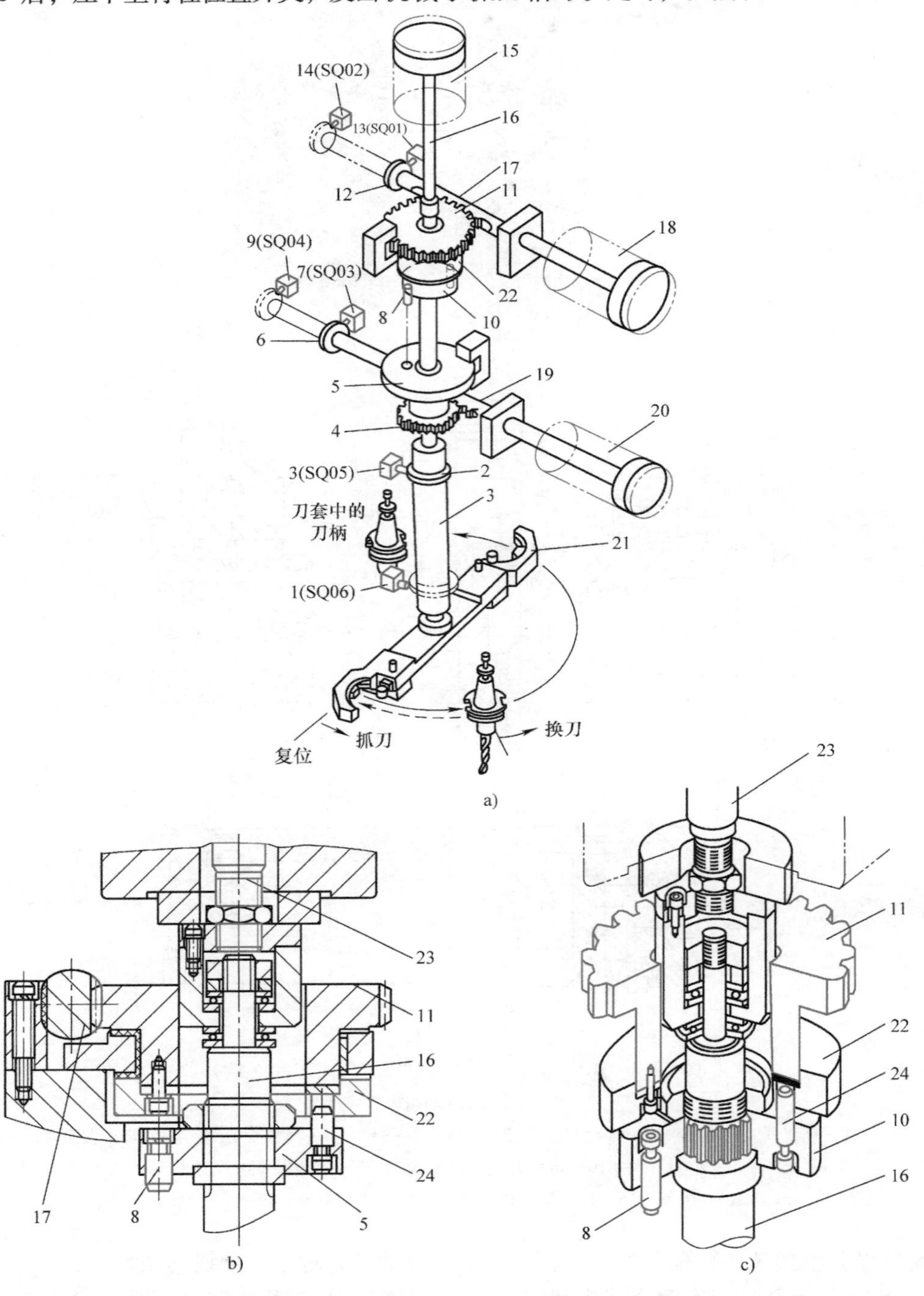

图 5-35　JCS－018A 型加工中心机械手传动结构示意图

a）机械手　b）传动盘与连接盘结构图　c）传动盘与连接盘示意图

1、3、7、9、13、14—位置开关　2、6、12—挡环　4、11—齿轮　5、22—连接盘

8、24—销子　10—传动盘　15、18、20—液压缸　16—轴　17、19—齿条　21—机械手　23—活塞杆

所示的位置，液压缸18右腔通压力油，活塞杆推着齿条17向左移动，使得齿轮11转动。传动盘10与齿轮11用螺钉联接，它们空套在机械手臂轴16上，传动盘10与机械手臂轴16用花键联接，它上端的销子24插入连接盘22的销孔中，因此齿轮转动时带动机械手臂轴转动，使机械手回转75°抓刀。抓刀动作结束时，齿条17上的挡环12压下位置开关14，发出拔刀信号，于是液压缸15的上腔通压力油，活塞杆推动机械手臂轴16下降拔刀。在轴16下降时，传动盘10随之下降，其上端的销子24从连接盘22的销孔中拔出；其下端的销子8插入连接盘5的销孔中，连接盘5和其下面的齿轮4也是用螺钉联接的，它们空套在轴16上。当拔刀动作完成后，轴16上的挡环2压下位置开关1，发出换刀信号。这时液压缸20的右腔通压力油，活塞杆推着齿条19向左移动，使齿轮4和连接盘5转动，通过销子8，由传动盘带动机械手转180°，交换主轴上和刀库上的刀具位置。换刀动作完成后，齿条19上的挡环6压下位置开关9，发出插刀信号，使液压缸15下腔通压力油，活塞杆带着机械手臂轴上升插刀，同时传动盘下面的销子8从连接盘5的销孔中移出。插刀动作完成后，轴16上的挡环压下位置开关3，使液压缸20的左腔通压力油，活塞杆带着齿条19向右移动复位，而齿轮4空转，机械手无动作。齿条19复位后，其上挡环压下位置开关7，使液压缸18的左腔通压力油，活塞杆带着齿条17向右移动，通过齿轮11使机械手反转75°复位。机械手复位后，齿条17上的挡环压下位置开关13，发出换刀完成信号，使刀套向上翻转90°，为下次选刀做好准备。

3. 换刀流程

根据刀库、机械手和主轴的联动顺序，得到JCS－018A型加工中心的换刀流程，如图5-36

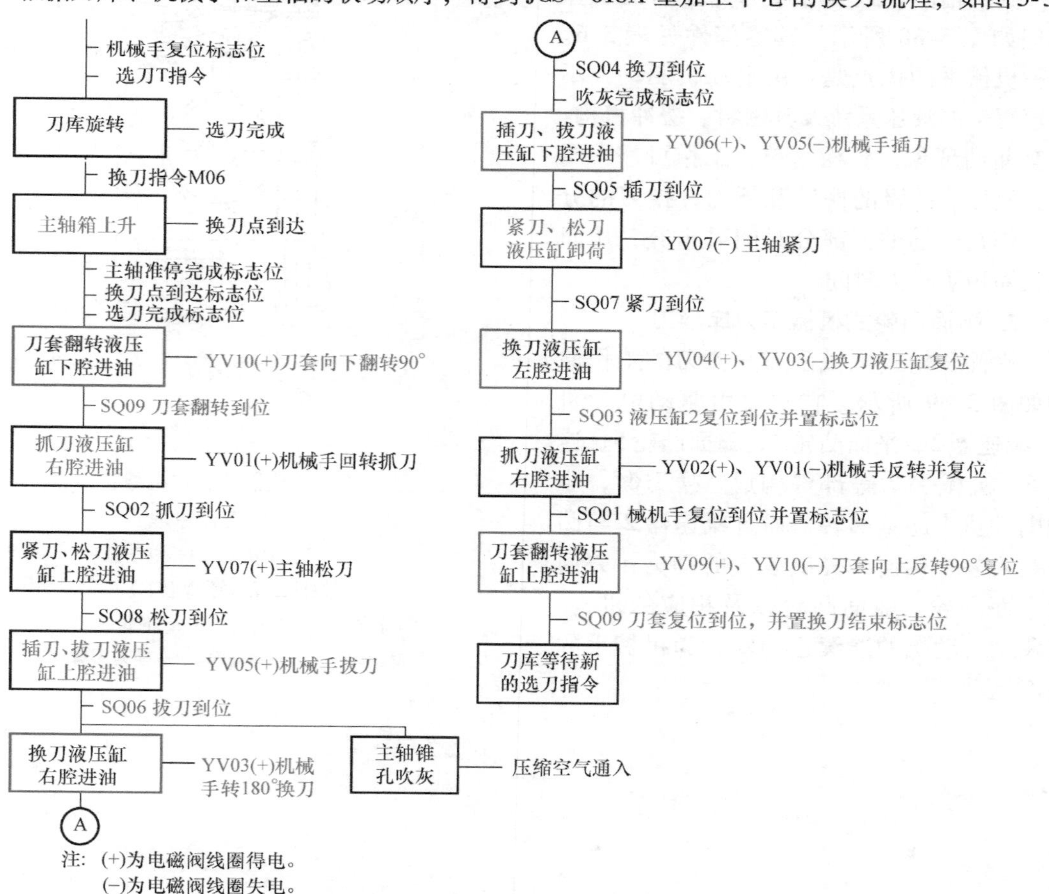

图5-36　JCS－018A型加工中心的换刀流程

所示，其换刀液压系统如图 5-37 所示。

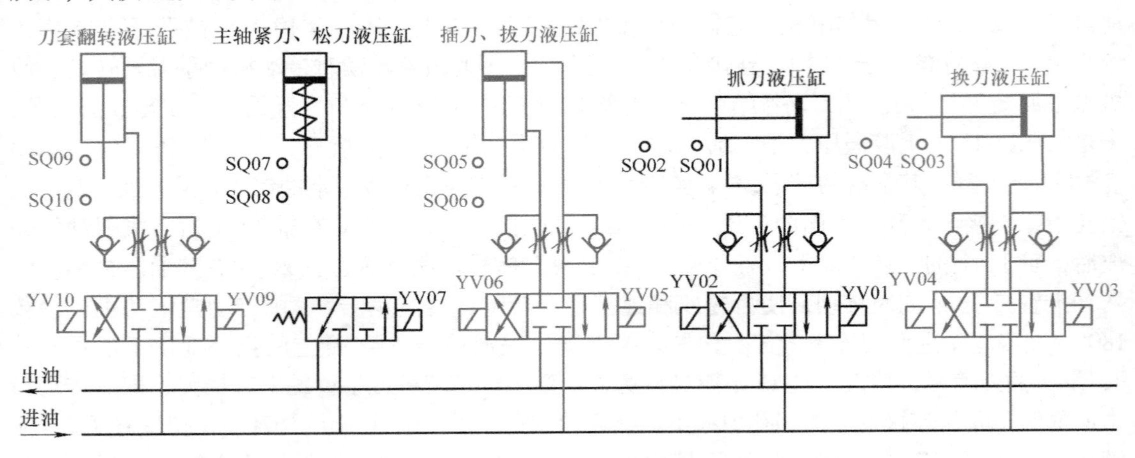

图 5-37　JCS－018A 型加工中心的换刀液压系统

三、凸轮式机械手刀库换刀

1. 圆柱槽凸轮式机械手刀库换刀

圆柱槽凸轮式机械手刀库换刀的工作原理如图 5-38 所示，其零部件见表 5-6。这种机械手的优点是：由电动机驱动，不需较复杂的液压系统及其密封、缓冲机构，没有漏油现象，结构简单，工作可靠。同时，机械手手臂的回转和插刀、拔刀的分解动作是联动的，部分时间可重叠，从而大大缩短了换刀时间。

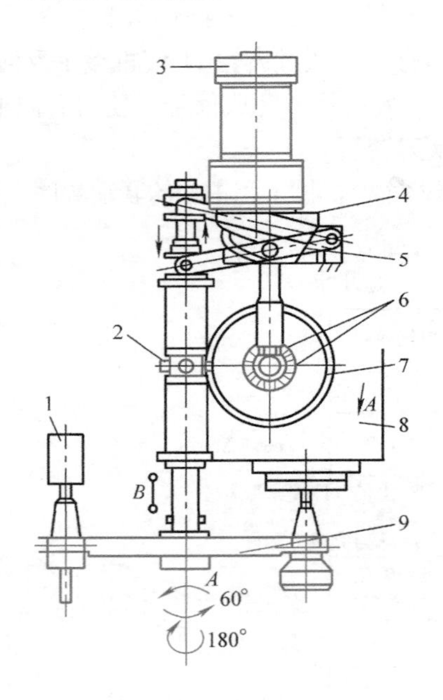

图 5-38　圆柱槽凸轮式机械手刀库换刀的工作原理

1—刀套　2—十字轴　3—电动机　4—圆柱槽凸轮（手臂上下）　5—杠杆　6—锥齿轮　7—凸轮滚子（平臂旋转）　8—主轴箱　9—换刀手臂

2. 平面凸轮式机械手刀库换刀

平面凸轮式机械手刀库换刀的工作原理如图 5-39 所示，它主要由驱动电动机 1、减速器 2、平面凸轮 4、弧面凸轮 5、连杆 6、机械手 7 等部件构成。换刀时，驱动电动机 1 连续回转，通过减速器 2 与凸轮换刀装置相连，提供装置的动力；并通过平面凸轮、弧面凸轮以及相应的机构，将驱动电动机的连续运动转化为机械手的间隙运动。

表 5-6　圆柱槽凸轮式机械手刀库零部件

序号	图示	名称
1	 要打开机构箱盖，必须先拆开凸轮轴轴承盖、链条松紧调节轮端盖和各箱盖的固定螺丝	主轴箱
2	 FV系列换刀机构箱盖打开后的内部结构	平面凸轮
3	 FV系列刀库拆掉换刀机构后背面结构	液压缸

（续）

序号	图示	名称
4	 FV系列换刀机构箱盖背面结构	杠杆
5	 FV系列换刀机构取出凸轮单元后的内部结构	轴
6	 换刀臂原点时凸轮位置	圆柱槽凸轮

（续）

序号	图示	名称
7	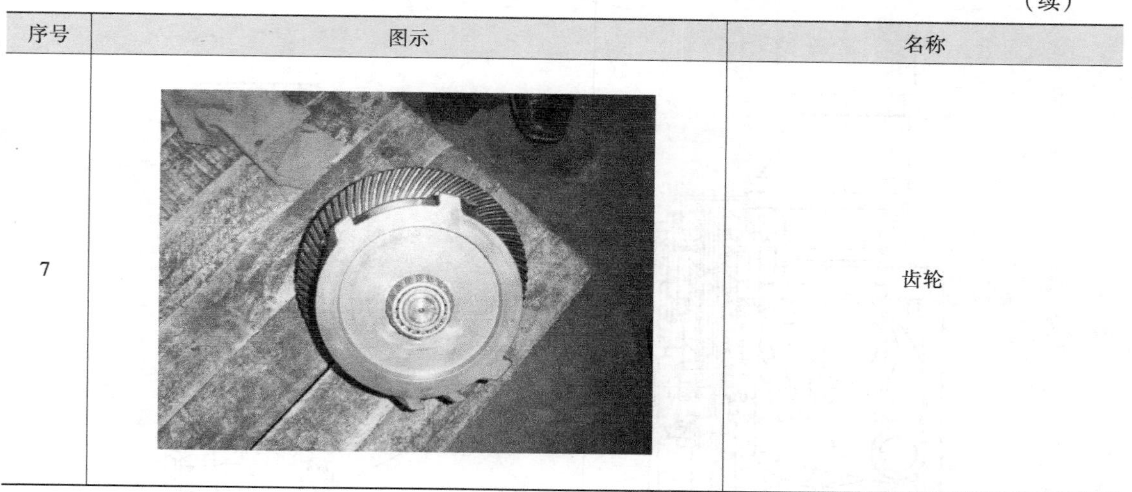	齿轮

图5-39中，平面凸轮4通过锥齿轮3和减速器2连接，在驱动电动机转动时，通过连杆6，带动机械手7在垂直方向作上、下运动，以实现机械手在主轴上的“拔刀”“装刀”动作。弧面凸轮5和平面凸轮4相连，在驱动电动机回转时，通过滚珠盘8（共6个滚珠）带动花键轴转动，花键轴带动机械手7在水平方向作旋转运动，以实现从机械手转位、完成“抓刀”和“换刀”动作。电气信号盘9中安装有若干开关，以检测机械手实际运动情况，实现电气互锁。其零部件见表5-7。

平面凸轮与弧面凸轮的动作配合曲线如图5-40所示。

在驱动电动机的带动下，弧面凸轮在10°～60°的范围内，带动机械手7完成转位动作。在60°～90°范围弧面凸轮、平面凸轮均不带动机械手运动，只用于松开刀具。

当凸轮继续转动到90°～144°的范围，平面凸轮通过连杆带动机械手向下运动。其中，在90°～125°的范围，只有平面凸轮带动机械手向下运动，机械手同时拔出主轴、刀库中的刀具；在125°～144°的范围，因刀具已经脱离主轴与刀库的刀座，两凸轮同时动作，即：在机械手继续向下的过程中，已经开始进行180°转位，以提高换刀速度。

在凸轮转动到125°～240°的范围，弧面凸轮带动机械手进行180°转位，完成主轴与刀库的刀具交换；当进入216°～240°范围时，两凸轮同时动作，平面凸轮已经开始通过连杆带动机械手向上运动，以提高换刀速度。

从216°起，平面凸轮带动机械手向上运动，机械手同时将主轴、刀库中的刀具装入刀座。这一动作在216°～270°范围，完成“装刀”动作。接着在270°～300°范围内，弧面凸轮、平面凸轮均不带动机械手运动，机床进行刀具的“夹紧”动作，这一动作由机床的气动或液压机构完成。

在300°～360°的范围内，弧面凸轮带动机械手7完成反向转位动作，在机械手回到原位后，换刀结束。

以上动作通常可以在较短的时间（1～2s）内完成，因此，采用了凸轮换刀机构的加工中心其换刀速度较快。凸轮式机械手换刀装置目前已经有专业厂家生产，在设计时通常只需要直接选用即可。

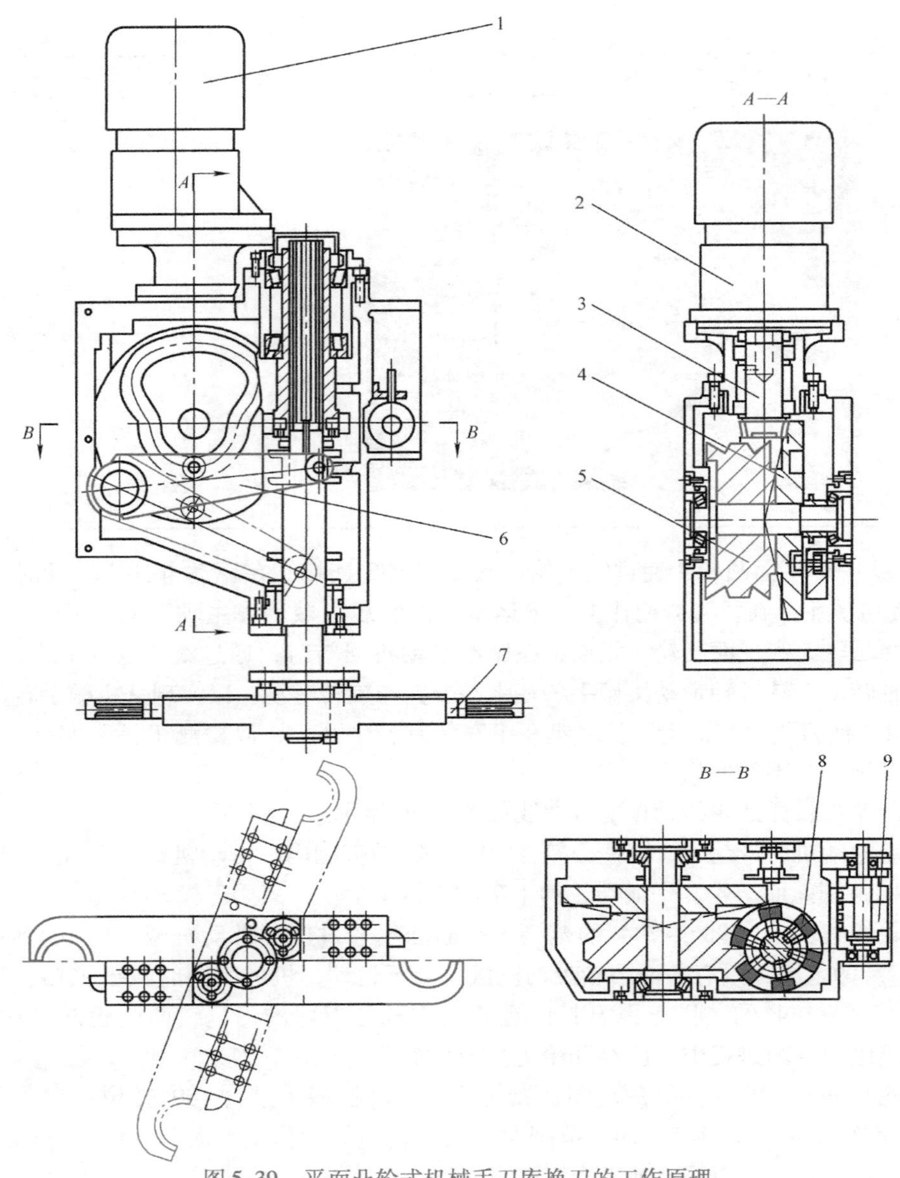

图 5-39　平面凸轮式机械手刀库换刀的工作原理

1—驱动电动机　2—减速器　3—锥齿轮　4—平面凸轮　5—弧面凸轮　6—连杆　7—机械手　8—滚珠盘　9—电气信号盘

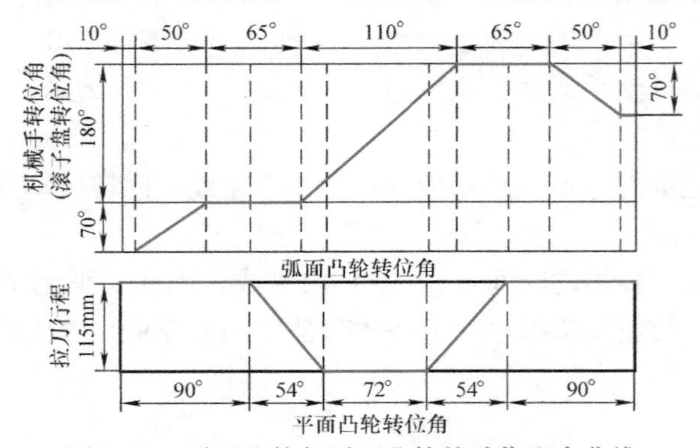

图 5-40　平面凸轮与弧面凸轮的动作配合曲线

表 5-7　平面凸轮式机械手刀库零部件

序号	图示	名称
1	 QM-22换刀机构完整结构图	刀库
2		刀盘组件
3	 1) 拆掉机械手马达	固定板
4	 2) 拆掉马达固定板	轴

（续）

序号	图示	名称
5	 3)用记号笔把刀库轴承预压螺母作上记号	螺母
5	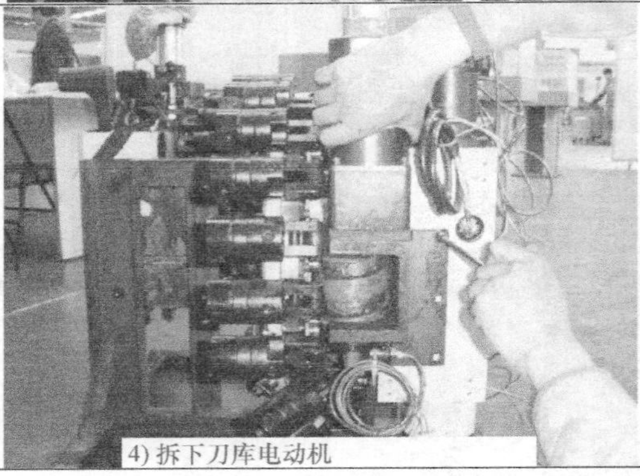 4) 拆下刀库电动机	刀库电动机
6	 5) 旋开刀盘盖4颗螺钉，旋转刀盘盖，将刀套退出沟槽外	刀套固定螺钉
7	 6) 将刀盘盖取下	刀盘

（续）

序号	图示	名称
8	 7) 取下平键及轴承	轴承
9	 8) 拆下整个刀盘	刀库轴
10	 9) 拆下弓型连杆与气压缸座	连杆
11	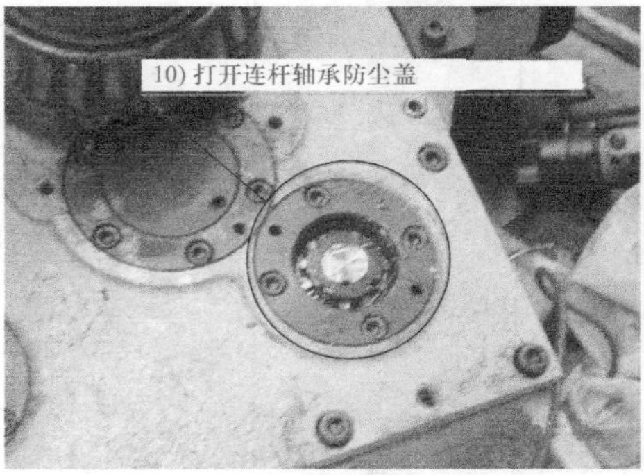 10) 打开连杆轴承防尘盖	连杆轴承

（续）

序号	图示	名称
12	 11) 拆下轴承预压螺母(在拆前先作好螺母预压位置记号)，卸下箱盖固定螺钉及定位销	连杆轴
13	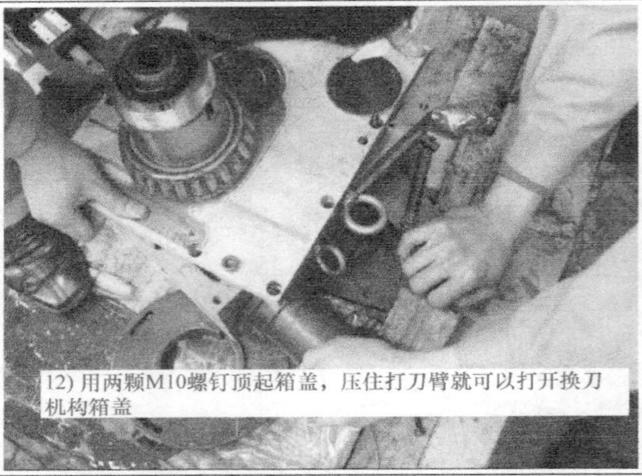 12) 用两颗M10螺钉顶起箱盖，压住打刀臂就可以打开换刀机构箱盖	箱盖
14	 打开箱盖后的内部结构	齿轮
15	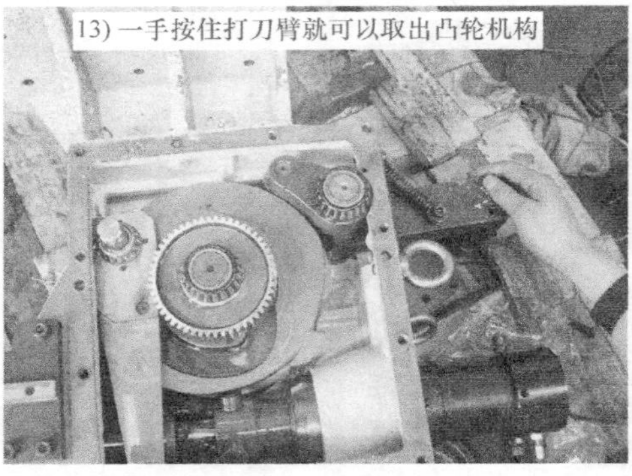 13) 一手按住打刀臂就可以取出凸轮机构	平面凸轮

（续）

序号	图示	名称
16		弧面凸轮
17		凸轮原点
18		刀臂
19		凸轮的安装

（续）

序号	图示	名称
20	安装时刀臂及凸轮机构要在原点状态（如图所示状态）	刀臂与凸轮的配合
21	安装刀库时，转动刀盘调整1号刀套的滚子与刀套上下扣爪位置	刀套

四、机械手爪

图5-41所示为机械手手臂和手爪的结构。手爪上握刀的圆弧部分有一个锥销6，机械手抓刀时，该锥销插入刀柄的键槽中。当机械手由原位转75°抓住刀具时，两手爪上的长销8分别被主轴前端面和刀库上的挡块压下，使轴向开有长槽的活动销5在弹簧2的作用下右移顶住刀具。机械手拔刀时，长销8与挡块脱离接触，锁紧销3被弹簧4弹起，使活动销顶住刀具不能后退，这样机械手在回转180°时，刀具不会被甩出。当机械手上升插刀时，两长销8又分别被两挡块压下，锁紧销从活动销的孔中退出，松开刀具，机械手便可反转75°复位。

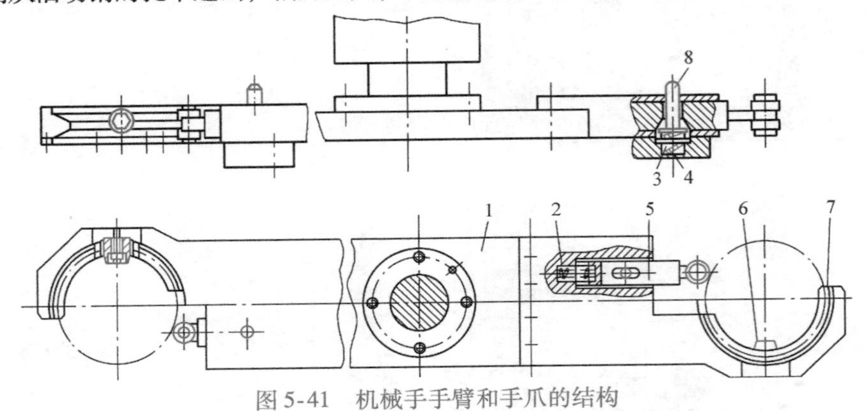

图5-41　机械手手臂和手爪的结构

1—手臂　2、4—弹簧　3—锁紧销　5—活动销　6—锥销　7—手爪　8—长销

机械手手爪的形式很多，应用较多的是钳形手爪。钳形机械手手爪如图5-42所示。图中的锁销2在弹簧（图中未画出此弹簧）作用下，其大直径外圆顶着止退销3，杠杆手爪6

就不能摆动张开，手中的刀具就不会被甩出。当抓刀和换刀时，锁销 2 被装在刀库主轴端部的撞块压回，止退销 3 和杠杆手爪 6 就能够摆动、放开，刀具才能装入和取出，这种手爪均为直线运动抓刀。

图 5-43 所示为某型号机械手的卡爪机构。液压缸 11、定位块 8 固定在换刀臂 10 上，活塞固定在定位块 8 上。换刀手由准备位置移至换刀位置，键 2 卡进刀具定位槽中，此时，液压缸 11 推动活塞组件 9 在定位块 8 的导向下向前滑动，使得两卡爪 1、3 分别绕轴 4、5 转动，直至卡爪夹紧刀具，活塞组件 9 将卡爪锁上。卡爪的松开是由液压缸 11 内的弹簧带动活塞组件 9 后移，卡爪 1、3 分别在弹簧球 6、7 的作用下与活塞组件 9 保持接触，卡爪松开后，换刀手退至准备位置。

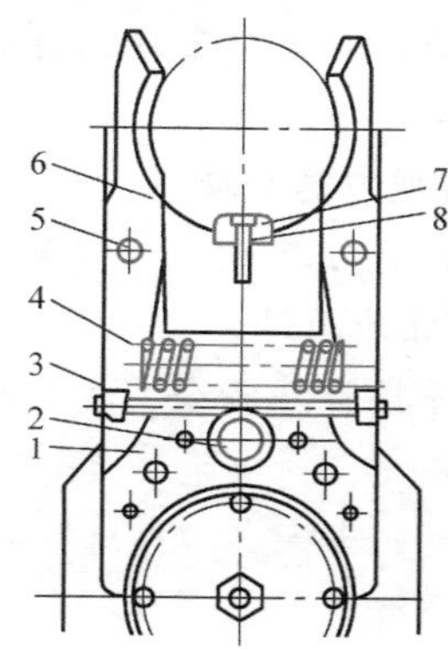

图 5-42　钳形机械手手爪

1—手臂　2—锁销　3—止退销　4—弹簧
5—支点轴　6—手爪　7—键　8—螺钉

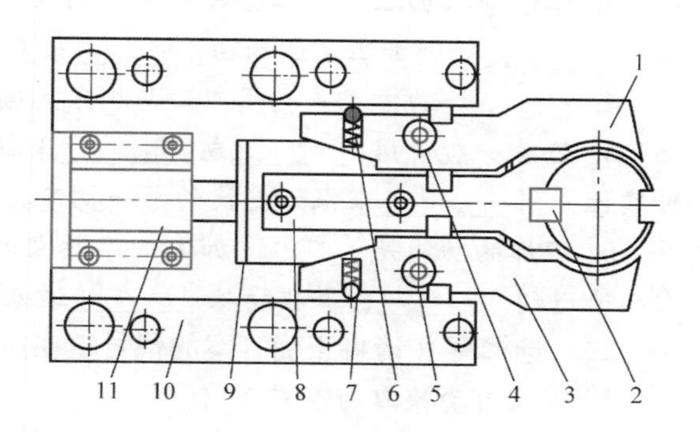

图 5-43　某型号机械手的卡爪机构示意图

1、3—卡爪　2—键　4、5—轴　6、7—弹簧球
8—定位块　9—活塞组件　10—换刀臂　11—液压缸

五、机械手的维护

机械手的维护见表 5-8。

表 5-8　机械手的维护

序号	图	内容
1		用油枪对换刀机械手加润滑脂，保证机械手换刀动作灵敏
2		对机械手上的活动部件加润滑油

习题练习

一、填空题

1. 经济型数控车床方刀架换刀时的动作顺序是：刀架抬起、________、________和夹紧。

2. 车削中心动力刀具主要由三部分组成：________、________和刀具附件（钻孔附件和铣削附件等）。

3. 车削中心加工工件端面或柱面上与工件不同心的表面时，主轴带动工件作或直接参与________，切削加工主运动由________来实现。

4. ________的方式是利用刀库与机床主轴的相对运动实现刀具交换。

5. 刀库一般使用________或________来提供转动动力，用刀具________来保证换刀的可靠性，用________来保证更换的每一把刀具或刀套都能可靠地准停。

6. 刀库的功能是________加工工序所需的各种刀具，并按程序指令，把将要用的刀具准确地送到________，并接受从________送来的已用刀具。

二、选择题（请将正确答案的代号填在空格中）

1. 代表自动换刀的英文是（　　）。

A. APC　　B. ATC　　C. PLC

2. 双齿盘转塔刀架由（　　）将转位信号送至可编程序控制器进行刀位计数。

A. 直光栅　　B. 编码器　　C. 圆光栅

3. 刀库的最大转角为（　　），根据所换刀具的位置决定正转或反转，由控制系统自动判别，以使找刀路径最短。

A. 90°　　B. 120°　　C. 180°

4. 回转刀架换刀装置常用于数控（　　）。

A. 车床　　B. 铣床　　C. 钻床

5. 数控机床自动选择刀具中任意选择的方法是采用（　　）来选刀换刀。

A. 刀具编码　　B. 刀座编码　　C. 计算机跟踪记忆

6. 加工中心的自动换刀装置由驱动机构、（　　）组成。

A. 刀库和机械手　　B. 刀库和控制系统

C. 机械手和控制系统　　D. 控制系统

7. 圆盘式刀库的安装位置一般在机床的（　　）上。

A. 立柱　　B. 导轨　　C. 工作台

8. 加工中心换刀可与机床加工重合起来，即利用切削时间进行（　　）。

A. 对刀　　B. 选刀　　C. 换刀　　D. 校核

9. 刀具交换时，掉刀的原因主要是由于（　　）引起的。

A. 电动机的永久磁体脱落　　B. 松锁刀弹簧压合过紧

C. 刀具质量过小（一般小于5kg）　　D. 机械手转位不准或换刀位置飘移

10. 目前在数控机床的自动换刀装置中，机械手夹持刀具的方法应用最多的是（　　）。

A. 轴向夹持　　B. 径向夹持　　C. 法兰盘式夹持

三、判断题（正确的划“√”，错误的划“×”）

1. （　　）数控车床采用刀库形式的自动换刀装置。

2. （　　）排刀式刀架一般用于大规格数控车床。

3. （　　）无机械手换刀主要用于大型加工中心。

4. （　　）刀库回零时，可以从一个任意方向回零，至于是顺时针回转回零还是逆时针回转回零，由设计人员定。

5. （　　）单臂双爪摆动式机械手两个夹爪可同时抓取刀库及主轴上的刀具，回转180°后，又同时将刀具放回刀库及装入主轴。

6. （　　）双臂端面夹紧机械手夹紧刀柄的两个端面进行换刀。

7. （　　）凸轮联动式单臂双爪机械手，其手臂的回转和插刀、拔刀的分解动作是联动的，部分时间可重叠，从而大大缩短了换刀时间。

8. （　　）自动换刀装置只要满足换刀时间短、刀具重复定位精度高的基本要求即可。

9. （　　）车削加工中心必须配备动力刀架。

10. （　　）转塔式的自动换刀装置是数控车床上使用最普遍、最简单的自动换刀装置。

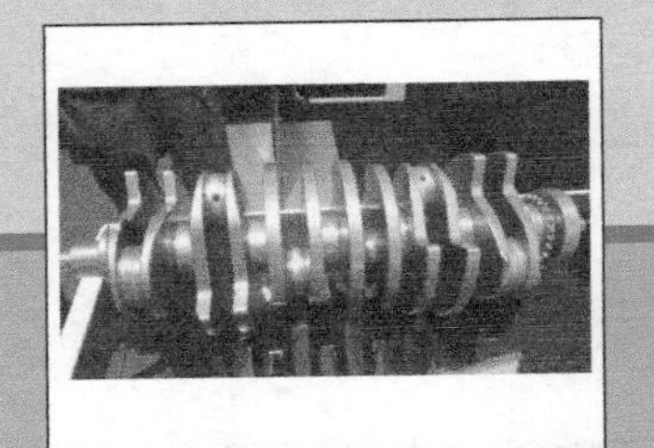

第六章 数控机床辅助装置的结构与维护

数控机床的辅助装置是数控机床上不可缺少的装置，它在数控加工中起辅助作用，其编程控制指令不像准备功能（G功能）那样，是由数控系统制造商根据一定的标准（如EIA标准、SIO标准等）制定的，而是由机床制造商以数控系统为依据，根据相关标准（如EIA标准、SIO标准等）并结合实际情况而设定的（见图6-1，卡盘夹紧M10/卡盘松开M11，尾座套筒前进M12/尾座套筒返回M13，尾座前进M21/尾座后退M22，工件收集器进M74/工件收集器退M73），不同的机床生产厂家即使采用相同的数控系统，其辅助功能也可能是有差异的。

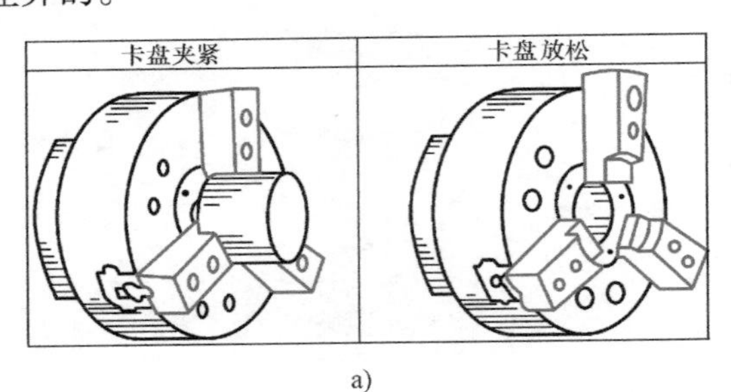

a)

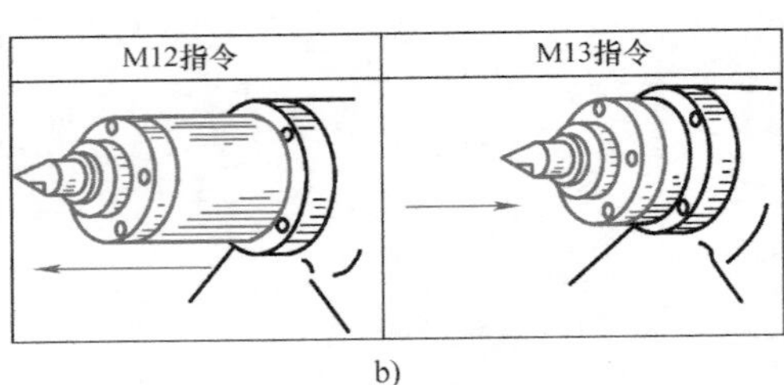

b)

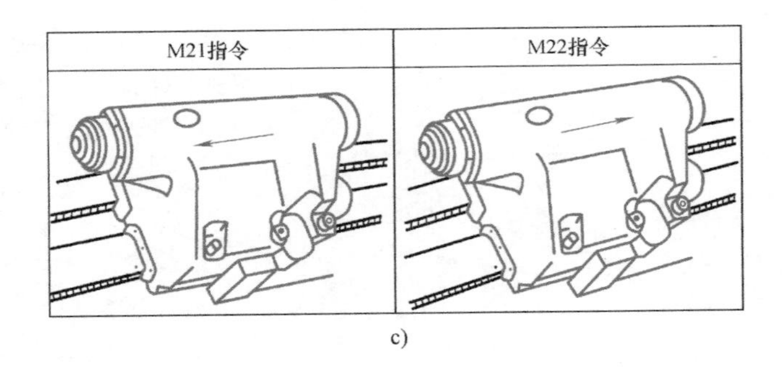

c)

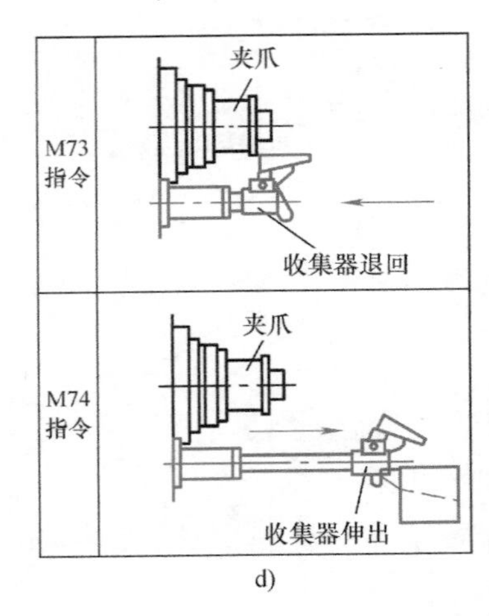

d)

图6-1　数控机床辅助装置功能举例

【学习目标】

掌握数控机床辅助装置的工作原理，能看懂数控回转工作台、分度工作台、卡盘、尾座等辅助装置的装配图；能看懂尾座、卡盘的电气图；掌握数控机床辅助装置的维护保养方法。

【知识构架】

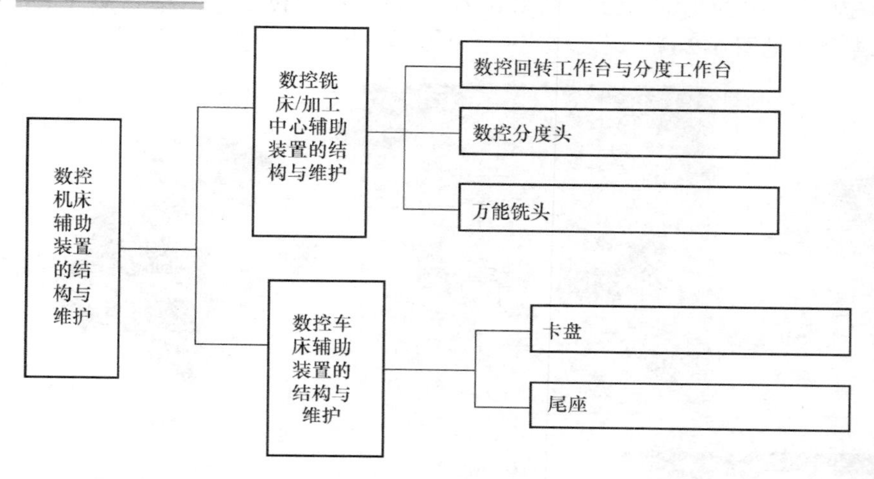

第一节 数控铣床/加工中心辅助装置的结构与维护

【学习目标】

- 掌握数控铣床辅助装置的原理
- 能看懂常用数控铣床辅助装置的装配图
- 会对数控工作台与分度头进行维护与保养

【学习内容】

一、数控回转工作台与分度工作台

1. 概述

为了扩大数控机床的加工性能，适应某些零件加工的需要，数控机床的进给运动，除X、Y、Z三个坐标轴的直线进给运动之外，还可以有绕X、Y、Z三个坐标轴的圆周进给运动，分别称A、B、C轴。数控机床的圆周进给运动，一般由数控回转工作台（简称数控转台）来实现。数控转台除了可以实现圆周进给运动之外，还可以完成分度运动。例如加工分度盘的轴向孔，可采用间歇分度转位结构进行分度，即通过分度工作台与分度头来完成。数控转台的外形和分度工作台没有多大区别，但在结构上则具有一系列的特点。由于数控转台能实现进给运动，所以它在结构上和数控机床的进给驱动机构有许多共同之处。不同之处在于数控机床的进给驱动机构实现的是直线进给运动，而数控转台实现的是圆周进给运动。数控转台从控制方式分为开环和闭环两种。数控回转工作台按其台面直径可分为160mm、

200mm、250mm、320mm、400mm、500mm、630mm、800mm 等。数控转台按照不同分类方法大致有以下几大类：

1）按照分度形式可分为等分转台（见图 6-2a）和任意分度转台（见图 6-2b）。

2）按照驱动方式可分为液压转台（见图 6-2c）和电动转台（见图 6-2d）。

3）按照安装方式可分为立式转台（见图 6-2e）和卧式转台（见图 6-2f）。

4）按照回转轴轴数可分为单轴转台（见图 6-2a ~ 2f）、可倾转台［两轴联动（见图 6-2g)］和多轴并联转台（见图 6-2h）。

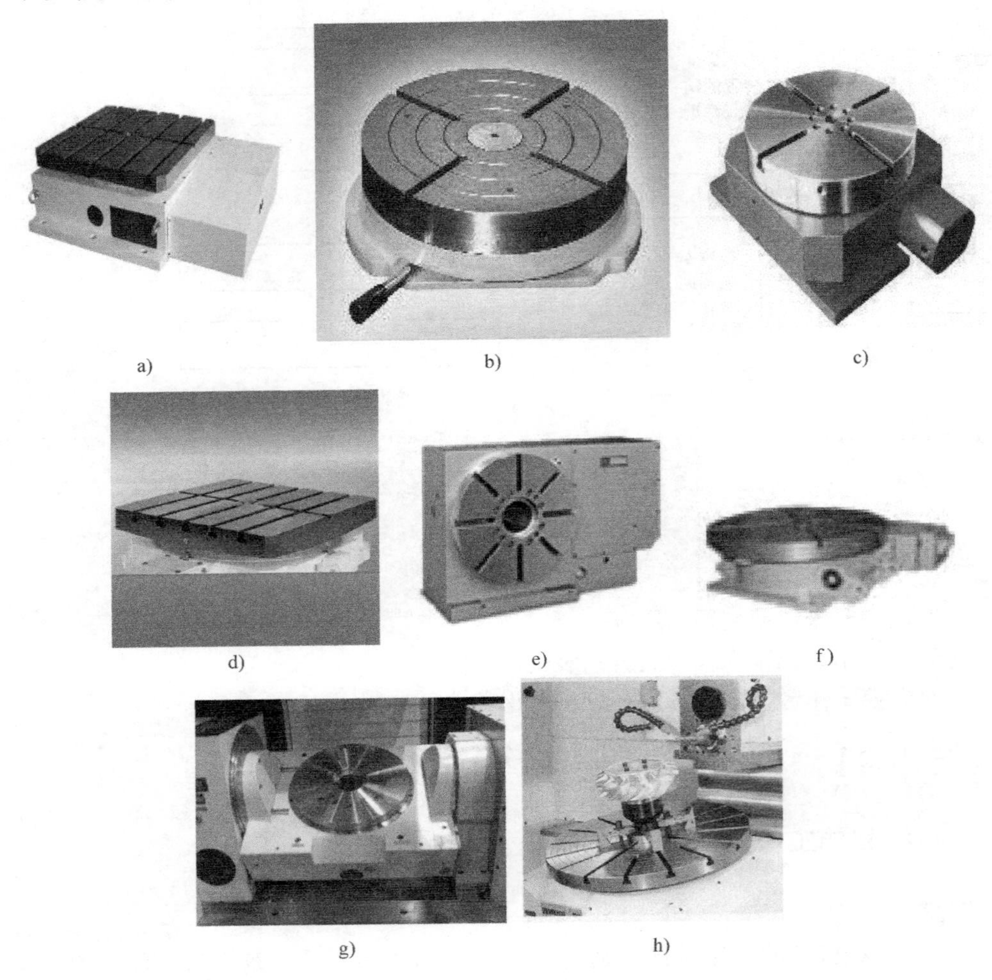

图 6-2　数控转台实物图

2. 数控回转工作台

（1）蜗杆回转工作台　蜗杆回转工作台有开环数控回转工作台与闭环数控回转工作台，它们在结构上区别不大。开环数控转台和开环直线进给机构一样，可以用功率步进电动机来驱动。图 6-3 所示为自动换刀数控立式镗铣床开环数控回转工作台。

步进电动机 3 的输出轴上齿轮 2 与齿轮 6 啮合，啮合间隙由偏心环 1 来消除。齿轮 6 与蜗杆 4 用花键结合，花键结合间隙应尽量小，以减小对分度精度的影响。蜗杆 4 为双导程蜗

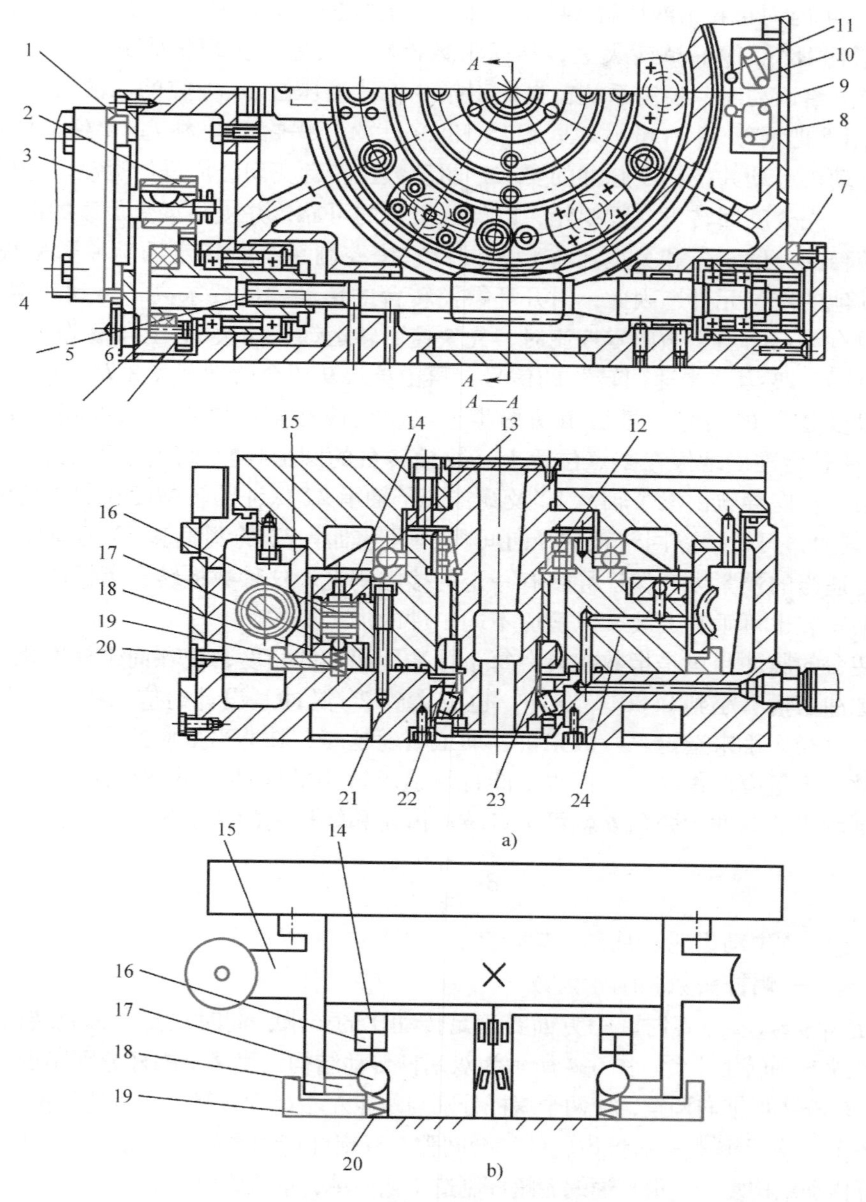

图6-3　自动换刀数控立式镗铣床开环数控回转工作台

a）结构图　b）工作原理图

1—偏心环　2、6—齿轮　3—电动机　4—蜗杆　5—垫圈　7—调整环　8、10—微动开关　9、11—挡块　12、13—轴承　14—液压缸　15—蜗轮　16—柱塞　17—钢球　18、19—夹紧瓦　20—弹簧　21—底座　22—圆锥滚子轴承　23—调整套　24—支座

杆，可以用轴向移动蜗杆的办法来消除蜗杆4和蜗轮15的啮合间隙。调整时，只要将调整环7（两个半圆环垫片）的厚度尺寸改变，便可使蜗杆沿轴向移动。

蜗杆4的两端装有滚针轴承，左端为自由端，可以伸缩。右端装有两个角接触球轴承，承受蜗杆的轴向力。蜗轮15下部的内、外两面装有夹紧瓦18和19，数控转台的底座21上固定的支座24内均布6个液压缸14。液压缸14上端进压力油时，柱塞16下行，通过钢球17推动夹紧瓦18和19将蜗轮夹紧，从而将数控转台夹紧，实现精确分度定位。当数控转台实现圆周进给运动时，控制系统首先发出指令，使液压缸14上腔的油液流回油箱，在弹簧20的作用下把钢球17抬起，夹紧瓦18和19就松开蜗轮15。柱塞16到上位发出信号，功率步进电动机起动并按指令脉冲的要求，驱动数控转台实现圆周进给运动。当转台做圆周分度运动时，先分度回转再夹紧蜗轮，以保证定位的可靠，并提高承受负载的能力。

数控转台的分度定位和分度工作台不同，它按控制系统所指定的脉冲数来决定转位角度，没有其他的定位元件，因此，对开环数控转台的传动精度要求高，传动间隙应尽量小。数控转台设有零点，当它做回零控制时，先快速回转运动至挡块11压合微动开关10时，发出“快速回转”变为“慢速回转”的信号，再由挡块9压合微动开关8发出从“慢速回转”变为“点动步进”的信号，最后由功率步进电动机停在某一固定的通电相位上（称为锁相），从而使转台准确地停在零点位置上。数控转台的圆形导轨采用大型推力滚珠轴承13，使回转灵活。径向导轨由滚子轴承12及圆锥滚子轴承22保证回转精度和定心精度。调整轴承12的预紧力，可以消除回转轴的径向间隙。调整轴承22的调整套23的厚度，可以使圆形导轨上有适当的预紧力，保证导轨有一定的接触刚度。这种数控转台可做成标准附件，回转轴可水平安装也可垂直安装，以适应不同工件的加工要求。

数控转台的脉冲当量是指数控转台每个脉冲所回转的角度，现在尚未标准化。现有的数控转台的脉冲当量有小到0.001°/脉冲，也有大到2′/脉冲。设计时应根据加工精度的要求和数控转台直径大小来选定。一般来讲，加工精度越高，脉冲当量应选得越小；数控转台直径越大，脉冲当量应选得越小。但也不能盲目追求过小的脉冲当量。脉冲当量δ选定之后，根据步进电动机的脉冲步距角θ就可决定减速齿轮和蜗杆副的传动比

$$\delta = \frac{z_1}{z_2} \cdot \frac{z_3}{z_4}\theta$$

式中　z_1，z_2——主动齿轮、从动齿轮齿数；

z_3，z_4——蜗杆头数和蜗轮齿数。

在决定z_1、z_2、z_3、z_4时，一方面要满足传动比的要求，同时也要考虑到结构的限制。

（2）双蜗杆回转工作台　图6-4所示为双蜗杆传动结构，用两个蜗杆分别实现对蜗轮的正、反向传动。蜗杆2可轴向调整，使两个蜗杆分别与蜗轮左右齿面接触，尽量消除正、反向传动间隙。调整垫3、5用于调整一对锥齿轮的啮合间隙。双蜗杆传动虽然较双导程蜗杆平面齿圆柱齿轮包络蜗杆传动结构复杂，但普通蜗轮蜗杆制造工艺简单，承载能力比双导程蜗杆大。

（3）直接驱动回转工作台　直接驱动回转工作台如图6-5所示，一般采用力矩电动机（Synchronous Built-in Servo Motor）驱动。力矩电动机（见图6-6a）是一种具有软机械特性和宽调速范围的特种电动机。它在原理上与他励直流电动机和两相异步电动机一样，只是在结构和性能上有所不同。力矩电动机的转速与外加电压成正比，通过调压装置改变电压即可调速，但它的堵转电流小，允许超低速运转，通过调压装置调节输入电压可以改变输出力矩。力矩电动机比较适合低速调速系统，甚至可长期工作于堵转状态只输出力矩，因此它可以直接与控制对象相连而不需减速装置，从而实现直接驱动（Direct Drive，DD）。采用力矩电动机为核心动力元件的数控回转工作台见图6-6b，由于没有传动间隙，没有磨损，因此它具有传动精度和效率均高等优点。

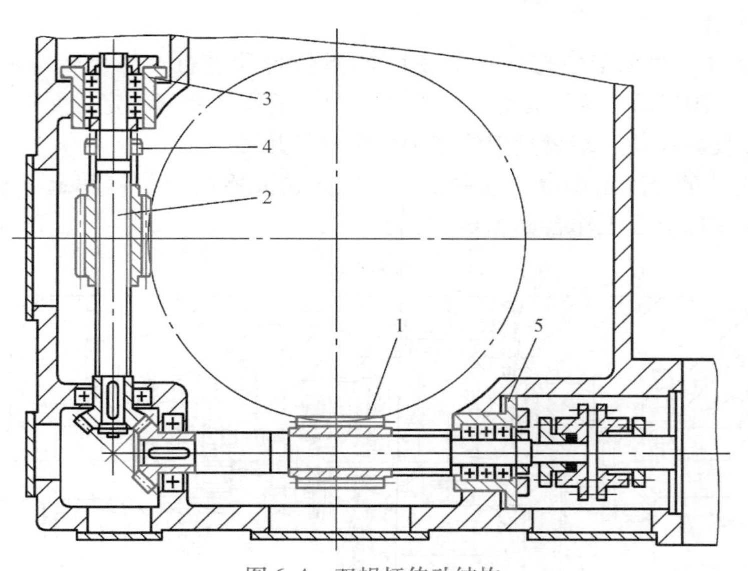

图 6-4 双蜗杆传动结构

1—轴向固定蜗杆 2—轴向调整蜗杆 3、5—调整垫 4—锁紧螺母

图 6-5 直接驱动回转工作台

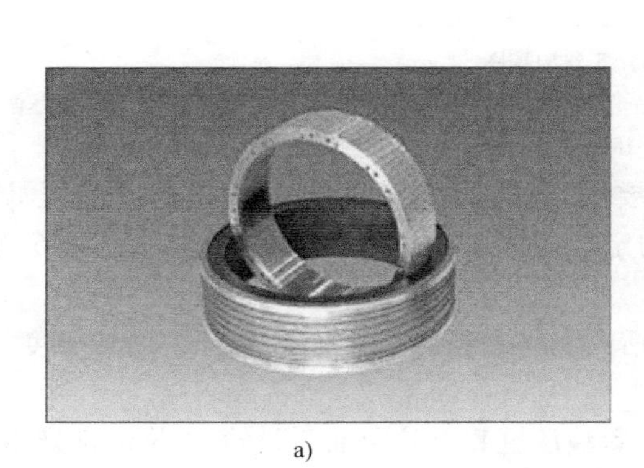
a)

b)

图 6-6 力矩电动机与回转工作台

3. 分度工作台

分度工作台的分度和定位按照控制系统的指令自动进行，每次转位回转一定的角度(90°、60°、45°、30°等)，为满足分度精度的要求，要使用专门的定位元件。常用的定位元件有插销定位、反靠定位、端齿盘定位和钢球定位等几种。

（1）插销定位的分度工作台　这种工作台的定位元件由定位销和定位套孔组成。自动换刀数控卧式镗铣床分度工作台如图 6-7 所示。

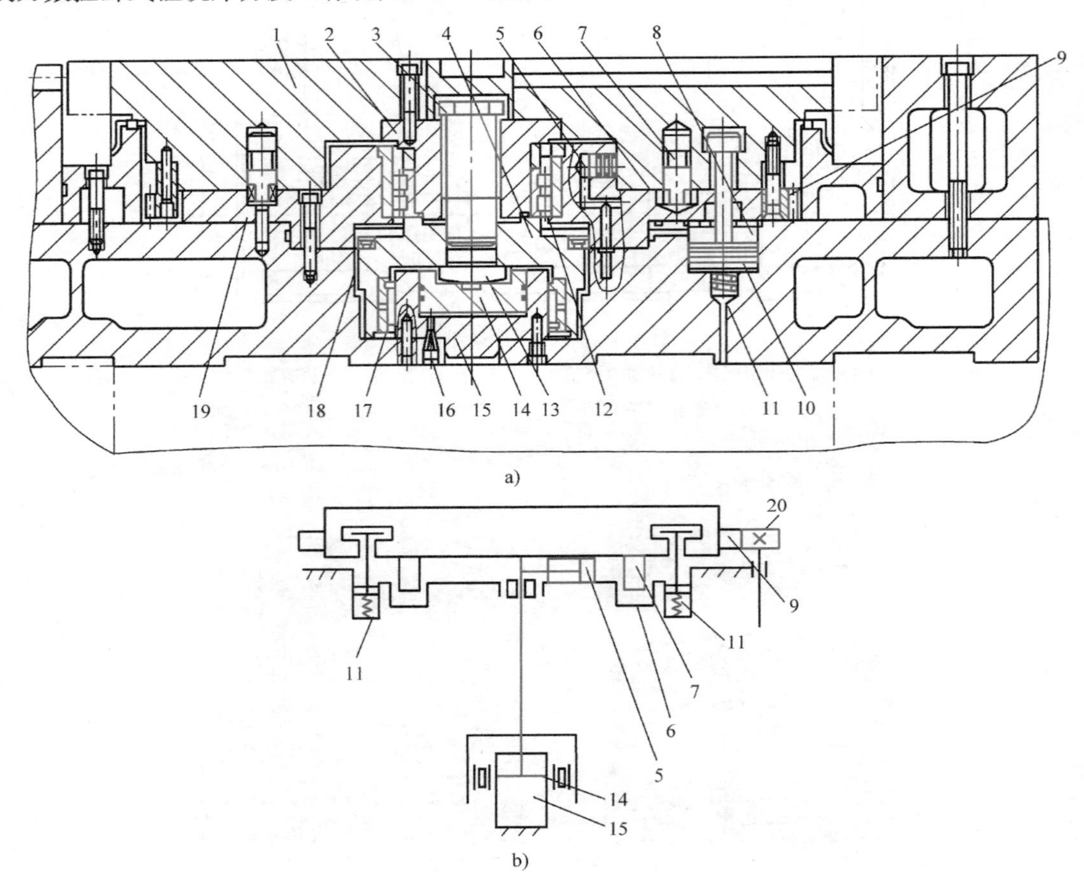

图 6-7　自动换刀数控卧式镗铣床分度工作台

a）结构图　b）工作原理图

1—工作台　2—转台轴　3—六角螺钉　4—轴套　5—径向消隙液压缸　6—定位套　7—定位销　8、15—液压缸　9、20—齿轮　10、14—活塞　11—弹簧　12、17、18—轴承　13—止推螺钉　16—管道　19—转台座

1）主要结构。这种插销式分度工作台主要由工作台台面、分度传动机构（液压马达、齿轮副等）、8 个均布的定位销 7、6 个均布的定位夹紧液压缸 8 及径向消隙液压缸 5 等组成，可实现二、四、八等分的分度运动。

2）工作原理。工作台的分度过程主要包括：工作台松开、工作台上升、回转分度、工作台下降及定位、工作台夹紧。

① 工作台松开。在接到分度指令后 6 个夹紧液压缸 8 上腔回油，弹簧 11 推动活塞 10 向上移动，同时径向消隙液压缸 5 卸荷，松开工作台。

② 工作台上升。工作台松开后，中央液压缸 15 下腔进油，活塞 14 带动工作台上升，

拔出定位销7，工作台上升完成。

③ 回转分度。定位销拔出后，液压马达回转，经齿轮20、9使工作台回转分度，到达分度位置后液压马达停转，完成回转分度。

④ 工作台下降及定位。液压马达停转后，中央液压缸15下腔回油，工作台靠自重下降，使定位销7插入定位套6的销孔中，完成定位。

⑤ 工作台夹紧。工作台定位完成后，径向消隙液压缸5的活塞杆顶向工作台消除径向间隙，然后夹紧液压缸8上腔进油，活塞下移夹紧工作台。

（2）端齿盘定位的分度工作台

1）结构。端齿盘定位的分度工作台能达到很高的分度定位精度，一般为±3″，最高可达±0.4″，且能承受很大的外载，定位刚度高，精度保持性好。实际上，在一定时期内由于齿盘啮合脱开相当于两齿盘对研过程，因此，随着齿盘使用时间的延续，其定位精度还有不断提高的趋势。端齿盘定位的分度工作台广泛用于数控机床，也用于组合机床和其他专用机床。

图6-8所示为THK6370自动换刀数控卧式镗铣床端齿盘定位分度工作台。它主要由一对分度端齿盘13、14、液压缸12、活塞8、液压马达、蜗杆3、蜗轮4和齿轮5、6等组成。分度转位动作包括：① 工作台抬起，齿盘脱离啮合，完成分度前的准备工作；②回转分度；③工作台下降，齿盘重新啮合，完成定位夹紧。

工作台9的抬起由液压缸的活塞8来完成，其油路工作原理如图6-9所示。当需要分度时，控制系统发出分度指令，工作台液压缸的换向阀电磁铁E_2通电，压力油便从管道24进入分度工作台9中央的液压缸12的下腔，于是活塞8向上移动，通过推力轴承10和11带动工作台9也向上抬起，使上、下端齿盘13、14相互脱离啮合，液压缸上腔的油则经管道23排出，通过节流阀L_3流回油箱，完成分度前的准备工作。

当分度工作台9向上抬起时，通过推杆和微动开关发出信号，使控制液压马达ZM16的换向阀电磁铁E_3通电。压力油从管道25进入液压马达使其旋转。通过蜗杆副3、4和齿轮副5、6带动工作台9进行分度回转运动。液压马达的回油是经过管道26、节流阀L_2及换向阀E_5流回油箱。调节节流阀L_2开口的大小，便可改变工作台的分度回转速度（一般调在2r/min左右）。工作台分度回转角度的大小由指令给出，共有八个等分，即为45°的整倍数。当工作台的回转角度接近所要分度的角度时，减速挡块使微动开关动作，发出减速信号，换向阀电磁铁E_5通电，该换向阀将液压马达的回油管道关闭，此时，液压马达的回油除了通过节流阀L_2还要通过节流阀L_4才能流回油箱。节流阀L_4的作用是使其减速。因此，工作台在停止转动之前，其转速已显著下降，为齿盘准确定位创造了条件。当工作台的回转角度达到所要求的角度时，准停挡块压合微动开关，发出信号，使电磁铁E_3断电，堵住液压马达的进油管道25，液压马达便停止转动。到此，工作台完成了准停动作，与此同时，电磁铁E_2断电，压力油从管道24进入液压缸上腔，推动活塞8带着工作台下降，于是上、下端齿盘又重新啮合，完成定位夹紧。液压缸下腔的油便从管道23，经节流阀L_3流回油箱。在分度工作台下降的同时，由推杆使另一个微动开关动作，发出分度转位完成的回答信号。

分度工作台的转动由蜗杆副3、4带动，而蜗轮副转动具有自锁性，即运动不能从蜗轮4传至蜗杆3。但是工作台下降时，最后的位置由定位元件——端齿盘所决定，即由齿盘带动工作台作微小转动来纠正准停时的位置偏差，如果工作台由蜗轮4和蜗杆3锁住而不能转

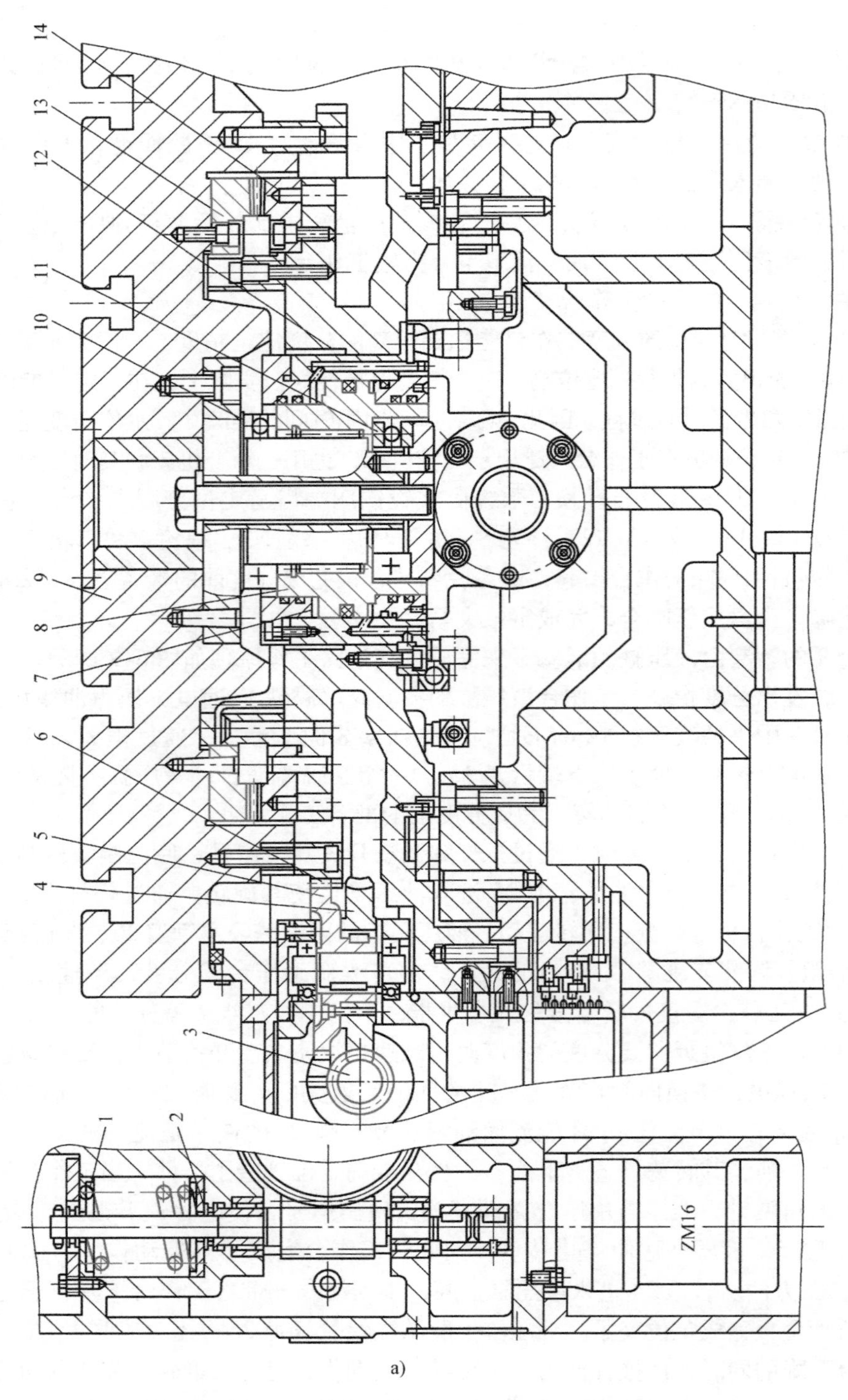

a)

图 6-8　THK6370 自动换刀数控卧式镗铣床端齿盘定位分度工作台

a）端齿盘定位分度工作台的结构

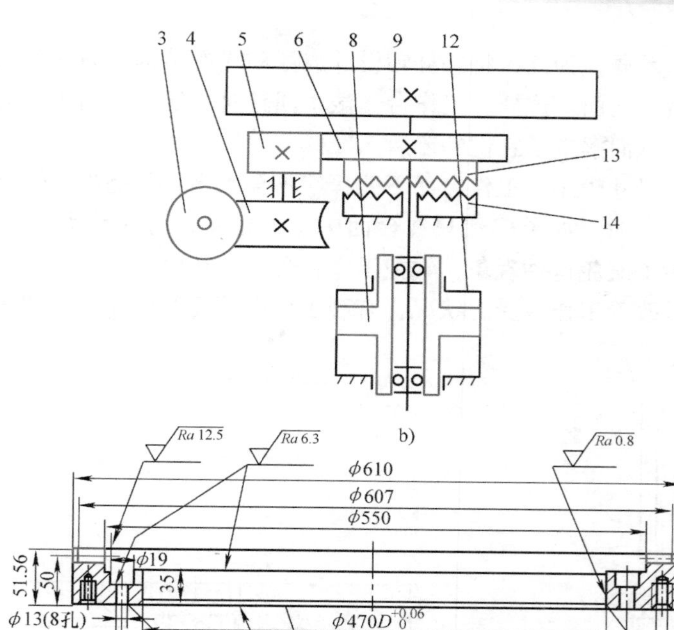

b)

齿数$z=180$

技术条件

1.分度盘由相同的上下齿盘啮合组成。
2.上下齿盘在任一分度啮合时，上下底面的平行度公差为0.05mm。
3.上下齿盘在任一分度啮合时，角度误差< 5″，其累积误差< 20″。
4.上下齿盘在任一分度啮合时，各齿 Ra 8 表面其接触面>60%。
5.平面A对孔 $\phi 470D$ 跳动公差< 0.03mm。
6.锐边倒角$R1$。
7.热处理：30～35HRC。

c)

图 6-8　THK6370 自动换刀数控卧式镗铣床端齿盘定位分度工作台（续）

b）工作原理图　c）端齿盘及其齿形结构

1—弹簧　2、10、11—轴承　3—蜗杆　4—蜗轮　5、6—齿轮　7—管道

8—活塞　9—工作台　12—液压缸　13、14—端齿盘

动，这时便产生了动作上的矛盾。为此，将蜗杆轴设计成浮动式的结构，即其轴向用两个推力轴承2抵在一个螺旋弹簧1上面。这样，工作台作微小回转时，便可由蜗轮带动蜗杆压缩弹簧1作微量的轴向移动，从而解决了它们的矛盾。

若分度工作台的工作台尺寸较小，工作台面下凹程度不会太多；但是当工作台尺寸较大（例如800mm×800mm以上）时，如果仍然只在台面中心处拉紧，势必增大工作台面下凹量，不易保证台面精度。为了避免这种现象，常把工作台受力点从中央附近移到离端齿盘作用点较近的环形位置上，以改善工作台受力状况，有利于台面精度的保证，如图6-10所示。

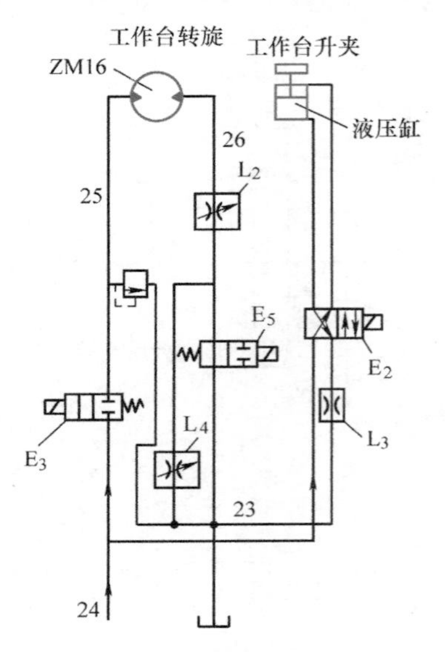

图6-9　油路工作原理图

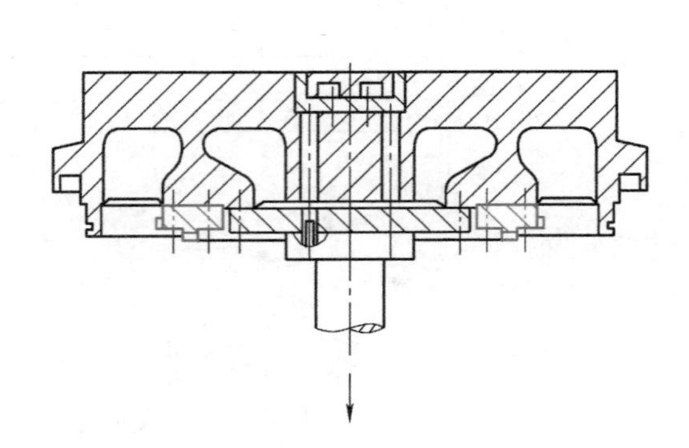
图6-10　工作台拉紧机构

2）端齿盘的特点。端齿盘在使用中有很多优点：①定位精度高。端齿盘采用向心端齿结构，它既可以保证分度精度，又可以保证定心精度，而且不受轴承间隙及正、反转的影响，一般定位精度可达±3″，高精度的可在±0.3″以内，同时重复定位精度既高又稳定。②承载能力强，定位刚度好。由于是多齿同时啮合，一般啮合率不低于90%，每齿啮合长度不少于60%。③随着不断的磨合，定位精度在一定时期内不仅不会下降，而且有所提高，因而使用寿命也较长。④适用于多工位分度。由于齿数的所有因数都可以作为分度工位数，因此一种齿盘可以用于分度数目不同的场合。

端齿盘分度工作台除了具有上述优点外，还有以下不足之处：①其主要零件——多齿端面齿盘的制造比较困难，几何公差要求很高，而且成对齿盘的对研工序很费工时，一般要研磨几十个小时以上，因此生产效率低，成本也较高。②在工作时动齿盘要升降、转位、定位及夹紧，因此端齿盘分度工作台的结构也相对要复杂些。但是从综合性能来衡量，它能使一台加工中心的主要指标——加工精度得到保证，因此目前在卧式加工中心上仍在采用。

3）端齿盘的分度角度。端齿盘的分度可实现分度角度为

$$\theta = 360°/z$$

式中　θ——可实现的分度数（整数）；

z——端齿盘齿数。

4. 工作台维护

1）及时清理工作台切屑、灰尘，应每班清扫。

2）每班工作结束后，应在工作台表面涂上润滑油。

3）矩形工作台传动部分按丝杠、导轨副等的防护保养方法进行维护。

4）定期调整数控回转工作台的回转间隙。

工作台回转间隙主要由于蜗轮磨损形成。当机床工作大约5000h时，应检查回转轴的回转间隙，若间隙超过规定值，就应进行调整。检查的办法可用正反转回转法，用百分表测定回转间隙，即用百分表触及工作台T形槽→用扳手正向回转工作台→百分表清零→用扳手反向回转工作台→读出百分表数值。此数值即为反向回转间隙，当数值超过一定值时，就需进行调整。

5）维护好数控回转工作台的液压装置。对数控回转工作台，应定期检查油箱是否充足；油液的温度是否在允许的范围内；液压马达运动时是否有异常噪声等现象；限位开关与撞块是否工作可靠，位置是否变动；夹紧液压缸移动时是否正常；液压阀、液压缸及管接头处是否有泄漏；液压转台的转位液压缸是否研损；工作台抬起液压阀、夹紧液压阀有没有被切屑卡住等；对液压件及油箱等定期清洗和维修，对油液、密封件进行定期更换。

6）定期检查与工作台相连接的部位是否有机械研损，定期检查工作台支承面回转轴及轴承等机械部分是否研损。

二、数控分度头

数控分度头是数控铣床和加工中心等常用的附件。它的作用是按照控制装置的信号或指令作回转分度或连续回转进给运动，以使数控机床能完成指定的加工工序。数控分度头一般与数控铣床、立式加工中心配套，用于加工轴、套类工件。数控分度头可以由独立的控制装置控制，也可以通过相应的接口由主机的数控装置控制。

1. 概述

等分式的FKNQ系列数控分度头的最终分度定位采用齿数为72牙的端齿盘来完成。

万能式的FK14系列数控分度头用精密蜗杆副作为分度定位元件，用于完成任意角度的分度工作，采用双导程蜗杆消除传动间隙。数控机床常用分度头见表6-1。

表6-1　数控机床常用分度头

名称	实物	说明
FKNQ系列数控气动等分分度头		FKNQ系列数控气动等分分度头是数控铣床、数控镗床、加工中心等数控机床的配套附件，以端齿盘作为分度元件，它靠气动驱动分度，可完成以5°为基数的整数倍的水平回转坐标的高精度等分分度工作
FK14系列数控分度头		FK14系列数控分度头是数控铣床、数控镗床、加工中心等数控机床的附件之一，可完成一个回转坐标的任意角度或连续分度工作。采用精密蜗轮副作为定位元件；采用组合式蜗轮结构，减少了气动刹紧时所造成的蜗轮变形，提高了产品精度；采用双导程蜗杆副，使得调整啮合间隙简便易行，有利于保持精度

（续）

名称	实物	说明
FK15 系列数控分度头		FK15 系列数控立卧两用型分度头是数控机床、加工中心等机床的主要附件之一，分度头与相应的 CNC 控制装置或机床本身特有的控制系统连接，并与（4～6）$\times 10^5$ Pa 压缩气接通，可自动完成工件的夹紧、松开和任意角度的圆周分度工作
FK53 系列数控电动立式等分分度头		FK53 系列数控等分分度头是以端齿盘定位锁紧，以压缩空气推动齿盘实现工作台的松开、刹紧，以伺服电动机驱动工作台旋转的具有间断分度功能的机床附件。该产品专门和加工中心及数控镗铣床配套使用，工作台可立卧两用，完成5°的整数倍的分度工作

2. 工作原理

图 6-11 所示为 FKNQ160 型数控气动等分分度头，其工作原理如下：分度头为三齿盘结构，滑动端齿盘 4 的前腔通入压缩空气后，借助弹簧 6 和滑动销轴 3 在镶套内平稳地沿轴向右移。齿盘完全松开后，无触点传感器 7 发信号给控制装置，这时分度活塞 17 开始运动，使棘爪 15 带动棘轮 16 进行分度，每次分度角度为 5°，在分度活塞 17 下方有两个传感器 14，用于检测活塞 17 的到位、返回位置并发出分度信号。当分度信号与控制装置预置信号重合时，分度台刹紧，这时滑动端齿盘 4 的后腔通入压缩空气，端齿盘啮合，分度过程结束。为了防止棘爪返回时主轴反转，在分度活塞 17 上安装凸块 11，使驱动销 10 在返回过程中插入定位轮 9 的槽中，以防转过位。

数控分度头未来的发展趋势是：在规格上向两头延伸，即开发小规格和大规格的分度头及相关制造技术；在性能方面将向进一步提高刹紧力矩、提高主轴转速及可靠性方面发展。

3. 分度装置维护

1）及时调整挡铁与行程开关的位置。

2）定期检查油箱是否充足，保持系统压力，使工作台能抬起和保持夹紧液压缸的夹紧压力。

3）控制油液污染，控制泄漏。对液压件及油箱等定期清洗和维修，对油液、密封件进行定期更换，定期检查各接头处的外泄漏。检查液压缸研损、活塞拉毛及密封圈损坏等。

4）检查齿盘式分度工作台上、下齿盘有无松动，两齿盘间有无污物，检查夹紧液压阀有没有被切屑卡住等。

5）检查与工作台相连的机械部分是否研损。

6）如为气动分度头，则应保证供给洁净的压缩空气，保证空气中含有适量的润滑油。

润滑的方法一般采用油雾器进行喷雾润滑，油雾器一般安装在过滤器和减压阀之后。油雾器的供油量一般不宜过多，通常每 $10m^3$ 的自由空气供 1mL 的油量（即 40～50 滴油）。检查润滑是否良好的一个方法是：找一张清洁的白纸放在换向阀的排气口附近，如果阀在工作 3～4 个循环后，白纸上只有很轻的斑点，则表明润滑良好。

7）经常检查压缩空气气压（或液压），并调整到要求值。足够的气压（或液压）才能使分度头动作。

8）保持气动（液压）分度头气动（液压）系统的密封性。如气动系统有严重的漏气，在气动系统停止运动时，由漏气引起的响声很容易发现。轻微的漏气则应利用仪表，或用涂抹肥皂水的办法进行检修。

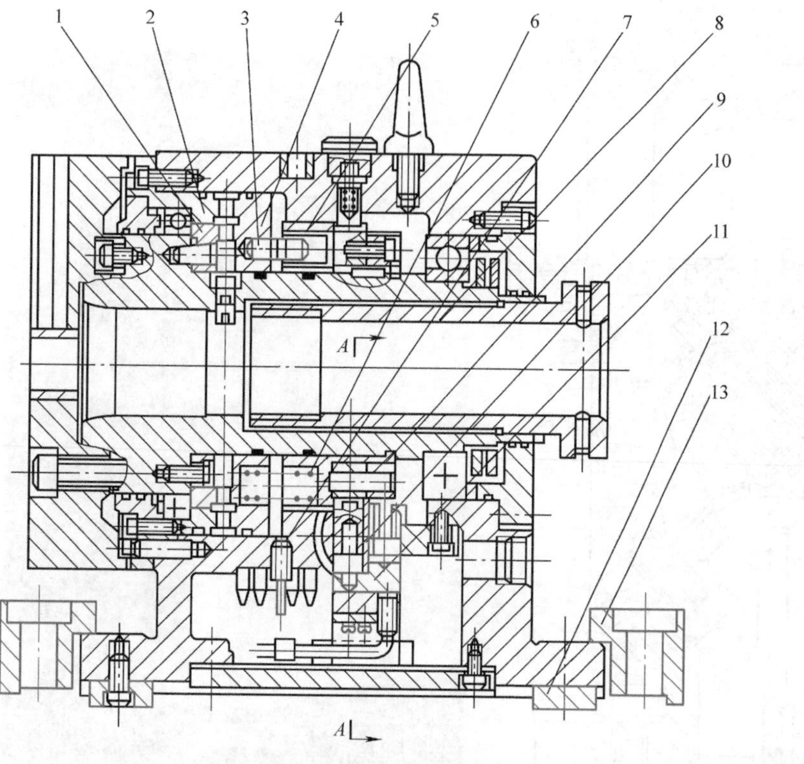

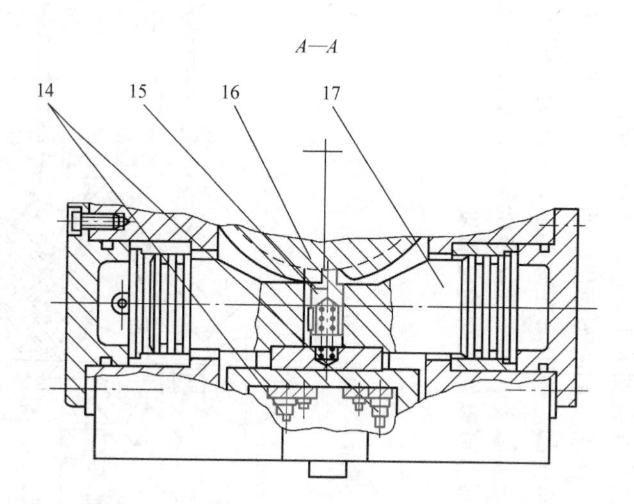

图 6-11　FKNQ160 型数控气动等分分度头结构

1—转动端齿盘　2—定位端齿盘　3—滑动销轴　4—滑动端齿盘　5—镶装套　6—弹簧　7—无触点传感器
8—主轴　9—定位轮　10—驱动销　11—凸块　12—定位键　13—压板　14—传感器　15—棘爪　16—棘轮　17—分度活塞

9）保证气动元件中运动零件的灵敏性。从空气压缩机排出的压缩空气包含有粒度为0.01～0.8μm的压缩机油微粒，在排气温度为120～220℃的高温下，这些油粒会迅速氧化，氧化后油粒颜色变深，黏性增大，并逐步由液态固化成油泥。这种微米级以下的颗粒，一般过滤器无法滤除。当它们进入到换向阀后便附着在阀芯上，使阀的灵敏度逐步降低，甚至出现动作失灵。为了清除油泥，保证灵敏度，可在气动系统的过滤器之后安装油雾分离器，将油泥分离出来。此外，定期清洗阀也可以保证阀的灵敏度。

三、万能铣头

万能铣头部件结构如图6-12所示，主要由前、后壳体12、5，法兰3，传动轴Ⅱ、Ⅲ，

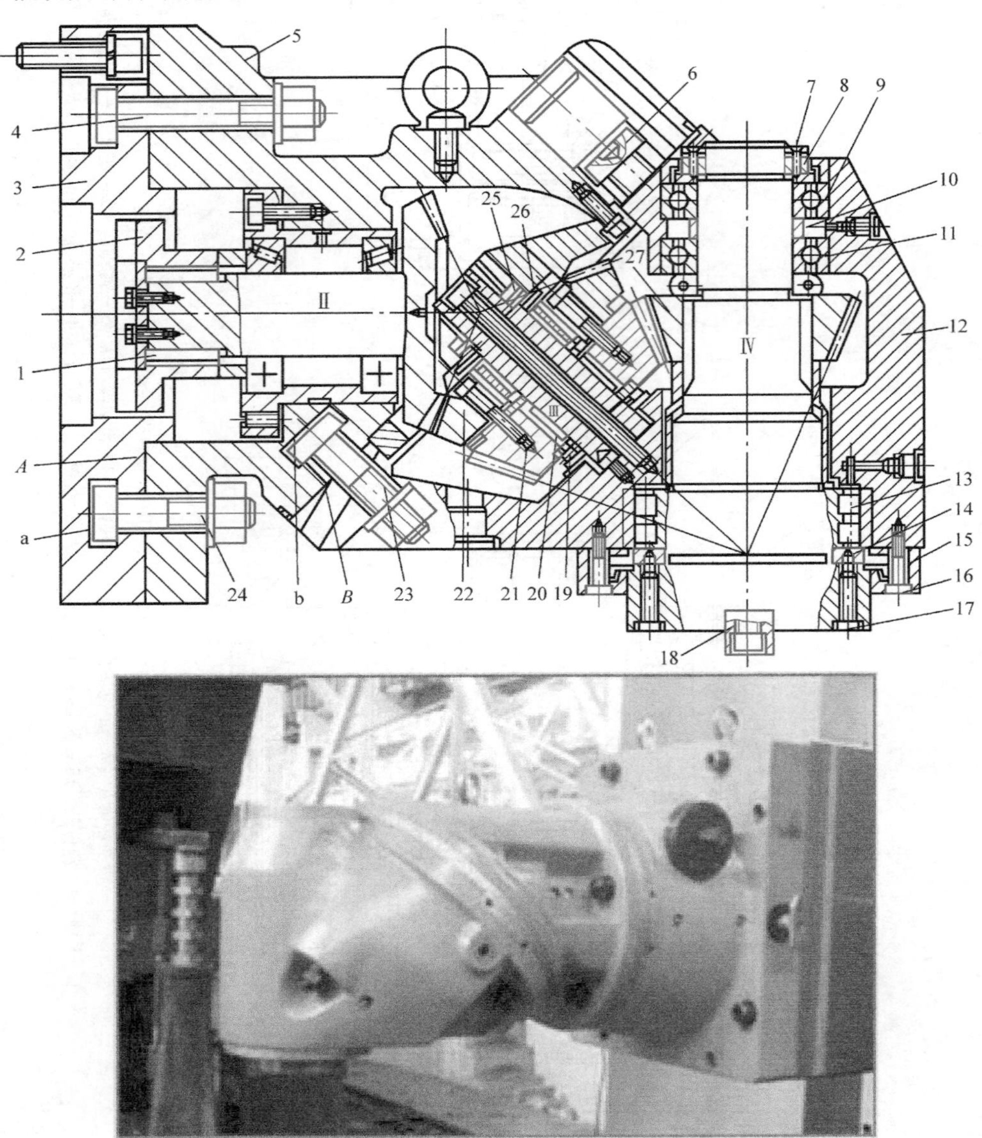

图6-12　万能铣头部件结构

1—键　2—连接盘　3、15—法兰　4、6、23、24—T形螺栓　5—后壳体　7—锁紧螺钉　8—螺母　9、11—向心推力角接触球轴承　10—隔套　12—前壳体　13—轴承　14—半圆环垫片　16、17—螺钉　18—端面键　19、25—推力短圆柱滚针轴承　20、26—向心滚针轴承　21、22、27—锥齿轮

主轴Ⅳ及两对弧齿锥齿轮组成。万能铣头用螺栓和定位销安装在滑枕前端。铣削主运动由滑枕上的传动轴Ⅰ（见图6-13）的端面键传到轴Ⅱ，端面键与连接盘2的径向槽相配合，连接盘与轴Ⅱ之间由两个平键1传递运动，轴Ⅱ右端为弧齿锥齿轮，通过轴Ⅲ上的两个锥齿轮22、21和用花键连接方式装在主轴Ⅳ上的锥齿轮27，将运动传到主轴上。主轴为空心轴，前端有7:24的内锥孔，用于刀具或刀具心轴的定心；通孔用于安装拉紧刀具的拉杆通过。主轴端面有径向槽，并装有两个端面键18，用于主轴向刀具传递转矩。

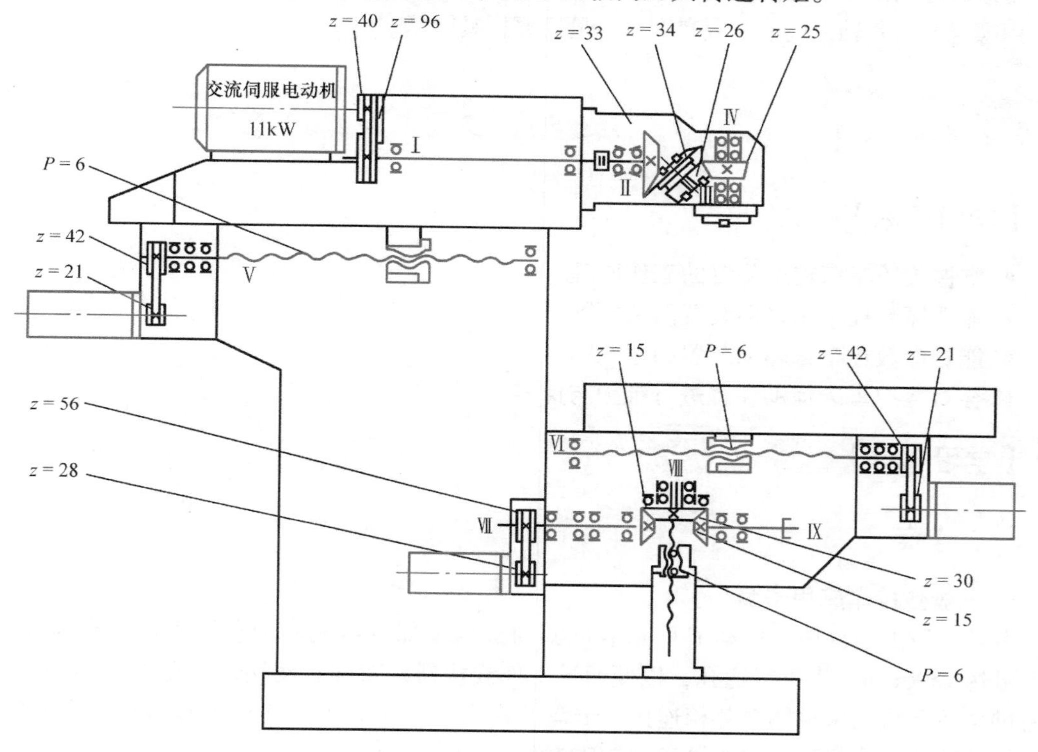

图6-13 XKA5750数控铣床传动系统图

万能铣头可通过两个互成45°的回转面A和B调节主轴Ⅳ的方位，在法兰3的回转面A上开有T形圆环槽a，松开T形螺栓4和24，可使铣头绕水平轴Ⅱ转动，调整到要求位置将T形螺栓拧紧即可；在万能铣头后壳体5的回转面B内，也开有T形圆环槽b，松开T形螺栓6和23，可使铣头主轴绕与水平轴线成45°夹角的轴Ⅲ转动。绕两个轴线转动组合起来，可使主轴轴线处于前半球面的任意角度。

万能铣头作为直接带动刀具的运动部件，不仅要能传递较大的功率，更要具有足够的旋转精度、刚度和抗振性。万能铣头除在零件结构、制造和装配精度方面要求较高外，还要选用承载力和旋转精度都较高的轴承。两个传动轴都选用了D级精度的轴承，轴上一对D7029型圆锥滚子轴承和一对D6354906型向心滚针轴承20、26承受径向载荷；轴向载荷由两个型号分别为D9107和D9106的推力短圆柱滚针轴承19和25承受。主轴上前、后支承均为C级精度轴承，前支承是C3182117型双列圆柱滚子轴承，只承受径向载荷；后支承为两个C36210型向心推力角接触球轴承9和11，既承受径向载荷，也承受轴向载荷。为了保证旋转精度，主轴轴承不仅要消除间隙，而且要有预紧力，轴承磨损后也要进行间隙调整。前轴承消除和预紧的调整是靠改变轴承内圈在锥形颈上的位置，使内圈外胀实现的。调整时，先拧下四个螺钉16，卸下法兰15，再松开螺母8上的锁紧螺钉7，拧松螺母8，将主轴Ⅳ向前（向下）推动2mm左右，然后拧下两个螺钉17，将半圆环垫片14取出，根据间隙大小磨薄垫片，最后将上述零件重新装好。后支承的两个向心推力角接触球轴承开口向背（轴承9开口朝上，轴承11开口朝下），作消隙和预紧调整时，通过两轴承外圈不动、内圈的端面距离相对减小的办法就可实现。具体是通过控制两轴承内圈隔套10的尺寸。调整时取下隔套10，修磨到合适尺寸，重新装好后，用螺母8顶紧轴承内圈及隔套即可。最后要拧紧锁紧螺钉7。

第二节　数控车床辅助装置的结构与维护

【学习目标】

- 掌握数控车床辅助装置的工作原理
- 能看懂数控车床辅助装置的装配图
- 能看懂数控车床辅助装置的电气图
- 会对数控车床辅助装置进行维护与保养

【学习内容】

一、卡盘

1. 一般数控车床用卡盘

卡盘一般由卡盘体、活动卡爪和卡爪驱动机构三部分组成。卡盘体直径最小为65mm，最大可达1500mm，中央有通孔，以便通过工件或棒料；背部有圆柱形或短锥形结构，直接或通过法兰盘与机床主轴端部相连接。卡盘通常安装在车床、外圆磨床和内圆磨床上使用，也可与各种分度装置配合用于铣床和钻床上。

卡盘按驱动卡爪所用动力不同，分为手动卡盘和动力卡盘两种。手动卡盘为通用附件，常用的有自定心卡盘和每个卡爪可以单独移动的单动卡盘。自定心卡盘由小锥齿轮驱动大锥齿轮，大锥齿轮的背面有阿基米德螺旋槽，与三个卡爪相啮合。因此用扳手转动小锥齿轮，便能使三个卡爪同时沿径向移动，实现自动定心和夹紧，适用于夹持圆形、正三角形或正六边形等工件。单动卡盘的每个卡爪底面有内螺纹与螺杆连接，用扳手转动各个螺杆便能分别地使相连的卡爪作径向移动，适于夹持四边形或不对称形状的工件。动力卡盘多为自动定心卡盘，配以不同的动力装置（气缸、液压缸或电动机），便可组成气动卡盘、液压卡盘或电动卡盘。气缸或液压缸装在机床主轴后端，用穿在主轴孔内的拉杆或拉管推拉主轴前端卡盘体内的楔形套，由楔形套的轴向进退使3个卡爪同时径向移动。这种卡盘动作迅速，卡爪移动量小，适于在大批量生产中使用。几种常见卡盘结构见表6-2。

2. 高速动力卡盘

为提高数控车床的生产率，对主轴转速要求越来越高，以实现高速甚至超高速切削。现在数控车床的最高转速已由1 000～2 000r/min，提高到每分钟数千转，有的数控车床甚至达到10 000r/min。普通卡盘已不能胜任这样的高转速要求，必须采用高速卡盘。早在20世

表 6-2　几种常见卡盘结构

名称	结构形状	实物
自定心卡盘	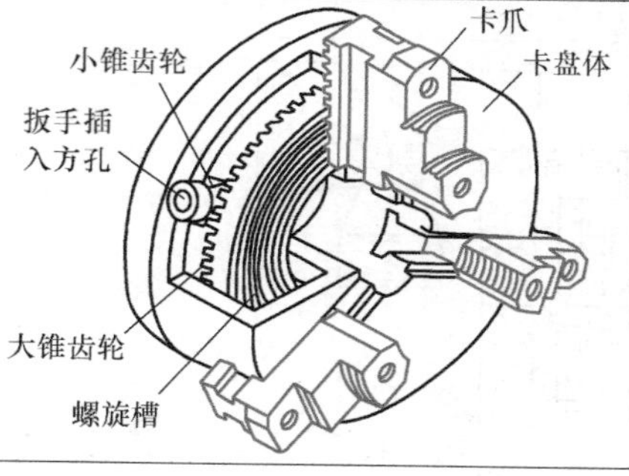 卡爪、小锥齿轮、卡盘体、扳手插入方孔、大锥齿轮、螺旋槽	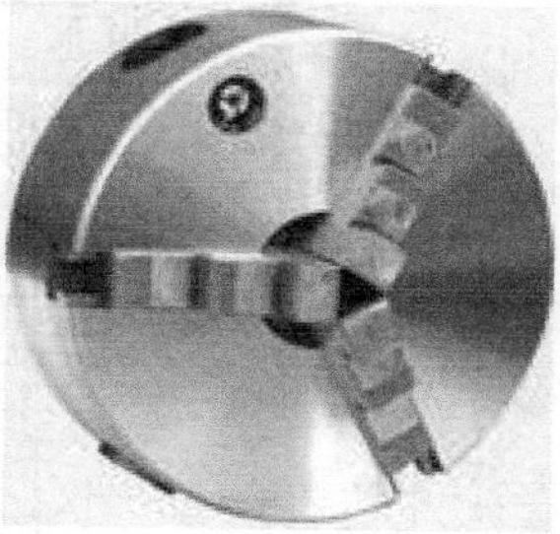
单动卡盘	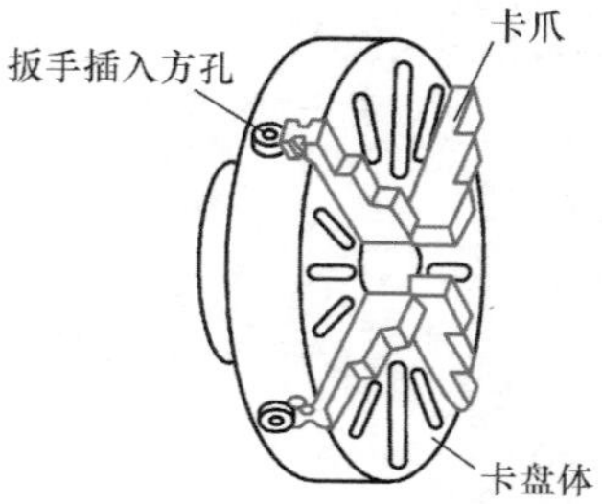 卡爪、扳手插入方孔、卡盘体	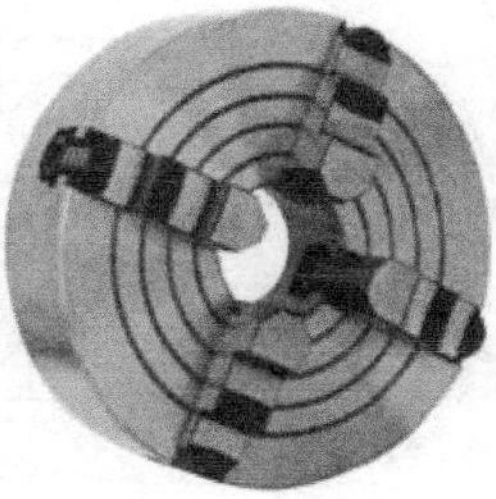
楔形套式动力卡盘	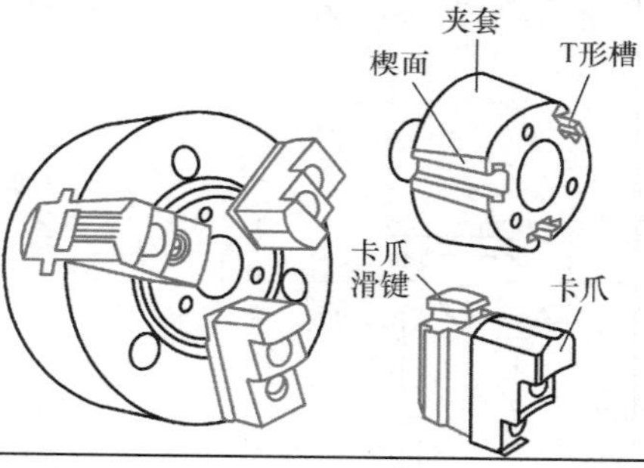 夹套、楔面、T形槽、卡爪滑键、卡爪	

纪 70 年代末期，德国福尔卡特公司就研制了世界上转速最高的 KGF 型高速动力卡盘，其试验速度达到了 10 000r/min，实用的速度达到了 8 000r/min。

图 6-14 所示为 KEF250 型中空式动力卡盘结构，图中右端为 KEF250 型卡盘，左端为 P24160A 型液压缸。这种卡盘的动作原理是：当液压缸 21 的右腔进油使活塞 22 向左移动时，通过与连接螺母 5 相连接的中空拉杆 26，使滑体 6 随连接螺母 5 一起向左移动，滑体 6 上有三组斜槽分别与三个卡爪座 10 相啮合，借助 10°的斜槽，卡爪座 10 带着卡爪 1 向内移动夹紧工件。反之，当液压缸 21 的左腔进油使活塞 22 向右移动时，卡爪座 10 带着卡爪 1 向外移动松开工件。当卡盘高速回转时，卡爪组件产生的离心力使夹紧力减少。与此同时，平衡块 3 产生的离心力通过杠杆 4（杠杆力肩比为 2∶1）变成压向卡爪座的夹紧力，平衡块 3 越重，其补偿作用越大。为了实现卡爪的快速调整和更换，卡爪 1 和卡爪座 10 采用端面梳形齿的活爪连接，只要拧松卡爪 1 上的螺钉，即可迅速调整卡爪位置或更换卡爪。

3. 卡盘的液压控制

某数控车床卡盘与尾座的液压控制回路如图 6-15 所示。分析液压控制原理，得知液压卡盘与液压尾座的电磁阀动作顺序，见表 6-3。

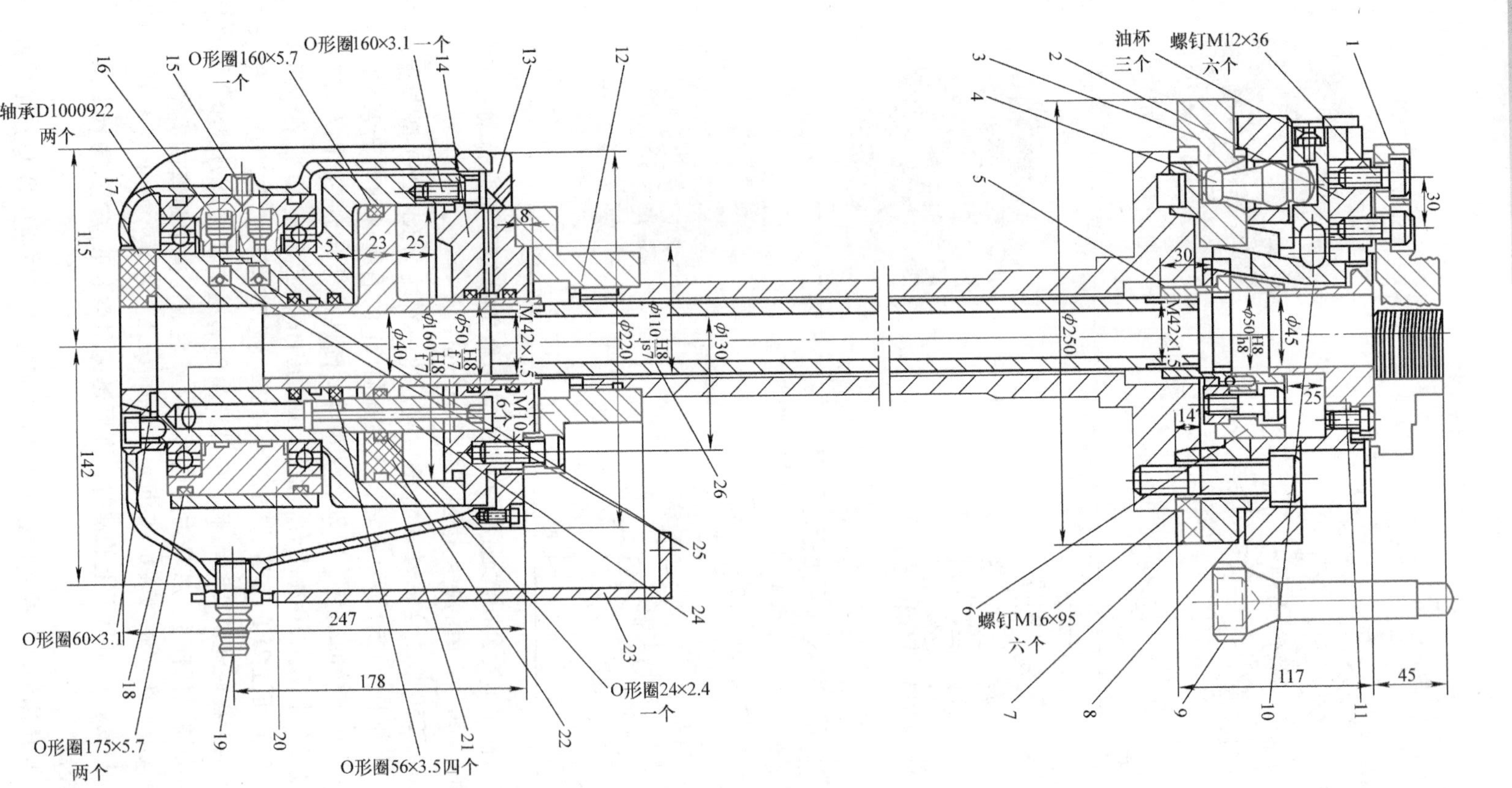

图6-14 KEF250型中空式动力卡盘结构图

1—卡爪 2—T形块 3—平衡块 4—杠杆 5—连接螺母 6—滑体 7、12—法兰盘 8—盘体 9—扳手 10—卡爪座 11—防护盘 13—前盖 14—缸盖 15—紧定螺钉 16—压力管接头 17—后盖 18—罩壳 19—漏油管接头 20—导油套 21—液压缸 22—活塞 23—防转支架 24—导向杆 25—溢流阀 26—中空拉杆

4. 卡盘电气连接

卡盘电气控制回路如图 6-16 所示。

（1）卡盘夹紧　卡盘夹紧指令发出后，数控系统经过译码在接口发出卡盘夹紧信号→图 6-16b 中的 KA3 线圈得电→图 6-16a 中 KA3 常开触头闭合→YV1 电磁阀得电→卡盘夹紧。

（2）卡盘松开　卡盘松开指令发出后，数控系统经过译码在接口发出卡盘松开信号→图 6-16b 中的 KA4 线圈得电→图 6-16a 中 KA4 常开触头闭合→YV2 电磁阀得电→卡盘松开。

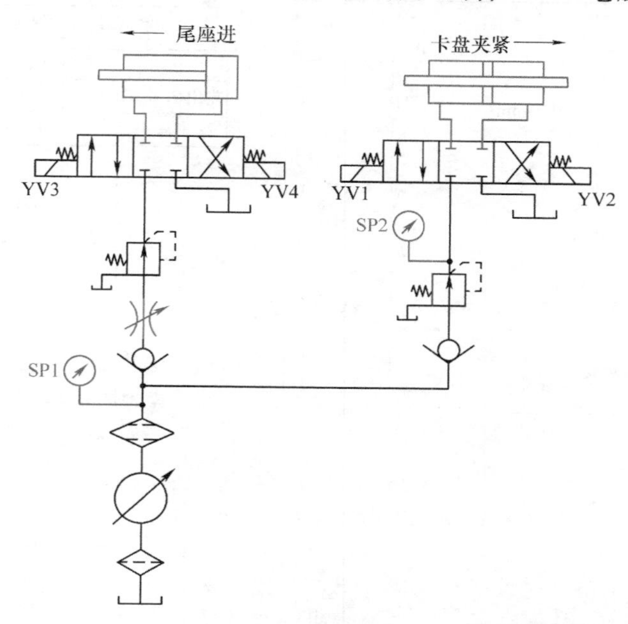

图 6-15　某数控车床卡盘与尾座液压控制回路

表 6-3　电磁阀动作顺序表

元件	工作状态	电磁阀				备注
		YV1	YV2	YV3	YV4	
尾座	尾座进	+	−			电磁阀通电为“+”，断电为“−”
	尾座退	−	+			
卡盘	夹紧			+	−	
	松开			−	+	

5. 卡盘维护

1）每班工作结束时，及时清扫卡盘上的切屑。

2）液压卡盘长期工作以后，在其内部会积一些细屑，这种现象会引起故障，所以应在 6 个月进行一次拆装，清理卡盘（见图 6-17）。

3）每周一次用润滑油润滑卡爪周围（见图 6-17）。

4）定期检查主轴上卡盘的夹紧情况，防止卡盘松动。

5）采用液压卡盘时，要经常观察液压夹紧力是否正常。液压力不足易导致卡盘夹紧力不足，卡盘失压。工作中禁止压碰卡盘液压夹紧开关。

6）及时更换卡紧液压缸密封元件，及时检查卡盘各摩擦副的滑动情况，及时检查电磁阀芯的工作可靠性。

7）装卸卡盘时，床面要垫木板，不准开车装卸卡盘。机床主轴装卸卡盘要在停机后进行，不可借助于电动机的力量摘取卡盘。

8）及时更换液压油，如油液黏度太高会导致数控车床开机时，液压站会响声异常。

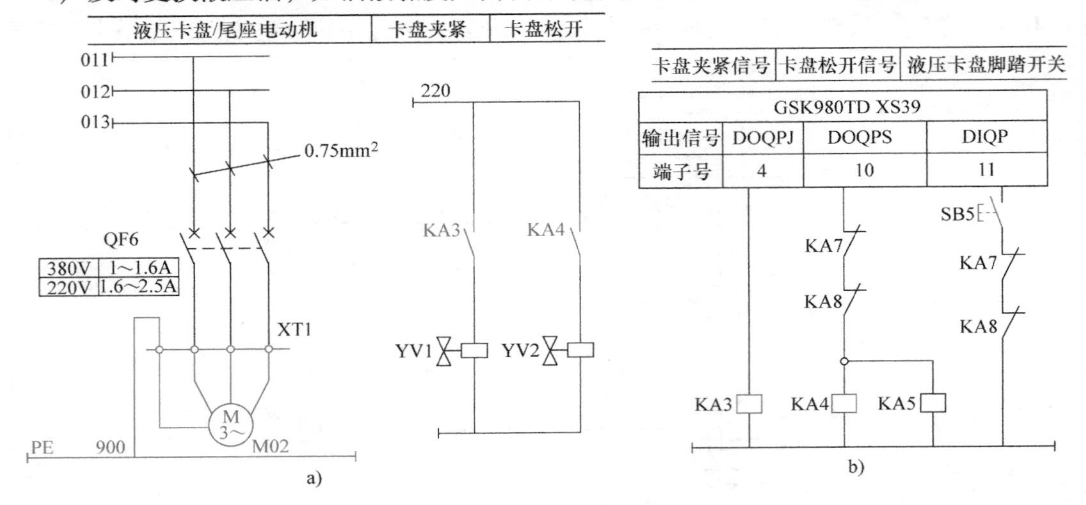

图 6-16　卡盘电气控制回路

a）主电路与控制电路　b）信号电路

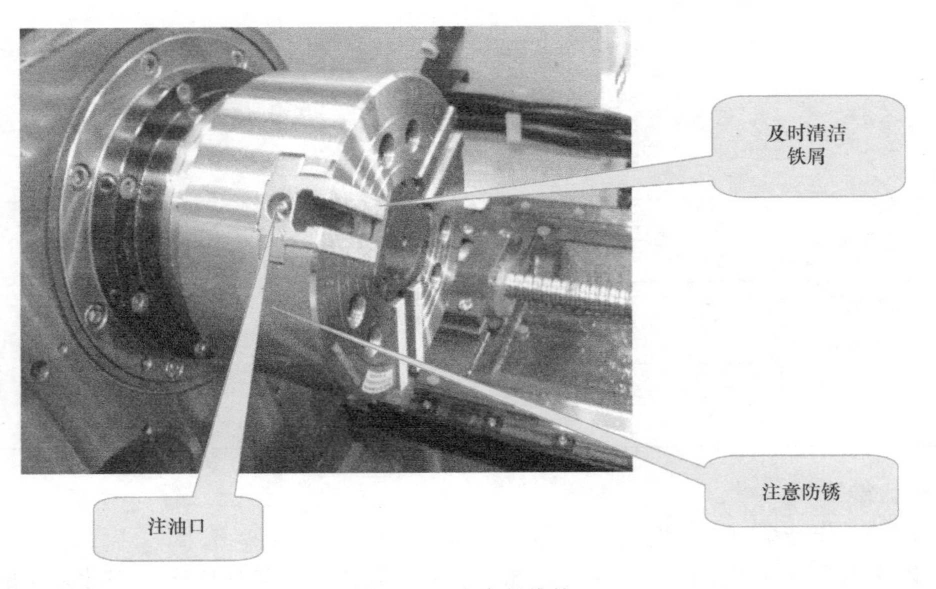

图 6-17　卡盘的维护

9）注意液压电动机轴承保持完好。

10）注意液压站输出油管不要堵塞，否则会产生液压冲击，发出异常噪声。

11）卡盘运转时，应让卡盘夹一个工件，负载运转。禁止卡爪张开过大和空载运行。空载运行时容易使卡盘松懈，卡爪飞出伤人。

12）液压卡盘液压油缸的使用压力必须在许用范围内，不得任意提高。

13）及时紧固液压泵与液压电动机连接处，及时紧固液压缸与卡盘间连接拉杆的调整螺母。

二、尾座

1. 尾座的结构

CK7815 型数控车床尾座结构如图 6-18 所示。当手动移动尾座到所需位置后，先用螺钉 16 进行预定位，即通过拧紧螺钉 16 使两楔块 15 上的斜面顶出销轴 14，使得尾座紧贴在矩形导轨的两内侧面上，然后，用螺母 3、螺栓 4 和压板 5 将尾座紧固。这种结构，可以保证尾座的定位精度。

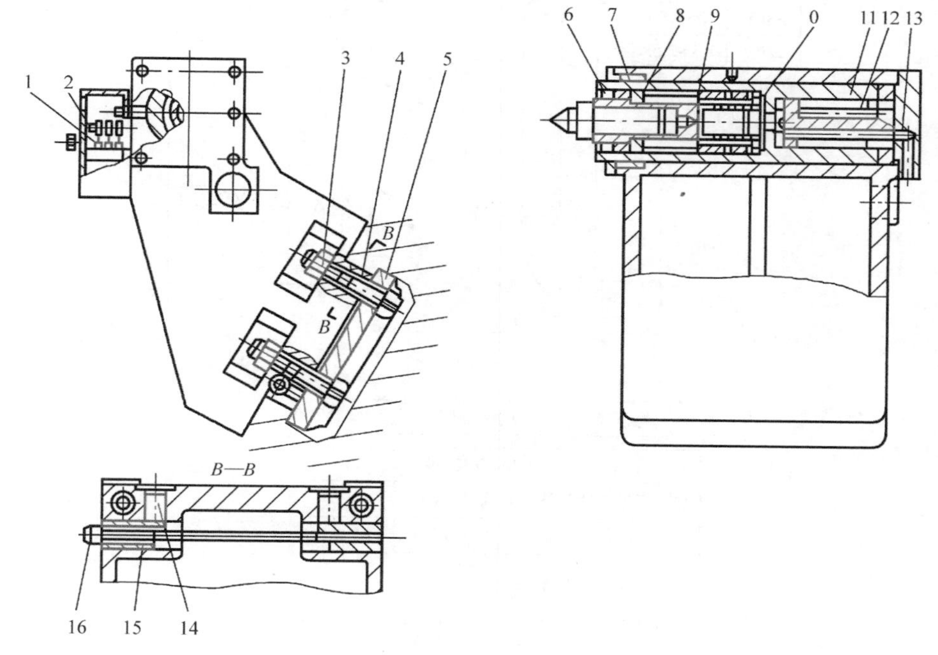

图 6-18　CK7815 型数控车床尾座结构

1—开关　2—挡铁　3、6、8、10—螺母　4—螺栓　5—压板　7—锥套
9—套筒内轴　11—套筒　12、13—油孔　14—销轴　15—楔块　16—螺钉

尾座套筒内轴 9 上装有顶尖，因轴 9 能在尾座套筒内的轴承上转动，故顶尖是活顶尖。为使顶尖保证高的回转精度，前轴承选用 NN3000K 双列圆柱滚子轴承，轴承径向间隙用螺母 8 和 6 调整；后轴承为三个角接触球轴承，由防松螺母 10 来固定。

尾座套筒与尾座孔的配合间隙，用内、外锥套 7 来作微量调整。当向内压外锥套时，使得内锥套内孔缩小，即可使配合间隙减小；反之变大。压紧力用端盖来调整。尾座套筒用压力油驱动。若在油孔 13 内通入压力油，则尾座套筒 11 向前运动，若在孔 12 内通入压力油，尾座套筒就向后运动。移动的最大行程为 90mm，预紧力的大小用液压系统的压力来调整。在系统压力为（5 ~ 15）$\times 10^5$Pa 时，液压缸的推力为 1 500 ~ 5 000N。

尾座套筒行程大小可以用安装在套筒 11 上的挡铁 2 通过行程开关 1 来控制。尾座套筒的进退由操作面板上的按钮来操纵。在电路上尾座套筒的动作与主轴互锁，即在主轴转动时，按动尾座套筒退出按钮，套筒并不动作，只有在主轴停止状态下，尾座套筒才能退出，以保证安全。

2. 尾座电气连接

尾座电气控制回路如图 6-19 所示。

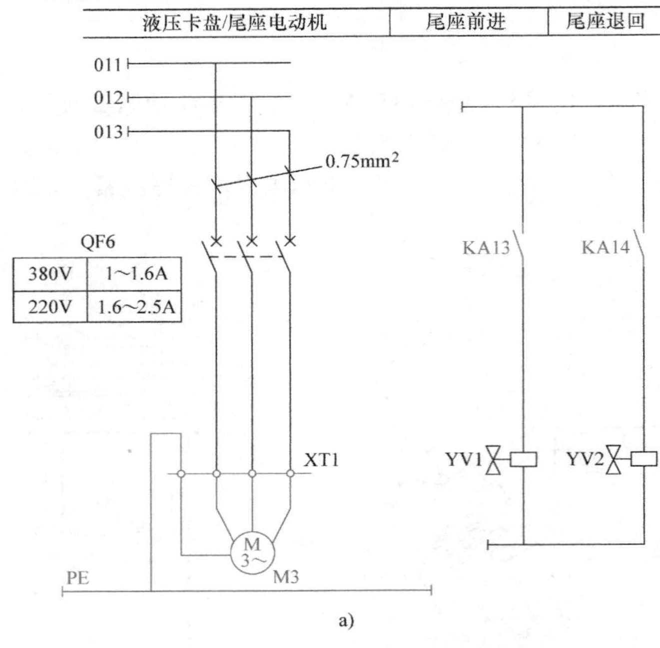

a)

尾座前进	尾座退回	尾座脚踏开关

GSK980TD XS39			
输出信号	DOTWJ	DOTWS	SITM
端子号	2	9	2

SB6

KA13　KA14

b)

图 6-19　尾座电气控制回路

a）主电路与控制电路　b）信号电路

（1）尾座进　尾座进指令发出后，数控系统经过译码在接口发出尾座进信号→图 6-19b 中的 KA13 线圈得电→图 6-19a 中 KA13 常开触头闭合→YV1 电磁阀得电→尾座进。

（2）尾座退　尾座退指令发出后，数控系统经过译码在接口发出尾座退信号→图 6-19b 中的 KA14 线圈得电→图 6-19a 中 KA14 常开触头闭合→YV2 电磁阀得电→尾座退。

3. 尾座维护

1）尾座精度调整。如尾座精度不够时，先以百分表测出其偏差度，稍微放松尾座固定杆把手，再放松底座紧固螺钉，然后利用尾座调整螺钉调整到所要求的尺寸和精度，最后再拧紧所有被放松的螺钉，即完成调整工作。另外注意：机床精度检查时，按规定尾座套筒中心应略高于主轴中心。

2）定期润滑尾座本身（见图6-20）。

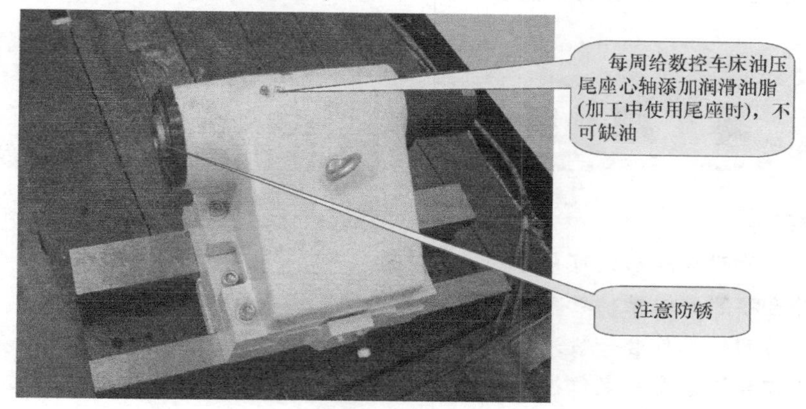

图6-20　尾座的维护（一）

3）及时检查尾座套筒上的限位挡铁或行程开关的位置是否有变动。

4）定期检查更换密封元件。

5）定期检查和紧固其上的螺母、螺钉等，以确保尾座的定位精度。

6）定期检查尾座液压油路控制阀，看其工作是否可靠。

7）检查尾座套筒是否出现机械磨损。

8）定期检查尾座液压缸移动时工作是否平稳。

9）液压尾座液压缸的使用压力必须在许用范围内，不得任意提高。

10）主轴起动前，要仔细检查尾座是否顶紧。

11）定期检查尾座液压系统测压点压力是否在规定范围内。

12）注意尾座套筒及尾座与所在导轨的清洁和润滑工作（见图6-21）。

图6-21　尾座的维护（二）

13）对于 CK7815 和 FANUC－0TD 及 0TE－A2 设备，其尾座体在一斜向导轨上可前后滑动，视加工零件长度调整与主轴间的距离。如果操作者只是注意尾座本身的润滑而忽略了尾座所在导轨的清洁和润滑工作，时间一长，尾座和导轨间会挤压有脏物，这样不但移动起来费力，而且使尾座中心严重偏离主轴中心线，轻者造成加工误差大，重者造成尾座及主轴故障。

习题练习

一、填空题

1. 数控转台按照分度形式可分为________和________。

2. 数控转台按照回转轴轴数可分为________、________和多轴并联转台。

3. 直接驱动回转工作台一般采用________驱动。

4. 分度工作台的分度和定位按照控制系统的指令自动进行，每次转位回转一定的角度，为满足分度精度的要求，常采用专门的定位元件有________、反靠定位、________和钢球定位等几种。

5. ________是数控铣床和加工中心等常用的附件。它的作用是按照控制装置的信号或指令作________或连续回转进给运动，以使数控机床能完成指定的加工工序。

6. 常用夹具类型有________、专用、________。

二、选择题（请将正确答案的代号填在空格中）

1. 数控机床的进给运动，除 X、Y、Z 三个坐标轴的直线进给运动之外，还有可以绕 X、Y、Z 三个坐标轴的圆周进给运动，分别称（　　）轴。

A. A、B、C　　B. U、V、W　　C. I、J、K

2. 齿盘定位的分度工作台能达到很高的分度定位精度，一般为（　　），最高可达 ±0.4″。

A. ±2″　　B. ±3″　　C. ±4″

3. （　　）应根据维护需要，可对各防护装置进行全面拆卸清理。

A. 每天　　B. 每周　　C. 每年

4. 绕 X 轴旋转的回转运动坐标轴是（　　）。

A. A 轴　　B. B 轴　　C. Z 轴

5. 在数控机床坐标系中平行机床主轴的直线运动为（　　）。

A. X 轴　　B. Y 轴　　C. Z 轴

6. 四坐标立式数控铣床的第四轴是垂直布置的，则该轴命名为（　　）。

A. B 轴　　B. C 轴　　C. W 轴

7. 机床上的卡盘、中心架等属于（　　）夹具。

A. 通用　　B. 专用　　C. 组合

8. 蜗杆和（　　）传动可以具有自锁性能。

A. 普通螺旋　　B. 滚珠丝杆螺母副　　C. 链　　D. 齿轮

9. 机床夹具，按（　　）分类，可分为通用夹具、专用夹具、组合夹具等。

A. 使用机床类型　　B. 驱动夹具工作的动力源　　C. 夹紧方式　　D. 专门化程度

10. 利用回转工作台铣削工件的圆弧面，当校正圆弧面中心与回转工作台中心重合时，应转动（　　）。

A. 立轴　　B. 回转工作台　　C. 工作台　　D. 铣刀

三、判断题（正确的划“√”，错误的划“×”）

1.（　　）数控机床的圆周进给运动，一般由数控系统的圆弧插补功能来实现。

2.（　　）数控转台的分度定位和分度工作台相同，它是按控制系统所指定的脉冲数来决定转位角度，没有其他的定位元件。

3.（　　）加工精度越高，数控转台的脉冲当量应选得越大。

4.（　　）数控转台直径越小，脉冲当量应选得越大。

5.（　　）数控回转工作台不需要设置零点。

6.（　　）双蜗杆传动结构，用电液脉冲马达实现对蜗轮的正、反向传动。

7.（　　）分度工作台可实现任意角度的定位。

8.（　　）由于齿盘啮合脱开相当于两齿盘对研过程，因此，随着齿盘使用时间的延续，其定位精度还有不断降低的趋势。

9.（　　）数控分度头必须由独立的控制装置控制。

10.（　　）防护罩主要为了方便工人装卸工件时踩踏。

11.（　　）压缩空气有助于清洁机床内部的碎屑。

12.（　　）为了便于观察，机床在加工过程中可打开防护门。

13.（　　）炎热的夏季车间温度高达35°C以上，因此要将数控柜的门打开，以增加通风散热。

14.（　　）为了防止尘埃进入数控装置内，所以电气柜应做成完全密封的。

15.（　　）直齿圆柱齿轮常用改变中心距和错齿的方法消除侧面间隙。

第七章 数控机床的安装与验收

数控机床属于高精度、自动化机床，安装调试时应严格按机床制造厂商提供的使用说明书及有关的技术标准进行。通常来说，数控机床从出厂直到能正常工作，其安装与检验过程如图7-1所示。

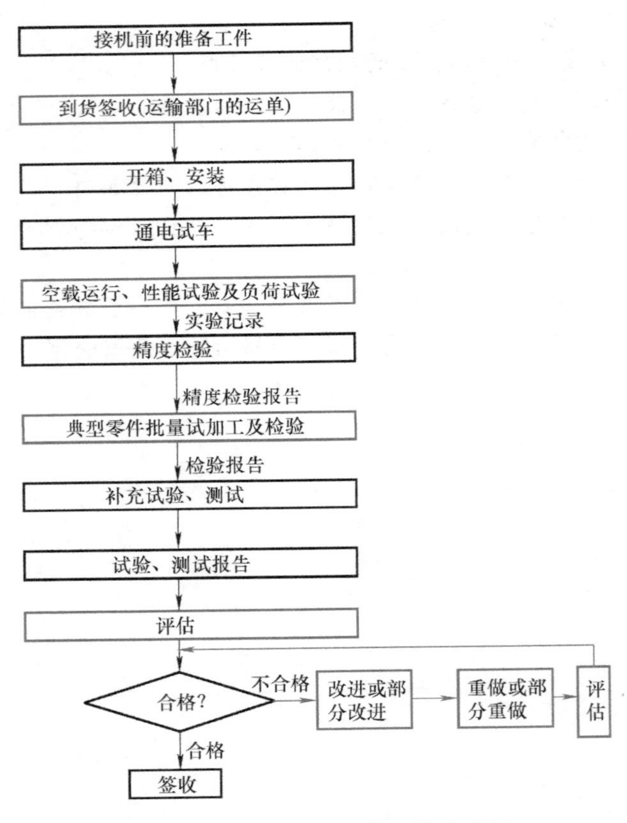

图7-1　数控机床的安装与检验过程

【学习目标】

能看明白数控机床总装图；能完成数控机床的机械总装、试车、机械部分的调试；

掌握数控机床几何精度、工作精度、定位精度、重复定位精度的测量、误差分析及调整方法。

【知识构架】

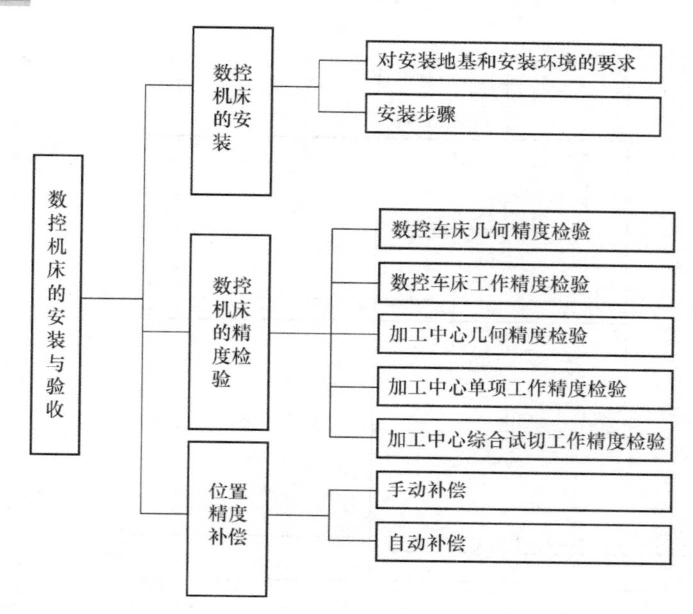

第一节 数控机床的安装

【学习目标】

- 熟悉数控机床对安装地基和安装环境的要求
- 了解数控机床的安装步骤

【学习内容】

一、数控机床对安装地基和安装环境的要求

机床的重量、工件的重量、切削过程中产生的切削力等作用力，都将通过机床的支承部件最终传至地基。地基质量的好坏，将关系到机床的加工精度、运动平稳性、机床变形、磨损以及机床的使用寿命。所以，机床在安装之前，应先做好地基的处理。

为增大阻尼减少机床振动，地基应有一定的质量。为避免过大的振动、下沉和变形，地基应具有足够的强度和刚度。机床作用在地基上的压力一般为 $3\times10^4\sim8\times10^4\text{N/m}^2$，一般天然地基强度足以保证，但机床要放在均匀的同类地基上。对于精密和重型机床，当有较大的加工件需在机床上移动时，会引起地基的变形，此时就需加大地基刚度并压实地基土以减小地基的变形。地基土的处理方法可采用压夯实法、换土垫层法、碎石挤密法或碎石桩加固法。精密机床或50t以上的重型机床，其地基加固可用预压法或采用桩基。

在数控机床确定的安放位置上，根据机床说明书中提供的安装地基图进行施工，如图7-2所示。同时还要考虑机床重量和重心位置以及机床连接的电线、管道的铺设、预留地脚螺栓和预埋件的位置。

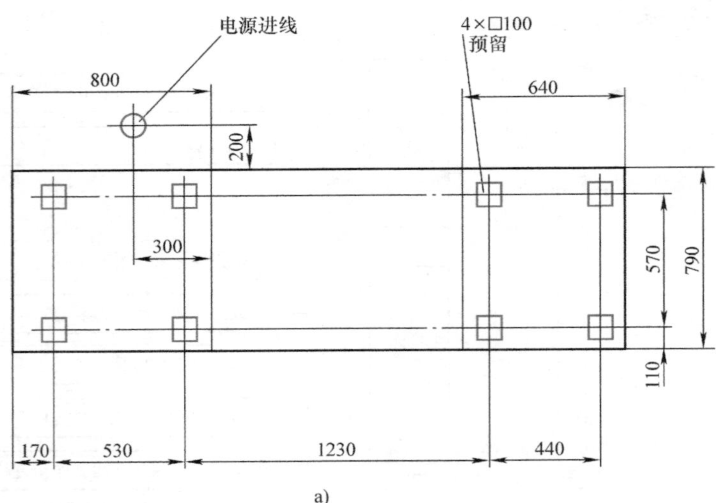

a)

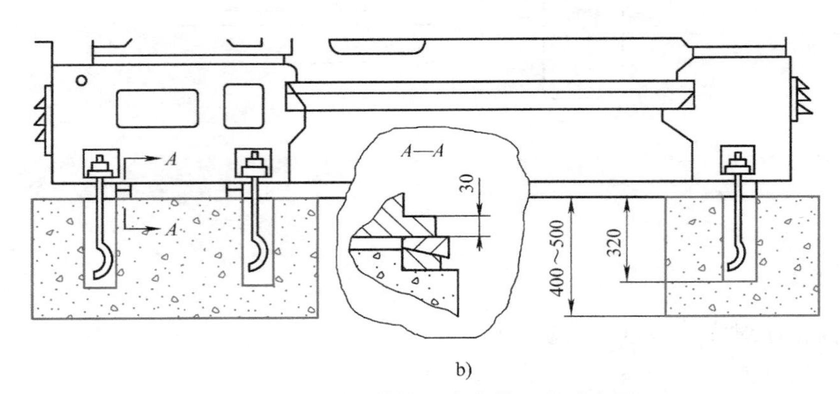

b)

图7-2 数控机床安装地基示意图

一般中小型数控机床无需做单独的地基，只需在硬化好的地面上，采用活动垫铁（见图7-3）稳定机床的床身，用支承件调整机床的水平，如图7-4所示。大型、重型机床需要专门做地基，精密机床应安装在单独的地基上，在地基周围设置防振沟，并用地脚螺栓紧固。

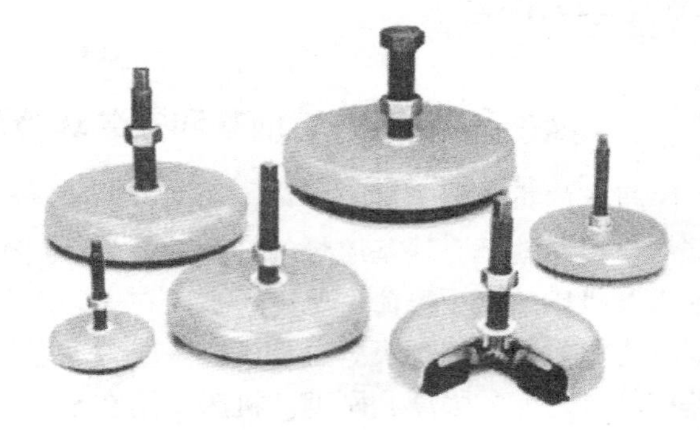

图7-3 活动垫铁

常用的各种地脚螺栓及固定方式如图7-5～图7-8所示。地基平面尺寸应大于机床支承面的外廓尺寸，并考虑安装、调整和维修所需尺寸。此外，机床旁应留有足够的工件运输和存放空间。机床与机床、机床与墙壁之间应留有足够的通道。

图 7-4　用活动垫铁支承的数控机床

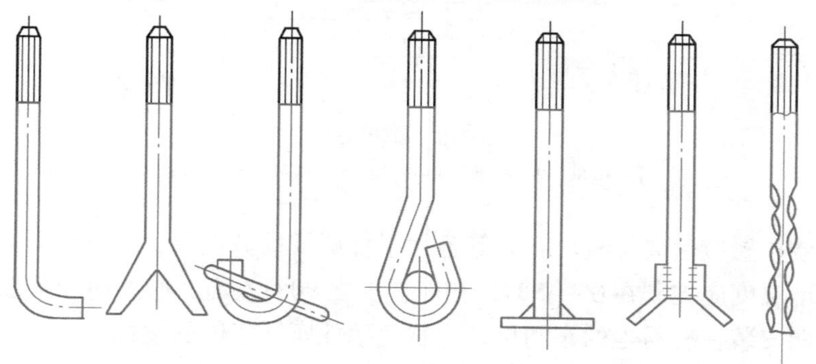

图 7-5　固定地脚螺栓

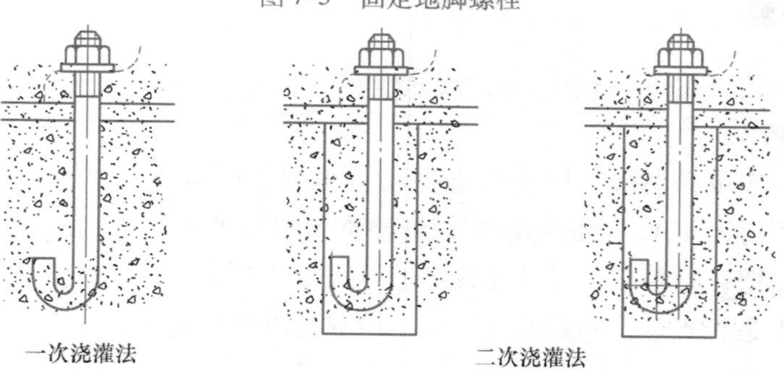

图 7-6　固定地脚螺栓的固定方法

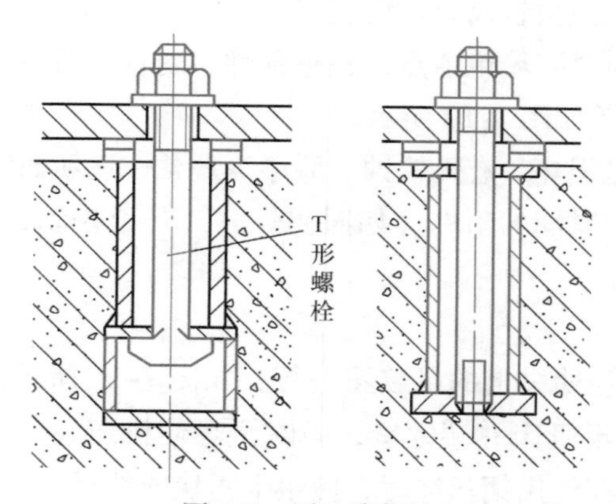

图 7-7　活地脚螺栓

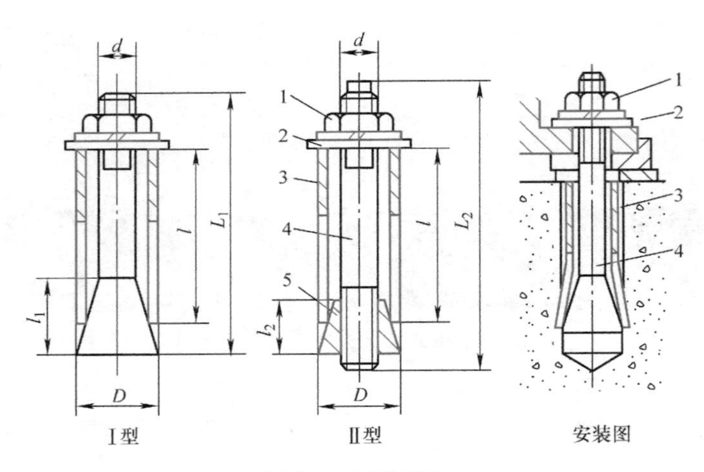

图 7-8　膨胀螺栓

1—螺母　2—垫圈　3—套筒　4—螺栓　5—锥体

机床的安装位置应远离焊机、高频等各种干扰源及机械振源。应避免阳光照射和热辐射的影响，其环境温度应控制在 0～45℃，相对湿度在 90% 左右，必要时应采取适当措施加以控制。机床不能安装在有粉尘的车间里，应避免酸性腐蚀气体的侵蚀。

二、安装步骤

数控机床的安装可按图 7-9 所示流程进行。

1. 搬运及拆箱

数控机床吊运应单箱吊装，防止冲击振动。用滚子搬运时，滚子直径以 70～80mm 为宜，地面斜坡度不得大于 15°。拆箱前应仔细检查包装箱外观是否完好无损；拆箱时，先将顶盖拆掉，再拆箱壁；拆箱后，应首先找出随机携带的有关文件，并按清单清点机床零部件数量和电缆数量等是否齐全，并做检查记录。检查验收的主要内容如下：

1）包装是否完好。

2）技术资料是否齐全。

3）是否有机床出厂检验报告及合格证。

4）按照合同规定，对照装箱单清点，检查部件、附件、备件及工具的数量、规格和完好程度。某数控车床装箱单如图 7-10 所示。

5）机床外观有无明显损坏，有无锈蚀、脱漆等现象，逐项如实做好有关记录并存档。

6）机床及附属装置应紧固的附件（如照明灯等）是否松动，电缆（线）、管路等的走线和固定是否符合要求等。

2. 就位

机床的起吊应严格按说明书上的吊装图进行，如图 7-11 所示。注意机床的重心和起吊位置。起吊时，将尾座移至机床右端锁紧，同时注意使机床底座呈水平状态，防止损坏漆面、加工面及突出部件。在使用钢丝绳时，应垫上木块或垫板，以防打滑。待机床吊起离地面 100～200mm 时，仔细检查悬吊是否稳固。然后再将机床缓缓地送至安装位置，并使活动

垫铁、调整垫铁、地脚螺栓等相应地对号入座。常用调整垫铁类型见表 7-1。

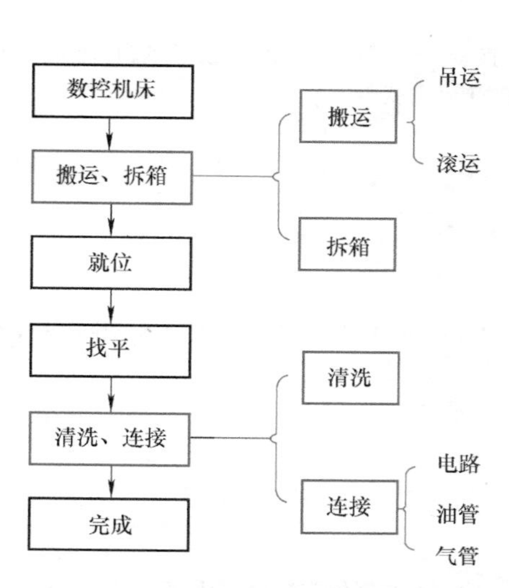

图 7-9　数控机床安装流程

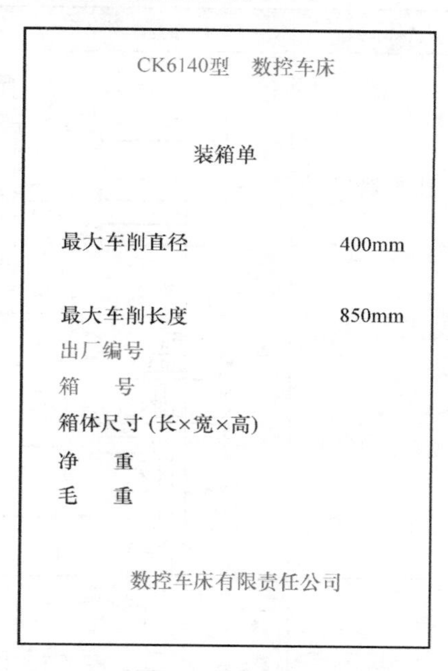

图 7-10　某数控车床装箱单

3. 找平

将数控机床放置于地基上，在自由状态下按机床说明书的要求调整其水平，然后将地脚螺栓均匀地锁紧。找正安装水平的基准面，应在机床的主要工作面（如机床导轨面或装配基面）上进行。对中型以上的数控机床，应采用多点垫铁支承，将床身在自由状态下调成水平。图 7-12 所示的机床上有 8 副调整水平垫铁，垫铁应尽量靠近地脚螺栓，以减少紧固地脚螺栓时，使已调整好的水平精度发生变化，水平仪读数应小于说明书中的规定数值。在各支承点都能支承住床身后，再压紧各地脚螺栓。在压紧过程中，床身不能产生额外的扭曲和变形。高精度数控机床可采用弹性支承进行调整，抑制机床振动。

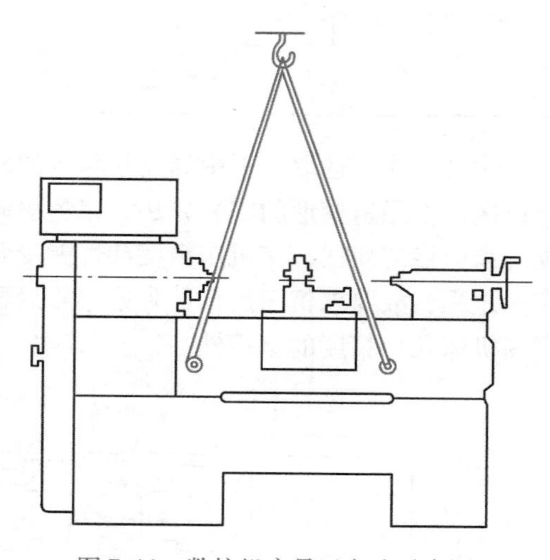
图 7-11　数控机床吊运方法示意图

表 7-1　常用调整垫铁类型

名称	图示	特点和用途
斜垫铁		斜度 1:10，一般配置在机床地脚螺栓附近，成对使用。用于安装尺寸小、要求不高、安装后不需要再调整的机床，亦可使用单个结构，此时与机床底座为线接触，刚度不高

（续）

名称	图示	特点和用途
开口垫铁		直接卡入地脚螺栓，能减轻拧紧地脚螺栓时使机床底座产生的变形
带通孔斜垫铁		套在地脚螺栓上，能减轻拧紧地脚螺栓时使机床底座产生的变形
钩头垫铁		垫铁的钩头部分紧靠在机床底座边缘上，安装调整时起限位作用，安装水平不易走失，用于振动较大或质量为10～15t的普通中、小型机床

找平工作应选取一天中温度较稳定的时候进行。应避免为适应调整水平的需要，使用引起机床产生强迫变形的安装方法，以免引起机床的变形，从而引起导轨精度和导轨相配件的配合和连接的变化，使机床精度和性能受到破坏。对安装的数控机床，考虑水泥地基的干燥有一过程，故要求机床运行数月或半年后再精调一次床身水平，以保证机床长期工作精度，提高机床几何精度的保持性。

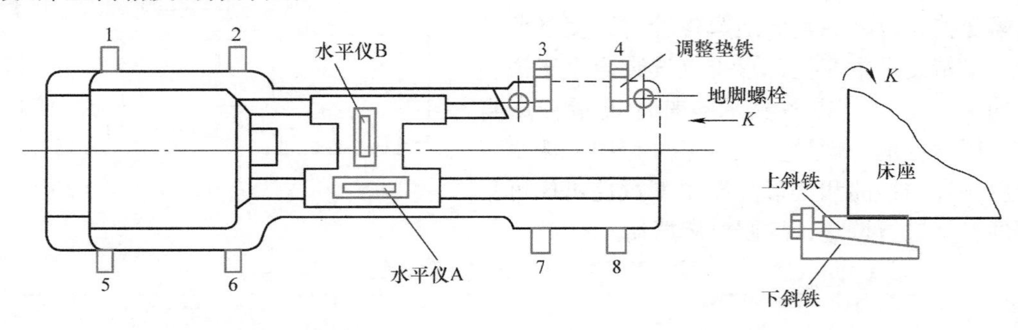

图7-12　垫铁放置图

4. 清洗和连接

拆除各部件因运输需要而安装的紧固工件（如紧固螺钉、连接板、楔铁等），清理各连接面、各运动面上的防锈涂料，清理时不能使用金属或其他坚硬刮具，不得用绵纱或纱布，

要用浸有清洗剂的棉布或绸布。清洗后涂上机床规定使用的润滑油，并做好各外表面的清洗工作。

对一些解体运输的机床（如车削中心），待主机就位后，将在运输前拆下的零、部件安装在主机上。在组装中，要特别注意各接合面的清理，并去除由于磕碰形成的飞边，要尽量使用原配的定位元件将各部件恢复到机床拆卸前的位置，以利于下一步的调试。

主机装好后即可连接电缆、油管和气管。每根电缆、油管、气管接头上都有标牌，电气柜和各部件的插座上也有相应的标牌，根据电气接线图、气液压管路图将电缆、管道一一对号入座。在连接电缆的插头和插座时必须仔细清洁和检查有无松动和损坏。安装电缆后，一定要把紧固螺钉拧紧，保证接触完全可靠。良好的接地不仅对设备和人身安全起着重要的保障，同时还能减少电气干扰，保证数控系统及机床的正常工作，数控机床接地线的正确连接方式如图 7-13 所示。在油管、气管连接中，注意防止异物从接口进入管路，避免造成整个气、液压系统发生故障。每个接头都必须拧紧，否则到试车时，若发现有油管渗漏或漏气现象，常常要拆卸一大批管子，使安装调试的工作量加大，浪费时间。

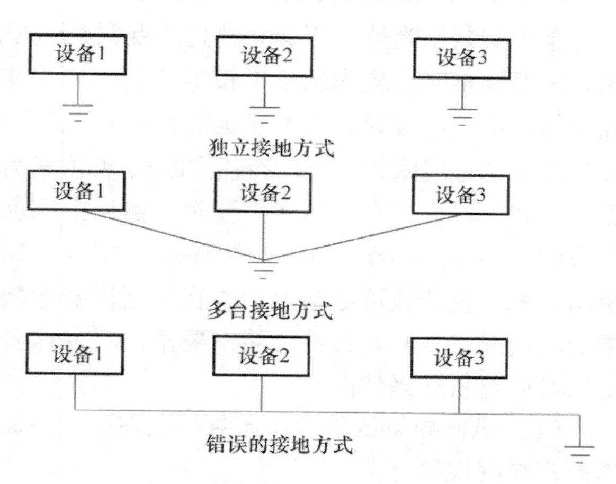

图 7-13　数控机床接地方式示意图

检查机床的数控柜和电气柜内部各接插件接触是否良好。与外界电源相连接时，应重点检查输入电源的电压和相序，电网输入的相序可用相序表检查。错误的相序输入会使数控系统立即报警，甚至损坏器件，相序不对时，应及时调整。接通机床上的油泵、冷却泵电动机，判断油泵、冷却泵电动机转向是否正确。油泵运转正常后，再接通数控系统电源。

国产数控机床上常装有一些进口的元器件、部件和电动机等，这些元器件的工作电压可能与国内标准不一样，因此需单独配置电源或变压器。接线时，必须按机床资料中规定的方法连接。通电前，应确认供电制式是否符合要求。最后，全面检查各部件的连接状况，检查是否有多余的接线头和管接头等。只有这些工作仔细完成后，才能保证试车顺利进行。

第二节　数控机床的精度检验

【学习目标】

- 掌握数控机床几何精度的检验方法

- 了解数控机床工作精度的检验方法

【学习内容】

一、数控车床几何精度检验

1. 床身导轨的直线度和平行度检验

车床安装不当造成床身导轨直线度调整不好，会直接影响精车外圆圆柱度精度。床身导轨直线度调整时，应先从床头箱端开始（两个水平仪分别放于床鞍纵、横向导轨方向上），确保靠近床头箱端时，水平仪读数为0（从而尽可能保证主轴轴线为水平状态）。这时使床头箱后面的地脚螺栓1、2比前面的3、4预紧力更大一些，以适应车床的受力要求。然后沿床鞍逐段向床尾方向移动（每次200mm），如图7-14所示，水平仪读数可适当增加，在保证床身导轨中凸的情况下，X/Z轴符合精度要求，且使床身上床鞍后导轨适当偏高。

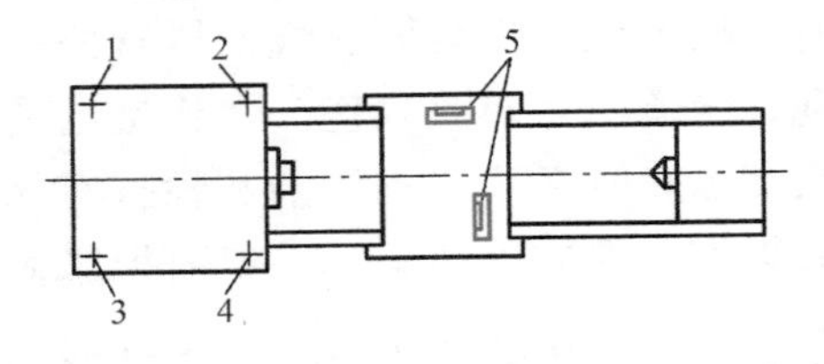

图7-14　床身导轨的直线度和平行度的检验

1、2、3、4—螺栓　5—水平仪

（1）纵向导轨调平后，床身导轨在垂直平面内的直线度检验

检验工具：精密水平仪。

检验方法：如图7-15所示，水平仪沿Z轴方向放在滑板上，沿导轨全长等距离地在各位置上检验，记录水平仪的读数，导轨全长读数的最大差值即为床身导轨在垂直平面内的直线度。

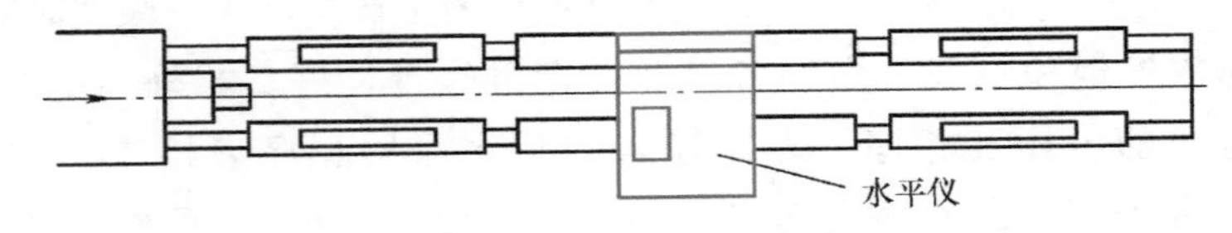

图7-15　床身导轨在垂直平面内的直线度检验

（2）横向导轨调平后，床身导轨的平行度检验

检验工具：精密水平仪。

检验方法：如图7-16所示，水平仪沿X轴方向放在滑板上，在导轨上移动滑板，记录水平仪读数，其读数最大差值即为床身导轨的平行度误差。

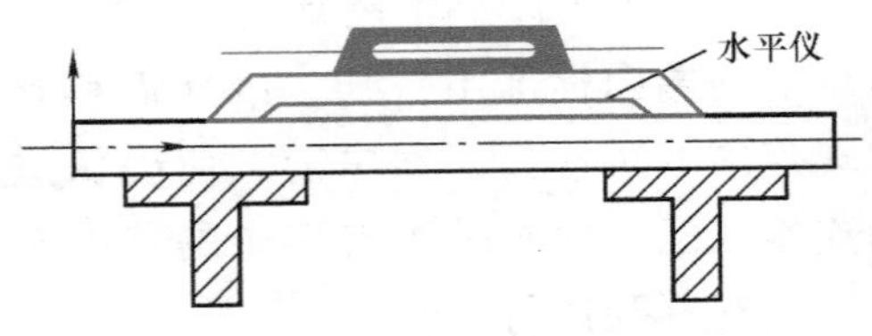

图7-16　床身导轨的平行度检验

2. 滑板在水平面内移动的直线度检验

检验工具：指示器和检验棒、百分表和平尺。

检验方法：如图7-17所示，将检验棒顶在主轴和尾座顶尖上；再将百分表固定在滑板上，百分表水平触及检验棒母线；全程移动滑板，调整尾座，使百分表在行程两端读数相等，检验滑板移动在水平面内的直线度误差。

3. 尾座移动对滑板移动的平行度检验

检验项目：分别检验垂直平面内和水平面内尾座移动对滑板移动的平行度。

检验工具：百分表。

检验方法：如图 7-18 所示，使用两个百分表，一个百分表作为基准，保持滑板和尾座的相对位置。将尾座套筒伸出后，按正常工作状态锁紧，同时使尾座尽可能地靠近滑板，把安装在滑板上的第二个百分表相对于尾座套筒的端面调整为零；滑板移动时也要手动移动尾座直至第二个百分表的读数为零，使尾座与滑板相对距离保持不变。按此法使滑板和尾座全行程移动，只要第二个百分表的读数始终为 0，则第一个百分表相应指示出平行度误差。或沿行程在每隔 300mm 处记录第一个百分表读数，百分表读数的最大差值即为平行度误差。第一个指示器分别在图中 a、b 位置测量，误差单独计算。

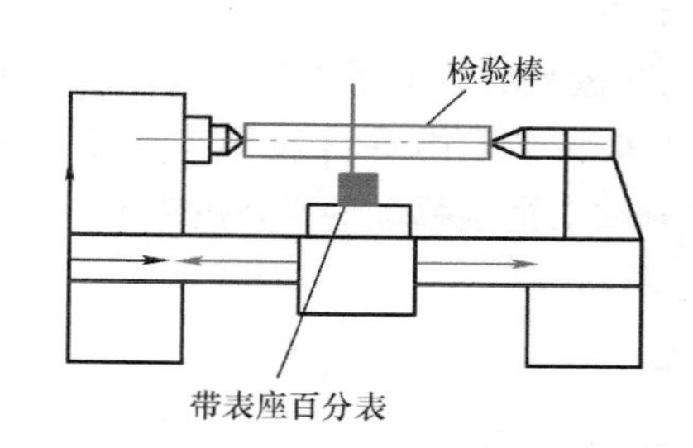

图 7-17　滑板在水平面内移动的直线度检验

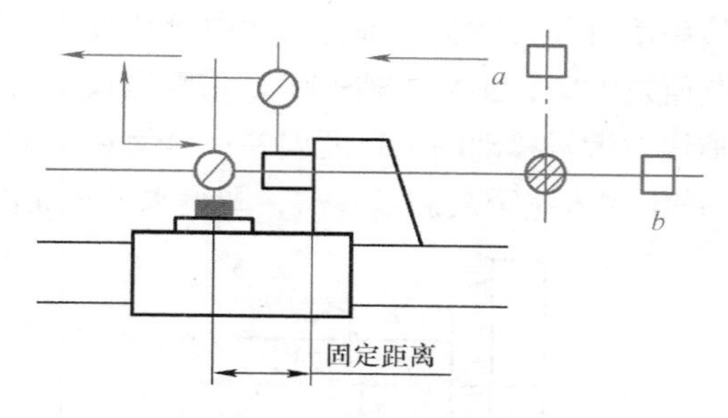

图 7-18　尾座移动对滑板移动的平行度检验

4. 主轴跳动检验

检验项目：主轴的轴向窜动，主轴的轴肩支承面的跳动。

检验工具：百分表和专用装置。

检验方法：如图 7-19 所示，用专用装置在主轴线上加力 F（F 的值为消除轴向间隙的最小值），把百分表安装在机床固定部件上，然后使百分表测头沿主轴轴线分别触及专用装置的钢球和主轴轴肩支承面；旋转主轴，百分表读数最大差值即为主轴的轴向窜动误差和主轴轴肩支承面的跳动误差。

5. 主轴定心轴颈的径向跳动误差检验

检验工具：百分表。

检验方法：如图 7-20 所示，把百分表安装在机床固定部件上，使百分表测头垂直于主轴定心轴颈并触及主轴定心轴颈；旋转主轴，百分表读数最大差值即为主轴定心轴颈的径向跳动误差。

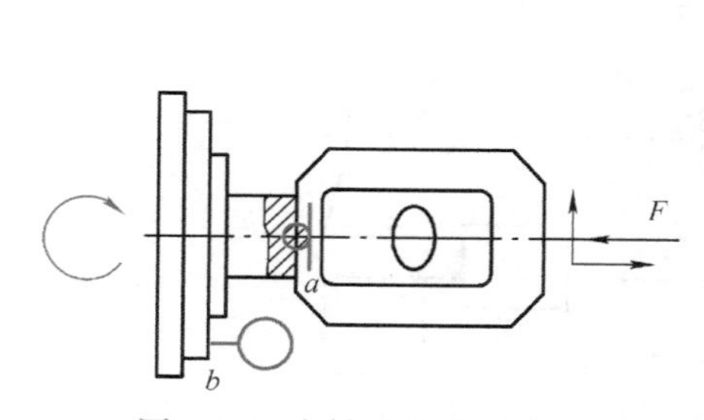

图 7-19　主轴跳动误差检验

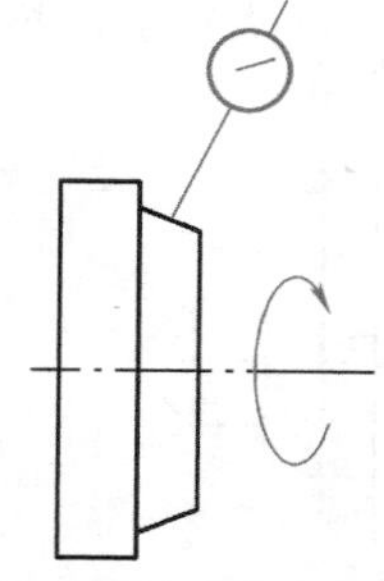

图 7-20　主轴定心轴颈的径向跳动误差检验

6. 主轴锥孔轴线的径向跳动误差检验

检验工具：百分表和检验棒。

检验方法：如图7-21所示，将检验棒插在主轴锥孔内，把百分表安装在机床固定部件上，使百分表测头垂直触及被测表面，旋转主轴，记录百分表的最大读数差值，在 a、b 处分别测量标记检验棒与主轴的圆周方向的相对位置，取下检检棒，同向分别旋转检验棒90°、180°、270°后重新插入主轴锥孔，在每个位置分别检验。4次检验的平均值即为主轴锥孔轴线的径向跳动误差。

7. 主轴轴线（对滑板移动）的平行度检验

检验工具：百分表和检验棒。

检验方法：如图7-22所示，将检验棒插在主轴锥孔内，把百分表安装在滑板（或刀架）上，然后使百分表测头在垂直平面内触及被测表面（检验棒），移动滑板，记录百分表的最大读数差值及方向；旋转主轴180°，重复测量一次，取两次读数的算术平均值作为在垂直平面内主轴轴线对滑板移动的平行度误差；再使百分表测头在水平平面内垂直触及被测表面（检验棒），按上述方法重复测量一次，即得水平平面内主轴轴线对滑板移动的平行度误差。

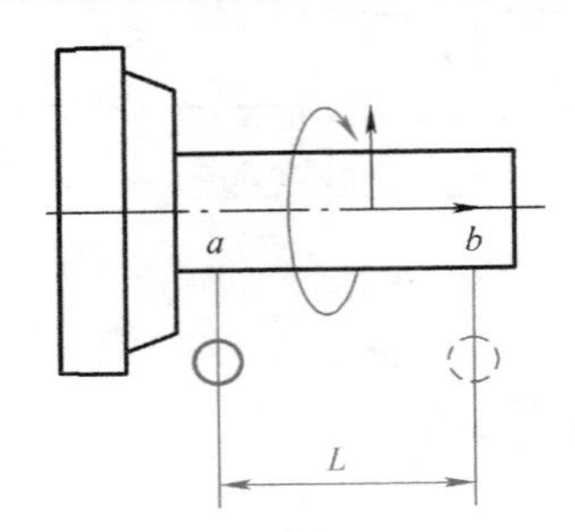

图7-21　主轴锥孔轴线的径向跳动误差检验

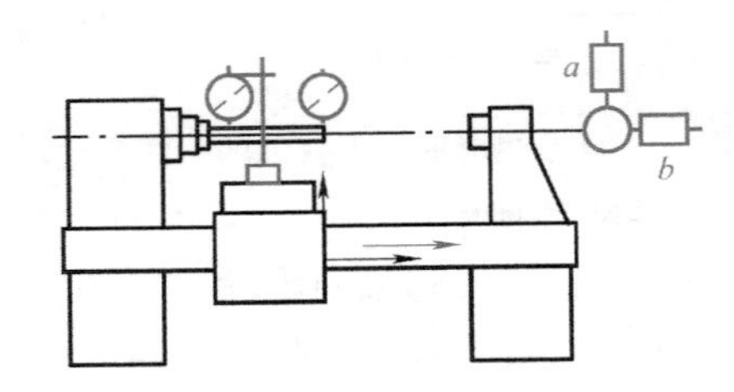

图7-22　主轴轴线的平行度检验

8. 主轴顶尖的跳动误差检验

检验工具：百分表和专用顶尖。

检验方法：如图7-23所示，将专用顶尖插在主轴锥孔内，把百分表安装在机床固定部件上，使百分表测头垂直触及被测表面，旋转主轴，记录百分表的最大读数差值。

9. 尾座套筒轴线（对溜板移动）的平行度检验

检验工具：百分表。

检验方法：如图7-24所示，将尾座套筒伸出有效长度后，按正常工作状态锁紧。百分表安装在滑板（或刀架）上，然后使百分表测头在垂直平面内垂直触及被测表面（尾座筒

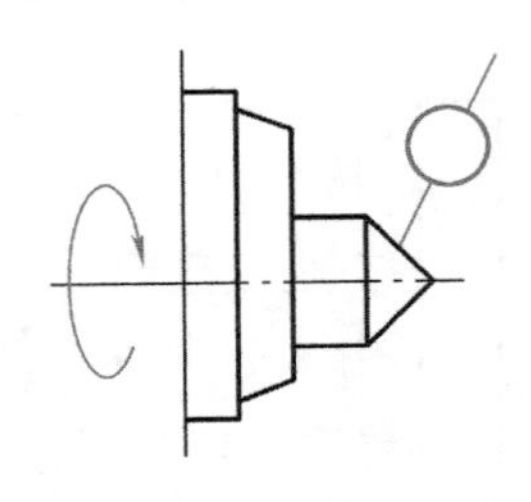

图7-23　主轴顶尖的跳动误差检验

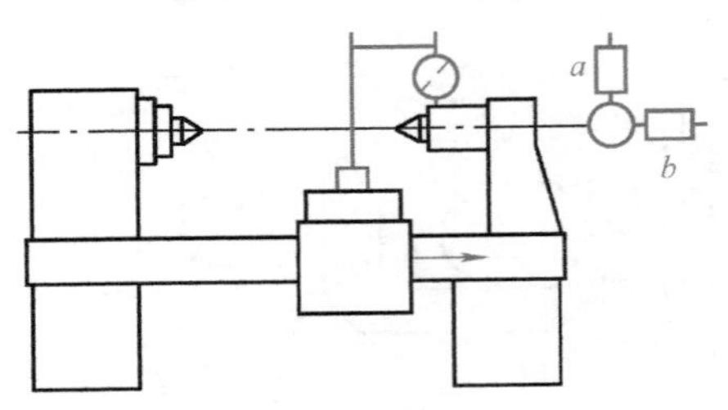

图7-24　尾座套筒轴线的平行度检验

套)，移动滑板，记录百分表的最大读数差值及方向，即得在垂直平面内尾座套筒轴线对滑板移动的平行度误差；再使百分表测头在水平平面内垂直触及被测表面（尾座套筒），按上述的方法重复测量一次，即得水平平面内尾座套筒轴线对滑板移动的平行度误差。

10. 尾座套筒锥孔轴线（对溜板移动）**的平行度检验**

检验工具：百分表和检验棒。

检验方法：如图7-25所示，尾座套筒不伸出并按正常工作状态锁紧，将检验棒插在尾座套筒锥孔内，指示器安装在滑板（或刀架）上，然后把百分表测头在垂直平面内垂直触及被测表面（尾座套筒），移动滑板，记录百分表的最大读数差值及方向；取下检验棒，旋转检验棒180°后重新插入尾座套孔，重复测量一次，取两次读数的算术平均值作为在垂直平面内尾座套筒锥孔轴线对滑板移动的平行度误差；再把百分表测头在水平平面内垂直触及被测表面，按上述方法重复测量一次，即得在水平平面内尾座套筒锥孔轴线对滑板移动的平行度误差。

11. 床头和尾座两顶尖的等高度检验

检验工具：百分表和检验棒。

检验方法：如图7-26所示，将检验棒顶在床头和尾座两顶尖上，把百分表安装在滑板（或刀架）上，使百分表测头在垂直平面内垂直触及被测表面（检验棒），然后移动滑板至行程两端，移动小滑板（X轴），记录百分表在行程两端的最大读数值的差值，即为床头和尾座两顶尖的等高度。测量时注意方向。

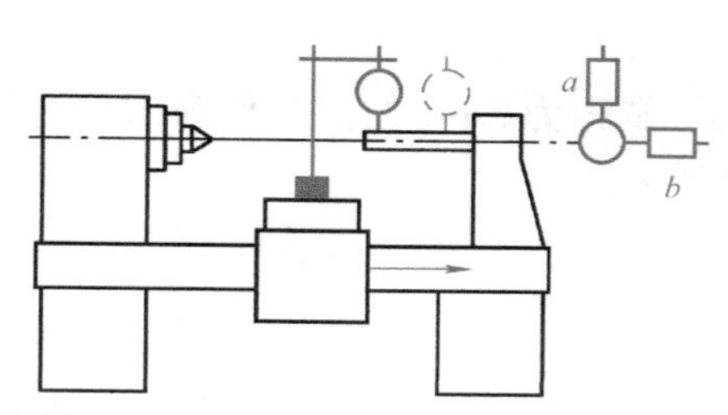

图7-25　尾座套筒锥孔轴线的平行度检验

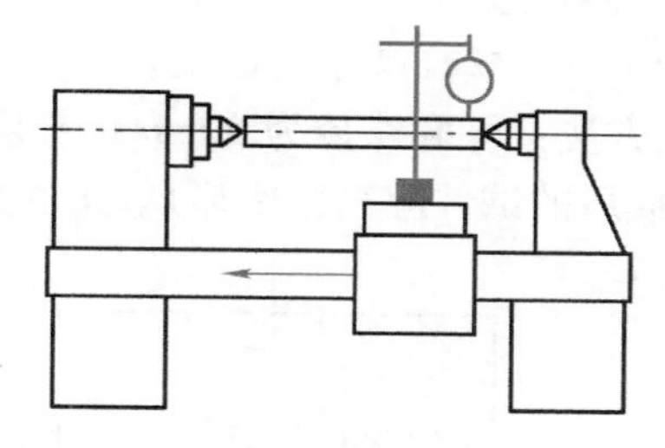

图7-26　床头和尾座两顶尖的等高度检验

12. 刀架横向移动对主轴轴线的垂直度检验

检验工具：百分表、圆盘、平尺。

检验方法：如图7-27所示，将圆盘安装在主轴锥孔内，百分表安装在刀架上，使百分表测头在水平平面内垂直触及被测表面（圆盘），再沿X轴移动刀架，记录百分表读数的最大差值及方向；将圆盘旋转180°，重新测量一次，取两次读数的算术平均值作为横刀架横向移动对主轴轴线的垂直度误差。

二、数控车床工作精度检验

1. 精车圆柱试件的圆度（靠近主轴轴端，检验试件的半径变化）

检验工具：千分尺。

检验方法：精车试件（试件材料为45钢，正火处理，刀具材料为YT30）外圆D，试件如图7-28所示，用千分尺测量检验试件靠近主轴轴端的半径变化，取半径变化最大值近似作为圆度误差；用千分尺测量检验零件的每一个环带直径的变化，取最大差值作为切削加工直径的一致性误差。

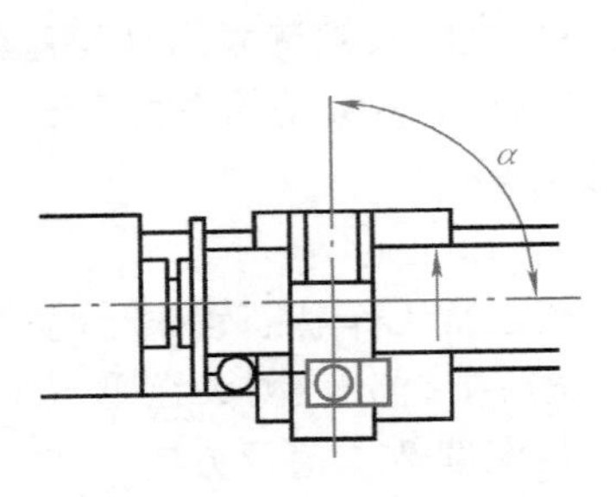

图 7-27　刀架横向移动对主轴轴线的垂直度检验

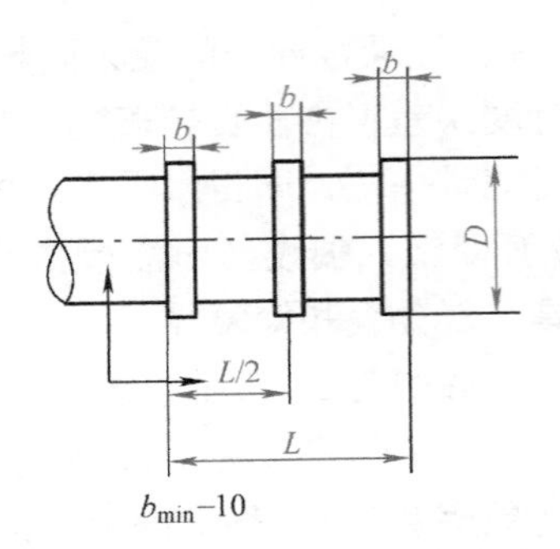

图 7-28　精车圆度检验试件

2. 精车端面的平面度

检验工具：平尺、量块。

检验方法：精车试件端面（试件材料为 HT150，硬度为 180～200HBW，刀具材料为 YG8），试件如图 7-29 所示，使刀尖回到车削起点位置，把指示器安装在刀架上，指示器测头在水平平面内垂直触及圆盘中间，负 X 轴向移动刀架，记录指示器的读数及方向；将终点时读数减起点时读数除以 2 即为精车端面的平面度误差；数值为正，则平面是凹的。

3. 螺距精度

检验工具：丝杠螺距测量仪。

检验方法：可取外径为 50mm、长度为 75mm、螺距为 3mm 的丝杠作为试件进行检验（加工完成后的试件应充分冷却）。工件如图 7-30 所示。

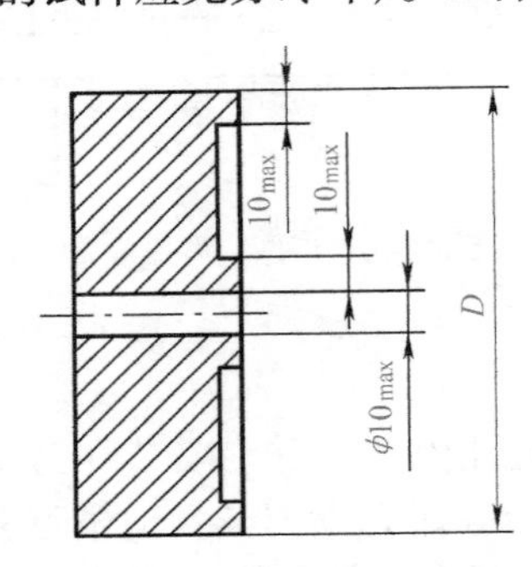

图 7-29　精车端面平面度检验试件

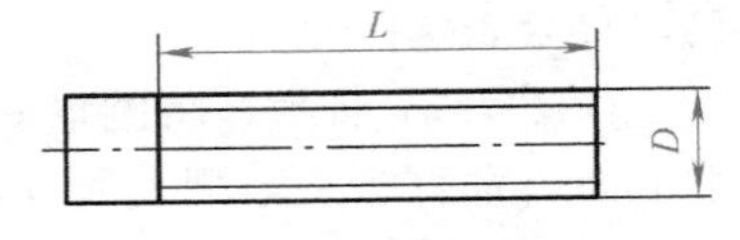

图 7-30　螺距精度检验试件

4. 精车圆柱形零件的直径尺寸精度和长度尺寸精度

检验工具：测高仪、杠杆卡规。

检验方法：用程序控制加工圆柱形零件（零件轮廓用一把单刃车刀精车而成），零件如图 7-31 所示，测量其实际轮廓与理论轮廓的偏差，公差应小于 0.045mm。

三、加工中心几何精度检验

1. 机床调平

检验工具：精密水平仪。

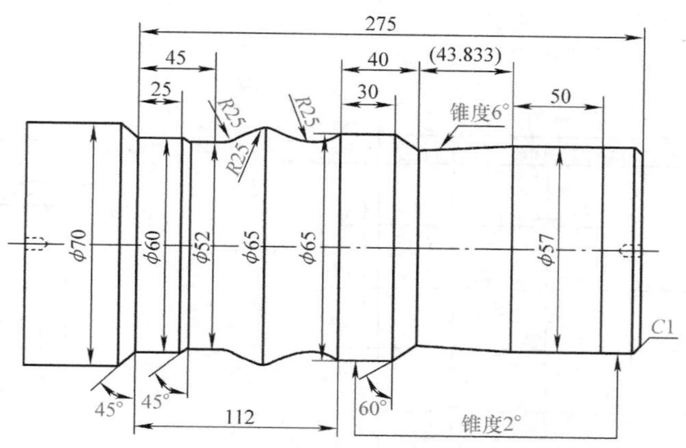

图 7-31　精车轴类零件轮廓的偏差检验试件

检验方法：如图 7-32 所示，将工作台置于导轨行程的中间位置，将两个水平仪分别沿 X 和 Y 坐标轴置于工作台中央，调整机床垫铁高度，使水平仪水泡处于读数中间位置；分别沿 X 和 Y 坐标轴全行程移动工作台，观察水平仪读数的变化，调整机床垫铁的高度，使工作台沿 X 和 Y 坐标轴全行程移动时水平仪读数的变化范围小于 2 格，且读数处于中间位置即可。

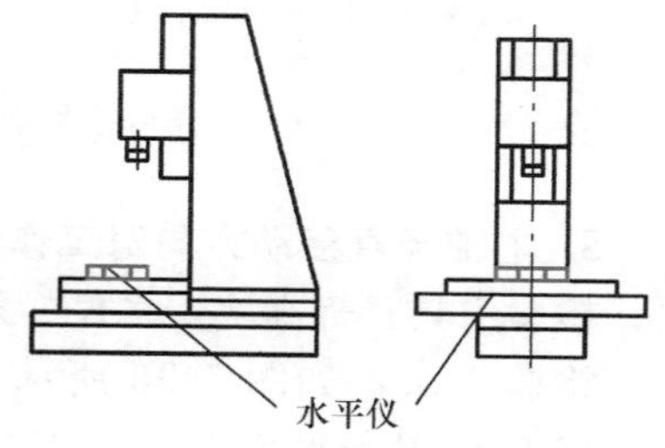

图 7-32　机床水平的调整

2. 检验工作台面的平面度误差

检验工具：百分表、平尺、可调量块、等高块、精密水平仪。

检验方法：工作台位于行程的中间位置，用水平仪检验，如图 7-33 所示。在工作台面上选择由 O、A、C 三点所组成的平面作为基准面，并使两条直线 OA 和 OC 互相垂直且分别平行于工作台面的轮廓边。将水平仪放在工作台面上，采用两点连锁法，分别沿 OX 和 OY 方向移动，测量台面轮廓 OA、OC 上的各点，然后使水平仪沿 O′A′、O″A″、…、CB 移动，测量整个台面轮廓上的各点。通过作图或计算，求出各测点相对于基准面的偏差，以其最大与最小偏差的代数差值作为平面度误差。

3. 主轴锥孔轴线的径向跳动误差检验

检验工具：检验棒、百分表。

检验方法：如图 7-34 所示，将检验棒插在主轴锥孔内，百分表安装在机床固定部件上，百分表测头垂直触及被测表面，旋转主轴，记录百分表的最大读数差值，在 a、b 处分别测量主轴端部和与主轴端部相距 L（100）处主轴锥孔轴线的径向跳动。标记检验棒与主轴的圆周方向的相对位置，取下检验棒，同向分别旋转检验棒 90°、180°、270°后重新插入主轴锥孔，在每个位置分别检验。4 次检验的平均值即为主轴锥空轴线的径向跳动误差。

4. 主轴轴线对工作台面的垂直度误差检验

检验工具：平尺、可调量块、百分表、表架。

检验方法：如图 7-35 所示，将带有百分表的表架装在轴上，并将百分表的测头调至平行于主轴轴线，被测平面与基准面之间的平行度偏差可以通过百分表测头在被测平面上的摆动测得。主轴旋转一周，百分表读数的最大差值即为垂直度偏差。分别在 XZ、YZ 平面内记录百分表在相隔 180°的两个位置上的读数差值。为消除测量误差，可在第一次检验后将检验工具相对于轴转过 180°再重复检验一次。

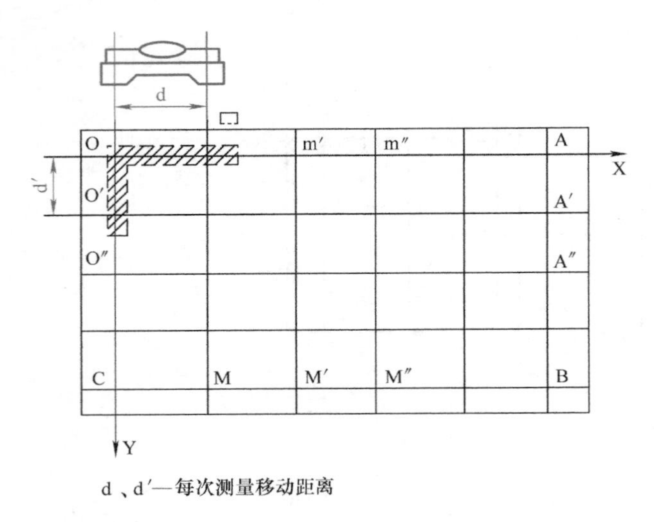

图 7-33　工作台面平面度的检验

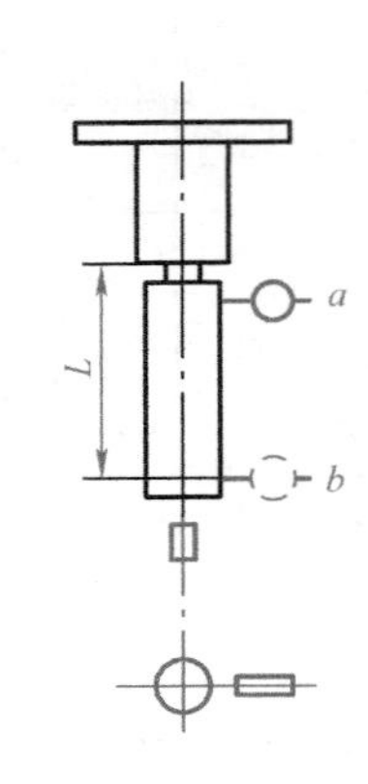

图 7-34　主轴锥孔轴线的径向跳动检验

5. 主轴竖直移动方向对工作台面的垂直度误差检验

检验工具：等高块、平尺、角尺、百分表。

检验方法：如图 7-36 所示，将等高块沿 Y 轴方向放在工作台上，平尺置于等高块上，将角尺置于平尺上（在 YZ 平面内），指示器固定在主轴箱上，指示器测头垂直触及角尺，移动主轴箱，记录指示器读数及方向，其读数最大差值即为在 YZ 平面内主轴箱垂直移动对工作台面的垂直度误差；同理，将等高块、平尺、角尺置于 XZ 平面内重新测量一次，指示器读数最大差值即为在 XZ 平面内主轴箱垂直移动对工作台面的垂直度误差。

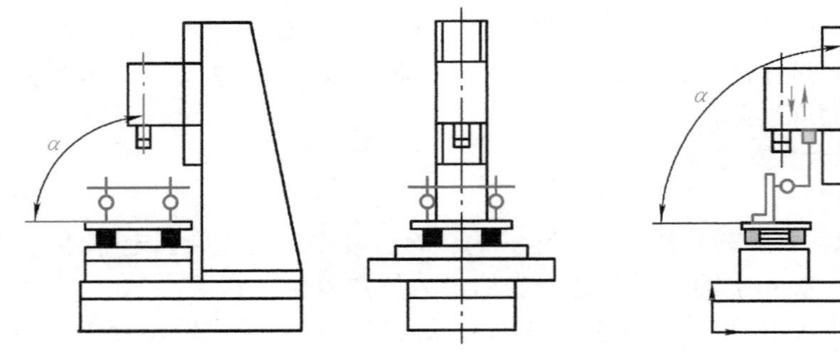

图 7-35　主轴轴线对工作台面的垂直度检验

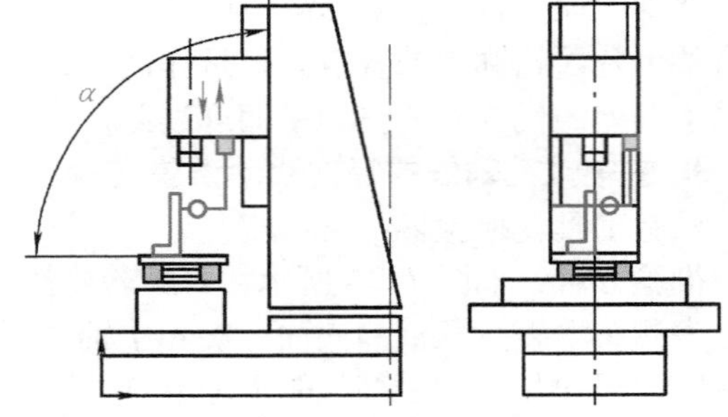

图 7-36　主轴竖直移动方向对工作台面的垂直度检验

6. 主轴套筒竖直移动方向对工作台面的垂直度误差检验

检验工具：等高块、平尺、角尺、百分表。

检验方法：如图 7-37 所示，将等高块沿 Y 轴方向放在工作台上，平尺置于等高块上，将圆柱角尺置于平尺上，并调整角尺位置使角尺轴线与主轴轴线同轴；百分表固定在主轴上，百分表测头在 YZ 平面内垂直触及角尺，移动主轴，记录百分表读数及方向，其读数最大差值即为在 YZ 平面内主轴垂直移动方向对工作台面的垂直度误差；同理，百分表测头在

XZ 平面内垂直触及角尺重新测量一次，百分表读数最大差值为在 XZ 平面内主轴箱垂直移动方向对工作台面的垂直度误差。

7. 工作台 X 轴方向或 Y 轴方向移动对工作台面的平行度误差检验

检验工具：等高块、平尺、百分表。

检验方法：如图 7-38 所示，将等高块沿 Y 轴方向放在工作台上，平尺置于等高块上，把指示器测头垂直触及平尺，Y 轴方向移动工作台，记录指示器读数，其读数最大差值即为工作台 Y 轴方向移动对工作台面的平行度；将等高块沿 X 轴方向放在工作台上，X 轴方向移动工作台，重复测量一次，其读数最大差值即为工作台 X 轴方向移动对工作台面的平行度。

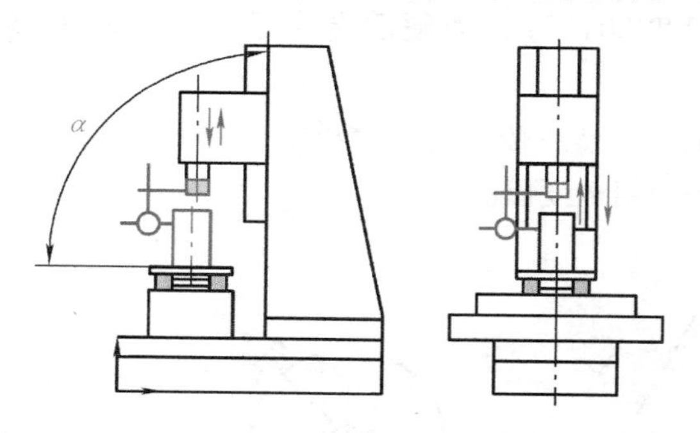

图 7-37　主轴套筒垂直移动方向对工作台面的垂直度检验

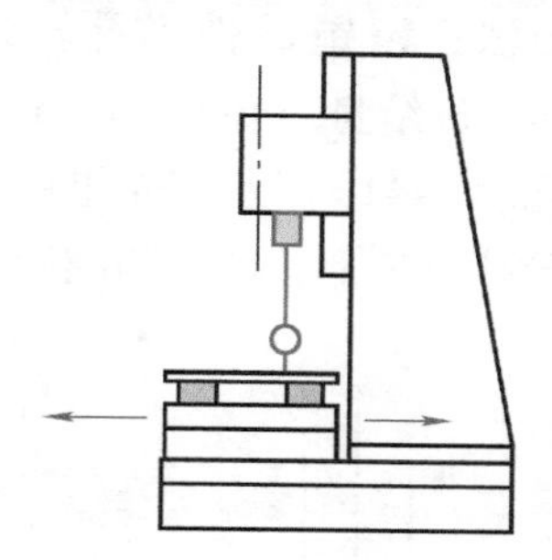

图 7-38　工作台 X 轴方向或 Y 轴方向移动对工作台面的平行度检验

8. 工作台 X 轴方向移动对工作台 T 形槽的平行度误差检验

检验工具：百分表。

检验方法：如图 7-39 所示，把百分表固定在主轴箱上，使百分表测头垂直触及基准（T 形槽），X 轴方向移动工作台，记录百分表读数，其读数最大差值即为工作台沿 X 轴方向移动对工作台面基准（T 形槽）的平行度误差。

9. 工作台 X 轴方向移动对 Y 轴方向移动的垂直度误差检验

检验工具：角尺、百分表。

检验方法：如图 7-40 所示，工作台处于行程中间位置，将角尺置于工作台上，把百分表固定在主轴箱上，使百分表测头垂直触及角尺（Y 轴方向），沿 Y 轴移动工作台，调整角

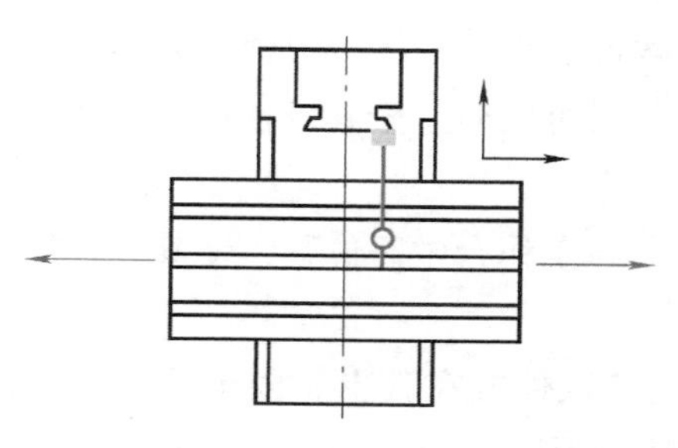

图 7-39　工作台 X 轴方向移动对工作台 T 形槽的平行度检验

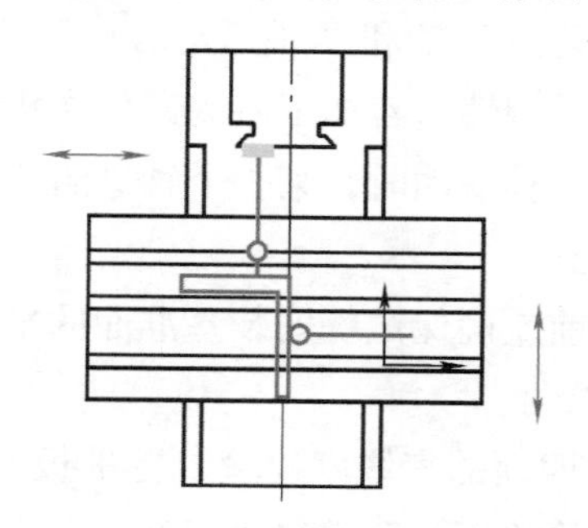

图 7-40　工作台 X 轴方向移动对 Y 轴方向移动的垂直度检验

尺位置，使角尺的一个边与 Y 轴平行，再将百分表测头垂直触及角尺另一边（X 轴方向），沿 X 轴移动工作台，记录百分表读数，其读数最大差值即为工作台 X 轴方向移动对 Y 轴方向移动的垂直度误差。

四、加工中心单项工作精度检验

1. 镗孔精度检验

检验工具：千分尺。

检验目的：考核机床主轴的运动精度及 Z 轴低速时的运动平稳性。

检验方法：精镗试件内孔。试件材料为 HT200，刀具为硬质合金镗刀，背吃刀量 $a_p \approx 0.1$mm，进给量 $f \approx 0.05$mm/r。

试件如图 7-41a 所示。先粗镗一次试件上的孔，然后按单边余量小于 0.2mm 进行一次精镗，检验孔全长上各截面的圆度、圆柱度和表面粗糙度值。

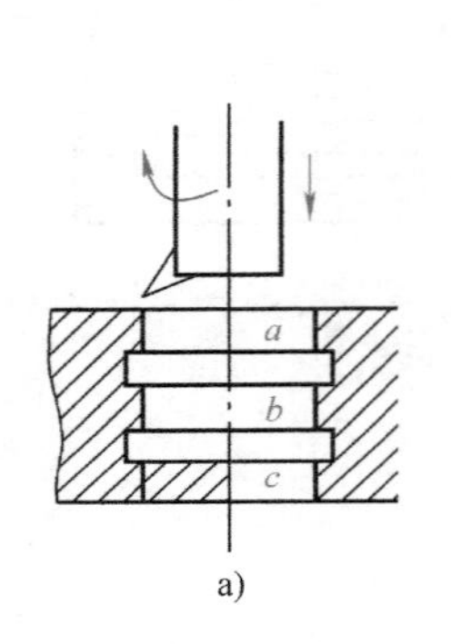

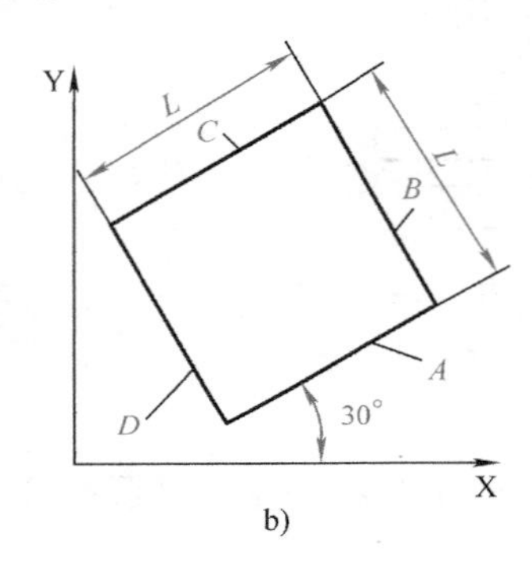

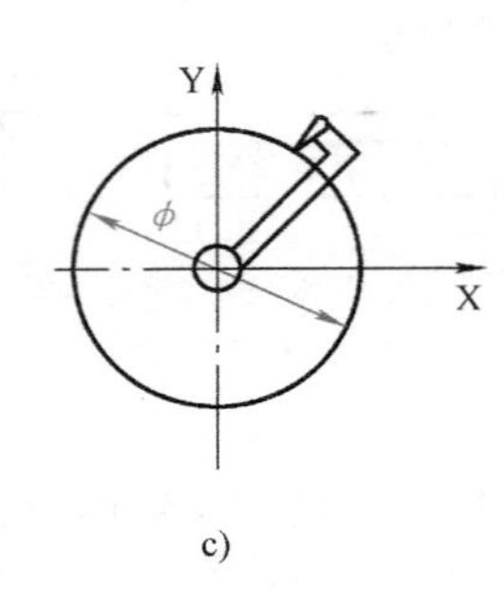

图 7-41 切削精度检验

2. 斜边铣削精度检验

检验工具：千分尺。

检验目的：两个运动轴直线插补运动的品质特性。

检验方法：精铣试件四周边。试件材料为 HT200，采用立铣刀，背吃刀量 $a_p \approx 0.1$mm。

试件如图 7-41b 所示。用立铣刀侧刃先粗铣试件四周边，然后再精铣试件四周边。试件斜边的运动由 X 轴和 Y 轴运动合成，所以工件表面的加工质量反映了两个运动轴直线插补运动的品质特性。若加工后的试件在相邻两直角边表面上出现刀纹一边密、另一边稀的现象时，说明两轴联动时，某一个轴进给速度不均匀，此时可以通过修调该轴速度控制和位置控制环解决。

试切前应确保试件安装基准面的平直。试件安装在工作台中间位置，使其一个加工面与 X 轴成 30°角。

（1）四面的直线度检验　在平板上放两个垫块，试件放在其上，固定千分表，使其触头触及被检验面。调整垫块，使千分表在试件上读数相等。沿加工方向，按测量长度，在平板上移动千分表进行检验。千分表在各面上读数的最大差值即为直线度误差，如图 7-42a 所示。

（2）相对面间的平行度检验　在平板上放两个等高块，试件放在其上，固定千分表，使其测头触及被检验面，沿加工方向，按测量长度，在平板上移动千分表进行检验。千分表在两面间读数的最大差值即是平行度误差，如图7-42a所示。

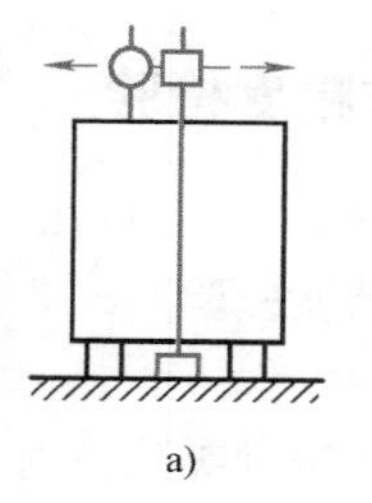

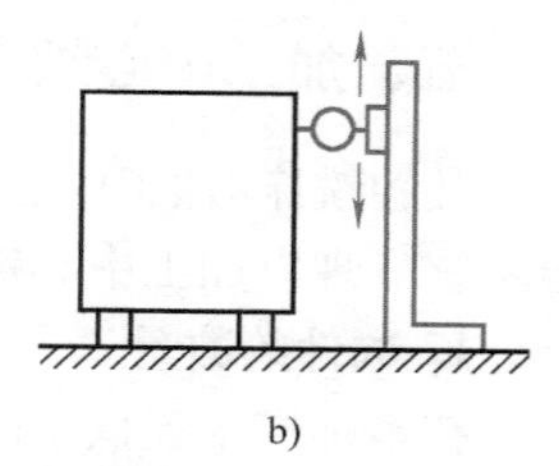

图7-42　斜边铣削精度检验方法

a）直线度和平行度检验　b）垂直度检验

（3）相邻两面间的垂直度检验　在平板上放两个等高块，试件放在其上。固定角尺于平板上，再固定千分表，使其测头触及被检验面。沿加工方向，按测量长度，在角尺上移动千分表进行检验。千分表在各面上读数最大差值即为垂直度误差，如图7-42b所示。

3. 圆弧铣削

检验工具：圆度仪或千分尺。

检验目的：两个运动轴直线插补运动的品质特性。

检验方法：采用圆弧插补精铣试件的圆周面。试件材料为HT200，采用立铣刀，背吃刀量 $a_p \approx 0.1\text{mm}$。

用立铣刀侧刃精铣图7-41c所示的圆表面，试件安装在工作台的中间位置。将千分表固定在机床或测量仪的主轴上，使其测头触及外圆面。回转主轴并进行调整，使千分表在任意两个相互垂直直径的两端的读数相等。旋转主轴一周，检验试件半径的变化值，取半径变化的最大值作为其圆度误差，以此判断工件圆弧表面的加工质量。它主要用于评价该机床两坐标联动时动态运动质量。一般数控铣床和加工中心铣削 ϕ200 ~ ϕ300mm工件时，圆度在0.01 ~0.03mm之间，表面粗糙度值 $Ra3.2\mu m$ 左右。在圆试件测量中常会遇到图7-43所示图形。

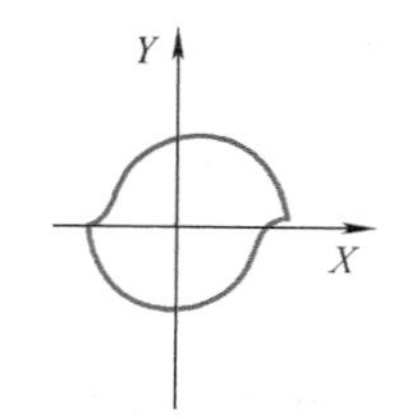

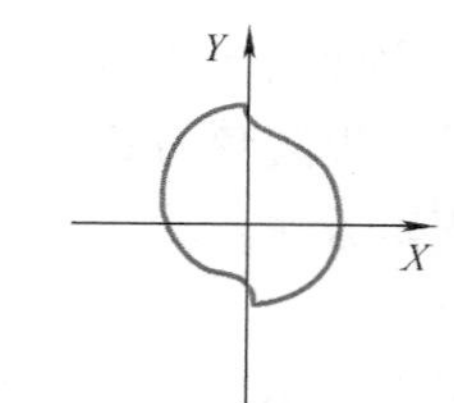

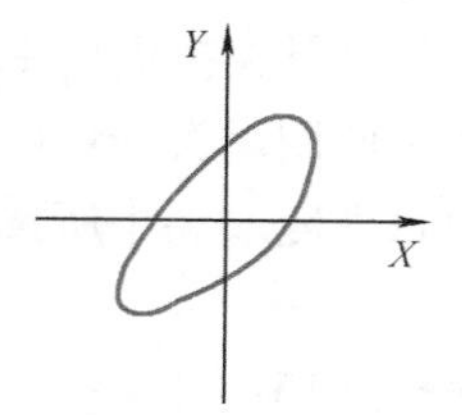

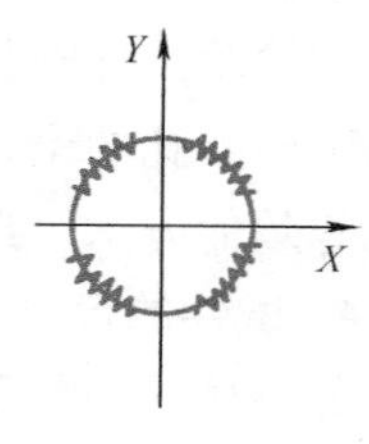

图7-43　有质量问题的铣圆图形

两个半圆错位的图形一般都是因一个轴或两个轴的反向间隙造成的。固定的反向间隙可以通过改变数控系统的间隙补偿参数值或修调该坐标传动链精度来改善。

出现斜椭圆是由于两坐标的进给伺服系统增益不一致，造成实际圆弧插补运动中一个坐标跟随特性滞后，形成椭圆轨迹（实际上机床产生的椭圆长短轴相差几十微米）。此时可以适当调整一个轴的速度反馈增益或位置环增益来改善。

圆柱面上出现锯齿形条纹的原因与切削斜边时出现的条纹相同，也是由于一个轴或两个轴的进给速度不均匀造成的。

五、加工中心综合试切工作精度检验

数控铣床/加工中心工作精度检查实质是对几何精度与定位精度在切削条件下的一项综合考核。现以加工中心精加工试件精度检验 GB/T 18400.7—2010 为例介绍之。

1. 试件的数量

在本标准中提供了两种类型，且每种类型具有两种规格的试件。试件的类型、规格和标志见表 7-2。

表 7-2　试件的类型、规格和标志

类　型	名义规格/mm	标　志
A 轮廓加工试件	160 320	试件 GB/T 8771.7—A160 试件 GB/T 8771.7—A320
B 端铣试件	80 160	试件 GB/T 8771.7—B80 试件 GB/T 8771.7—B160

原则上在验收时每种类型仅应加工一件，在特殊要求的情况下，例如机床性能的统计评定，按制造厂和用户间的协议确定加工试件的数量。

2. 试件的定位

试件应位于 X 行程的中间位置，并沿 Y 和 Z 轴在适合于试件和夹具定位及刀具长度的适当位置处放置。当对试件的定位位置有特殊要求时，应在制造厂和用户的协议中规定。

3. 试件的固定

试件应在专用的夹具上方便安装，以达到刀具和夹具的最大稳定性。夹具和试件的安装面应平直。

应检验试件安装表面与夹具夹持面的平行度。应使用合适的夹持方法以便使刀具能贯穿和加工中心孔的全长。建议使用埋头螺钉固定试件，以避免刀具与螺钉发生干涉，也可选用其他等效的方法。试件的总高度取决于所选用的固定方法。

4. 试件的尺寸

如果试件切削了数次，外形尺寸减少，孔径增大，当用于验收检验时，建议选用最终的轮廓加工试件尺寸与本标准中规定的一致，以便如实反映机床的切削精度。试件可以在切削试验中反复使用，其规格应保持在本标准所给出的特征尺寸的 ±10% 以内。当试件再次使用时，在进行新的精切试验前，应进行一次薄层切削。

5. 轮廓加工试件

（1）概述　该检验包括在不同轮廓上的一系列精加工，用来检查不同运动条件下的机床性能，即：仅一个轴线进给、不同进给率的两轴线线性插补、一轴线进给率非常低的两轴线线性插补和圆插补。

该检验通常在 X—Y 平面内进行，但当备有万能主轴头时同样可以在其他平面内进行。

（2）尺寸　本标准中提供了两种规格的轮廓加工试件，其尺寸见表 7-3。

试件的最终形状（见图 7-44 和图 7-45 所示）应由下列加工形成：

表 7-3　试件尺寸　　（单位：mm）

名义尺寸	m	p	q	r	α
320	280	50	220	100	3°
160	140	30	110	52	3°

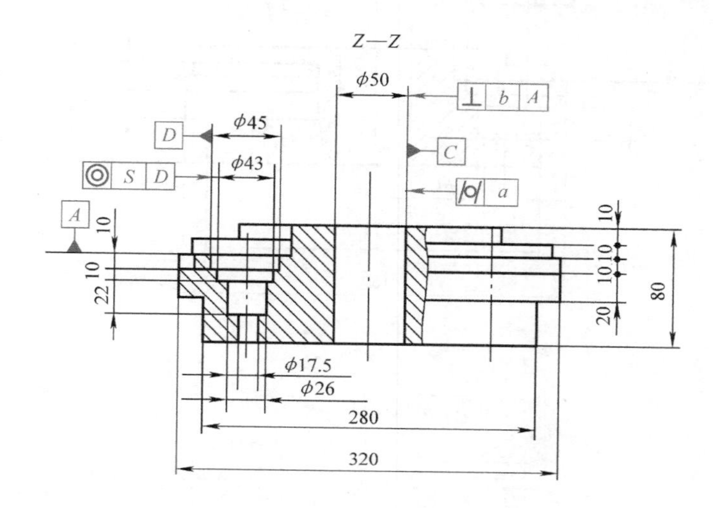

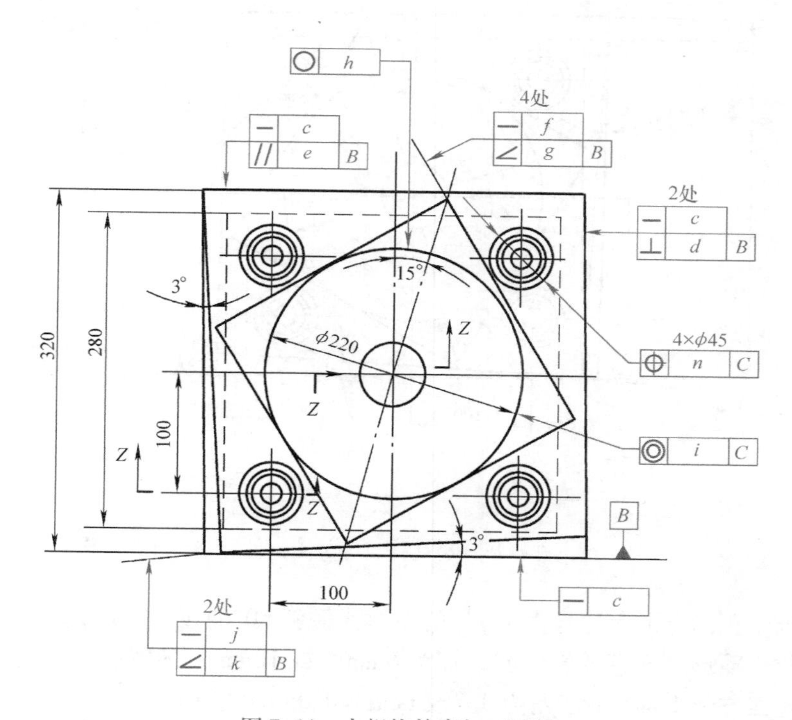

图 7-44　大规格轮廓加工试件

1）通镗位于试件中心直径为“p”的孔。

2）加工边长为“l”的外正四方形。

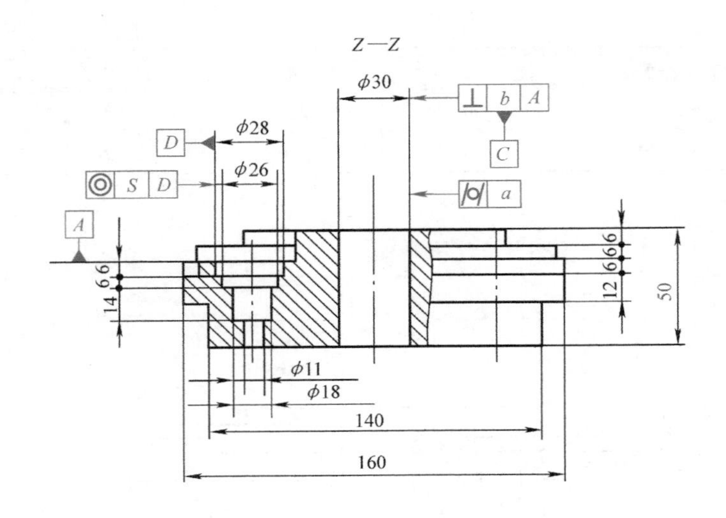

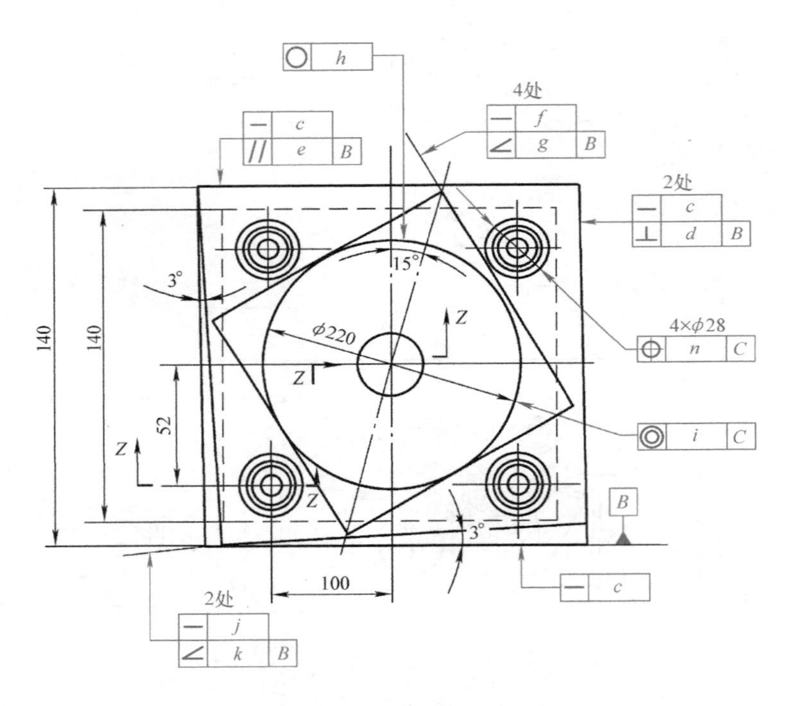

图 7-45　小规格轮廓加工试件

3）加工位于正四方形上边长为“q”的菱形（倾斜60°的正四方形）。

4）加工位于菱形之上直径为“q”、深为6mm（或10mm）的圆。

5）加工正四方形上面“α”角为3。或 $\tan\alpha=0.05$ 的倾斜面。

6）镗削直径为ϕ26mm（或较大试件上的43mm）的四个孔和直径为ϕ28mm（或较大试件上的45mm）的四个孔；直径为ϕ26mm的孔沿轴线的正向趋近，直径为ϕ28mm的孔为负向趋近。这些孔定位为距试件中心“r，r”。

因为是在不同的轴向高度加工不同的轮廓表面，因此应保持刀具与下表面平面离开零点几毫米的距离以避免面接触。

（3）刀具 可选用直径为 ϕ32mm 的同一把立铣刀加工轮廓加工试件的所有外表面。

（4）切削参数 推荐下列切削参数：

1）切削速度。铸铁件约为 50m/min；铝件约为 300m/min。

2）进给量约为（0.05～0.10）mm/齿。

3）切削深度。所有铣削工序在径向切深应为 0.2mm。

（5）毛坯和预加工。毛坯底部为正方形底座，边长为“*m*”，高度由安装方法确定。为使切削深度尽可能恒定，精加工前应进行预加工。

（6）检验和公差 按本标准精加工的试件的检验和允差示于表 7-4 中。

表 7-4 轮廓加工试件几何精度检验 （单位：mm）

检验项目	公差		检验工具
	$l=320$	$l=160$	
中心孔 a）圆柱度 b）孔中心轴线与基面 A 的垂直度	a）0.015 b）ϕ0.015	a）0.010 b）ϕ0.010	a）坐标测量机 b）坐标测量机
正四方形 c）侧面的直线度 d）相邻面与基面 B 的垂直度 e）相对面对基面 B 的平行度	c）0.015 d）0.020 e）0.020	c）0.010 d）0.010 e）0.010	c）坐标测量机或平尺和指示器 d）坐标测量机或角尺和指示器 e）坐标测量机或等高量块和指示器
菱形 f）侧面的直线度 g）侧面对基面 B 的倾斜度	f）0.015 g）0.020	f）0.010 g）0.010	f）坐标测量机或平尺和指示器 g）坐标测量机或正弦规和指示器
圆 h）圆度 i）外圆和内圆孔 C 的同心度	h）0.020 i）ϕ0.025	h）0.015 i）ϕ0.025	h）坐标测量机或指示器或圆度测量仪 i）坐标测量机或指示器或圆度测量仪
斜面 j）面的直线度 k）3°角斜面对 B 面的倾斜度	j）0.015 k）0.020	j）0.010 k）0.010	j）坐标测量机或平尺和指示器 k）坐标测量机或正弦规和指示器
镗孔 n）孔相对于内孔 C 的位置度 s）内孔与外孔 D 的同心度	n）ϕ0.05 s）ϕ0.02	n）ϕ0.05 s）ϕ0.02	n）坐标测量机 s）坐标测量机或圆度测量仪

注

1. 如果条件允许，可将试件放在坐标测量机上进行测量。

2. 对直边（正四方形、菱形和斜面）而言，为获得直线度、垂直度和平行度的偏差，测头至少在 10 个点处触及被测表面。

3. 对于圆度（或圆柱度）检验，如果测量为非连续性的，则至少检验 15 个点（圆柱度在每个测量平面内）。

6. 端铣试件

（1）概述　本试验的目的是为了检验端面精铣所铣表面的平面度，两次进给重叠约为铣刀直径的20%。通常该试验是通过沿X轴轴线的纵向运动和沿Y轴轴线的横向运动来完成的，但也可按制造厂和用户间的协议用其它方法来完成。

（2）试件尺寸及切削参数　对两种试件尺寸和有关刀具的选择应按制造厂的规定或与用户的协议。

在表7-5中，试件的面宽是刀具直径的1.6倍，切削面宽度用80%刀具直径的两次进给来完成。为了使两次进给中的切削宽度近似相同，第一次进给时刀具应伸出试件表面的20%刀具直径，第二次进给时刀具应伸出另一边约1mm（见图7-46）。试件长度应为宽度的1.25～1.6倍。

表7-5　切削参数

试件表面宽度 W/mm	试件表面长度 L/mm	切削宽度 ω/mm	刀具直径/mm	刀具齿数
80	100～130	40	50	4
160	200～250	80	100	8

对试件的材料未做规定，当使用铸铁件时，可参见表7-5的切削参数。进给速度为300mm/min时，每齿进给量近似为0.12mm，切削深度不应超过0.5mm。如果可能，在切削时，与被加工表面垂直的轴（通常是Z轴）应锁紧。

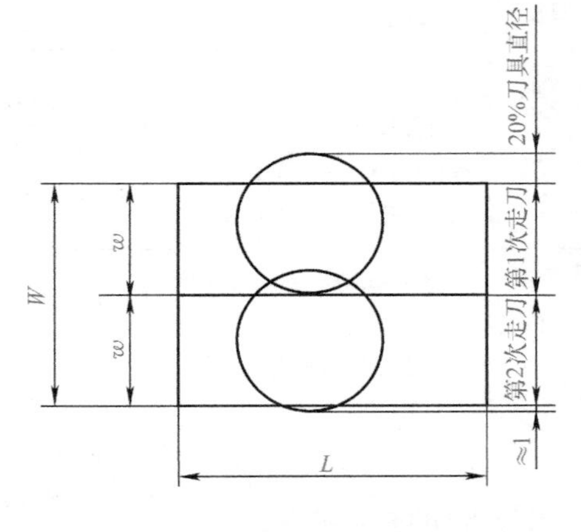

图7-46　端铣试验模式

（3）刀具　采用可转位套式面铣刀。刀具安装应符合下列公差。

1）径向跳动≤0.02mm。

2）端面跳动≤0.03mm。

（4）毛坯和预加工　毛坯底座应具有足够的刚性，并适合于夹紧到工作台上或托板和夹具上。为使切削深度尽可能恒定，精加工前应进行预加工。

（5）精加工表面的平面度公差　小规格试件被加工表面的平面度公差不应超过0.02mm；大规格试件的平面度公差不应超过0.03mm。垂直于铣削方向的直线度检验反映出两次进给重叠的影响，而平行于铣削方向的直线度检验则反映出刀具出、入刀的影响。

第三节　位置精度补偿

【学习目标】

- 掌握数控机床位置精度的手动补偿方法
- 了解数控机床位置精度的自动补偿方法

【学习内容】

一、手动补偿

1. 检测方法

（1）直线运动的检测　直线运动检测目标位置数量和正、负方向循环次数见表7-6。

表7-6　直线运动检测目标位置数量和正、负方向循环次数

行程/mm		目标位置数量	正、负方向循环次数
≤1 000		≥5	≥5
1 000～2 000		≥10	
2 000～6 000	常用工作行程2 000	≥10	
	其余行程每250或500	≥1	≥3
大于6 000		由制造厂与用户协商确定	

1）线性循环。线性循环方式如图7-47所示。

2）阶梯循环。阶梯循环方式如图7-48所示。

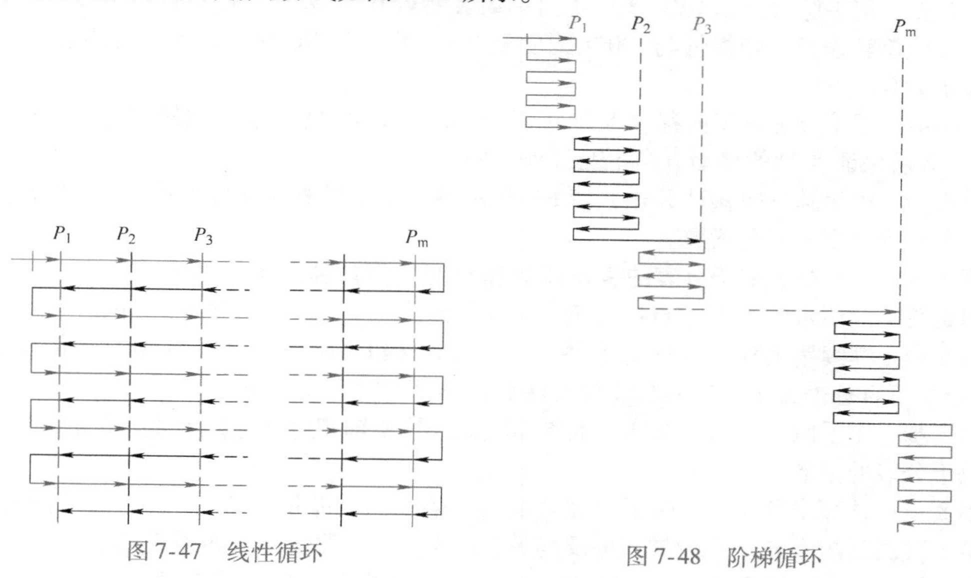

图7-47　线性循环　　　图7-48　阶梯循环

（2）回转运动的检测　检测应在0°、90°、180°、270° 4个主要位置检测。若机床允许任意分度，除4个主要位置外，可任意选择3个位置进行。正、负方向循环检测5次，循环方式与线性循环的方式相同。

2. 反向偏差/间隙的检测

反向偏差亦称为反向间隙或矢动量。由于各坐标轴进给传动链上驱动部件（如伺服电动机、伺服液压马达等）存在反向死区，各机械运动传动副存在反向间隙，当各坐标轴进行转向移动时会造成反向偏差。反向偏差的存在会影响半闭环伺服系统机床的定位精度和重复定位精度，特别容易出现过象限切削过渡偏差，造成圆度不够或出现刀痕等现象。随着设备运行时间的增加，因运动磨损，各运动副的间隙也会逐渐增大，反向偏差还会增加，因此

需要定期对机床各坐标轴的反向偏差进行测定和补偿。

反向偏差可用百分表/千分表进行简单测量，也可以用激光干涉仪或球杆仪进行自动测量。

（1）测量方法　测量方法必须严格按国家标准执行。但对于小型机床，尤其是行程较短的机床可采用下述简单方法进行，其检测条件及给定方式与国家标准规定一致，只是选取的目标位置点数可按此方法进行。

1）测量条件按 GB/T 17421.2—2000 规定。

2）位置目标点为行程中点及两端点。

3）移动行程（距目标点距离）为 0.2 ~ 1mm。

4）手脉操作或调用循环程序（手脉操作时，手脉倍率选“×10”挡）。

5）循环方式为阶梯方式 5 ~ 7 次。

6）计算方法及给定方式按国家标准。

测量时，注意表座和表杆不要伸出过高过长。悬臂较长时，表座容易移动，造成计数不准。

（2）具体操作

1）手脉进给操作。以 X 轴行程中点为目标位置的测量操作为例。

第 1 步：将磁性表座吸在主轴上，百分表/千分表伸缩杆顶在工作台上的某个凸起物上（顶紧程度必须在满足正负方向移动所需的测量距离后不会超出表的量程）。

第 2 步：用手脉（“×10”挡）正向移动 X 轴约 0.1mm 后，记下百分表或千分表的表盘读数（或旋转表盘，使指针与“0”刻度重合），并清除 NC 显示器的 X 轴相对坐标显示值（显示为 0）。

第 3 步：用手脉继续正向移动 X 轴 0.5 ~ 1mm（以 NC 显示器 X 轴的相对坐标显示值为基准），必须保证 X 轴的移动方向不变（没换向）。

第 4 步：用手脉反向移动 X 轴，待 NC 显示器上 X 轴的相对坐标显示值为 0 时停止，记下百分表或千分表的表盘读数。

第 5 步：将百分表或千分表的表盘读数相对变化值计算出来（填入表 7-7 对应项中），该值即是第 1 次测量的 X 轴中点位置负向反向偏差值（$X_m\downarrow$），测量方法如图 7-49 所示。

第 6 步：继续用手脉负向移动 X 轴 0.5 ~ 1mm（以 NC 显示器 X 轴相对坐标显示值为准），记录下百分表或千分表表盘读数（注意：移动期间不能换向）。

第 7 步：用手脉正向移动 X 轴，直至 NC 显示器 X 轴相对坐标显示值为 0 止，记录下百分表或千分表的读数。

第 8 步：计算出负向移动向正向移动换向时的反向偏差值（表盘读数的相对变化值），这是第 1 次测量的 X 轴中点位置正向反向偏差（$X_m\uparrow$），测量方法如图 7-49 所示。

这样按第 1 步 ~ 第 8 步的方法循环测量 5 ~ 7 次正向和负向的反向偏差值，然后按国家标准规定计算出 X 轴行程中点位置的反向偏差。行程两端的测量方法与计算方法相同。

机床其他坐标轴的反向偏差测量方法与 X 轴的方法一致。

2）自动运行测量。用手脉进给测量，繁琐、工作量大，操作手脉时容易误操作而引起不该换向时换向，效率不高。采用编程法自动测量，可使测量过程变得更便捷、更精确。

① 编制运行程序（以 X 轴的测量为例编制循环测量程序）。

```
O100;
#1 =0;                         定义循环变量
WHILE    [#1  LE  6]    DO1;  执行循环
G91    G01    X1.0    F6;      工作台右移 1mm
```

X -1.0;　　　　　　工作台左移，复位至测量目标点

G04　X10;　　　　　暂停，记录百分表/千分表表盘读数，以便计算 $X_m\downarrow$

X -1.0;　　　　　　工作台左移 1mm

G04　X10;　　　　　暂停，记录百分表/千分表表盘读数，以便计算 $X_m\uparrow$

#1 = #1 +1;　　　　循环计数值

END1;　　　　　　　循环结束

M30;

%

② 操作步骤。

第 1 步、第 2 步与手脉进给操作的第 1 步、第 2 步一致。

第 3 步：运行上述程序“O100”（进给倍率置于“100%”挡）。

第 4 步：在程序运行暂停点记录百分表/千分表表盘读数，并填入表 7-7 对应项。

第 5 步：计算 X 轴各测量目标点的 $X_m\uparrow$、$X_m\downarrow$ 值，最后得到 X 轴的反向偏差值。

其他轴的测量只需将宏程序中的 X 轴改成测量轴，按上述相同操作即可。

表 7-7　反向偏差测量记录表

测量点	循环次数	百分表/千分表打表初值	正向接近测量点百分表/千分表读数	负向接近测量点百分表/千分表读数	$X_{mi}\uparrow$	$X_{mi}\downarrow$
n 轴行程端点 1	1					
	2					
	3					
	4					
	5					
	6					
	7					
n 轴行程端点 1 的正、负向反向偏差值					$\bar{X}_1\uparrow$	$\bar{X}_1\downarrow$
n 轴行程中点	1					
	2					
	3					
	4					
	5					
	6					
	7					
n 轴行程中点的正、负向反向偏差值					$\bar{X}_m\uparrow$	$\bar{X}_m\downarrow$
n 轴行程端点 2	1					
	2					
	3					
	4					
	5					
	6					
	7					
n 轴行程端点 2 的正、负向反向偏差值					$\bar{X}_2\uparrow$	$\bar{X}_2\downarrow$
n 轴反向偏差 B：各测量点的正、负向反向偏差值的最大值					B	

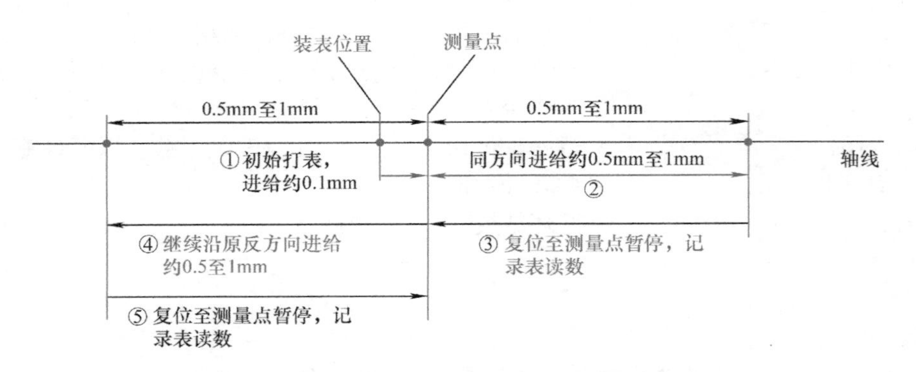

图 7-49 反向偏差测量位置点的第 1 次循环过程

3. 反向偏差的补偿

将所测得的各轴反向偏差值输入给数控系统的补偿参数，当 NC 系统回零后，各补偿参数值生效。现以 FANUC 系统为例介绍。

FANUC 0 系统 X 轴 ~ 第 4 轴的反向偏差补偿参数分别对应为 PRM#535 ~ 536。FANUC 0i 系统的反向偏差补偿分为切削进给补偿和快速进给补偿。切削进给补偿参数为 PRM#1851，快速进给补偿参数为 PRM#1852，且参数 PRM#1800. 4（RBK）为 1 时有效。

FANUC 0i 系统切削进给与快速进给的反向偏差关系如图 7-50 所示。将图 7-50 中的“A”（按上述测量方法测得的数据）赋给参数 PRM#1851，“B”（为快速进给速度下测得的反向偏差值）赋给参数 PRM#1852，图中的 $\alpha=(A-B)/2$。其反向偏差值补偿关系见表7-8。

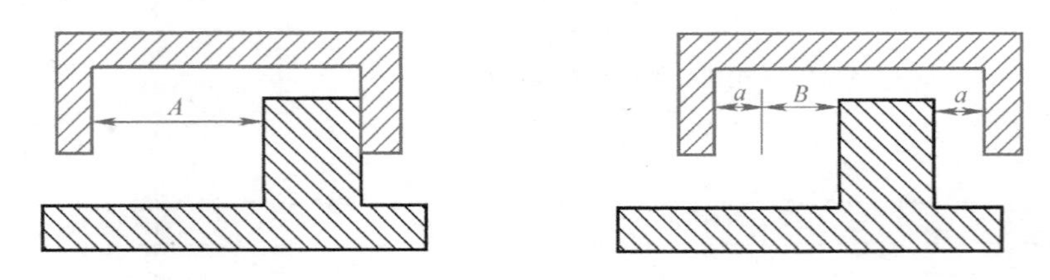

图 7-50 FANUC 0i 系统切削进给与快速进给的反向偏差关系

表 7-8 FANUC 0i 系统切削进给与快速进给时的反向偏差值补偿关系

进给变化 移动方向变化	切削进给→切削进给	快速进给→快速进给	快速进给→切削进给	切削进给→快速进给
同方向	0	0	$\pm\alpha$	$\pm(-\alpha)$
反方向	$\pm A$	$\pm B$	$\pm B\ (B+\alpha)$	$\pm B\ (B+\alpha)$

表 7-8 中补偿量的符号（±）与轴移动方向一致。

进行分类补偿的目的是为了提高加工精度。手动连续进给时视为切削进给；NC 上电后第 1 次返回参考点结束前，不进行切削/快速进给分别补偿；只有当参数 PRM#1800. 4 为 1 时才分别进行补偿，若其值为 0 则只进行切削进给补偿。

4. 螺距误差补偿

螺距误差是丝杠导程的实际值与理论值的偏差。PⅡ级滚珠丝杠的螺距公差为0.012 mm/300 mm。

采用滚珠丝杠传动时，位置精度的补偿主要有反向偏差补偿和螺距误差补偿。若采用手动测量补偿螺距误差，其工作量大，效率低，出错率高，所以目前一般均采用激光干涉仪进行自动测量与补偿。

位置精度补偿必须建立在机床母机/光机（机械结构）的定位精度或重复定位精度满足要求的基础上。机床母机的基础精度包括导轨副、滚珠丝杠副、联轴节、台面等的精度。

激光干涉仪配上相应的模块与软件，能测量标准规定的各项精度指标，如坐标轴的反向偏差、螺距误差、几何精度、定位精度和重复定位精度等。下面以英国雷尼绍（Renishaw）公司的 ML10 双频激光干涉仪测量系统为例进行介绍。

（1）螺距误差补偿原理　螺距误差补偿对开环控制系统和半闭环控制系统具有显著的效果，可明显提高系统的定位精度和重复定位精度；对于全闭环控制系统，由于其控制精度较高，进行螺距误差补偿不会取得明显的效果，但也可以进行螺距误差补偿。位置偏差/误差如图 7-51 所示。由图 7-51 可知

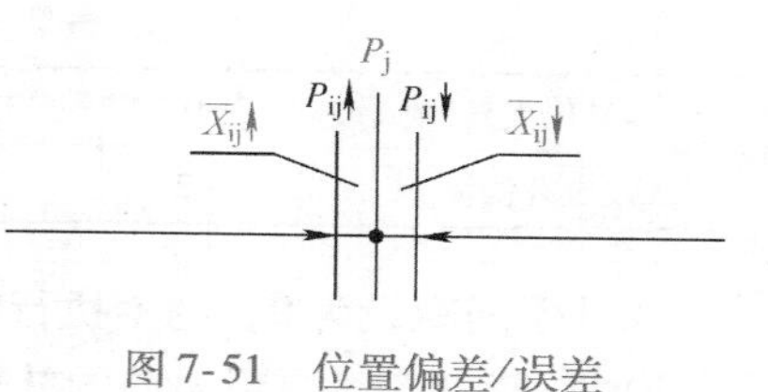

图 7-51　位置偏差/误差

$$P_j = P_{ij}\uparrow + \overline{X}_{ij}\uparrow$$
$$P_j = P_{ij}\downarrow + \overline{X}_{ij}\downarrow$$

式中，P_j为指定的目标位置，P_{ij}为目标实际的运动位置，$\overline{X}_{ij}\uparrow$和$\overline{X}_{ij}\downarrow$为实际正、负向趋近$P_j$的平均位置偏差。将位置偏差值输入数控系统的螺距误差补偿参数表，等机床回零后，数控系统在计算时会自动将目标位置的平均位置偏差叠加到插补指令上，抵消误差部分，实现螺距误差的补偿。

（2）螺距误差的补偿方法　FANUC 0i 系统螺距误差补偿的相关参数见表 7-9。

表 7-9　FANUC 0i 系统螺距误差补偿的相关参数

参数号	说明
#3620	各轴参考点的螺距误差补偿点号
#3621	各轴负方向最远一端的螺距误差补偿点号
#3621	各轴正方向最远一端的螺距误差补偿点号
#3623	各轴螺距误差补偿倍率
#3624	各轴螺距误差补偿点间距

FANUC 数控系统的螺距误差补偿原点取各坐标轴的零点（参考点），以补偿原点为中心设定螺距误差补偿点，补偿间隔相等，并在补偿间隔的中点执行补偿，每轴能设置多达 128 个补偿点，如图 7-52 所示。图 7-52 中各补偿点的补偿值见表 7-10，参考点的螺距误差补偿号为 33。

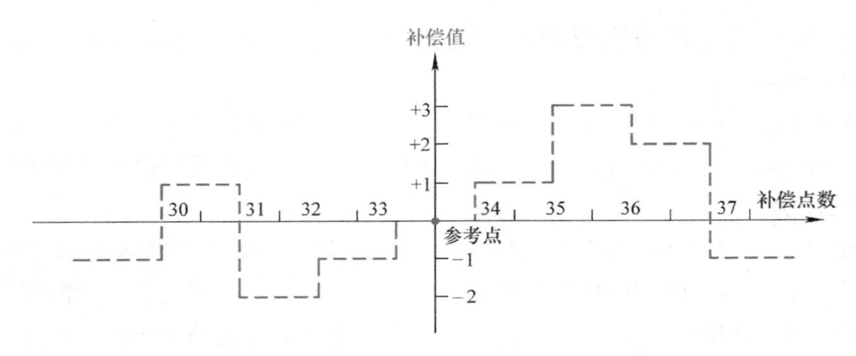

图 7-52　螺距误差补偿间隔设定及补偿点

表 7-10　图 7-52 中各补偿点的补偿值

补偿点号	30	31	32	33	34	35	36	37
设定补偿值	-2	+3	-1	-1	+1	+2	-1	-3

若补偿间距设为0，则不执行螺距误差补偿。补偿单位为最小移动单位（一般为1μm）。

1）补偿倍率。螺距误差的补偿值在0～±7间设定，当实际值大于7时，应使用补偿倍率。补偿倍率＝各点实际测量值（增量值）/7的最小公倍数。因此数控系统实际补偿时，其各点的补偿值为各点补偿设定值乘以补偿倍率，此时的准确度为一个统计指标值，每点的补偿没有各点测量值小于7时的精度高。

2）最小补偿间距的确定。FANUC 0i系统的最小间距为最大快速移动速度（快速进给速度）/3750（mm）。如最大进给速度为15 000mm/min时，FANUC 0i系统的最小补偿间距为4mm。

当按上述的最小补偿间距设定，补偿点超过128点时，必须加大补偿间距，其最小补偿间距为轴行程/128（小数点后的数进位）。当机床行程不大，能满足最大补偿点数要求，且局部测量值大于7（增量值）时，可从以下几方面解决：

① 缩短补偿间距或降低最大进给速度。

② 调整机械配合。

③ 更换精度等级高的丝杠。

例1　直线轴的螺距误差补偿

设某型机床X轴的机械行程为-400～800mm，螺距误差补偿点间隔为50mm，参考点的补偿号为40，各补偿点补偿值及其分布如表7-11和图7-53所示。正确设置相关参数，完成补偿设置。

表 7-11　各补偿点补偿值（单位为最小移动单位）

号码	33	34	35	36	37	38	39	40	41	42	43	44	45	46	47	48	49
补偿值	+2	+1	+1	-2	0	-1	0	-1	+2	+1	0	-1	-1	-2	0	+1	+2

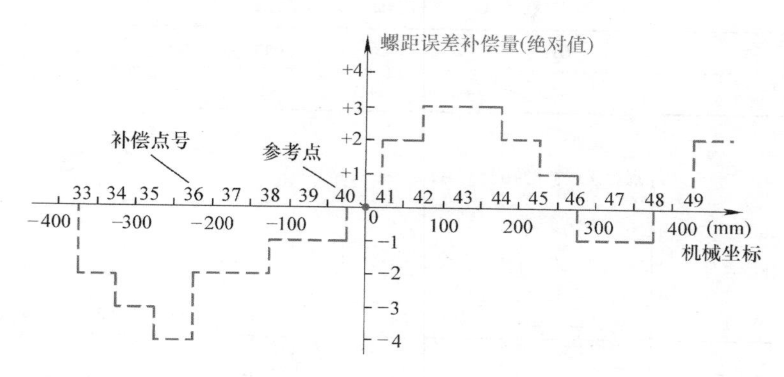

图 7-53　补偿值分布

正方向最远端补偿点的号码为

参考点的补偿点号码 + （机床正方向行程长度/补偿间隔） = 40 + 800/50 = 56

负方向最远端补偿点的号码为

参考点的补偿点号码 - （机床负方向行程长度/补偿间隔） + 1 = 40 - 400/50 + 1 = 33

补偿点位置如图 7-54 所示，图 7-54 中的"○"符号为螺距误差补偿生效点，参数设定见表 7-12。

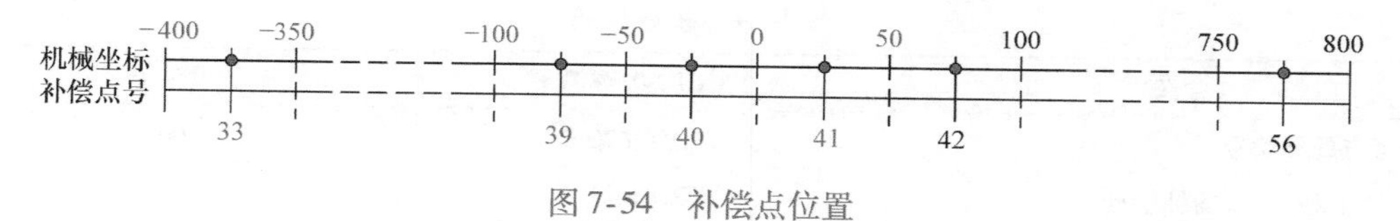

图 7-54　补偿点位置

表 7-12　参数设定

含义	FANUC 0 系统参数	FANUC 0i 参数	设定值
参考点的补偿号	PRM#1000	PRM#3620	40
负方向最远一端的补偿点号	PRM#1001 ~ 1128 对应 0 ~ 127 号	PRM#3621	33
正方向最远一端的补偿点号	PRM#1001 ~ 1128 对应 0 ~ 127 号	PRM#3622	56
补偿倍率	PRM#11.0 ~ 11.1 均为 0 时对应 1 倍	PRM#3623	1
补偿点间隔	PRM#712	PRM#3624	50000

例 2　旋转轴的螺距误差补偿

某型机床配置了 FANUC 0iC 系统，其旋转轴 C 的每转移动量为 360°，误差补偿点的间距为 45°，参考点的补偿点号为 60，旋转轴各点测得的补偿量如表 7-13 和图 7-55 所示。设置正确的补偿参数值。

表 7-13 旋转轴各点补偿量

补偿点号	60	61	62	63	64	65	66	67	68
补偿量设定值	+1	-2	+1	+3	-1	-1	-3	+2	+1

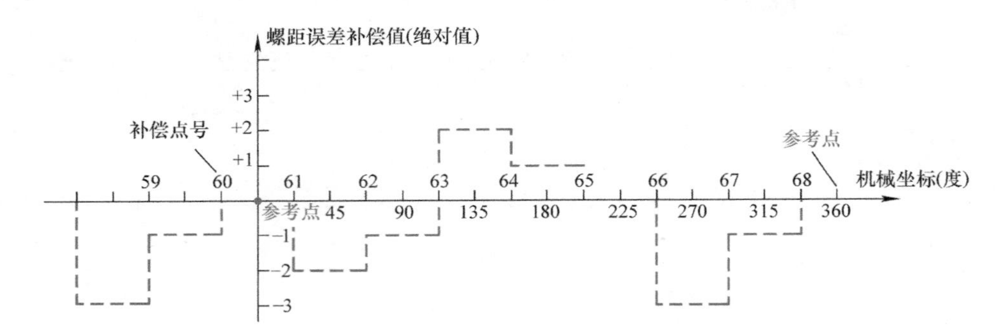

图 7-55 C 轴各点补偿值分布

负方向最远一端的补偿点号：对于旋转轴，其号通常与参考点的补偿点号相同。

正方向最远一端的补偿点号：参考点的补偿点号＋（每转移动量/补偿点的间隔）＝60＋360/45＝68。由于旋转轴每转移动量为360°，所以补偿点号68与60号的补偿量相等，参数设置见表7-14。

表 7-14 参数设置

含义	FANUC 0i 参数	设定值
参考点的补偿号	PRM#3620	60
负方向最远一端的补偿点号	PRM#3621	60
正方向最远一端的补偿点号	PRM#3622	68
补偿倍率	PRM#3623	1
补偿点间隔	PRM#3624	45000

对于旋转轴的螺距误差补偿要求：

1）360 000能被补偿点的间隔整除，否则不能进行补偿。

2）一转的补偿值总和必须为0。

二、自动补偿

手动测量及参数输入反向偏差与螺距误差补偿，工作量大、繁琐，容易出现计算和操作上的错误。目前，位置精度的补偿一般通过仪器/系统进行自动测量和补偿。目前行业使用最普遍的检定设备是激光干涉仪。反向偏差可以用激光干涉仪或球杆仪进行测量。

1. 激光干涉仪的测量

（1）主要功能　激光干涉仪具有自动线性误差补偿功能，可以很方便地恢复机床精度，其主要功能如下。

1）几何精度检测。可检测直线度、垂直度、俯仰与偏摆、平面度、平行度等。

2）位置精度的检测及其自动补偿。可检测数控机床定位精度、重复定位精度、微量位移精度等。

3）线性误差自动补偿。通过 RS232 接口传输数据，效率高，避免了手工计算和手动数据键入而引起的操作误差；可最大限度地选用被测轴上的补偿点数，使机床达到最佳精度。

4）数控转台分度精度的检测及其自动补偿。ML10 激光干涉仪加上 RX10 转台基准能进行回转轴的自动测量，可对任意角度、以任意角度间隔进行全自动测量。

5）双轴定位精度的检测及其自动补偿。可同步测量大型龙门移动式数控机床，由双伺服驱动某一轴向运动的定位精度，通过 RS232 接口，自动对两轴线性误差分别进行补偿。

6）数控机床动态性能检测。利用 RENISHAW 动态特性测量与评估软件，可用激光干涉仪进行机床振动测试与分析（FFT）、滚珠丝杠的动态特性分析、伺服驱动系统的响应特性分析、导轨的动态特性（低速爬行）分析等。

激光干涉仪可供选择的补偿软件包括 FANUC 系列、SIEMENS 800 系列、UNM、Mazak、Mitsubishi、Cincinnati Acramatic、Heidenhain、Bosch、Allen－Bradley 等。

（2）激光干涉仪的安装　不同的测量项目，其安装方式也不同。常见激光干涉仪测量项目的安装见表 7-15。

表 7-15　常见激光干涉仪测量项目的安装

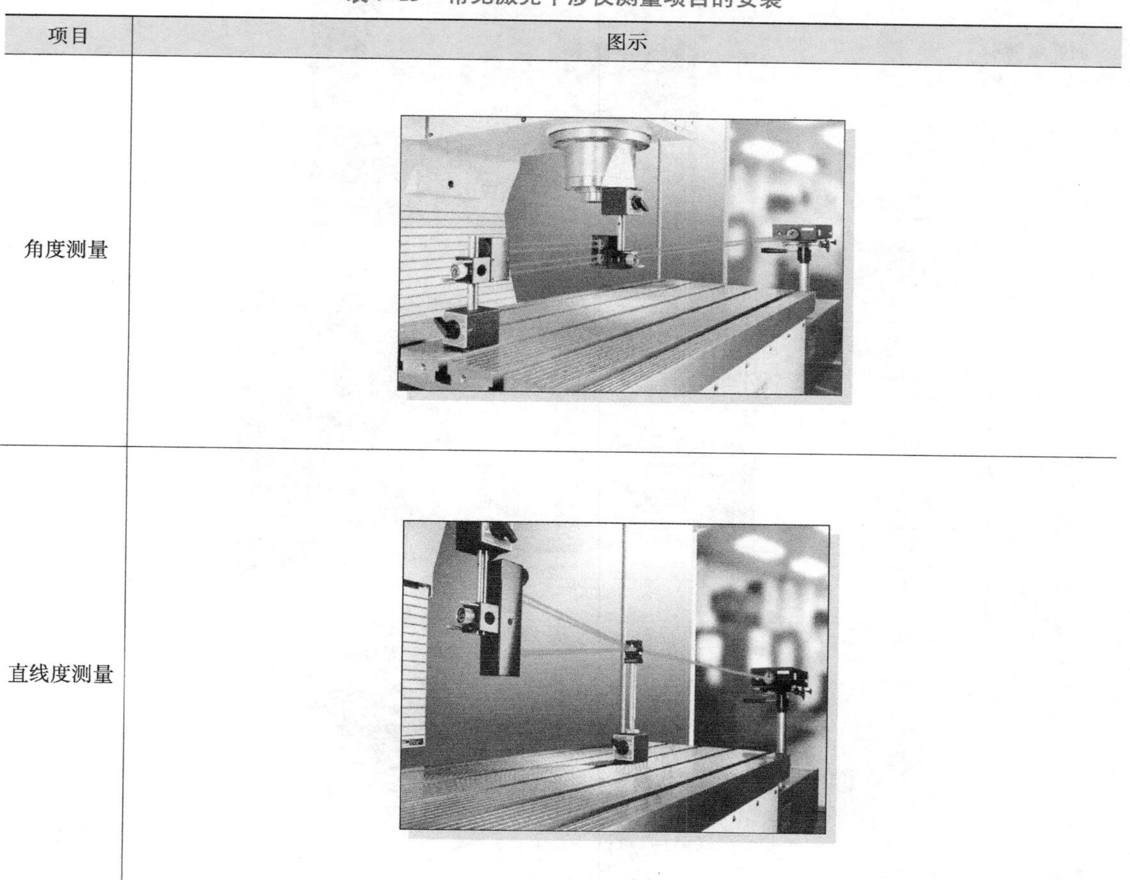

项目	图示
角度测量	
直线度测量	

（续）

项目	图示
垂直度测量	
平面度测量	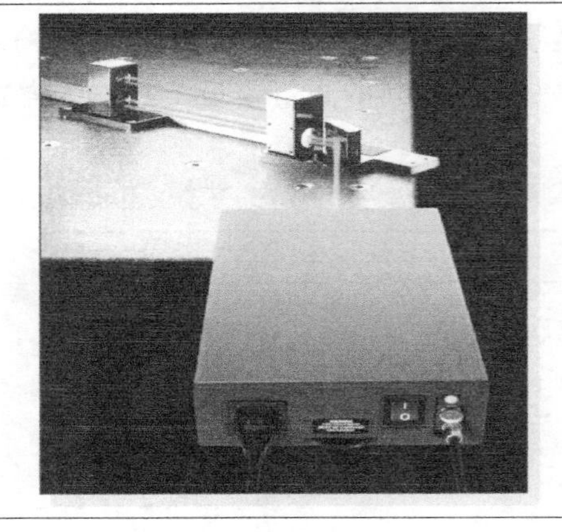
回转轴测量	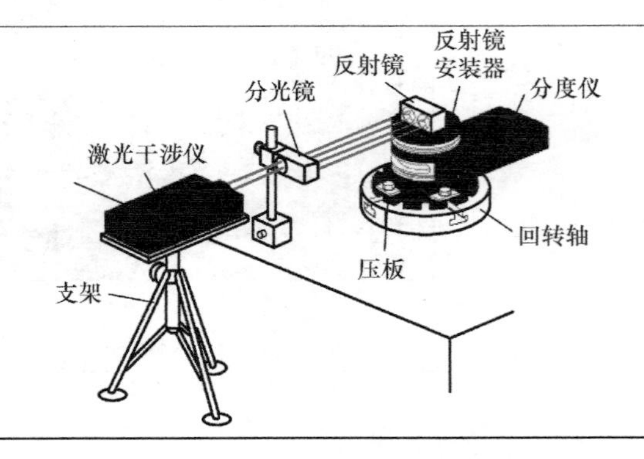

（3）位置误差补偿操作 ML10 激光干涉仪系统可自动测量和补偿机床各运动轴的反向间隙及螺距误差。所配置的自动测量和补偿软件可选择机床所配置的系统品牌和型号，可选型号基本上涵盖了目前行业使用的品牌和型号。

以下以测某型数控机床的直线轴——X 轴为例，说明激光干涉仪对反向偏差及螺距误差补偿的操作步骤。

1）准备工作。先将激光干涉仪及其补偿单元、温度/湿度传感器、计算机、机床系统串口与计算机串口等连接好，暂不安装光路反射镜及分光镜等。启动计算机、机床系统及激光干涉仪、补偿单元等。选择与机床数控系统品牌一致的自动采集与自动补偿软件。若只配置了自动采集软件，则不能进行自动补偿，必须通过手动将自动采集与计算出的数据输入给数控系统的补偿参数，因此下面分两种情况介绍。图 7-56 所示是未带自动补偿功能的数据采集与分析软件。找到其安装目录/Renishaw Laser10，进入目录后，或在“开始”菜单中找到“Renishaw Laser10”图标，用鼠标单击该图标会出现下拉菜单，如图 7-56 所示。

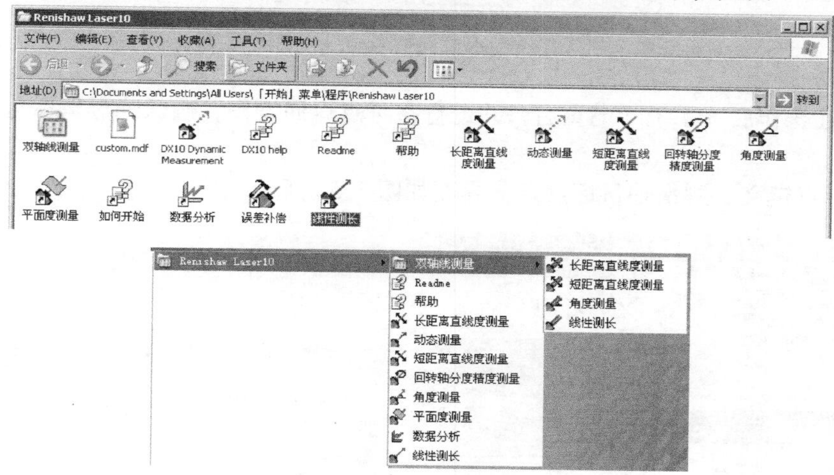

图 7-56 ML10 软件配置

2）备份机床的补偿数据。在进行测试与自动补偿之前，先备份好机床原来的补偿数据，以便在完成测量和自动补偿后，进行补偿前后的对比分析。若是新机床，不需要操作这一步。

带自动补偿功能的软件可以完成机床补偿数据的备份，不带自动补偿功能的软件必须通过其他数据传输软件备份机床的补偿数据，如可用“WINPCIN”等软件备份机床参数。备份文件的类型为“OMP”格式。

在备份前，必须使计算机的串口通信参数与机床系统的串口通信参数设置保持一致。计算机串口参数的设置如图 7-57 所示。

3）清除机床补偿参数值。补偿前，必须清除机床数控系统各轴反向间隙和螺距误差原补偿参数值，避免在测量各目标点位置误差值时，原补偿值仍起作用。

① 逐点清零反向间隙和螺距误差补偿参数。

② 使补偿轴的补偿功能失效。

③ 补偿倍率设为零。

④ 清除机床坐标偏置及 G54 设置值。

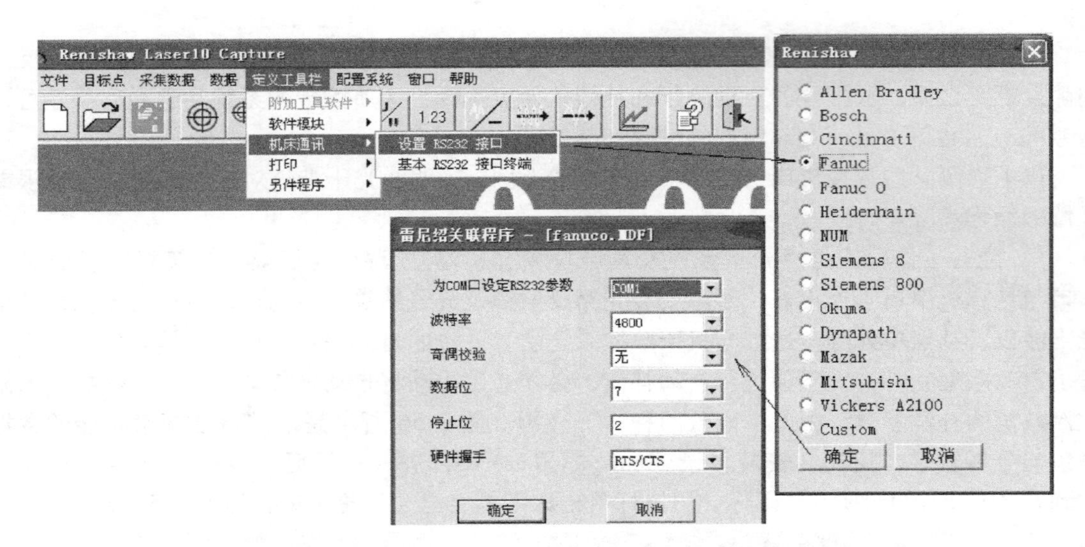

图 7-57　设置计算机与机床系统的串口通信参数（图中箭头表示操作顺序，下同）

完成上述操作后，系统断电重启，并进行参考点返回操作，确保绝对坐标与机床机械坐标相同。

4）目标点定义。测量轴目标点定义界面如图 7-58 所示。

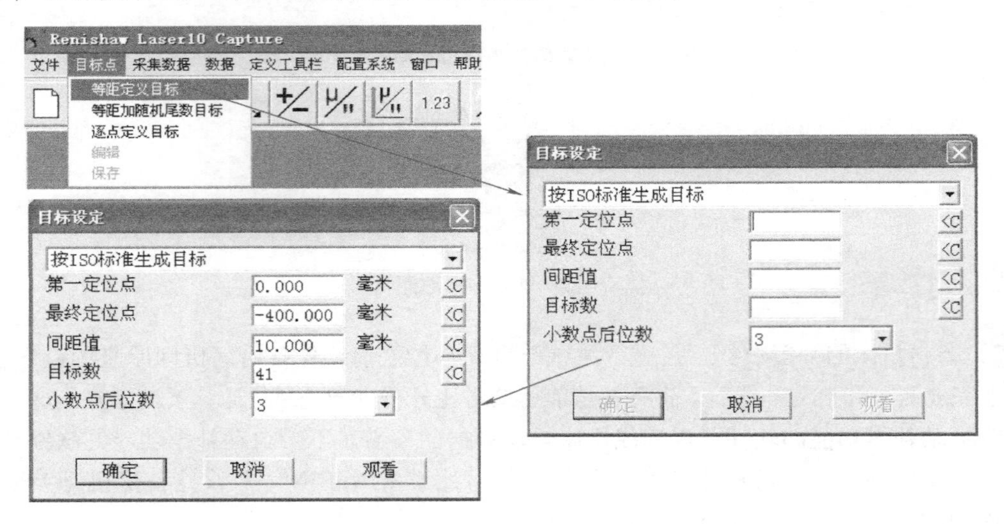

图 7-58　测量轴目标点定义界面

当被测量轴的首尾目标点不能与机床行程软、硬限位点重合时，应考虑≥0.1mm 的越程值。理论上要求误差补偿原点与参考点重合，因此参考点必须位于补偿长度首尾之间。实际上，考虑了越程值后，目标点并不一定要求在参考点上。

5）根据所选测量轴，建立满足测量要求的激光光路。激光光路如表 7-15 所示。线性测量镜组及其组合如图 7-59 所示，用一个分光镜和线性反射镜组合后，便成为一个线性干涉镜。

安装与调整光路时，必须保证反射光与入射光重合。调整时，借助光靶，调节激光干涉

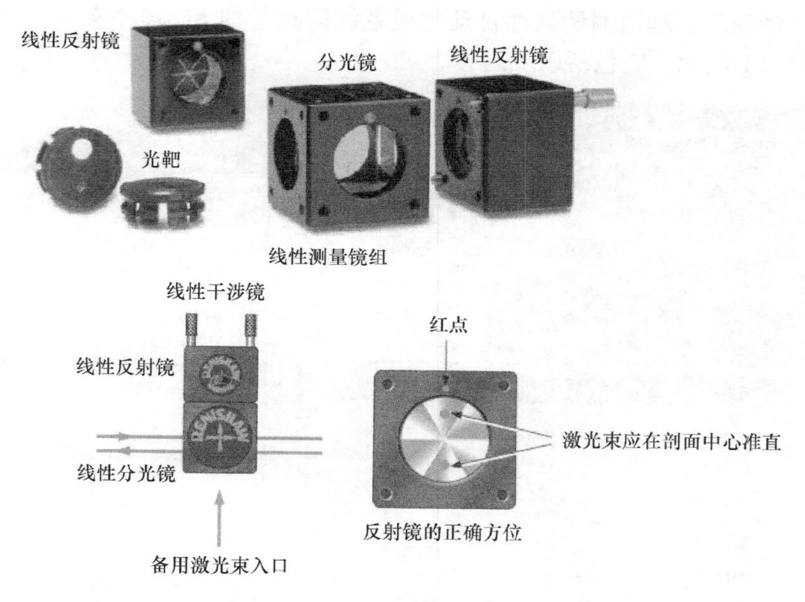

图 7-59　线性测量镜组及其组合

仪的三角架高度和角度，然后再调节云台的水平和俯仰角度，保证其光路重合。可通过软件“窗口”→“光强”项检查其反射光的强度，使其强度满足测量要求，如图 7-60 所示。

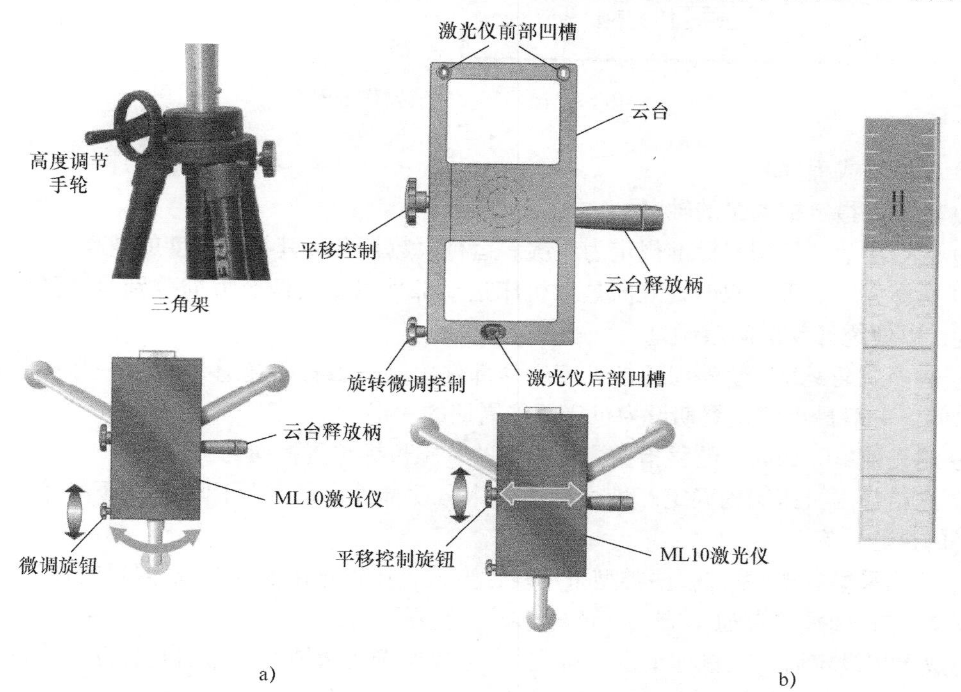

图 7-60　光路调节及反射光强度检查图

a）光路调节示意图　b）反射光强度条

6）生成测量程序。利用测量软件自动生成系统能执行的 NC 程序文件。测量程序生成操作步骤如图 7-61 所示，它包括以下内容。

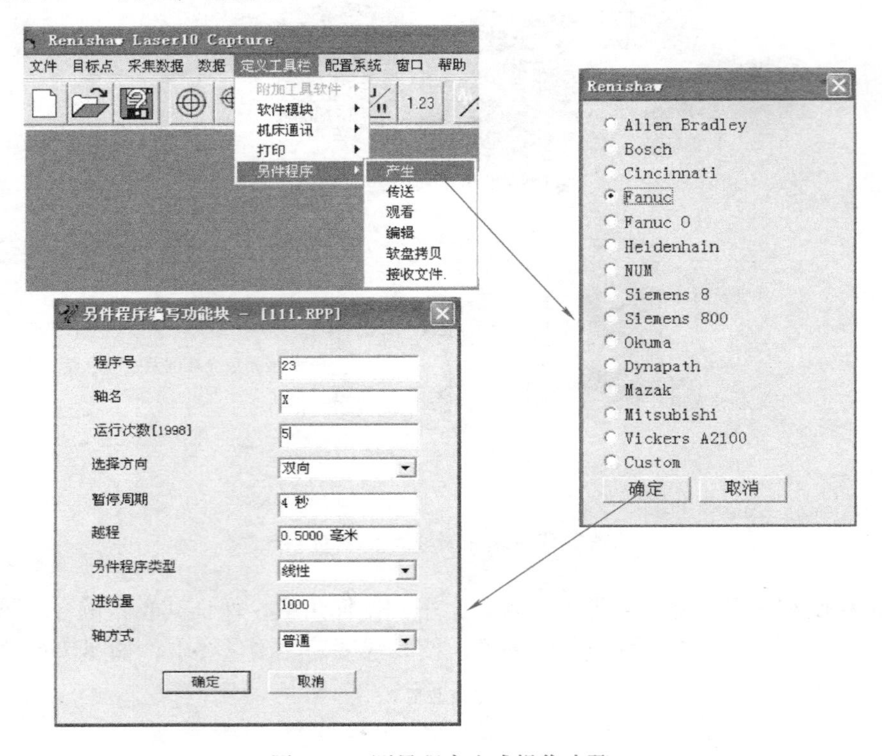

图 7-61　测量程序生成操作步骤

① 程序号或程序名。

② 轴名。指定被测量的轴名。

③ 运行次数。按国家标准规定为 5 次。运行次数越多，其补偿精度就越高。

④ 选择方向。采用双向。双向是指机床运动部件以正反两个方向分别运动到每一个目标位置，以便统计反向间隙误差。

⑤ 暂停周期≥2s。暂停周期指机床运动部件由某一目标位置移动到下一目标位置前的暂停时间。一般最小停止周期设为机床暂停周期的一半。

⑥ 越程值≥0.1mm。越程指在测量长度的首尾目标位置换向的区域。

⑦ 进给量由机床结构确定。进给量指机床运动部件由某一目标位置向下一个目标位置行动时的进给速率。

⑧ 数据采集方式/零件程序类型采用线性方式，还可选用摆动法或等阶梯方式。

⑨ 轴方式选择“普通”方式，还可选择“直径”方式。

完成上述设定后，用鼠标单击“确定”，生成所选测量轴的机床运行程序并自动保存在计算机硬盘上，其文件类型为“RPP”格式。

X 轴移动的参考程序如下。

O0023；

N0020　G54　G91　G01　X0. F　1000；

```
#1 =0;
#2 =5;
#3 =0;
#4 =20;
N0070   G04   X4. ;
N0080   G01   X -30. ;
G04   X4. ;
#3 = #3 +1;
IF   [#3NE#4]   GOTO80;                从第1点负向走到第21点
N0120   G04   X4. ;
G01   X30. ;
#3 = #3 -1;
IF   [#3 NE 0]   GOTO120;              从第21点正向走到第1点
G04   X4. ;
#1 = #1 +1;
IF   [#1 NE #2]   GOTO70;              5次全行程负、正向循环
M30;
%
```

7）将X轴移动程序上传给机床系统。将数控系统设为数据接收状态，并注意上传程序号或程序名不能与系统中已有程序号或程序名相同。无自动补偿功能的软件无此功能，需用“WINPCIN”等传输软件上传。

8）采集并分析原始数据。采集数据之前，用鼠标单击坐标清零图标“⊕”，软件界面如图7-62所示。

图7-62　软件坐标清零显示

再检查反射激光束的强度是否满足测量要求，若出现强度不够或被遮挡，则待反射激光束准直后或无遮挡时再进行测量。采用自动数据采集方式，让机床执行所传的上述程序。执行程序前，应注意将数控系统的进给速率降低，以免撞机。激光测量执行的是GB/T 17421.2—2000标准，采用线性数据采集方式，主要是考虑机床运动时带来的升温比较小。测量结束后将采集数据存入计算机硬盘，其文件类型为“RTL”文件格式，然后根据测量分析软件查看测量结果。

数据自动采集的操作如图7-63所示，采集界面如图7-64所示。数据分析操作如图7-65所示，误差补偿值表如图7-66所示。

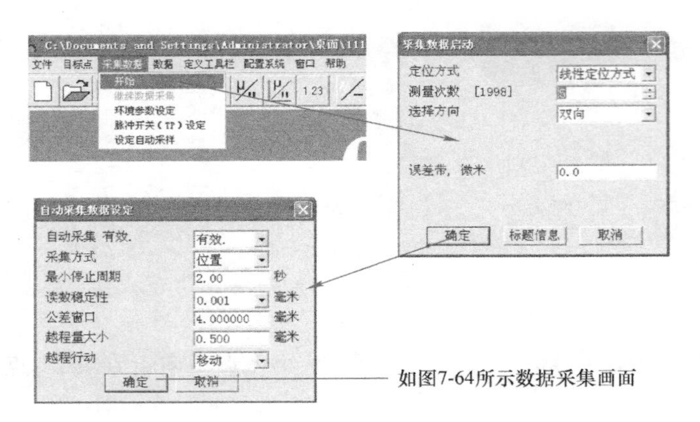

图 7-63　数据自动采集操作

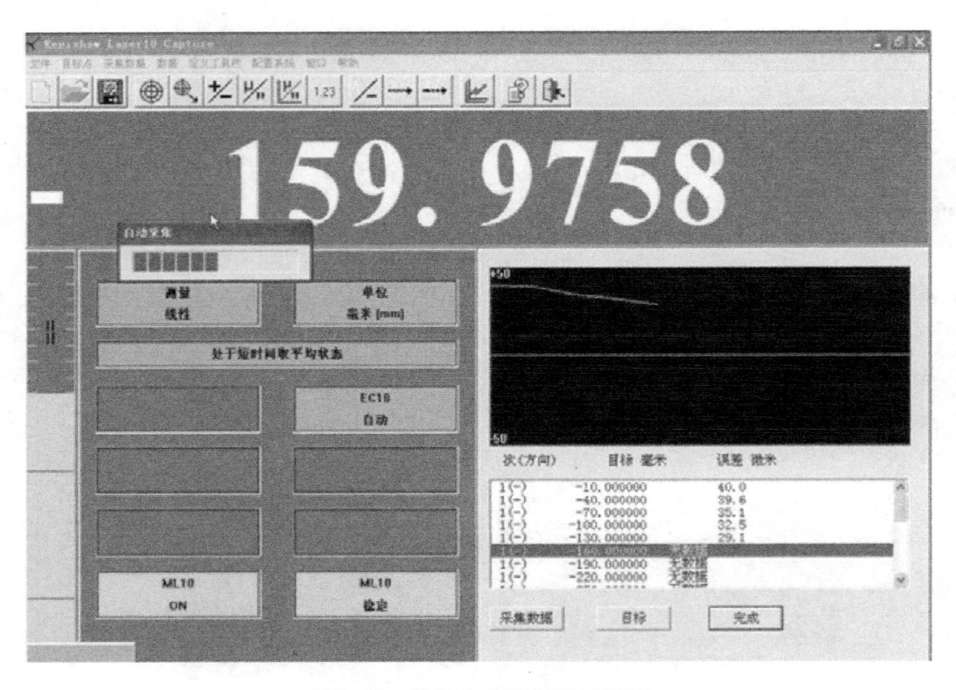

图 7-64　数据自动采集显示界面

9）将误差补偿值传给数控系统并检查补偿结果。计算机中已存储的“RTL”文件包含了各目标点的平均误差值，该值是自动采集软件自动计算出来的（对各次循环中目标点的位置偏差进行平均），然后再根据各点的平均误差值自动计算出各目标点的补偿值，如图7-58左边内容所示。将该误差补偿值存入计算机硬盘，文件类型为“NMP”格式。再将该文件中的补偿值传送给数控系统，再次执行机床运动程序，重新采集各目标点的位置误差数据，并存入计算机中，进行补偿前后的对比分析及补偿效果分析。

具有自动补偿功能的软件可利用其数据传输功能将误差补偿值直接传送给数控系统；没有配置自动补偿功能的软件（如 Renishaw Laser 10）可利用其计算出的误差补偿值表，手

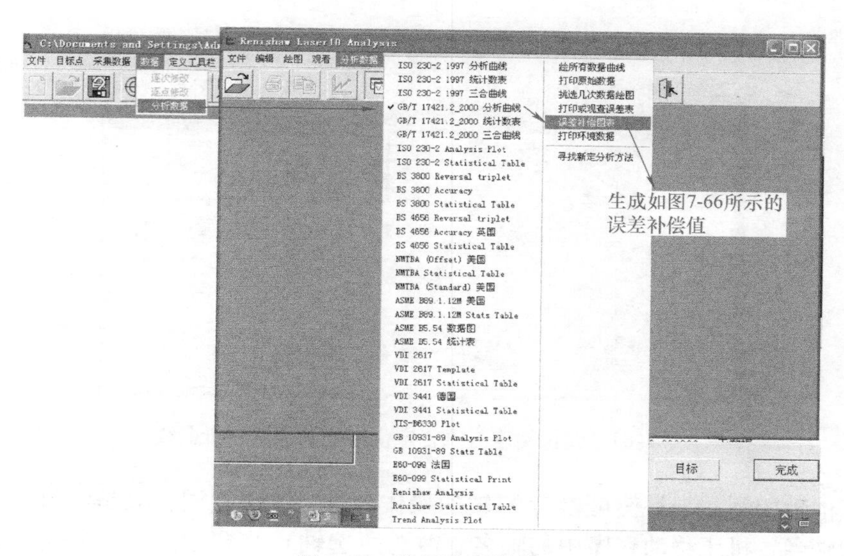

图 7-65　数据分析操作

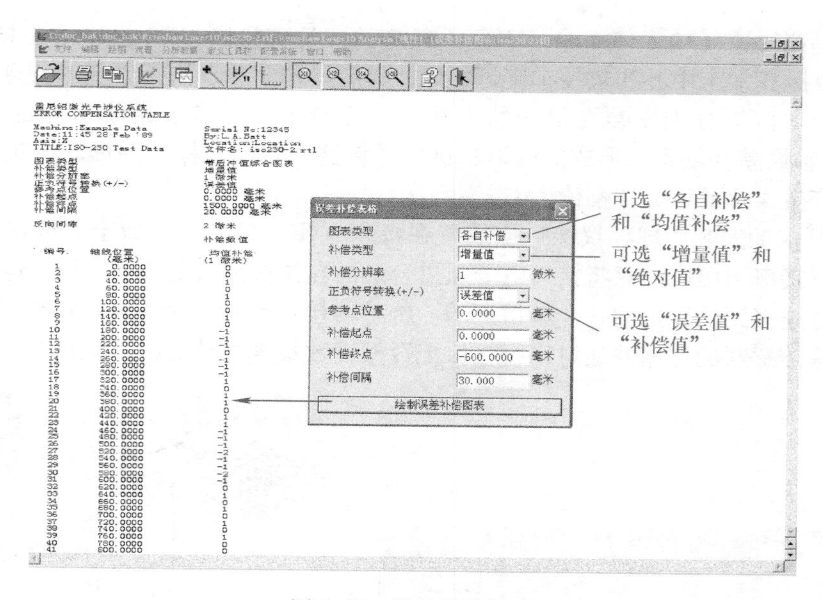

图 7-66　误差补偿值表

动逐项、逐点输入数控系统对应的补偿参数中。

通过测量分析软件，按照 GB/T 17421.2—2000 标准或国际标准可评定机床被补偿轴的位置误差是否在公差范围内。如果满足公差要求，则完成了机床位置误差补偿工作。如果未满足公差要求或需要再提高精度，可以通过增加测量目标点数量和重复位置误差补偿过程的方式满足位置公差的补偿要求。可借助软件“数据分析”中的“分析曲线”功能对各点的定位精度及重复定位精度进行观测与评估，如图 7-67 所示。也可通过比较补偿前后的测量结果评估补偿效果。

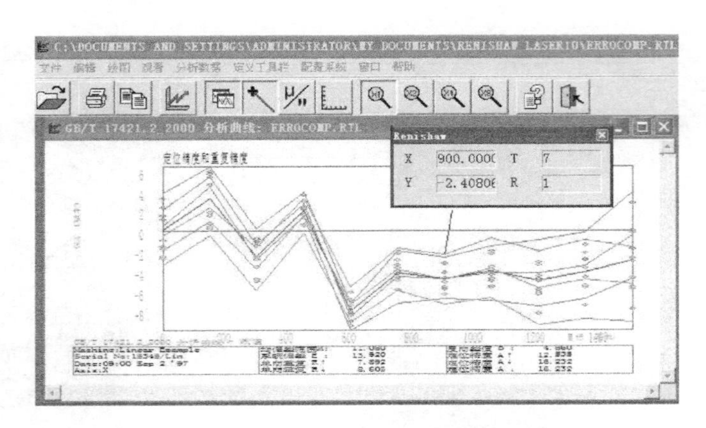

图 7-67　定位精度与重复定位精度的数据分析曲线

机床其他轴的测量与补偿可参考 X 轴的操作进行，方法相同，只是测量轴的选择（目标测量点的轴名、机床移动程序中的轴名更改为所选轴）与测量光路（符合所选轴的测量要求）的安装必须按所选轴进行更改和修正。其他操作基本相同。

2. 球杆仪

球杆仪是能快速（10 ~ 15min）、方便、经济的评价和诊断 CNC 机床动态精度的仪器，适用于各种立卧式加工中心和数控车床等机床，具有操作简单、携带方便的特点。其工作原理是将球杆仪的两端分别安装在机床的主轴与工作台上（或者安装在车床的主轴与刀塔上），测量两轴误差补偿运动形成的圆形轨迹，并将这一轨迹与标准圆形轨迹进行比较，从而评价机床产生误差的种类和幅值。

（1）球杆仪的安装　球杆仪接口应放置在机床方便并且安全位置上。或许必须打开机床防护罩放置接口，但应注意将接口电缆通过合适的孔位拉出（见图 7-68）。球杆仪是通过传感器接口盒连接到计算机的一个串口上的。传感器接口包括一个由 9V 电池供电的电子线路，它能跟踪传感器的伸缩并通过串行接口把数据读数报告给计算机（见图 7-69）。

图 7-68　球杆仪的安装

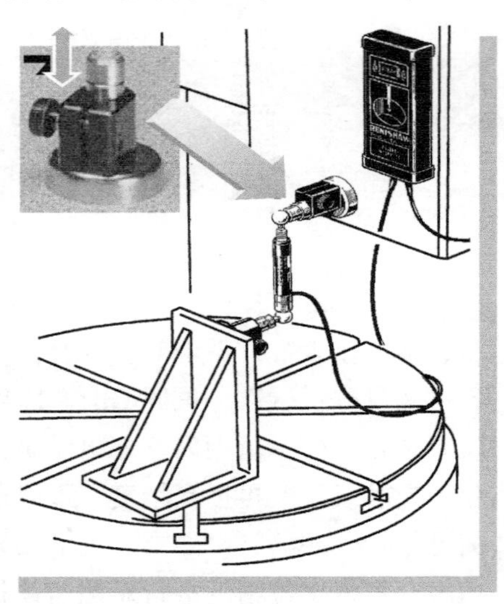

图 7-69　球杆仪的连接

（2）球杆仪的功能

1）机床精度等级的快速标定、优化切削参数。在不同进给倍率条件下通过用球杆仪检测机床，就可选择出满足加工精度要求的进给倍率进行加工，从而避免废品的产生。

2）方便机床的保养与维护。球杆仪可揭示机床精度变化趋势，这样可提醒维修工程师注意机床极有可能出现的问题，不致酿成大故障，实现机床的预防性维护。另外，球杆仪软件可进行机床误差的自动分离，通过它维修工程师可快速找到机床故障所在，并集中精力解决问题。

3）缩短新机床开发研制周期。用球杆仪检测机床可分析出润滑系统、轴承等的选用对机床精度性能的影响。这样可根据测试情况改变原配套件的选用以至设计，因而缩短了新机床研制周期。

4）方便机床验收试验。对机床制造厂来说，可用球杆仪快速进行机床出厂检验，并作为随机机床精度验收文件。球杆仪现已被国际机床检验标准所采用，如 ISO 230、ANME B5. 54、QA9000 和 ATA 等。

对用户来说，可用球杆仪来进行机床验收试验，代替 NAS 试件切削。对二手设备的检测来讲，这也是一个方便的仪器。

5）有全套完整的附件可供选择。对于数控车床而言，通过一套特殊附件可实现对其360°检测，从而可用球杆仪软件来进行两轴联动，实现故障自动分离。对于其他两轴联动机构，雷尼绍公司为用户准备了可选中心座，从而使球杆仪也能用于对其进行自动故障分离，如360°车床适配器组件可在车床上进行 360°、半径为100mm 的球杆仪测试。图 7-70 所示为典型车床测试的安装布局。

图 7-70　典型车床测试的安装布局

6）机床动态特性测试与评估、分离故障源。球杆仪可以快速找出并分析机床的问题所在，主要可检查反向差、反向间隙、伺服增益、垂直度、直线度、周期误差等性能。例如机床撞车事故后的检测，通过球杆仪可快速告诉操作者机床是否可以继续使用。在 ISO 标准中已规定了用球杆仪检测机床精度的方法，用它可方便进行机床之间的性能比较，提示机床问题，建立机床性能档案。现仅以反向间隙为例来介绍之。

① 反向间隙的检测程序

动态数据采集，100mm 球杆仪，ZX 平面；360°数据采集弧，180°越程；米制单位，进给率为 1000mm/min。

```
M05;                                    停止主轴
G01   X0.0   Z101.5   F1000;            直接运动到起始点
M00;                                    暂停，安装球杆仪
G01   X0.0   Z100.0;                    运行切入，使球杆仪进入测量状态
G02   X0.0   Z100.0   I0.0   K-100.0;   360°顺时针圆弧
```

```
G02  X0.0  Z100.0  I0.0  K-100.0;    360°顺时针圆弧
G01  X0.0  Z101.5;                   运行切出
M00;                                 开始逆时针方向数据采集
G01  X0.0  Z100.0;                   运行切入
G03  X0.0  Z100.0  I0.0  K-100.0;    360°逆时针圆弧
G03  X0.0  Y100.0  I0.0  K-100.0;    360°逆时针圆弧
G01  X0.0  Z101.5;                   运行切出
M30;
```

② 反向间隙的检测结果

- 反向间隙 - 负值（机床误差）。

＊ 图样。图 7-71 所示的图形中有沿某轴线开始向图样中心内凹的台阶，反向间隙的大小通常不受机床进给率的影响。在图 7-71 中仅在 Y 轴上显示有负值反向间隙。

＊ 诊断值。图 7-71 中 Y 轴方向上存在 -14.2μm 的负值反向间隙或失动量。

＊ 可能起因。

a. 在机床的导轨中可能存在间隙，导致当机床在被驱动换向时出现在运动中跳跃。

b. 用于弥补原有反向间隙而对机床进行的反向间隙补偿的数值过大，导致原来具有正值反向间隙问题的机床出现负值反向间隙。

c. 机床可能受到编码器滞后现象的影响。

＊ 推荐对策。

a. 检查数控系统反向间隙补偿参数设置是否正确。

b. 检查机床是否受到编码器滞后现象的影响。

c. 去除机床导轨传动件的间隙，或更换已磨损的机床部件。

- 反向间隙 - 正值（机床误差）。

＊ 图样。图 7-72 所示图形中有沿某轴线开始沿图样中心外凸的一个台阶或数个台阶，在图 7-72 中仅在 Y 轴上显示有正值反向间隙。

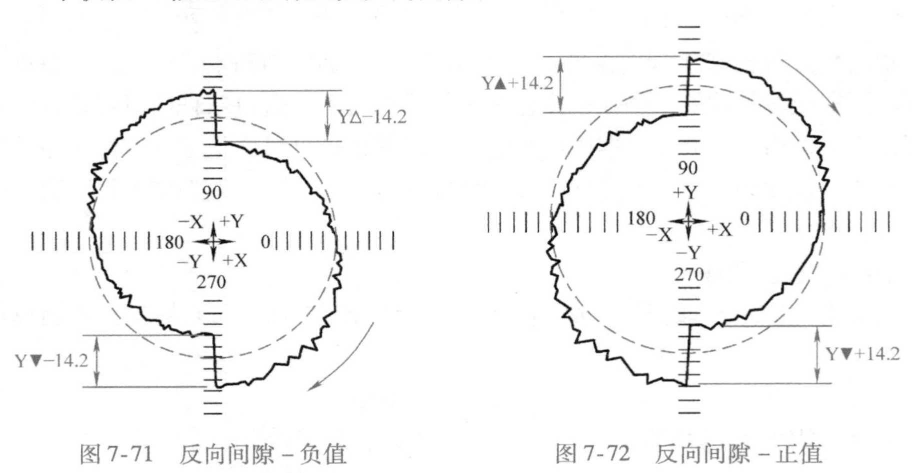

图 7-71　反向间隙 - 负值　　　　图 7-72　反向间隙 - 正值

＊ 诊断值。图 7-72 中 Y 轴方向上存在 14.2μm 的正值反向间隙或失动量。

＊ 可能起因。

a. 在机床的驱动系统中可能存在间隙，典型的原因是因滚珠丝杠端部浮动或驱动螺母磨损。

b. 在机床的导轨中可能存在间隙，导致当机床被驱动换向时出现运动的停顿。

c. 可能由于滚珠丝杠预紧力过大带来的过度应力而引起丝杠扭转的影响。

* 推荐对策。

a. 去除机床导轨的间隙，可能需要更换已磨损的机床部件。

b. 利用数控系统反向间隙补偿参数设置来对机床中存在的反向间隙进行补偿。

● 反向间隙 - 不等值（机床误差）。

* 图样。反向间隙—不等值的图样中（见图 7-73）或表现出在某轴上双向不同大小的反向间隙，或在具备反向间隙补偿功能的机床上的某轴上双向出现相反符号的反向间隙。在图 7-73 中仅在 Y 轴上显示有不等值反向间隙。

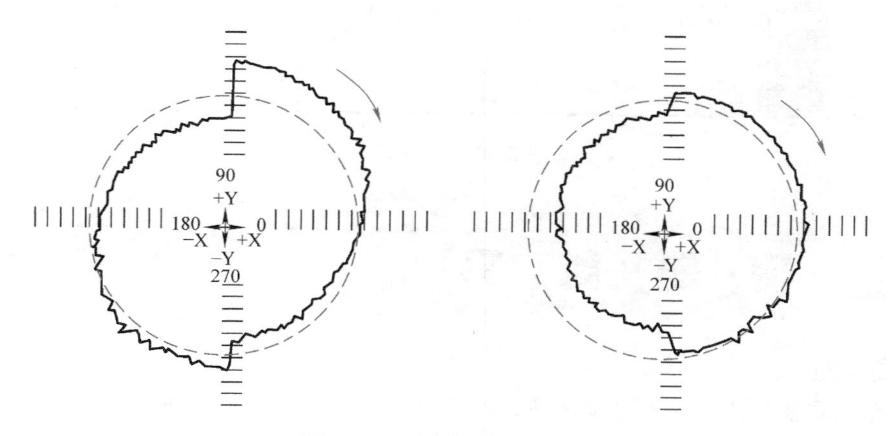

图 7-73 反向间隙—不等值

* 诊断值。各种反向间隙均如正值反向间隙所述以相同方式量化，在同一轴的正负方向可能出现很大的数值差，或在同一轴的正负方向出现正值和负值反向间隙。

* 可能起因。由于滚珠丝杠中过度扭曲而引起反向间隙的影响，它相对该轴滚珠丝杠驱动端的不同位置而引起不等值反向间隙类型的图样见图 7-73。可以在具有反向间隙补偿的机床上将该差异调整均化，导致在该轴出现相对台阶。该扭曲可能由于丝杠磨损、螺母损坏及导轨磨损，这种类型的反向间隙若出现在立轴运动测试中，多半可能为平衡的影响。

* 推荐对策。

a. 去除施加给机床的所有反向间隙补偿值，这可以让机床的问题彻底暴露出来。

b. 检查该机床的滚珠丝杠或导轨的磨损迹象，可能需要维修或更新这些部件。

c. 如果在机床立轴上下运动的测试中出现不等值反向间隙，那么平衡部件就可能是问题所在，从而需调整机床平衡系统。

③ 反向间隙的检测报告 图 7-74 所示是球杆仪所检测的不圆度报告。

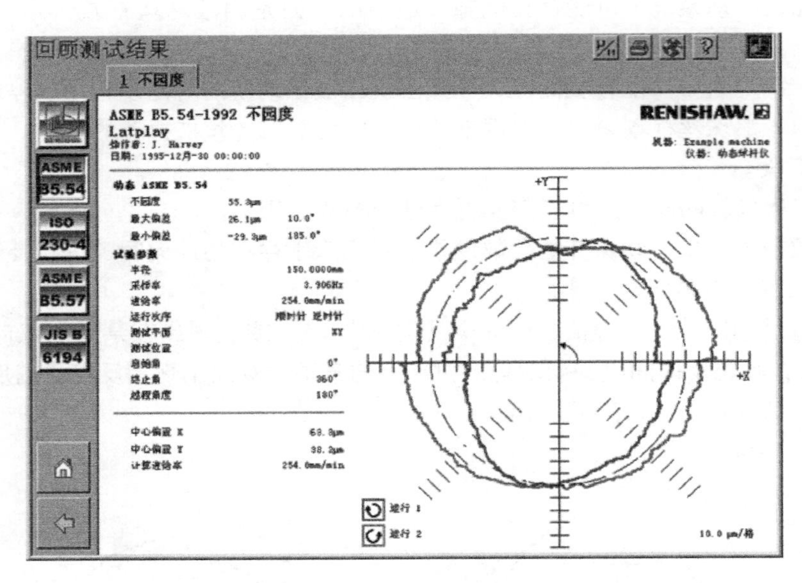

图 7-74　检测报告

一、填空题

1. 大型、重型机床需要专门做地基，精密机床应安装在单独的地基上，在地基周围设置________，并用地脚螺栓紧固。

2. 地基质量的好坏，将关系到机床的________、运动平稳性、________、磨损以及机床的使用寿命。

3. 机床找平工作应避免为适应调整水平的需要，使用引起机床产生强迫变形的安装方法，以免引起机床的变形，从而引起导轨精度和导轨相配件的配合和连接的变化，使机床________和________受到破坏。

4. 数控机床地基土的处理方法可采用________、换土垫层法、________或碎石桩加固法。

5. 定位精度主要检验内容有________定位精度、直线运动重复定位精度、直线运动轴机械原点的返回精度、直线运动________的测定。

6. 机床的几何精度________和________时是有区别的。

7. 定位精度的检验内容一般精度标准上规定了三项，分别为________，重复定位精度，________。

8. 采用滚珠丝杠传动时，位置精度的补偿主要有________补偿和________补偿。

9. 采用手动测量补偿螺距误差，其工作量大，效率低，出错率高，所以目前一般均采用________进行自动测量与补偿。

10. ________可检验直线度、垂直度、俯仰与偏摆、平面度、平行度等几何精度。

11. ________可以快速找出并分析机床的问题所在，主要可检查反向差、反向间隙、伺服增益、垂直度、直线度、周期误差等等性能。

12. 对于分度装置的检验应在0°、90°、________、270° 4个主要位置检验。若机床允许任意分度，除4个主要位置外，可任意选择________个位置进行。正、负方向循环检验5次。

二、选择题（请将正确答案的代号填在空格中）

1. 数控机床的主机（机械部件）包括：床身、主轴箱、刀架、尾座和（　　）。

A. 进给机构　　B. 液压系统　　C. 冷却系统

2. 将数控机床放置于地基上，在自由状态下按机床说明书的要求调整其（　　）。

A. 平面度　　B. 平行度　　C. 水平

3. 数控车床起吊时，要将尾座移至机床（　　），同时注意使机床底座呈水平状态。

A. 左端　　B. 中间　　C. 右端

4. 用水平仪检验机床导轨直线度时，若把水平仪放在导轨右端，气泡向左偏2格；若把水平仪放在导轨左端，气泡向右偏2格，则此导轨是（　　）。

A. 直的　　B. 中间凹的　　C. 中间凸的　　D. 向右倾斜

5. 用游标卡尺测量孔的中心距，此测量方法为（　　）。

A. 直接测量　　B. 间接测量　　C. 绝对测量　　D. 比较测量

6. 数控机床上有一个机械原点，该点到机床坐标零点在进给坐标轴方向上的距离可以在机床出厂时设定。该点称（　　）。

A. 工件零点　　B. 机床零点　　C. 机床参考点

7. 数控机床的位置精度主要指标有（　　）。

A. 定位精度和重复定位精度　　B. 分辨率和脉冲当量

C. 主轴回转精度　　D. 几何精度

8. （　　）是指数控机床工作台等移动部件在确定的终点所达到的实际位置精度，即移动部件实际位置与理论位置之间的误差。

A. 定位精度　　B. 重复定位精度　　C. 加工精度　　D. 分度精度

9. 对于FANUC 0i系统来说，切削进给补偿参数为PRM（　　），快速进给补偿参数为PRM（　　），且参数PRM#1800.4（RBK）为1时有效。

A. #1851　　B. #1852　　C. #1853　　D. #1854

10. 由机床的挡块和行程开关决定的坐标位置称为（　　）。

A. 机床参考点　　B. 机床原点　　C. 机床换刀点　　D. 刀架参考点

三、判断题（正确的划“√”，错误的划“×”）

1. （　　）安装丝杠时要用游标卡尺分别测丝杠两端与导轨之间的距离，以保持丝杠的同轴度。

2. （　　）通过长时间的接通和断开液压装置来检查液压马达的转动方向，并校正。

3. （　　）数控机床对安装地基没有特殊的要求。

4. （　　）数控机床不能安装在有粉尘的车间里，应避免酸性腐蚀气体的侵蚀。

5. （　　）数控车床起吊时应将尾座移至主轴端并锁紧。

6. （　　）找正安装水平的基准面，应在机床的主要工作面（如机床导轨面或装配基面）上进行。

7. (　　) FANUC 0i 系统进行反向偏差分类补偿的目的是为了提高定位精度。

8. (　　) 螺距误差补偿对开环控制系统和半闭环控制系统具有显著的效果，可明显提高系统的定位精度和重复定位精度。

9. (　　) 用激光干涉仪补偿前，必须清除机床数控系统各轴反向间隙和螺距误差原补偿参数值。

10. (　　) RS232 主要作用是用于程序的自动输入。

11. (　　) 检验加工中心的主轴精度只需检验其径向圆跳动。

12. (　　) 检验数控车床主轴轴线与尾座锥孔轴线等高情况时，通常只允许尾座轴线稍低。

参考文献

[1] 郭士义．数控机床故障诊断与维修［M］．北京：机械工业出版社，2005.
[2] 龚仲华．数控机床故障诊断与维修500例［M］．北京：机械工业出版社，2004.
[3] 韩鸿鸾．数控机床维修技师手册［M］．北京：机械工业出版社，2005.
[4] 王爱玲．数控机床结构及应用［M］．北京：机械工业出版社，2006.
[5] 韩鸿鸾．数控机床的结构与维修［M］．北京：机械工业出版社，2004.
[6] 黄卫．数控机床及故障诊断技术［M］．北京：机械工业出版社，2004.
[7] 吴国经．数控机床故障诊断与维修［M］．北京：电子工业出版社，2004.
[8] 韩鸿鸾，吴海燕．数控机床机械维修［M］．北京：中国电力出版社，2008.
[9] 韩鸿鸾．数控机床电气系统检修［M］．北京：中国电力出版社，2008.
[10] 周晓宏．数控维修电工实用技能［M］．北京：中国电力出版社，2008.
[11] 周晓宏．数控维修电工实用技术［M］．北京：中国电力出版社，2008.
[12] 劳动和社会保障部教材办公室．数控机床故障诊断与维修［M］．北京：中国劳动社会保障出版社，2007.
[13] 劳动和社会保障部教材办公室．数控机床电气检修［M］．北京：中国劳动社会保障出版社，2007.
[14] 郑晓峰，陈少艾．数控机床及其使用和维修［M］．北京：机械工业出版社，2008.
[15] 王兹宜．数控系统调整与维修实训［M］．北京：机械工业出版社，2008.
[16] 刘永久．数控机床故障诊断与维修技术．北京：机械工业出版社，2007.
[17] 蒋建强．数控机床故障诊断与维修．北京：机械工业出版社，2008.
[18] 中国机械工业教育协会．数控机床及其使用维修［M］．北京：机械工业出版社，2001.
[19] 龚仲华，等．数控机床维修技术与典型实例——SIEMENS810/802系统［M］．北京：人民邮电出版社，2006.
[20] 人力资源和社会保障部教材办公室．数控机床机械装调与维修［M］．北京：中国劳动社会保障出版社，2012.
[21] 李河水．数控机床故障诊断与维护［M］．北京：北京邮电大学出版社，2009.
[22] 李善术．数控机床及其应用［M］．北京：机械工业出版社，2002.
[23] 董原．数控机床维修实用技术［M］．呼和浩特：内蒙古人民出版社，2008.
[24] 孙德茂．数控机床逻辑控制编程技术［M］．北京：机械工业出版社，2008.
[25] 劳动和社会保障部教材办公室．数控机床机械系统及其故障诊断与维修［M］．北京：中国劳动社会保障出版社，2008.
[26] 王凤平，许毅．金属切削机床与数控机床［M］．北京：清华大学出版社，2009.
[27] 韩鸿鸾．数控机床装调维修工（中/高级）［M］．北京：化学工业出版社，2011.
[28] 韩鸿鸾．数控机床装调维修工（技师/高级技师）［M］．北京：化学工业出版社，2011.
[29] 余仲裕．数控机床维修［M］．北京：机械工业出版社，2001.
[30] 王文浩．数控机床故障诊断与维护［M］．北京：人民邮电出版社，2010.
[31] 严峻．数控机床安装调试与维护［M］．北京：机械工业出版社，2010.
[32] 韩鸿鸾，董先．数控机床机械系统装调与维修一体化教程［M］．北京：机械工业出版社，2014.
[33] 韩鸿鸾，吴海燕．数控机床电气系统装调与维修一体化教程［M］．北京：机械工业出版社，2014.
[34] 曹健．数控机床装调与维修［M］．北京：清华大学出版社，2011.